Britta Hövelbrinks, Isabel Fuchs, Diana Maak, Tinghui Duan, Beate Lütke (Hrsg.)
Der-Die-DaZ – Forschungsbefunde zu Sprachgebrauch und Spracherwerb von Deutsch als Zweitsprache

DaZ-Forschung

Deutsch als Zweitsprache, Mehrsprachigkeit und Migration

Herausgegeben von
Bernt Ahrenholz
Christine Dimroth
Beate Lütke
Martina Rost-Roth

Band 20

Der-Die-DaZ – Forschungsbefunde zu Sprachgebrauch und Spracherwerb von Deutsch als Zweitsprache

Herausgegeben von
Britta Hövelbrinks, Isabel Fuchs, Diana Maak,
Tinghui Duan und Beate Lütke

DE GRUYTER

ISBN 978-3-11-071057-1
e-ISBN (PDF) 978-3-11-058281-9
e-ISBN (EPUB) 978-3-11-058052-5
ISSN 2192-371X

Library of Congress Control Number: 2018950152

Bibliografische Information der Deutschen Nationalbibliothek
Die Deutsche Nationalbibliothek verzeichnet diese Publikation in der Deutschen Nationalbibliografie; detaillierte bibliografische Daten sind im Internet über http://dnb.dnb.de abrufbar.

© 2020 Walter de Gruyter GmbH, Berlin/Boston
Dieser Band ist text- und seitenidentisch mit der 2018 erschienenen gebundenen Ausgabe.
Lektorat: Sabine Lambert, Hamburg/München
Druckvorlage: Harald Bauer, Traunstein
Druck und Bindung: CPI books GmbH, Leck

www.degruyter.com

Vorwort

Die Themenbereiche Deutsch als Zweitsprache, Mehrsprachigkeit und Migration sind aus verschiedenen Strömungen heraus zu einem interdisziplinär ausgerichteten Forschungsfeld herangewachsen. Dieses ist an Universitäten und Pädagogischen Hochschulen vertreten und hat inhaltliche und forschungsmethodische Berührungspunkte mit Linguistik, Sprach- und Deutschdidaktik, weiterhin mit (Migrations-)Soziologie, Erziehungs- und Bildungswissenschaften sowie Psychologie und Psycholinguistik. Die Herausbildung einer eigenen Disziplin *Deutsch als Zweitsprache* wurde durch interdisziplinäre Vernetzung vorangebracht, die dem Forschungsgegenstand auch langfristig angemessen ist.

Zu dieser Vernetzung im Bereich Deutsch-als-Zweitsprache-Forschung hat Bernt Ahrenholz einen wesentlichen Beitrag geleistet. Durch seine zentrale Rolle bei der Einrichtung und Verstetigung des jährlich stattfindenden Workshops *Kinder und Jugendliche mit Migrationshintergrund* (seit 2016 unter dem Titel *Workshop für Deutsch als Zweitsprache, Mehrsprachigkeit und Migration*) und der dazugehörigen Publikationsreihe bietet Bernt Ahrenholz seit 2005 eine Plattform zum regelmäßigen Austausch aktueller Forschungsarbeiten. Mit der Grundlegung und Pflege des Vernetzungsangebotes *www.daz-portal.de* inklusive Mailingliste und Rezensionsservice folgte ein digitaler Kommunikationskanal für PraktikerInnen und Forschende im Bereich Deutsch als Zweitsprache sowie Migrations- und Mehrsprachigkeitsforschung im gesamten deutschsprachigen Raum.

Sein größtes Geschenk an die Fach-Community ist jedoch seine umfassende und exzellente Forschungsarbeit. Durch seine wissenschaftlichen Stationen in Berlin, Lüneburg, Mainz, Dresden, Ludwigsburg und Jena sowie durch zahlreiche Kooperationsprojekte und Initiativen hat Bernt Ahrenholz ein großes, vor allen Dingen aber fachlich spannendes Netzwerk aufgebaut, das sich dem Forschungsgegenstand des Zweit- und Fremdsprachenerwerbs aus verschiedenen Perspektiven widmet. Er hat zum Zweitspracherwerb bei Kindern, Jugendlichen und Erwachsenen geforscht und dabei vor allem im Bereich linguistischer Analysen (z. B. zu Wortstellungsmustern, Referenz und Verben) gearbeitet. Hauptmerkmal seiner methodischen Herangehensweise ist die Analyse authentischer Lernerdaten, insbesondere im Rahmen von Unterrichtsforschung. Gerne kombiniert er diese in einem ganzheitlichen Ansatz mit weiteren Forschungsinstrumenten und damit -perspektiven, um Lehr-Lern-Prozesse von Zweitsprachlernenden in ihrer Komplexität verstehen zu können. Wo immer es ihm die Projektkontexte ermöglichen, werden die gewonnenen Erkenntnisse sowohl in die Schulpraxis als auch in die Lehrkräftebildung eingebracht. So trägt Bernt Ahrenholz zu einer nachhaltigen Sichtbarmachung von Forschungsprojekten und -erkenntnissen insbesondere im Bereich *Deutsch als Zweitsprache* sowie zur Ermöglichung stetiger fachlicher Diskurse und Diskussionen bei, die für die (Weiter-)Entwicklung einer Disziplin zentral sind.

Einige seiner WeggefährtInnen, KollegInnen und NetzwerkpartnerInnen stellen in diesem Band Ergebnisse aktueller Arbeitsschwerpunkte vor und geben teilweise auch Einblick in Projektkontexte, in denen Bernt Ahrenholz gewirkt hat bzw. die ihn in seiner Laufbahn begleitet haben.

Das Herausgeberteam, die AutorInnen sowie zahlreiche weitere Personen gratulieren Bernt Ahrenholz herzlich zum 65. Geburtstag. Wir freuen uns auf die Fortsetzung seiner wissenschaftlichen Impulse.

Tabula Gratulatoria

Ernst Apeltauer, Flensburg
Hans Barkowski, Jena
Rupprecht Baur, Essen
Tabea Becker, Hannover
Michael Becker-Mrotzek, Köln
Christel Bettermann, Jena
Rainer Bettermann, Jena
Barbara Biechele, Jena
Werner Biechele, Jena
Theresa Birnbaum, Leipzig
Jürgen Bolten, Jena
Ursula Bredel, Hildesheim
Katja F. Cantone-Altıntaş, Essen
Rudolf de Cillia, Wien
Christine Czinglar, Kassel
Andrea Daase, Bielefeld
Christine Dimroth, Münster
İnci Dirim, Wien
Norbert Dittmar, Berlin
Michael Dobstadt, Dresden
Tinghui Duan, Jena
Konrad Ehlich, Berlin und München
Ruth Eßer, Jena
Christian Fandrych, Leipzig
Isabel Fuchs, Jena
Hermann Funk, Jena
Peter Gallmann, Jena
Ingrid Gogolin, Hamburg
Wilhelm Grießhaber, Münster
Patrick Grommes, Hamburg
Daniela Gröschke, Jena
Elke Grundler, Ludwigsburg
Stefanie Haberzettl, Saarbrücken
Vivien Heller, Wuppertal
Marie Hempel, Jena

Elke Hentschel, Bern
Fumiya Hirataka, Tokyo
Britta Hövelbrinks, Jena
Stefan Jeuk, Ludwigsburg
Erika Kaltenbacher, Berlin
Hana Klages, Heidelberg
Wolfgang Klein, Nijmegen
Karin Kleinespel, Jena
Werner Knapp, Weingarten
Manfred Krifka, Berlin
Will Lütgert, Jena
Beate Lütke, Berlin
Diana Maak, Flensburg
Eva-Larissa Maiberger, Tübingen
Nicole Marx, Bremen
Cordula Meißner, Leipzig
Elke Montanari, Hildesheim
Thomas Müller, Jena
Jessica Neumann, Jena
Constanze Niederhaus, Paderborn
Udo Ohm, Bielefeld
Sven Oleschko, Essen
Ingelore Oomen-Welke, Freiburg
Giulio Pagonis, Heidelberg
Inger Petersen, Kiel
Jenny Reichel, Jena
Jochen Rehbein, Hamburg
Julia Ricart Brede, Flensburg
Renate Riedner, Kapstadt
Claudia Riemer, Bielefeld
Charlotte Röhner, Wuppertal
Thorsten Roelcke, Berlin
Heidi Rösch, Karlsruhe
Heike Roll, Essen
Martina Rost-Roth, Augsburg

Basil Schader, Zürich
Simone Schiedermaier, Jena
Holger Schiffel, Jena
Sarah Schimke, Münster
Claudia Schmellentin, Windisch
Sabine Schmölzer-Eibinger, Graz
Eva Schmucker, Jena
Hansjakob Schneider, Zürich
Karen Schramm, Wien
Tanja Schwarzmeier, Jena
Julia Settinieri, Paderborn
Dirk Skiba, Jena
Dorothea Spaniel-Weise, Jena
Petra Stanat, Berlin
Ulrich Steinmüller, Berlin
Stefan Strohschneider, Jena
Christiane von Stutterheim, Heidelberg
Nimet Tan, Jena
Franziska Wallner, Leipzig
Regina Werner, Jena
Theres Werner, Jena
Harald Weydt, Frankfurt/O.
Petra Wieler, Berlin
Britta Winzer-Kiontke, Jena
Wolf Zippel, Jena
Wolfgang Zydatiß, Berlin

Inhalt

Vorwort —— v

Tabula Gratulatoria —— ix

Hans Barkowski
Unterwegs —— 1

Herausforderungen und Verläufe beim Erwerb des Deutschen als Zweitsprache

Wilhelm Grießhaber
Syntaktische Komplexität im L2-Erwerb: Befunde & Erklärungen —— 7

Stefan Jeuk
Das Genus der Nomen – Erwerb, Diagnose und Förderung bei mehrsprachigen Kindern im Grundschulalter —— 25

Martina Rost-Roth
Modalpartikeln mit begründender Funktion. Ein Vergleich zur Modalpartikelverwendung von Muttersprachlern und Nichtmuttersprachlern am Beispiel von Kindern mit Deutsch als Erst- und Zweitsprache —— 39

Christine Dimroth
Präverbale Negation als Attraktor im Zweitspracherwerb und im bilingualen Erstspracherwerb: Ein Vergleich von Erwerbsverläufen mit den Zielsprachen Deutsch und Polnisch —— 59

Fumiya Hirataka
Zur *ist*-Konstruktion in der Varietät einer japanischen Lernerin des Deutschen als Zweitsprache – eine Forschungsskizze —— 77

Deutsch als Zweitsprache in Unterrichtskontexten

Hana Klages, Eva-Larissa Maiberger, Giulio Pagonis
„Implizit gesteuert": kommunikative Sprachförderung
in der Vorschule —— 89

Petra Wieler
Fiktionale Geschichten als Beitrag zur Literacy-Förderung und Erweiterung der kulturellen Literalität mehrsprachiger Grundschulkinder —— 105

Claudia Schmellentin
Gedanken zur Implementierung von *Sprachbewusstem (Fach-)Unterricht* —— 121

Cordula Meißner, Franziska Wallner
Allgemein-wissenschaftssprachlicher Wortschatz in der Sekundarstufe I? Zu Vagheit, Polysemie und pragmatischer Differenziertheit von Verben in Schulbuchtexten —— 137

Theresa Birnbaum
Vom Fortbildungsinhalt zum Unterrichtshandeln – Kooperative Planung von Praxiserkundungsprojekten zum sprachsensiblen Fachunterricht —— 153

Wege in die Aufnahmegesellschaft

Diana Maak, Isabel Fuchs
ich will halt einfach, dass alles gut wird – Eine bildungserfolgreiche Schülerin mit Migrationshintergrund erzählt —— 173

Simone Schiedermair
Erzählen. Flucht erzählen in Romanen von Shumona Sinha, Sherko Fatah und Julya Rabinowich —— 201

Ruth Eßer, Nimet Tan
„Wir geben uns zur Begrüßung die Hand" ... Wirklich? Und was machen die „anderen" zur Begrüßung? Zur Relevanz von Körper-Sprache-Bewusstsein in Integrationskursen —— 213

Methodische Herausforderungen bei der Erforschung von Deutsch als Zweitsprache

Ingelore Oomen-Welke
Mehrsprachigkeit in Jugendbegegnungen. Beobachtungen – Überlegungen zur Begleitforschung 235

Julia Ricart Brede
„Stadt Land Fluss', ‚Mastermind' und ‚Scotland Yard': das Spiel mit den Daten. Zur Bedeutung von Metadaten und deren Gebrauch in empirischen Forschungsprojekten 253

Jessica Neumann, Tinghui Duan
Lesbarkeitsformeln zur Messung sprachlicher Komplexität in Schulbuchtexten 269

Reflexionen

Ulrich Steinmüller
Willkommen in Deutschland – und was dann? Soziale Handlungsfähigkeit und Spracherwerb von Flüchtlingen und Asylbewerbern in Deutschland 287

Norbert Dittmar
Zweitspracherwerb im Dienste der liebevollen Verständigung und des familiären Miteinanders: Ansätze zu einer Sprachlernbiographie von FRANCA 301

Bernt Ahrenholz
Schriftenverzeichnis 315

Hans Barkowski
Unterwegs

Du sitzt im Zug.

Du hast dein Handgepäck versorgt, deine Reiselektüre liegt am Tisch bereit, dein Ticket ist kontrolliert.

Der Rest der Fahrt gehört dir.

Du sitzt im Zug, wie so oft, aber dieses Mal ist alles anders, einzigartig, denn schon sehr bald hast du das Gefühl – und dieses Gefühl breitet sich aus, ohne dass die Vernunft dem entgegenwirkt – als seist nur du in diesem Zug, als seist du dessen einziger Passagier.

Dabei ist der Zug – es ist Freitag, Nachmittag – bis auf wenige Plätze voll besetzt.

Pendler fahren ins Wochenende, Konferenzteilnehmer zerstreuen sich an ihre Heimatorte, Mütter mit Kleinkindern besuchen Großeltern, Liebende sehnen sich den Geliebten entgegen.

Handys melden sich, leise und dezent die einen, andere laut und fordernd, mit unterschiedlichsten Rufzeichen und Musikzitaten; der Standort des Zuges wird durchgegeben, die zu erwartende Ankunftszeit; Treffzeiten und -orte werden bestätigt oder vereinbart.

Geschäftliche Anweisungen mischen sich mit besorgten Berichten über kranke Angehörige, Erfolgsmeldungen zu unlängst getätigten Börsengeschäften, betroffenen Kommentaren zu gescheiterten oder in der Krise befindlichen Beziehungen.

Angetrunkene Männer, leere Bierflaschen auf dem Tisch und halbgeleerte an den Lippen, tauschen lauthals Witze aus; fahren einem Wochenende in Amsterdam oder wo auch immer entgegen, finanziert aus der Skatkasse.

Kinder turnen durch den Gang; sitzen über Malheften und Bilderbüchern; spielen mit den Eltern Stadt-Land-Fluss.

Über das ganze Abteil verteilt: Frauen, Männer, Jugendliche mit ihren Smartphones, Tablets, Notebooks; viele mit Kopfhörern versorgt, in allen Größen und Farben; versunken in Texte, Filme, Fotos, Musik oder das Lesen und Verfertigen von Nachrichten, an wen und wohin auch immer.

Anders als bei anderen Zugfahrten, zu ähnlicher Tageszeit und am gleichen Wochentag unternommen, erreicht dich diesmal von alledem nichts.

Oder doch, es erreicht dich, aber nicht, wie dich eine lebendige Wirklichkeit erreichen würde, in der all das, was an einem Freitagnachmittag in einem Zug wahrnehmbar ist, tatsächlich geschieht; nicht wie etwas, woran du teilhast als einer von vielen, die da agieren und interagieren.

Was dich erreicht:

Eine Art Hintergrundrauschen, in dem sämtliche Geschehnisse und Geräusche, auch die darin vorkommenden Personen – die Mitreisenden, das Zugpersonal – nur das Ambiente deiner ganz persönlichen Zugfahrt bereit stellen, wie die Kulissen, Requisiten und technisch erzeugten Licht-, Wetter- und Geräuscheffekte in alten Filmproduktionen.

Ein Hintergrundrauschen, allein zu dem Zweck, dass du diese Bahnfahrt, auch wenn du dich als einzigen real existierenden Reisenden wahrnimmst, gleichwohl als authentische Bahnfahrt erleben kannst, mit allem, was – auch nach deinen Vorstellungen – dazugehört.

Jedenfalls geht es dir so und so fühlst du dich an diesem Tag in diesem Zug – ganz ohne darüber nachzudenken bzw. ins Nachdenken darüber zu geraten.

Und so sitzt du in deiner Fensterecke, von den sanften, regelmäßigen Stößen gewiegt, die von den Schienen auf die Räder und von dort auf den Wagen übertragen werden, sich in den Sitz fortsetzen und von da in deinen Körper verteilen.

Halbschräg zum Fenster gewandt, schaust du hinaus in die dahinfließende Landschaft, die der Blick nicht festhalten kann und deren Konturen die am Glas dahinziehenden Regenfäden und das matte Licht eines herbstlichen Spätnachmittags weich zeichnen und in die Ferne rücken.

Die Landschaft, die Wälder und Äcker, das Weideland; die Autostraßen mit den unruhigen Vorgängen des vielfachen Spurwechsels unterschiedlichster Fahrzeuge; immer wieder auch Siedlungen, Wohnhäuser; dann und wann ein Kirchturm; Fabrikanlagen, Werkstätten, betriebsame und verlassene, halbverfallen manche, viele mit Graffiti verschönt oder verunziert – je nachdem.

Dies alles für dich – heute, jetzt, auf deiner Reise in diesem Zug als dessen einziger Passagier – nur verschwommen wahrgenommene Requisiten. Kurzzeitige Ausstaffierungen des Fensters, zu dem du hinausschaust und das stetig und rasch Platz macht für weitere Bilder, sich wiederholende, einander ähnelnde oder auch ganz neue Tableaus und Szenarien, ohne dass das, was an dir vorüber gleitet, woran du vorüber gleitest, für dich Bedeutsamkeit erlangt, Realität ausmacht. Jedenfalls nicht für dieses Mal, bei dieser Zugfahrt, in diesem ganz besonderen Zustand.

Lebendig und wirklich bist nur du allein, am immer gleichen Platz sitzend, dem immer gleichen Fenster zugewandt, die Augen mit immer neuen und immer von neuem verloren gehenden Bildern füllend.

Wie in einem schützenden, dicht gewebten, dabei komfortablen Kokon sitzt du da, jedem Geschehen innerhalb und außerhalb des Zuges entrückt. Gewiegt im Takt von Zeit und Bewegung.

Nichts, was du jetzt und hier erreichen müsstest; ganz ohne Gedanken an etwas, das als nächstes zu tun wäre. Völlig entspannt, im Gefühl einer tiefen Gelassenheit und Geborgenheit, die dich weich und wärmend umgibt.

Schräg ans Fenster gelehnt. In diesem Zug. Als dessen einziger Passagier.

Unterwegs.

© Hans Barkowski (31. Januar 2017)

Herausforderungen und Verläufe beim Erwerb des Deutschen als Zweitsprache

Wilhelm Grießhaber
Syntaktische Komplexität im L2-Erwerb: Befunde & Erklärungen

1 Einführung

Eine zentrale Grundannahme der ZSE-Forschung besteht darin, dass im Erst- und Zweitspracherwerb zunächst einfache und anschließend komplexere Mittel erworben werden, wenn von ganzheitlich erworbenen chunks abgesehen wird. Allerdings wird die Komplexität sprachlicher Mittel sehr unterschiedlich bestimmt. Das betrifft die berücksichtigten Mittel und die Erfassung und Bewertung der Komplexität. Für den Erwerb des Deutschen als L2 hat sich die Stellung verbaler Elemente in zahlreichen empirischen Studien als verlässlicher Indikator des schrittweisen Erwerbs erwiesen.

In dem Beitrag werden zunächst die Grundlagen der Wortstellung und deren sequentieller Erwerb vorgestellt (§ 2). Anschließend werden ausgewählte Komplexe zur Beschreibung der syntaktischen Komplexität behandelt (§ 3). Den Kern bilden funktional distributionelle Erklärungen der zunehmenden Komplexität (§ 4). Dabei wird zunächst der funktional-pragmatische Hintergrund skizziert (§ 4.1) und die empirische Basis zur Überprüfung des Konzepts vorgestellt (§ 4.2). Vor diesem Hintergrund werden Separationen (§ 4.3) und Inversionen (§ 4.4) und ihre Realisierung in Schülertexten analysiert. Den Abschluss bilden ein kurzes Resümee und ein Ausblick (§ 5).

2 Grundlagen

In zahlreichen empirischen Studien zum Erwerb des Deutschen als L2 wurde gezeigt, dass grundlegende Stellungsmuster verbaler Elemente in bestimmten Sequenzen erworben werden. Charakteristisch ist die in Tabelle 1 gezeigte Abfolge von bruchstückhaften Äußerungen bis zu untergeordneten Nebensätzen. Die Wortstellungsmuster basieren auf den für das Deutsche charakteristischen Stellungsfeldern, in denen die Stellung des Finitums eine zentrale Rolle spielt. In einfachen Deklarativsätzen steht das Finitum an zweiter Stelle (SVO), in Nebensätzen nimmt es die Endstellung ein (SOV) und in Inversionen rückt das Subjekt hinter das Finitum (XVSO).

Tab. 1: Satzmuster[1] des Deutschen und ihre Erwerbsreihenfolge im L2-Erwerb; *: Subjekt

Stellungsmuster	Vorfeld	Finitum / Konj.	Mittelfeld	PART	Muster
4 Nebensatz	...,	weil	sie* ins Theater	geht.	KSOV
3 Inversion	Danach	geht	Maria* nach Hause.		XVfSO (Vi)
2 Separation	Maria*	will/muss	ins Theater	gehen.	SVfOVi
1 Finitum	Maria*	geht	ins Kino.		SVO
0 Bruchstücke	Danke!				

Diese von der ZISA-Gruppe (Meisel, Clahsen & Pienemann 1979) ermittelte Erwerbsreihenfolge wurde später von Clahsen (1985) für erwachsene DaZ-Lernende und von Pienemann (1981) in einer Longitudinalstudie mit Grundschulkindern bestätigt und ausgebaut. Ahrenholz (2006) ermittelt in mündlichen Filmnacherzählungen von mehrsprachigen Schülerinnen und Schülern (SuS) der 3. und 4. Klasse sowohl Separationen als auch Inversionen. Abweichungen wurden in einzelnen Studien im DaF-Kontext festgestellt. Klein-Gunnewiek (1997) beobachtet bei niederländischen DaF-Lernenden einen schnellen und weitgehend parallelen Erwerb der ‚klassischen' Wortstellungsmuster, so dass kein sukzessiv aufeinanderfolgender sequentieller Erwerb vorliegt. Dies kann mit der großen Nähe der eng verwandten Ausgangs- und Zielsprache erklärt werden. Möglicherweise begünstigen auch die schriftlichen Testformate die Bewältigung komplexer Muster. Eine weitere Ausnahme sind frankophone SuS im Kanton Genf (Diehl u. a. 2000). In der unechten Längsschnittstudie mit schriftlichen Querschnitterhebungen in aufeinanderfolgenden Klassenstufen wird der Erwerb der Verbendstellung in Nebensätzen vor der Inversion festgestellt. Andererseits ermittelt Fekete (2016) in einer dreijährigen Längsschnittstudie mit ungarischen DaF-SuS die für den DaZ-Erwerb charakteristische Abfolge der Inversion vor der Verbendstellung. Die wie in Tabelle 1 nacheinander erworbenen Wortstellungsmuster weisen eine zunehmend höhere Komplexität auf, der auch eine zunehmend komplexere Verarbeitung entspricht.

Den zunehmend komplexeren Wortstellungsmustern entsprechen auch andere Bereiche der Sprache, so die Textlänge, die Literalität in narrativen Texten

---

1 Das hier angenommene topologische Feldermodell ist gegenüber linguistischen Modellen vereinfacht. Z. B. nimmt Rehbein (1992) vor dem Vorfeld noch den linken Satzrahmen mit Konjunktionen an. Auf das Finitum folgt vor dem Mittelfeld das Post-Finitum-Feld und zwischen Mittelfeld und PART ist der rechte Prä-Satzrand, dem die infiniten Verbteile in der Verbklammer folgen, der wiederum das SER-Feld (Satzendrahmen, Rehbein 1995, 272) für Interpunktionen und das Nachfeld folgen. Häufig werden das Finitum-Feld und das Feld mit den infiniten Verbteilen als Satz- oder Verbklammer bezeichnet. Das Nachfeld folgt dann der rechten Satzklammer.

und die Korrektheit im Verbal- und Nominalbereich. Solche Korrespondenzen in schriftlichen Texten zu Bildimpulsen wurden im Förderprojekt „Deutsch & PC" (Grießhaber 2006) an drei Frankfurter Grundschulen in zwei Kohorten über jeweils vier Jahre hinweg ermittelt. Als sehr stabil erweist sich der Zusammenhang zwischen dem erreichten Niveau der Deutschkenntnisse, den verwendeten komplexen Wortstellungsmustern und der produzierten Textmenge: Mit der Komplexität der Wortstellungsmuster steigt in der Regel auch die Textlänge. Ähnliche Zusammenhänge sind in der Morphologie und der Literalität festzustellen. Innerhalb der Schülerschaft sind in Abhängigkeit von der Erstsprache der SchülerInnen Unterschiede festzustellen. SchülerInnen mit der Erstsprache Deutsch (ESP-SuS) erzielen in der Regel bessere Werte als mehrsprachige SchülerInnen mit einer weiteren Familiensprache (MSP-SuS). Die L1 der SuS beeinflusst die L2-Deutsch der MSP-SuS. Auch individuelle Merkmale der Schülerinnen und Schüler und ihr Familienhintergrund spielen eine Rolle (für einen Überblick s. Ahrenholz 2017b). Diese Aspekte werden im Folgenden nicht weiter betrachtet.

Die folgenden Ausführungen konzentrieren sich auf die Frage, wie sich die Wortstellungsmuster in ihrer Komplexität unterscheiden. In typologischen Arbeiten spielen folgende drei grammatische Einheiten und ihre Abfolge eine zentrale Rolle: das Subjekt (S), das (direkte) Objekt (O) und das (finite) Verb (V). Von den sechs Stellungsvarianten dominiert im Deutschen in normalen Deklarativsätzen SVO. Dieses Muster verwenden ungefähr drei Viertel der weltweit untersuchten Sprachen (Crystal 1995, 98). Allerdings kennt das Deutsche weitere Varianten, in untergeordneten Nebensätzen ist SOV obligatorisch (s. Tabelle 1). Zusätzlich gibt es im Deutschen diskontinuierliche Muster, die die linearen Ketten aufbrechen. Die Verwendung von Modal- oder Hilfsverben führt mit der Separation zur Aufspaltung des Prädikats im engeren Sinn in einen finiten und einen infiniten Teil, die eine Klammer um das Objekt bilden (SVfOVi). Die Nachstellung des Subjekts nach dem Finitum kann bei der Inversion zu einem einfachen XVSO-Muster führen oder zu einem XVfSO(Vi)-Muster mit aufgespaltenem Verb. Diese Variationen und Diskontinuitäten sind auf den ersten Blick komplexer als die einfachen SVO- und KSOV-Muster in Haupt- und Nebensätzen. Im Folgenden wird genauer betrachtet, worin die höhere grammatische Komplexität der Separation und Inversion besteht.

3 Komplexitätskonzepte

Mit der Komplexität syntaktischer Strukturen hat sich vornehmlich die generative Grammatik beschäftigt. Die Aspects Variante (Chomsky 1965) bezieht sich auf Sätze, die über verschiedene Schritte von der Konzeption bis zur Aussprache produziert werden. Dabei werden auf der Ebene der Logischen Form Lexeme ausgewählt und in der Tiefenstruktur angeordnet, die über Transformationen zur produzierten Äußerung führen. Für das Deutsche wird in dieser Theorie allgemein eine SOV-Grundstruktur angenommen, aus der dann transformationell die SVO-Verbzweitstellung abgeleitet wird (vgl. Grewendorf, Hamm & Sternefeld 1987: 219). Weitere grundlegende Transformationen sind z. B. Fragen oder Passivsätze. Die Anzahl der erforderlichen Transformationen kann dann als Maßstab der Komplexität dienen. Für das Deutsche sind dementsprechend unmarkierte Deklarativsätze mit SVO-Stellung komplexer als englische Deklarativsätze, die als SVO-Folgen basisgeneriert werden. Im Zusammenhang mit empirischen Studien zum DaZ-Erwerb wird bezweifelt, ob das Modell überhaupt zur Beschreibung von Lernervarietäten verwendet werden kann (Cherubim & Müller 1978). Clahsen, Meisel & Pienemann (1983: 129) legen der Beschreibung von Lerneräußerungen in ihrem generativistischen Beschreibungsmodell eine SVO-Grundstruktur zugrunde. Crystal, Fletcher & Garman (1984) kritisieren an der generativen Grammatik allgemein die fehlende Korrespondenz des Modells mit psycholinguistischen Prozessen. Diese Kritik trifft auch auf die neue Variante des ‚Minimalist Program' (Chomsky 1995) zu.

Die Syntax wird in einigen Diagnoseverfahren für Deutsch als L2 berücksichtigt. Dabei spielt die grammatische Korrektheit der Äußerungen eine Rolle, z. B. bei ‚Bärenstark' (Senatsverwaltung 2002). Bei diesem Verfahren wird die volle Punktzahl für eine grammatisch korrekte Äußerung aus Subjekt, Prädikat und Objekt vermindert, wenn ein Bestandteil fehlt oder fehlerhaft realisiert wird (s. Tabelle 2). Die Beispiele sehen keine Satz- oder Verbalklammern mit Modal- oder Auxiliarverben vor. Das Verfahren lässt – auch durch die Bildimpulse und die Vorgaben induziert – zentrale Satzmuster des Deutschen unberücksichtigt.

Tab. 2: Kodierungsbeispiel für die sprachliche Ebene in ‚Bärenstark' (Senatsverwaltung 2002: 18–19)

Punkte	Bewertungsmaßstab	Beispiel
4	Sätze mit grammatisch richtigem Subjekt, Prädikat und Objekt	*Sie spielen mit einem Ball.*
3	Vollständiger Satz mit einem Mangel	*Sie spielen mit die Ball.*
2	Fehlerfreier Satz aus Subjekt und Prädikat	*Sie spielen.*
1	Vollständiger Satz mit zwei Fehlern / ein Fehler in einem Satz mit Subjekt und Prädikat	*Es spielen mit die Ball. / Es spielen.*
0	Einwort-Satz	*spielen*

‚Tulpenbeet' (Reich, Roth & Gantefort 2008) berücksichtigt ebenfalls die Syntax und unterscheidet unvollständige, einfache, und koordinierte Sätze. Das Verfahren bezieht komplexe Sätze aus Haupt- und Nebensatz mit ein. Als Maßstab zur Erfassung der Komplexität dient das Modell der deutschen Syntax. Das Vorgehen bietet keine Begründung dafür, dass komplexe Sätze aus einem Haupt- und mehreren Nebensätzen komplexer sind als z. B. zwei mit *und* koordinierte Nebensätze, bei denen (bei Numerusgleichheit usw.) das Subjekt im zweiten Satz ausgelassen wurde (Analepse, Hoffmann 2016: 210ff.).

Crystal, Fletcher & Garman (1984) entscheiden sich für die im Erstspracherwerb zu beobachtende Erwerbsfolge von sprachlichen Mitteln als Kriterium der graduellen Komplexität. Diesen Ansatz haben das ZISA-Projekt, Clahsen und Pienemann in ihren Forschungen zur Ermittlung von Erwerbsreihenfolgen angewendet. Damit ist jedoch zunächst nur eine Abfolge wie die in Tabelle 1 gegeben, ohne dass damit Begründungen für die zunehmende grammatische Komplexität verbunden wären. Zur Komplexität diskutiert Pienemann (1981) verschiedene psycholinguistische Aspekte, Pienemann (1998) bezieht sich auf die Lexical Functional Grammar (LFG; Kaplan & Bresnan 1982) und den Austausch von Informationen zwischen zunehmend komplexeren Einheiten zur Komplexitätsmodellierung.

4 Funktional distributionelle Erklärungen

4.1 Theoretischer Hintergrund am Beispiel der Separation

Zur Erklärung der höheren Komplexität von SVfOVi- und XSVO-Mustern bietet sich eine komponentionell-funktionale Analyse des Verbsystems nach Redder (1992) an (s. auch Rehbein 1992, 1995). In dem von Ehlich (1986) weiterentwickelten Zweifeldermodell von Bühler (1934) werden sprachlichen Handlungen Prozeduren zugeordnet, die mit sprachspezifischen Mitteln realisiert werden. In diesem Modell besteht das finite Verb aus zwei unterschiedlichen Gruppen sprachlicher Mittel, aus dem lexikalischen Symbolfeld-Stamm einerseits und den finiten Elementen, Numerus, Person, Modus und Tempus andererseits. In (B 01) folgt auf den Symbolfeld-Stamm [*schreib*-] die Personalendung [*-t*] für die 3. Ps. Sg. Die Personalendungen der 3. Ps. zählen zum operativen Feld, die zugehörigen Endungen [*-t*] und [*-en*] sind nach Redder (1992: 138f.) deskriptiv, während die personaldeiktischen Endungen der 1. und 2. Person diskursiv sind und die Äußerung auf die Sprechsituation beziehen.

(B 01): {Eva}$_{Sg}$ schreibt$_{Sg}$ einen Brief => {...}$_{Sg}$ [[schreib-]$_{St}$ & [-t]$_{Sg}$]$_{Vf}$ einen Brief
{Eva und Anna}$_{Pl}$ schreiben$_{Pl}$ einen Brief => {...}$_{Pl}$ [[schreib-]$_{St}$ & [-en]$_{Pl}$]$_{Vf}$ einen Brief

Bei der Separation werden die im Präsens und Präteritum integrierten Elemente getrennt und an unterschiedlichen Stellen des Satzes positioniert. Das Prädikat im engeren Sinn wird diskontinuierlich realisiert, wobei die finiten und infiniten Elemente eine Klammer um das Mittelfeld bilden, die Satz- oder Verbalklammer (Weinrich 2003). Die Separierung (s. Abb. 1 unten) wirkt sich auf die Planung und Realisierung der Äußerungen aus. Das Subjekt mit seinem Numerus bildet den Ansatzpunkt der vom Verb ausgeführten Szene (Hoffmann 2016: 329). Integrierte Prädikate realisieren in linearer Folge zunächst den Numerus-Informationsträger und dann die damit kongruierende morphologische Numerusrealisierung beim Finitum: Das vorangehende singulare oder plurale Subjekt bewirkt beim nachfolgenden Finitum Singular oder Plural.

Anders verhält es sich mit den Informationen des lexikalischen Symbolfeldteils des Verbs. Der lexikalische Stamm bestimmt das mit dem Verb verbundene Szenario (Hoffmann 2016: 329f.) und damit die Mitspieler und die Umstände der Szene. Bei der integrierten Verbzweitstellung folgen die Informationen des Szenarios dem Symbolfeldstamm als davon abhängige Elemente der Szene. Verbstamm und Finitum bilden ein Scharnier, das das vorangehende Subjekt mit den nachfolgenden Szenarioelementen verbindet. Diese lineare Reihenfolge wird bei der Separation aufgebrochen, die vom Verbstamm bestimmten Szeneelemente werden vor dem Trägerelement geäußert (s. Abb. 1).

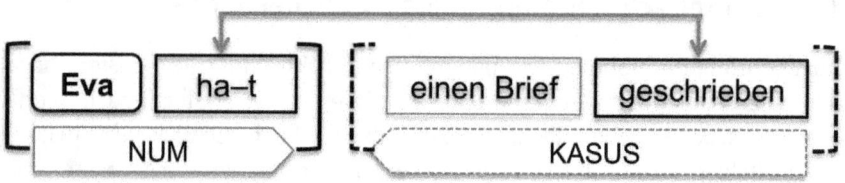

Abb. 1: Wortfolge und Zuweisungsrichtung bei Separation mit AUX (SVfOVi)

Die vom Verb bestimmten Szenemitspieler müssen vor der Äußerung des Verbstamms selbst mental schon geplant sein. Rehbein (1995: 278) spricht davon, dass die nicht-lineare Struktur des Wissens in der Linearität der Äußerung organisiert wird. Die sprachlich gefassten Wissenspartikeln werden nicht nur diskontinuierlich realisiert, sondern müssen auch mental vor ihrer Realisierung in ihrer gegenseitigen Abhängigkeit verarbeitet werden. Die Separation setzt also schon eine erworbene Geläufigkeit mit der linearen Planung und Verarbeitung von Verben und den von ihnen bestimmten Szenarios voraus, bevor die gegenläufig zur Planung realisierte Äußerung gelingt. Dementsprechend baut die Separation auf den einfachen Satzmustern mit linearer Planung und Realisierung auf.

4.2 Corpusbasierte Überprüfung

Das Komplexitätsmodell wird an einem Corpus von Schülertexten aus vierten Grundschulklassen überprüft und diskutiert. Die Texte wurden im Rahmen des Förderprojekts „Deutsch & PC" an drei Grundschulen im Frankfurter Gallusviertel erhoben. In den insgesamt neun Klassen wurden nur diejenigen SuS berücksichtigt, die die gesamten vier Grundschuljahre hindurch die Schulen besucht haben. Die mehrheitlich mehrsprachigen SuS produzierten zu dem Bildimpuls ‚ANGST' (Meyer 1995: 45) einen narrativen Text. Die nachfolgend zitierten Beispiele bewahren die mitunter abweichende Schreibweise der SuS, z. B. *gind* für *ging*. Die Deutschkenntnisse der SuS wurden etwa zur gleichen Zeit mit einem C-Test mit maximal 60 Punkten ermittelt. Die grammatische Komplexität der produzierten Texte wurde mit der Profilanalyse beurteilt (Grießhaber 2014). Bei der Analyse wird jeder minimalen satzwertigen Einheit (MSE) eine Profilstufe zugeordnet (s. o. Tabelle 1). Das höchste Muster mit mindestens drei Realisierungen repräsentiert die Erwerbsstufe (ES), die den Erwerbsstand des Textes charakterisiert.

Von den 120 SuS erreichen 44 % die ES4, d. h. ihre Texte enthalten mindestens drei Nebensätze mit Verbendstellung. 47 % erreichen die ES3 mit mindestens drei Inversionen, aber höchstens zwei Nebensätzen. 8 % erreichen nur die Erwerbsstufe 2 mit mindestens drei Separationen. Zwei Texte der ES1 werden wegen der geringen Anzahl nicht weiter berücksichtigt.

23 % der SuS sind einsprachig Deutsch, insgesamt 77 % haben eine weitere nichtdeutsche Familiensprache und 28 % haben Türkisch als Familiensprache. Die Texte werden im Folgenden nach ihrer Komplexität mit der Profilanalyse und nach dem Status der Familiensprache der SuS betrachtet. Bei der Querschnittstudie sollten die unterschiedlichen Niveaus der Deutschkenntnisse und die Familiensprachen mit unterschiedlichen Komplexitätsstufen der Texte verknüpft sein.

4.3 Separationen

In den Texten des Corpus handelt es sich bei jeder vierten MSE um eine Separation. Diese Zahl ist höher als die der Muster, die nach Tabelle 1 als Separation (17,6 %) erfasst werden, da auch in Inversionen Separationen realisiert werden, die aber nicht zusätzlich zur Inversion erfasst werden. Separationen bestehen aus unterschiedlichen Kombinationen aus Symbolfeldteil und finitem Teil (s. Tabelle 3). An der Spitze liegen mit relativ kleinem Abstand Partikel- und Hilfsverben, gefolgt von Modalverben an dritter Stelle. Infinitivkonstruktionen mit *zu* und Infinitive nach einigen Verben finden sich deutlich seltener.

Tab. 3: Separationsmuster nach Frequenz gesamt (4. Klasse, Bildimpuls ‚ANGST')

	SEP-Art	Subj.	Finitum	Mittelfeld	Inf. Teile	Anteil %
1	PART	*Tim*	*zieht*	*sich schnell*	*an*	9,5
2	AUX	*Ich*	*hatte*	*den Hund*	*gesagt*	8,6
3	MOD	*Er*	*musste*	*was*	*tun ...*	4,8
4	zu + Inf.	*Er*	*versuchte*	*alles*	*um es zu verhindern*	1,4
5	V + Inf.	*Wir*	*gehen*	*sie jetzt*	*suchen*	0,5

Die einzelnen Separationsmuster sind unterschiedlich komplex. Im einfachsten Fall, bei den Partikelverben, bleiben Stamm und Personalendung integriert in Verbzweitstellung. Bei enger Anlehnung an die oben vorgestellte Trennung der illokutiv-operativen Mittel von den Symbolfeldmitteln kann über den Separationsstatus diskutiert werden, da der Symbolfeldkern selbst nicht getrennt wird. Die vom Stamm abgetrennte Partikel spezifiziert den Kern, so dass erst am Ende des Satzes erkennbar wird, dass sich *Tim* in (1) oben nicht *aus-* oder *um-* sondern *anzieht*. Dadurch wird das schon am Satzbeginn geplante Szenario erst am Satzende mit der charakterisierenden Handlung komplettiert. Der mentale Planungsaufwand ist im Vergleich zur Trennung finiter Modal- und Hilfsverben von den Vollverben geringer. Diese Variante findet sich demnach auch deutlich häufiger in weniger komplexen Texten der ES3 und der ES2 (s. u. Tab. 4).

Konstruktionen mit *um zu* + Infinitiv werden insofern als Separationen behandelt, als finite und infinite Verbteile getrennt werden und die infiniten Teile am Satzende platziert werden. Als Besonderheit erweist sich, dass praktisch zwei verbale Symbolfeldstämme verwendet werden, der finite in Verbzweitstellung und der infinite am Satzende. Dabei wirkt der am Ende platzierte infinite Symbolfeldkern auf den finiten Symbolfeldkern und das zuvor realisierte Mittelfeld zurück, so dass daraus eine Gegenläufigkeit von mentaler Planung und Realisierung resultiert.

Ähnliche Bedingungen liegen bei Kombinationen aus finitem Vollverb und infinitem Vollverb vor. Bei den Verben handelt es sich vornehmlich um Bewegungsverben, *gehen, kommen, fahren* u. a., und Wahrnehmungsverben, *hören, sehen, fühlen, spüren*, die wie Modalverben mit einem Infinitiv verwendet werden können (s. Helbig & Buscha 2005: 97f., in der generativen Grammatik werden sie als Exceptional-Case-Marking verbs (ECM) behandelt). Im Unterschied zu den Modalverben ist das lexikalische Symbolfeldelement bei diesen Konstruktionen noch vorhanden. Bei *wir gehen sie jetzt suchen* machen sich die Sprecher auf und bewegen sich. Bei diesen Separationen trifft das zu Modal- und Hilfsverben ausgeführte zu.

Tab. 4: Separationen nach ES und L1 gesamt (4. Klasse, Bildimpuls ‚ANGST')

ES/L1	PART	AUX	MOD	zu + Inf.	Temp.
4	9,5	8,6	4,8	1,2	2,5
3	10,9	9	5,2	1,5	2,7
2	4,7	20,8	8,1	1,3	2,3
Deutsch	11	5,2	5	1,6	2,9
MSP	9,5	10,4	4,7	1,3	2,4
Türkisch	10,1	12,5	5,6	1,4	2,6

Legende: ES: Erwerbsstufe; DEU: Deutsch; MSP: mehrsprachig; PART: Partikelverben (*zieht sich ... an*); AUX: Hilfsverben (*hatte ... gesagt*); MOD: Modalverben: (*musste ... tun*); zu + Inf.: (*versuchte... zu verhindern*); Temp.: 2 Perfekt, 3 Präteritum

Nach Tabelle 4 ergibt sich eine grobe Zweiteilung in Texte der ES4 und ES3 einerseits und der ES2 andererseits. Separationen mit Partikelverben (PART) finden sich vor allem in Texten der ES4 und ES3, obwohl diese Mustervariante weniger komplex ist als die mit Modal- und Hilfsverben. Die komplexeren Separationsmuster mit Modal- und Hilfsverben sind in Texten der ES2 besonders stark vertreten. Der Hilfsverbtyp ist typisch für mündliche Äußerungen im Perfekt, das sich auch in ES2-Texten als bestimmendes Tempus abzeichnet (s. Tab. 4, in der eine 2 für Perfekt und eine 3 für Präteritum steht). Die Durchschnittswerte zeigen eine stärkere Verwendung des Perfekts auf der ES2. Umgekehrt korrespondiert die große Annäherung an das Präteritum auf der ES3 mit einer geringeren Hilfsverbverwendung und einer höheren Verwendungsrate von Partikelverben. Muster mit zu + Infinitiv und Verben mit Infinitiv werden insgesamt sehr selten verwendet.

Die Erstsprache spielt eine erkennbare Rolle bei der Verwendung von Separationen (s. Tab. 4). Die Verwendung von Partikel- und Hilfsverben trennt die ESP-SuS von den MSP-SuS. ESP-SuS verwenden deutlich mehr Partikelverben und deutlich weniger Hilfsverben als die übrigen. Offensichtlich ist die Verwendung von Partikelverben mit erstsprachlichen Sprachkenntnissen und mit hohen Deutschkenntnissen (s. o. Tabelle 4) verbunden. Die geringe Hilfsverbverwendung der ESP-SuS korrespondiert mit ihrer hohen Präteritumsrate. Die Modalverbverwendung ist demgegenüber generell niedrig. Eine höhere Verwendung scheint mit geringeren Deutschkenntnissen (s. Tab. 4) verbunden zu sein.

4.4 Inversionen

Inversionen werden in den Texten der 4. Klasse recht häufig verwendet. Sie finden sich in 24 % aller minimalen satzwertigen Einheiten. Bei Inversionen folgt das Subjekt dem Finitum, so dass in der XVSO-Folge im einfachen Fall der Numerus des Verbs vor dem den Numerus bestimmenden Subjekt realisiert wird (Abb. 2, Tab. 5, Zeilen 1 und 3). Entscheidend ist, dass die Position vor dem Finitum nicht vom Subjekt besetzt ist.

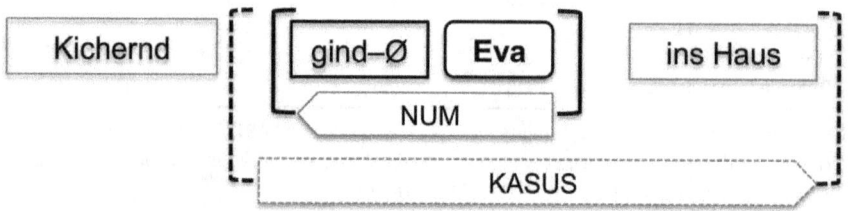

Abb. 2: Wortfolge und Zuweisungsrichtung bei Inversion (XVSO)

In komplexer strukturierten Inversionen ergeben sich durch die Überlagerung der Inversion mit einem Separationsmuster zwei gegenläufige Planungs- und Realisierungsrichtungen (Abb. 3). Der Numerus des Finitums wird vom nachfolgenden Subjekt bestimmt, der Kasus des nachfolgenden Objekts vom infiniten lexikalischen Verbteil. In Abb. 3 regiert das infinite Verbteil (*gekauft*) am Satzende sogar das vorangestellte direkte Objekt im Akkusativ (... *den Hund*) und bildet somit vom Satzende her eine Klammer um den gesamten Satz.

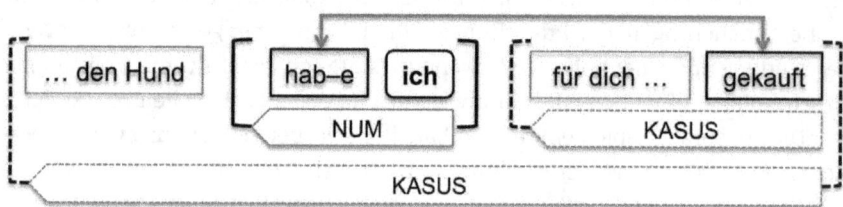

Abb. 3: Wortfolge und Zuweisungsrichtung bei Inversion mit Separation (XVfSOVi)

Die Position vor dem Finitum können im Prinzip alle Wortarten und auch Nebensätze besetzen (s. Tab. 5): (1) eine Deixis, (2) eine Präpositionalgruppe, (3) ein Partizip, (4) das direkte Objekt nach einer koordinierenden Konjunktion, (5) das indirekte Objekt nach einer koordinierenden Konjunktion, (6) eine Anapher als Objekt, bzw. ein expletives *es* als Subjektankündigung und (7) ein Nebensatz.

Tab. 5: Inversionsmuster (4. Klasse, Bildimpuls ‚ANGST')[2]

	Vorfeld	Finitum	Subj.	Mittelfeld	Inf. Teile
1	dan	sag–t–e	die frau		
2	In diesem augenblick	kamm–Ø	die die Mutter	nach Hause	
3	Kichernd	gind–Ø	Scipio	ins Haus	
4	Und den Hund	hab–e	ich	für dich ...	gekauft
5	Aber den beiden	mach–t	das	nichts	aus
6	ihm	Stock–t–e	der Atem.		
7	wenn Er mama anruft	kann–Ø	er	alles	erkleren

Die Realisierung des Subjekts nach dem Finitum geht mit der bevorzugten Verwendung von Sprachmitteln im Vorfeld einher (s. Tab. 6). Deiktika sind in Inversions-MSE rund zehnmal so häufig wie in Nicht-Inversions-MSE. Deiktika sind semantisch leer, das Muster ist relativ einfach. Es wird besonders häufig in einfachen Texten der ES2 verwendet (s. u. Tab. 7). Präpositionalgruppen weisen eine komplexe Binnenstruktur mit einem von der Präposition bestimmten Kasus auf. Sie werden fast ausschließlich in Inversions-MSE verwendet. Adverbien finden sich ebenfalls fast ausschließlich in Inversions-MSE. Nebensätze im Vorfeld (SES) werden in Nicht-Inversions-MSE etwas häufiger verwendet als Adverbien oder Präpositionalgruppen, sind aber in Inversions-MSE seltener. Bei den Personalpronomina kehrt sich das Verwendungsmuster um. Sie werden in Nicht-Inversions-MSE sehr viel häufiger verwendet als in Inversions-MSE, in denen sie als expletives *es* das spätere semantische Subjekt vorwegnehmen oder in einem anderen Kasus stehen. Inversionen sind demnach im Vorfeld durch andere Mittel geprägt als die Nicht-Inversions-MSE.

Tab. 6: Ausgewählte Mittel der Vorfeldbesetzung in Nicht-Inversions-MSE und in Inversions-MSE

	Deixis	Präp.	Adverbien	SES	PRO
ohne Inversion	2,9	0,2	0,2	0,4	25,2
INV	29,2	15,9	12,8	6,7	0,7
Δ INV/¬INV	+906%	+7.850%	+6.300%	+1.575%	–97%

Tabelle 7 enthält einige allgemeine Textparameter und die Realisierungshäufigkeit einiger Inversionsmuster nach Erwerbsstufen (ES) und Familiensprachen (L1). Texte der ES4 und ES3 machen 91% aller Texte aus, die ES2 stellt nur einen

---

[2] Im Folgenden werden Entscheidungsfragen und Aufforderungen, die ebenfalls zu den Inversionen gerechnet werden, nicht berücksichtigt.

geringen Anteil. Zwei ES1-Texte lassen angesichts der sehr geringen Anzahl keine allgemeinen Schlüsse zu und werden im Weiteren nicht berücksichtigt. Die Textlänge, gemessen in MSE, nimmt von der ES4 zur ES2 kontinuierlich ab. Bei den C-Testwerten und den Inversionsanteilen gibt es eine Zäsur nach der ES3. ES2-Texte sind mit sehr viel niedrigeren C-Testwerten verknüpft und die Produzenten verfügen generell über geringe Deutschkenntnisse. Beim Inversionsanteil ist der Abstand zur ES3 noch größer. Innerhalb der komplexeren Texte der ES4 und ES3 zeigen sich bei der Verwendung der Sprachmittel Unterschiede, die weiter unten betrachtet werden.

Nach dem Sprachstatus sind die Unterschiede geringer. Die Länge der Texte variiert nur wenig und liegt etwas über den Werten der ES3. Die C-Testwerte fallen von den ESP-SuS über alle MSP-SuS bis zu den türkischen SuS kontinuierlich ab. Dabei entsprechen die Werte der ESP-SuS denen der ES4 und die der MSP-SuS denen der ES3. Die Deutschkenntnisse der MSP-SuS sind demnach auch nach vier Grundschuljahren im Durchschnitt noch geringer als die der ESP-SuS. Die türkischen SuS erreichen niedrigere C-Testwerte als die MSP-SuS, liegen aber deutlich über denen der ES2-Texte. Der Inversionsanteil zwischen den Sprachgruppen unterscheidet sich wie die Textlänge nur wenig. Er liegt insgesamt auf dem Niveau der ES4 und ES3.

Tab. 7: Allgemeine und inversionsbezogene Textparameter nach ES und L1

ES/L1	SuS %	MSE Ø	C-Test Ø	INV %	Mittel im Vorfeld von Inversionen %			
					Deixis	Präp	ADV	SES
4	44	36,2	45	23,6	23,5	15,8	13,8	8,6
3	47	25,0	41	26,1	35	16,2	11,7	4,8
2	8	16,6	29	9,4	50	7,1	14,3	–
ESP	23	28,7	45,1	24,0	30,8	16,9	13,3	6,2
MSP	77	29,3	40,9	23,9	28,7	15,6	14,2	6,9
davon: TÜRK	28	28,3	38,8	22,7	35,8	10,4	13,2	9,4

Die Verwendung der untersuchten Vorfeldmittel lässt sich in drei Gruppen unterteilen: (a) Werte, die sich nach ES und L1 kaum unterscheiden, (b) Werte, die in einem Bereich Unterschiede aufweisen und (c) Werte, die in beiden Bereichen (parallele) Unterschiede aufweisen.

Zur ersten Gruppe zählen die Adverbien im Vorfeld. Sie unterscheiden sich weder nach der ES noch nach der L1 deutlich. Es gibt zwar bei der ES3 etwas niedrigere Werte und bei ESP-SuS und türkischen SuS leicht erhöhte Werte, doch sind die Unterschiede recht gering. Bei den Adverbien handelt es sich in der Regel um unflektierbare, einfach strukturierte Symbolfeldmittel wie *Plötzlich*, *Später* oder *schnell*.

Zur zweiten Gruppe zählen Deiktika und Präpositionalgruppen. Semantisch leere Deiktika wie *Da, dann* oder *dieses*, zeigen auf ein Objekt im Wahrnehmungs-, Text- oder Vorstellungsraum. Die Verwendungshäufigkeit dieser einfach strukturierten Mittel steigt mit sinkender Erwerbsstufe linear an, bis in der ES2 jedes zweite Vorfeld von einer Deixis besetzt ist. Nach der L1 liegt die Verwendung bei den ESP- und MSP-SuS unter dem Niveau der ES3. In den Texten türkischer SuS steigt der Anteil jedoch deutlich auf das Durchschnittsniveau der ES3. Deiktika werden demnach überdurchschnittlich häufig in einfachen Texten der ES2 und überdurchschnittlich von türkischen SuS verwendet. Präpositionalgruppen im Vorfeld werden von türkischen SuS und in einfachen ES2-Texten deutlich seltener verwendet als in den übrigen Gruppen. Das Verwendungsmuster ist demnach komplementär zu dem der Deiktika. Bei den Präpositionalgruppen handelt es sich um komplex strukturierte Mittel, deren Verwendung offensichtlich höhere Deutschkenntnisse voraussetzt. Bei den türkischen SuS kommt hinzu, dass ihre L1 keine Präpositionen kennt, sondern stattdessen Postpositionen und Kasussuffixe verwendet (Grießhaber 1999: 253ff.). Die typisch deutschen Präpositionalgruppen sind türkischen SuS somit auch nach vier Grundschuljahren noch nicht im gleichen Maße zugänglich wie den ESP-SuS und den anderssprachigen MSP-SuS.

Zur dritten Gruppe mit paralleler Entwicklung nach ES und L2 zählen die Nebensätze (SES) im Vorfeld. Bei ihnen handelt es sich um sehr komplexe, minimale satzwertige Einheiten mit Subjekt und Finitum. Ihre Verwendung ist an eine hohe ES geknüpft und fällt von der ES4 auf die ES3, in der ES2 finden sich keine Verwendungen. Nach der L1 steigt die Verwendung von den ESP-SuS über die MSP-SuS bis zu den türkischsprachigen, die sogar mehr vorangestellte Nebensätze als die ES4 verwenden. Auch dies korrespondiert mit der L1 Türkisch und der durchgehenden Verbendstellung, die auch die vorangestellten Nebensätze aufweisen. In diesem Bereich scheinen türkische SuS syntaktische L1-Grundmuster mit Mitteln der L2 zu realisieren. Dabei wird auch die hohe interne grammatische Komplexität bewältigt.

Insgesamt lassen sich die Texte in zwei Gruppen unterteilen. Die Gruppe mit den besseren Deutschkenntnissen nach dem C-Test, dem Textumfang und der Erwerbsstufe umfasst die ES4 und die ES3. Demgegenüber weist die schwächere Gruppe der ES 2 allgemein deutlich niedrigere Werte auf. Auch der Anteil der Inversionen ist wie die allgemeinen Parameter auf die zwei Gruppen verteilt. Bei der Art der Inversionen unterscheiden sich die beiden Gruppen und weisen bei einigen Werten eine Binnendifferenzierung auf. Die insgesamt am häufigsten verwendeten Deiktika in der Prä-Finitumsstelle dominiert in allen Gruppen, aber besonders in der ES2. Dies deckt sich auch mit den mündlichen Filmnacherzählungen von MSP-SuS von 3. und 4. Klassen (Ahrenholz 2006: 230). Im Vergleich zur ES3 weist die ES4 deutlich weniger Deiktika und mehr SES auf. Die ES3 hat demgegenüber bei den Präpositionalgruppen leicht höhere Werte als die ES4. Insgesamt zeigt dies, dass die Verwendung von komplexen Prä-Finitumsmitteln mit besseren Deutschkenntnissen ansteigt. Dagegen werden am unteren Ende der ES2 keine komplexen Satzgefüge und keine Anaphern verwendet. Die Häufigkeit der Verwendung von Inversionen und die Komplexität von Inversionen steigen mit besseren Deutschkenntnissen. Dies ist ein Indikator dafür, dass Inversionen allgemein mit besseren Deutschkenntnissen einhergehen.

Generell spielt der Erwerbsstand der Texte eine deutlich stärkere Rolle als die L1. Dies kann daran liegen, dass bei den MSP-SuS sehr unterschiedliche Sprachen, die sich teilweise auch typologisch stark unterscheiden, zusammengefasst werden, so dass sich Unterschiede bei einzelnen Sprachen gegenseitig neutralisieren. Die zur Kontrolle dieses Effekts ausgewählten türkischen SuS weisen jedoch nur in zwei Bereichen ein klares Verwendungsmuster auf, bei den Präpositionen und bei den satzwertigen Ergänzungen. Bei beiden handelt es sich um komplex strukturierte Mittel, die jedoch auf Grund ihrer (Nicht-)Übertragbarkeit auf das Deutsche unterschiedlich verwendet werden. Die in der L1 fehlenden Präpositionen werden in der L2 deutlich seltener verwendet, während die in der L2 nachbildbaren vorangestellten Nebensätze häufiger verwendet werden. Die L1 kann demnach die Verwendung eines L2-Mittels erschweren oder erleichtern. Die Richtung des L1-Einflusses ist bereichsspezifisch und hängt von den jeweiligen Bedingungen ab.

5 Resümee und Ausblick

Sowohl bei der Separation als auch bei der Inversion wird die bei einfachen Mustern vorhandene Linearität von Trägerelement und modifiziertem Element unterbrochen. Bei der Separation weist das Subjekt weiterhin den Numerus an das Finitum weiter, doch wird der lexikalische Symbolfeldausdruck an das Ende des Satzes gerückt und weist von dort aus den vorher zu äußernden Mittelfeldelementen den Kasus zu. Das bedingt eine mentale Vorwegnahme der verbalen Kernelemente. Die Inversion erweist sich demgegenüber als wesentlich komplexer. Im einfachsten Fall wird lediglich die Numeruszuweisungsrichtung von Subjekt und Finitum umgedreht, während der lexikalische Symbolfeldkern weiterhin vor den abhängigen Mittelfeldelementen verbleibt. In fast jeder dritten Inversion wird sie jedoch mit einer Separation realisiert, so dass sich zusätzlich zur gegenläufigen Numeruszuweisung auch die Kasuszuweisung ändert. Das führt zu einer erheblich höheren mentalen Planungstätigkeit. Deshalb reicht die Inversion von einfachen Mustern mit einem integrierten Prädikat im Präsens oder Präteritum bis zu doppelt verschachtelten Mustern. Eine zweite Komplexitätsebene ergibt sich bei Inversionen durch die Besetzung des Vorfelds, die von einem deiktischen Element bis zu einem Nebensatz reicht. Die Kombination von beiden Verfahren führt zu einer Auffächerung der Komplexität von Inversionen von einfachen bis zu sehr komplexen Mustern. Insgesamt weisen die beiden Verbstellungsmuster eine höhere grammatische Komplexität auf.

Die Auswertung des Corpus zeigt einen allgemeinen Einfluss des Niveaus der Sprachkenntnisse und in einzelnen Bereichen auch der Familiensprache auf die Verwendung der Muster. Bei der Separation korrespondiert die höhere Verwendung von Hilfsverben auf der ES2 mit der höheren Verwendung des an der Mündlichkeit orientierten Perfekts statt des für schriftliche Erzählungen typischen Präteritums. Dementsprechend werden Hilfsverben deutlich häufiger in ES2-Texten und von MSP-SuS sowie türkischen SuS verwendet. Auch bei den Partikelverben zeigt sich die Bedeutung der Sprachkenntnisse. In ES4- und ES3-Texten sind sie doppelt so häufig wie in ES2-Texten. Dagegen spielt die L1 in diesem Bereich keine unterscheidende Rolle. Bei den Modalverben zeigt die zunehmende Häufigkeit mit steigender ES einen Einfluss der Sprachkenntnisse an, ohne dass dafür klare Gründe erkennbar wären. Die L1 spielt in diesem Bereich eine untergeordnete Rolle.

Inversionen finden sich in jeder vierten MSE, sie werden demnach sehr häufig verwendet. Gleichzeitig wird jede dritte Inversion mit einer Separation realisiert, so dass sie eine komplexe Binnenstruktur aufweist. Auf der anderen Seite hat fast jede dritte Inversion mit einem einfachen Deiktikum ein einfaches Muster, bei dem sich lediglich die Zuweisungsrichtung des Numerus ändert. Inversionen sind demnach sehr heterogene Muster mit zwei Extremausrichtungen und einem mittleren Bereich.

Im Vorfeld von Inversionen finden sich in sehr hohem Maße andere Sprachmittel als in den übrigen Mustern. Dabei zeigen sich zwei übergreifende Tendenzen: Die in den übrigen Mustern sehr häufig verwendeten Personalpronomen werden in Inversionen nur in homöopathischen Mengen verwendet und andere Mittel werden zum Teil zehnmal so häufig verwendet, vor allem Deiktika, Adverbien und Präpositionalgruppen.

Der Status der L1 spielt bei globaler Betrachtung der MSP-SuS im Vergleich zu den ESP-SuS nur eine Nebenrolle. Dagegen zeigen sich bei türkischen SuS L1-Einflüsse in den sehr niedrigen Verwendungsanteilen von vorangestellten Präpositionalgruppen und in der höheren Verwendung vorangestellter Nebensätze. Das Türkische verwendet im Vergleich zum Deutschen keine Präpositionen, sondern Postpositionen und Kasussuffixe. Dies führt offensichtlich zur geringeren Verwendung der aus der L1 nicht vertrauten Konstruktion (s. o.). Die auffällig hohe

Verwendung von vorangestellten Nebensätzen könnte mit der aus dem Türkischen vertrauten Verbendstellung der Nebensätze zusammenhängen.

Nach diesem Überblick stellt sich die Frage, ob es nicht nur Unterschiede zwischen der ES2 einerseits und den ES4 und ES3 andererseits gibt, da sich letztere z. B. bei den Präpositionalgruppen nur gering unterscheiden. Markante Unterschiede gibt es bei den Deiktika, die von der ES4 ab linear ansteigen, bei den vorangestellten Nebensätzen, die in der ES3 nur halb so oft wie in der ES4 verwendet werden und in geringerem Ausmaß bei den Adverbien, die in der ES3 weniger oft verwendet werden. Die zwei unterschiedlichen Richtungen sind mit dem Niveau der Deutschkenntnisse verbunden. Die ES4 verwendet deutlich weniger einfache Deiktika und deutlich mehr komplexe Nebensätze und etwas mehr einfache Adverbien, so dass sich insgesamt sowohl Gemeinsamkeiten als auch Unterschiede bei den beiden Erwerbsstufen feststellen lassen.

Mit Blick auf die Komplexität der Muster fällt bei den vorangestellten Deiktika auf, dass sie vor allem von ES2-SuS mit geringen Deutschkenntnissen und noch relativ häufig von ES3-SuS verwendet werden. Diese einfachen und semantisch leeren Mittel werden am häufigsten verwendet, sie bilden den Zugang zum Erwerb von Inversionen. Sie finden sich auch häufig in mündlichen Handlungskonstellationen bei der Orientierung des Hörers im Wahrnehmungsraum. Dabei werden häufig formelhafte Wendungen verwendet, die von den SuS in frühen Erwerbsstadien noch nicht unbedingt in ihre grammatischen Bestandteile aufgelöst werden können.

Die unterschiedlichen komplexen Inversionen könnten bei der Sprachstandsbestimmung berücksichtigt werden, um auf frühen Erwerbsstufen schwächere LernerInnen mit vielen semantisch leeren Inversionen von den besseren mit semantisch ‚gefüllten' unterscheiden zu können. Dabei müsste der diagnostische Mehraufwand gegen die größere Präzision berücksichtigt werden.

Die funktional-komponentielle Analyse des Prädikats im engeren Sinn und der sprachlichen Mittel in den Separationen und Inversionen zeigt, wie durch die Aufbrechung der Linearität von Planung und Äußerung die Komplexität der Muster ansteigt. Dabei zeigen sich unterschiedliche Komplexitätsgrade der untersuchten Mustervarianten. Die einfacheren werden verstärkt von SuS mit geringeren Deutschkenntnissen und mit bestimmten Erstsprachen verwendet und dienen dem Einstieg in den Gebrauch der Muster. Dies könnte als Ansatzpunkt für die gezielte Vermittlung der Muster genutzt werden.

6 Literatur

Ahrenholz, Bernt (2006): Wortstellung in mündlichen Erzählungen von Kindern mit Migrationshintergrund. In Ahrenholz, Bernt (Hrsg.): *Kinder mit Migrationshintergrund – Spracherwerb und Fördermöglichkeiten*. Freiburg i. Br.: Fillibach, 221–240.

Ahrenholz, Bernt (2017a): Zweitspracherwerbsforschung. In Ahrenholz, Bernt & Oomen-Welke, Ingelore (Hrsg.): *Deutsch als Zweitsprache*. Baltmannsweiler: Schneider Hohengehren (Deutschunterricht in Theorie und Praxis, Band 9), 102–120.

Ahrenholz, Bernt (2017b): Erstsprache – Zweitsprache – Fremdsprache – Mehrsprachigkeit. In Ahrenholz, Bernt & Oomen-Welke, Ingelore (Hrsg.): *Deutsch als Zweitsprache*. Baltmannsweiler: Schneider Hohengehren (Deutschunterricht in Theorie und Praxis, Band 9), 3–20.

Bühler, Karl (1934): *Sprachtheorie. Die Darstellungsfunktion der Sprache*. Jena: Fischer (neu: Berlin: Ullstein 1978).

Cherubim, Dieter & Müller, Karl-Ludwig (1978): Sprache und Kommunikation bei ausländischen Arbeitern – Ein aktuelles Thema der angewandten Sprachwissenschaft. Kritischer Bericht zum Heidelberger Forschungsprojekt „Pidgin-Deutsch". *Germanistische Linguistik* 2–5/78 Varia V, 3–103.

Chomsky, Noam (1965): *Aspects of the Theory of Syntax*. Cambridge, Mass.: MIT Press.

Chomsky, Noam (1995): *The Minimalist Program*. Cambridge, Mass.: MIT Press.

Clahsen, Harald; Meisel, Jürgen M. & Pienemann, Manfred (1983): *Deutsch als Zweitsprache: Der Spracherwerb ausländischer Arbeiter*. Tübingen: Narr.

Clahsen, Harald (1985): Profiling second language development: A procedure for assessing L2 proficiency. In Hyltenstam, K. & Pienemann, M. (eds.): *Modelling and Assessing Second Language Acquisition*. Clevedon: Multilingual Matters, 283–331.

Crystal, David; Fletcher, Paul & Garman, Michael (1984): The Grammatical Analysis of Language Disability. A Procedure for assessment and Remediation. London: Edward Arnold.

Crystal, David (1995): Die Cambridge Enzyklopädie der Sprache. Übersetzung und Bearbeitung der deutschen Ausgabe von Stefan Röhrich, Ariane Böckler und Manfred Jansen. Frankfurt/M.: Campus.

Diehl, Erika; Christen, Helen; Leuenberger, Sandra; Pelvat, Isabelle & Studer, Thérèse (2000): *Grammatikunterricht: Alles für der Katz? Untersuchungen zum Zweitsprachenerwerb Deutsch*. Tübingen: Niemeyer.

Ehlich, Konrad (1986): Funktional-pragmatische Kommunikationsanalyse: Ziele und Verfahren. In Ehlich, Konrad (2007): *Sprache und sprachliches Handeln*. Band 1: Pragmatik und Sprachtheorie. Berlin: de Gruyter, 9–28.

Fekete, Olga (2016): *Komplexität und Grammatikalität in der Lernersprache. Eine Längsschnittstudie zur Entwicklung von Deutschkenntnissen ungarischer Muttersprachler*. Münster: Waxmann.

Grewendorf, Günther; Hamm, Fritz & Sternefeld, Wolfgang (1987): *Sprachliches Wissen. Eine Einführung in moderne Theorien der grammatischen Beschreibung*. Frankfurt/M.: Suhrkamp.

Grießhaber, Wilhelm (1999): *Die relationierende Prozedur. Zu Grammatik und Pragmatik lokaler Präpositionen und ihrer Verwendung durch türkische Deutschlerner*. Münster: Waxmann.

Grießhaber, Wilhelm (2006): Die Entwicklung der Grammatik in Texten vom 1. bis zum 4. Schuljahr. In Ahrenholz, Bernt (Hrsg.): Kinder mit Migrationshintergrund – Spracherwerb und Fördermöglichkeiten. Freiburg i. Br.: Fillibach, 150–167.

Grießhaber, Wilhelm (2014): Beurteilung von Texten mehrsprachiger Schülerinnen und Schüler. In: leseforum.ch; Ausgabe 3/2014; http://www.leseforum.ch/myUploadData/ files/2014_3_Griesshaber.pdf *(03.01.2016)*.

Helbig, Gerhard & Buscha, Joachim (2005): *Deutsche Grammatik. Ein Handbuch für den Ausländerunterricht.* Berlin: Langenscheidt.

Hoffmann, Ludger (2016): *Deutsche Grammatik. Grundlagen für Lehrerausbildung, Schule, Deutsch als Zweitsprache und Deutsch als Fremdsprache.* 3., neu bearbeitete und erweiterte Auflage. Berlin: ESV Schmidt.

Kaplan, Ronald & Bresnan, Joan (1982): Lexical-Functional Grammar: a formal system for grammatical representation. In Bresnan, Joan (ed.): *The Mental Representation of Grammatical Relations.* Cambridge, Mass.: MIT Press, 173–281.

Klein-Gunnewiek, Lisanne (1997): Gibt es eine bestimmte Erwerbssequenz bei Deutsch als Fremdsprache? *Materialien Deutsch als Fremdsprache* 46, 434–447.

Meisel, Jürgen; Clahsen, Harald & Pienemann, Manfred (1979): On determining developmental stages in natural second language acquisition. *Wuppertaler Arbeitspapiere zur Sprachwissenschaft* 2, 1–53.

Meyer, Kerstin (1995): *Jonas läßt sich scheiden.* (Illustrationen). Hamburg: Friedrich Oetinger.

Pienemann, Manfred (1981): *Der Zweitspracherwerb ausländischer Arbeiterkinder.* Bonn: Bouvier.

Pienemann, Manfred (1998): *Language Processing and Second Language Development: Processability Theory.* Amsterdam: Benjamins.

Redder, Angelika (1992): Funktional-grammatischer Aufbau des Verb-Systems im Deutschen. In Hoffmann, Ludger (Hrsg.): *Deutsche Syntax: Ansichten und Aussichten.* Berlin: de Gruyter, 128–154.

Rehbein, Jochen (1992): Zur Wortstellung im komplexen deutschen Satz. In Hoffmann, Ludger (Hrsg.): *Deutsche Syntax: Ansichten und Aussichten.* Berlin: de Gruyter, 523–574.

Rehbein, Jochen (1995): Grammatik kontrastiv – am Beispiel von Problemen mit der Stellung finiter Elemente. *Jahrbuch Deutsch als Fremdsprache* 21, 265–292.

Reich, Hans H.; Roth, Hans-Joachim & Gantefort, Christoph (2008): Auswertungshinweise ‚Der Sturz ins Tulpenbeet' (Deutsch). In Klinger, Thorsten; Schwippert, Knut & Leiblein, Birgit (Hrsg.): *Evaluation im Modellprogramm FÖRMIG. Planung und Realisierung eines Evaluationskonzepts.* Münster: Waxmann, 209–237.

Senatsverwaltung für Bildung, Jugend und Sport (Hrsg.) (2002): *Bärenstark. Berliner Sprachstandserhebung und Materialien zur Sprachförderung für Kinder in der Vorschul- und Schuleingangsphase.* Berlin: SBJS.

Weinrich, Harald (2003): *Textgrammatik der deutschen Sprache.* Hildesheim: Olms.

Stefan Jeuk

Das Genus der Nomen – Erwerb, Diagnose und Förderung bei mehrsprachigen Kindern im Grundschulalter

Die Aneignung der Nominalflexion im Deutschen stellt für mehrsprachige Kinder eine der schwierigsten Lernaufgaben dar (Ahrenholz 2006). Vermutlich spielt dabei das Genus der Nomen eine zentrale Rolle. Ein Problem besteht darin, dass Genus selten am Nomen selbst, sondern an Determinierern, Pronomen und Adjektiven markiert wird. Insbesondere bei Determinierern und Pronomen besteht die Schwierigkeit, dass die grammatischen Morpheme polyfunktional sind und zugleich auch Kasus und Numerus markieren. So ist umstritten, ob sich die Aneignung des Genus überhaupt isolieren lässt oder ob nicht vielmehr die Komplexität nominaler Gruppen in den Blick genommen werden muss (Montanari 2012).

Verschiedene Disziplinen befassen sich mit der Aneignung, der Diagnose und der Förderung der Nominalflexion im Deutschen, unter anderem die Zweitspracherwerbsforschung, die Fremdsprachendidaktik und die Patholinguistik, nicht immer nehmen die Disziplinen Bezug aufeinander, obwohl die diskutierten Problemfelder große Überschneidungen aufweisen. So wird in vielen Vorschlägen zur Förderung und zum Unterricht darauf verwiesen, dass Genus als grammatisches Geschlecht der Nomen mit jedem Nomen einzeln gelernt werden müsse, da es nur wenige zuverlässige Regeln der Genuszuweisung und viele Ausnahmen gäbe. Im Fremdsprachenunterricht wird folgerichtig ein Nomen immer gemeinsam mit dem bestimmten Artikel gelernt, allerdings bleibt es dabei häufig bei einer Begrenzung auf den Nominativ. Eine gebrauchsbasierte Anwendung findet dann erst wieder im Kontext der Förderung von Kasusformen statt, hier wird das Genus aber selten thematisiert, vielmehr werden die Kasusformen in den verschiedenen Genera angeboten (Rogina 2010). Des Weiteren werden mnemotechnische Methoden zur Unterstützung des Genuserwerbs diskutiert, die ebenfalls von einer einzelheitlich zu lernenden Genusmarkierung der Nomen ausgehen. Strategiebasierte Ansätze sind in der Fremdsprachendidaktik ebenfalls bekannt, diese beziehen sich in der Regel auf produktive Derivationsmorpheme (-heit, -keit, -ung), die zwar häufig eine eindeutige Genuszuweisung ermöglichen, die aber z. B. im Grundwortschatz nur sehr wenige Nomen repräsentieren.

Interessanterweise haben sich in der Praxis der Förderung mehrsprachiger Kinder, die im Grundschulalter Deutsch als Zweitsprache erwerben, auch die aus der Fremdsprachendidaktik bewährten Unterstützungsmaßnahmen zur Genusaneignung (Lernen des bestimmten Artikels mit dem Nomen, farbliche Kennzeichnung der Nomen, Mnemotechniken) bisher nur teilweise durchgesetzt. So zeigt z. B. ein Blick auf Fibeln und andere Grundschullehrwerke, dass es in den meisten Fällen keinerlei Unterstützungsangebote zur Genusaneignung gibt. Dies hat sicherlich mit der submersiven Beschulung mehrsprachiger Kinder in Deutschland zu tun (Belke 2012) und mit der Annahme, dass einsprachige Kinder zum Zeitpunkt der Einschulung bei der Sprachaneignung keine explizite Unterstützung mehr benötigen. In Materialen zur Förderung von neu eingewanderten Kindern, z. B. in Vorbereitungsklassen, werden solche Hilfen eher angewendet.

In dem folgenden Beitrag soll der Versuch unternommen werden, Erkenntnisse der genannten Disziplinen hinsichtlich der Aneignung, der Diagnose und der Förderung des Genus der Nomen im Kontext der Nominalflexion des Deutschen in einem Überblick darzustellen. Die Darstellung stellt keinen Anspruch auf Vollständigkeit, aber die wesentlichen Grundzüge des derzeitigen Stands der Forschung sollen erfasst werden. Das Ziel ist, im Hinblick auf die Förderung der Aneignung des Genus auszuloten, welche Unterstützung Kindern im Grundschulalter gegeben werden kann.

1 Aneignung

An Nomen, Artikeln, Proformen und Adjektiven werden im Deutschen Determination, Genus, Kasus und Numerus markiert, innerhalb einer Nominalphrase sind diese Wortklassen kongruent. Die Markierung des Genus erfolgt i. d. R. nicht am Nomen selbst, das Nomen steht in einer Rektionsbeziehung zu den anderen Wortklassen. Die Entscheidung, welchem Genus ein Nomen zugehört, beruht auf phonologischen, silbischen, morphologischen und semantischen Gesetzmäßigkeiten, es gibt jedoch eine Reihe von Ausnahmen (Wegener 1995). Zudem stellt die Verschmelzung von Genus, Kasus und Numerus zu einem Flexiv und die damit verbundene Plurifunktionalität der Morpheme die Lerner vor große Herausforderungen. Es ist durchaus möglich, bei ca. 90 % der deutschen Nomen Regeln der Genuszuordnung zu bestimmen (Köpcke & Zubin 1984). Wichtigste Regeln sind z. B. das Natürliche-Geschlecht-Prinzip und phonetische Prinzipien (Einsilberregel, Schwa-Regel). In Experimenten mit Kunstwörtern zeigt sich, dass Erwachsene diese Regeln durchaus nutzen können. Ob und inwieweit diese internalen Hinweise den Genuserwerb unterstützen, ist umstritten (Glaser, Glück & Cholewa 2012, Rogina 2010).

In der Spracherwerbsforschung ist die Untersuchung des Erwerbs der Nominalflexion zunächst auf den Kasus bezogen (Clahsen 1984, Mills 1986, Tracy 1986). Erste Markierungen am Nomen werden im Alter von ungefähr 3;0 Jahren beobachtet (Phase IV nach Clahsen 1984). Im Alter von ungefähr 3;6 gehen Kinder dazu über, in Akkusativ- und Dativkontexten eine Akkusativform zu gebrauchen, erst dann werden Dativformen differenziert. Der Akkusativ wird in der Regel in der Funktion direkter Objekte gebraucht, Dativformen erscheinen meist innerhalb von Präpositionalphrasen. In verschiedenen Untersuchungen (Bewer 2004) wird die Aneignungsreihenfolge Nominativ vor Akkusativ vor Dativ relativiert, als grundsätzliche Tendenz kann sie jedoch als bestätigt gelten. Für einsprachig deutsche Kinder wird angenommen, dass sie bis zu einem Alter von 5 Jahren die Basis der zielsprachlichen Grammatik erworben haben. Insbesondere Dativformen werden jedoch auch im Grundschulalter noch nicht immer selbstverständlich beherrscht (Ulrich u. a. 2016).

Eine der ersten Forschungen, die sich mit dem Erwerb nominaler Gruppen im Kontext von Mehrsprachigkeit befasst, ist die Studie von Wegener (1995). Auf der Grundlage freier Sprachproben bei Kindern mit den Erstsprachen Russisch, Polnisch und Türkisch im Alter von 6 bis 10 Jahren entwickelt sie ein Phasenmodell des Kasuserwerbs (in Verbindung mit Genus). Eine erste Phase ist von der Auslassung determinierender Elemente geprägt, der Erwerb der Determination stellt den ersten wichtigen Schritt dar. In Analogie zum Erstspracherwerb werden zunächst Nominativformen zur Kennzeichnung des direkten Objekts eingesetzt, dabei wird die Formenvielfalt häufig auf *der* und *die* für das Subjekt und *das* für das Objekt reduziert. Später tritt die *den*-Form für Objekte hinzu, Dative werden als letztes erworben, jeweils erworbene Formen werden übergeneralisiert.

Auf Grundlage einer Langzeituntersuchung in Kindertageseinrichtungen bei 200 mehrsprachigen Kindern stellen Kaltenbacher & Klages (2006) vergleichbare Tendenzen fest: Zunächst fehlen Artikel, wenn die Kinder Determination erworben haben, werden *der* und *die* undifferenziert gebraucht. In einem weiteren Schritt eignen sich die Kinder ein zweigliedriges System an, das sich auf Genus oder auf Kasus bezieht (Ruhberg 2015: 31). Schließlich gebrauchen sie ein dreigliedriges Genussystem (*der, die, das*) für Subjekte und ein zweigliedriges Kasussystem (*den* und *die*) für Objekte. Im Unterschied zum Erstspracherwerb ist der zielsprachliche Gebrauch des Genus ein großes Problem bei der Aneignung der Nominalflexion. Prinzipien der Genuszuweisung werden von vielen Kindern nicht erkannt, einige Kinder beachten das Natürliche-Geschlecht-Prinzip und die Schwa-Regel bei Zweisilbern. Marouani (2006) stellt in einer Studie mit neun zweisprachigen Kindern (Arabisch & Deutsch) im Alter von 2 bis 5 Jahren fest, dass diese das Natürliche-Geschlecht-Prinzip, die Schwa-Regel sowie die Einsilberregel nutzen. Allerdings wenden die einzelnen Kinder die Prinzipien höchst unterschiedlich und nicht immer zielführend an.

Jeuk (2008, 2013) stellt bei der Analyse freier Sprachproben bei 20 mehrsprachigen Kindern ebenfalls eine Erwerbsfolge auf, verweist jedoch auf die häufige Erwerbsstrategie, sich zunächst auf eine Form als Default zu beschränken, die als Artikel und als Pronomen eingesetzt werden kann (*der* oder *die*). Formen, an denen Kasusfunktionen erkennbar sind (*dem*, *den*), tauchen zunächst kaum auf und wenn, dann als klitisierte Formen (*im*, *am*). Mit diesen Formen, die möglicherweise als Ganzheiten gelernt werden, wird schon früh der Dativ in präpositionalen Gruppen markiert. In einem weiteren Schritt tritt eine alternative Form hinzu, (*der* oder *die*), die häufig übergeneralisiert wird. Dann werden verstärkt Akkusativkontexte, später Dativformen korrekt eingesetzt. Eine weitere Beobachtung ist, dass die meisten Kinder in Akkusativ- und Dativkontexten die korrekte Form wählen, wenn diese auch im Nominativ beherrscht wird. Darüber hinaus machen die meisten Kinder in obliquen Kasus weniger Fehler als im Nominativ. Diese Tendenz bestätigt die Annahme von Wegener (1995), nach der Kinder eher Funktionen als Formen erwerben. Demnach haben Kinder mit den schwer erlernbaren Genus-Zuordnungen weniger Schwierigkeiten als mit dem regelhaften Kasus.

Die genannten Erwerbsschritte werden auch von Montanari (2012) bestätigt. Der entscheidende Punkt ist im Erwerb der Kongruenz zwischen den genusmarkierenden sprachlichen Mitteln zu sehen: Kinder, die Kongruenz gemeistert haben, erreichen eine hohe zielsprachliche Kompetenz im Genus. Kongruenz ist das Mittel, um Referenz und Kohäsion als wichtige Funktionen des Genus zu unterstützen. Mehrere Genus anzeigende Lexeme, die sich auf dasselbe Substantiv beziehen, erfüllen im Diskurs die Anzeige, welches Genus ein Nomen hat. Je weiter die Aneignung fortgeschritten ist, je besser die Kinder längere diskursive Passagen verarbeiten können und je besser Kasus beherrscht wird, desto zahlreicher und eindeutiger können die Genusanzeiger entschlüsselt werden.

Auch in der Patholinguistik gibt es Untersuchungen, die sich dem Erwerb der Nominalflexion widmen. Scherger (2015) sieht den Kasus als klinischen Marker für eine Spezifische Sprachentwicklungsstörung (SSES). In einer Untersuchung auf der Basis von Spontansprachanalysen bei 10 einsprachigen Kindern mit SSES und 14 mit ungestörter Sprachentwicklung im Alter von 4 und 7 Jahren konnte die Aneignungsfolge Nominativ – Akkusativ – Dativ bestätigt werden. Die Kinder mit SSES benötigen für den Erwerb des Dativs jedoch deutlich länger als die Kinder ohne SSES.

In der Untersuchung von Ulrich u. a. (2016) wurden 968 monolinguale Kinder zwischen 4 und 9 Jahren mit dem Diagnoseverfahren ESGRAF (Motsch & Rietz

2016) getestet. In diesem Verfahren werden neben Verbstellungsregeln Kasus, Genus und Numerus untersucht. In kommunikativen Spielsituationen (im Zirkus) werden Äußerungen von Kindern elizitiert. Im Vorfeld wurden alle Nomen auf ihre Genuskorrektheit hin überprüft („*Wer ist das?*" – „*Der Tiger*"), sodass jedes Item, das nicht mit dem korrekten Artikel benannt wurde, aus der Kasusanalyse ausgeschlossen werden konnte. Die Analysen zeigen, dass die Fähigkeit, ein Nomen mit dem korrekten Artikel im Nominativ zu bezeichnen, keine zwingende Voraussetzung für die korrekte Kasusmarkierung am Artikel dieses Nomens ist. So wurde der Dativ in einigen Fällen korrekt gebildet, obwohl die Kinder zuvor nicht das korrekte Genus in Form des definiten Artikels am Nominativ markiert hatten. Auch diese Beobachtung lässt sich mit der Annahme von Wegener (1995) begründen, dass die Kinder eher Funktionen als Formen erwerben. Ein weiteres Ergebnis dieser Studie ist, dass bei 30 % der monolingualen Kinder der Dativerwerb vor Eintritt ins 10. Lebensjahr noch nicht vollständig abgeschlossen ist.

Zusammenfassend kann festgestellt werden, dass in Bezug auf die Kasusaneignung die Reihenfolge Nominativ – Akkusativ – Dativ im Wesentlichen bestätigt wird. Einsprachige und mehrsprachige Kinder eignen sich zunächst Determination an und nähern sich den korrekten Formen über zwei- und dreigliedrige Systeme. In einigen Studien wird die Bedeutung von Default-Formen hervorgehoben, auf die Kinder in Zweifelsfällen zurückgreifen (Ruhberg 2015). Auffallend ist, dass auch einsprachige Kinder bei experimentellen Studien bis zur Einschulung keine vollständige Sicherheit im Genussystem erreichen. Ungeklärt ist die Frage, inwieweit internale Genushinweise die Aneignung unterstützen. Die Aneignung des Numerus scheint für mehrsprachige Kinder kein größeres Lernproblem zu sein.

2 Diagnose

Die Nominalflexion wird in Diagnoseverfahren meist im Hinblick auf Kasus abgeprüft. Der SET 5–10 (Petermann 2012) z. B. ist ein standardisiertes Sprachstandserhebungsverfahren für Kinder von 5 bis 10 Jahren. Er besteht aus 10 Subtests, Normierungen liegen auch für mehrsprachige Kinder vor. Diese werden jedoch auf Grundlage des Lebensalters vorgenommen und referieren auf den einsprachigen Erwerb. Die Nominalflexion wird lediglich im Untertest Singular-Pluralbildung im Hinblick auf morphologisches Regelwissen überprüft („Das ist ein Pferd. Das sind viele_____?").

Das *Lise DaZ* (Schulz & Tracy 2012) ist ein standardisiertes Verfahren, das für mehrsprachige Kinder konzipiert ist. Als Normierungsgrundlage wurde das Kontaktalter in der Zweitsprache Deutsch gewählt. Lise DaZ wurde als Förderdiagnostik konzipiert, das heißt der „individuelle Sprachentwicklungsstand des Kindes soll in Bezug auf zentrale sprachliche Eigenschaften so differenziert bestimmt werden, dass sich konkrete Förderentscheidungen ableiten lassen" (Schulz & Tracy 2012: 18). Im Mittelpunkt des Verfahrens stehen sprachliche Aspekte, die zu den Kernbereichen des Deutschen gehören, die besonders aufschlussreich für die Einschätzung syntaktischer, morphologischer und semantischer Kompetenzen sind und die in der Spracherwerbsforschung und in der Zweitspracherwerbsforschung gut untersucht sind. Im produktiven Sprachgebrauch werden Satzbaupläne, Wortklassen, Subjekt-Verbkongruenz sowie die Kasusmarkierung überprüft. Ausgeblendet bleiben Bereiche sprachlichen Wissens (sic!), die sich durch Unregelmäßigkeiten und viele Ausnahmen auszeichnen. Dazu gehören das Genus und die Pluralbildung im Deutschen, sie müssen nach Schulz & Tracy (2012) item-basiert gelernt werden. Diese Bereiche sind nach Ansicht der Autorinnen grundsätzlich Gegenstand der Förderung bei mehrsprachigen Kindern, sodass sie nicht extra diagnostiziert werden müssen.

Bei *Profilanalysen* (Heilmann 2012) steht zunächst die Satzbildung im Fokus. Dem liegt die Annahme zu Grunde, dass wenn ein Kind Profilstufe IV (Verbendstellung in Nebensatzstrukturen, Grießhaber 2010) erworben hat, es auch in der Nominalflexion einen altersgemäßen Stand erreicht hat. Auch mit dem Verfahren *Der die das Sprachstandsbeobachtung 1/2* (Jeuk 2011) wird, ausgehend von der Nacherzählung einer Bildergeschichte (analog zum HAVAS Verfahren, Reich & Roth 2004), ein sprachliches Profil erhoben. Allerdings wird hier die Nominalflexion explizit untersucht: Zunächst wird gefragt, ob das Kind überhaupt Determinierer verwendet. Des Weiteren wird die korrekte Verwendung des Genus getrennt von der korrekten Verwendung der Kasus erfasst. Allerdings ist dies in der Auswertungspraxis auf Grund der Polyfunktionalität der Formen nicht immer eindeutig feststellbar. In der Auswertungsanleitung wird darauf hingewiesen, dass unterstellt werden solle, dass eher der Kasus korrekt ist als das Genus. Sagt ein Kind also „Ich sehe den Katze" wird unterstellt, dass der Kasus korrekt gebildet wurde, dass aber das falsche Genus gewählt wurde.

Das Screening grammatischer Fähigkeiten (Mehlau 2016) ist ein Gruppentest für Kinder der zweiten Klasse. Mehrsprachige Kinder waren in der Normierungsstichprobe (N = 976) mit 5 % vertreten. Überprüft werden in fünf Untertests Genus, Plural, Akkusativ, Dativ und S-V Kongruenz. Bei Subtest 1 werden jeweils 10 maskuline, 10 feminine und 10 neutrale Nomen überprüft, die Kinder sollen den richtigen Artikel im Nominativ ankreuzen. Die weiteren Untertests werden über das schriftliche Einfügen der korrekten Form bearbeitet. Bezüglich der Förderung wird die Auswertung des Genus-Tests dafür genutzt, dass Kasus nur mit den Wörtern geübt werden soll, bei denen das Genus bekannt ist. Die Aneignung des Genus wird als einzelheitlich zu lernen beschrieben.

Im ESGRAF 4-8 (Motsch & Rietz 2016), das zur Sprachdiagnostik bei Kindern mit Spezifischer Sprachentwicklungsstörung (SSES) konzipiert wurde, werden innerhalb einer diskursiven Rahmenhandlung (im Zirkus) grammatische Fähigkeiten von Kindern erfasst. Zunächst wird überprüft, ob Syntaxregeln erworben wurden. In weiteren Modulen werden die Verbzweitstellung, die S-V-Kongruenz, die Verbendstellung in Nebensätzen und die Dativmarkierung überprüft. Auch die Genuszuordnung kann analysiert werden, sowohl im Nominativ als auch in obliquen Kasus. Bezüglich der Förderung wird ebenfalls festgestellt, dass Genus einzelheitlich zu erwerben sei und dass Kasus nur mit Nomen geübt werden sollte, bei denen das Genus im Nominativ bekannt ist.

Zusammenfassend ist festzuhalten, dass Nominalflexion in Testverfahren häufig im Hinblick auf Numerus und Kasus, selten im Hinblick auf Genus erfasst wird. In Verfahren zur Diagnostik Spezifischer Sprachentwicklungsstörungen (SSES) wird die Genuszuweisung als Grundlage für die Förderung des Kasus erfasst, hinsichtlich des Genus wird auf einzelheitliches Lernen verwiesen. Im Verfahren *der die das* (Jeuk 2011) wird zwischen Genus- und Kasusaneignung differenziert. Die folgende Tabelle gibt einen zusammenfassenden Überblick über die vorgestellten Verfahren:

Tab. 1: Diagnose der Nominalflexion in ausgewählten Verfahren

Verfahren	Überprüfte Bereiche der Nominalflexion	Bezug zur Mehrsprachigkeit	Bezug zur Spracherwerbsforschung
SET 5-10	Numerus	--	--
Lise DaZ	Kasus	Ja	ja
Profilanalyse (Heilmann)	--	Ja	ja
Der die das 1/2	Genus, Kasus	Ja	ja
Screening (Mehlau)	Genus, Kasus	--	ja
Esgraf 4-8	Genus, Kasus	--	ja

3 Förderung

Im Folgenden werden Ansätze aus der Deutschdidaktik, der Fremdsprachendidaktik und der Sprachpathologie zur Unterstützung der Aneignung nominaler Gruppen vorgestellt. Dabei werden vor allem solche Ansätze erfasst, die sich explizit der Genus- und Kasusaneignung widmen. Aus Gründen der Eingrenzung liegt ein Schwerpunkt auf Förderansätzen zum Genuserwerb, denn dies scheint für mehrsprachige Lerner das größere Problem zu sein. Bei einer Reihe von Unterrichtsideen aus der Deutschdidaktik werden Artikelzuordnungen zu Nomen mittels Bild-Wort Zuordnungen geübt. Z. B. werden Wörter (als Bild oder geschrieben) geangelt und die Kinder sollen den bestimmten Artikel im Nominativ benennen (Arslan 2005, Schäfer 2006, vgl. Jeuk & Schäfer 2008). Ähnlich wird bei Klammerkarten oder Memoryspielen vorgegangen. Bei solchen Übungen geht es um das Memorieren bekannten Wissens. Sie sind evtl. sinnvoll, wenn ein Kind, das bei der Zuordnung der Artikel unsicher ist, ein anderes Kind als Partner hat, das ihm die Artikel nennen kann. Möglichkeiten der Selbstkontrolle sind hilfreich, wenn einem Kind ein Großteil der Artikel-Wort-Zuordnungen bekannt ist und nur wenige unbekannte Zuordnungen gelernt werden müssen. Kennt ein Kind die zu übenden Artikel-Wort-Zuordnungen nicht, kann es durch solche Übungen verwirrt werden, denn das Angebot bietet keine Hilfen. Solche Übungen gibt es nur in Bezug auf den bestimmten Artikel im Nominativ. Eine Einbettung in Verwendungskontexte und damit in die Funktion des Artikels findet nicht statt. So bleibt der bestimmte Artikel eine zusätzliche Lernaufgabe, deren Sinn sich kaum erschließt.

Auch in der Fremdsprachendidaktik sind Methoden des Memorierens und Auswendiglernens verbreitet. Neben der Feststellung, dass ein Nomen im Nominativ zusammen mit dem (bestimmten) Artikel gelernt werden solle, werden mnemotechnische Methoden vorgeschlagen. So geht Opdenhoff (2009) davon aus, dass die internalen Genushinweise für Lerner zu komplex seien. Als mnemotechnische Methoden werden z. B. Merksätze (*Herr -ig -ling -or -is -mus*) vorgeschlagen oder Übungen, bei denen räumliche, phantasiebezogene oder emotionale Assoziationen mit dem Nomen-Artikel-Lernen verbunden werden. So können z. B. Nomen mit einem gleichen Genus in einem Bild dargestellt werden oder alle maskulinen Nomen werden gedanklich an eine bestimmte Stelle platziert (auf einen Tisch). Eine weitere Möglichkeit besteht in der Zuordnung von Nomen gleicher Genusklassen zu einem Bezugsnomen (*Elefant – Buch – Gitarre*). So kann man sich z. B. das maskuline Nomen *Kugelschreiber* merken, indem man sich einen Elefanten mit einem Kugelschreiber im Rüssel vorstellt. Als weitere Möglichkeit werden Farbmarkierungen der Nomen vorgeschlagen (maskulin blau, feminin rot, neutrum grün). Sippel & Albert (2015) überprüfen die Wirksamkeit von farblichen Kennzeichnungen der Genera, in einer Langzeitstudie mit 83 erwachsenen Lernern mit Amerikanisch als L1 konnten sie zeigen, dass Lerner, die Nomen eines bestimmten Genus immer zusammen mit einer farblichen Kennzeichnung lernen, etwas erfolgreicher sind als Lerner, die über diese Kennzeichnung nicht verfügen. Die Ergebnisse sind jedoch nicht signifikant.

Ausgehend von der Annahme, dass internale Genushinweise (phonologische, morphologische und semantische, Köpcke & Zubin 1984) den Genuserwerb bei Muttersprachlern steuern, untersucht Rogina (2010) Möglichkeiten *strategiebasierten* Genuslernens im Fremdsprachenunterricht. In den meisten Fremdsprachenlehrwerken wird Genus nur in Form von bestimmten Artikeln im Nominativ beim lexikalischen Lernen angeboten. Die Rolle des Genus auf syntaktischer und textueller Ebene bleibt ausgelagert in Themen wie „Deklination des Artikels", „Adjektivdeklination", „Deklination der Nomengruppe" usw. Folgerichtig fordert Rogina (2010: 154f.) eine Thematisierung der internen Struktur der nominalen Gruppe auch und gerade im Hinblick auf das Genus im Kontext der Arbeit an Texten. In Texten sind Genera auf natürliche Weise frequent, Texte gestalten die Möglichkeit der Progression, der stufenweisen Erweiterung nominaler Gruppen. Eine farbige Kennzeichnung des Genus in Texten ermöglicht die Reflexion über morphologische Formen im Kontext ihrer Funktion. Ähnlich argumentiert Kwakernak (2002). Er schlägt vor, Pronomen als Brücke zwischen dem korrekten Genus und dem Nomen zu nutzen (Vergleiche: *Er rennt schnell, der rennt schnell, der Lehrer rennt schnell*). Auch hier ist eine Einbettung in Verwendungskontexte zentral.

In einer experimentellen Studie kann Menzel (2003) zeigen, dass Hinweisreize wie die Schwa-Regel (90 % der Nomen auf *-e* sind weiblich) für erwachsene Lerner starke Signale sind. Die Frage, ob ein internaler Hinweisreiz (Cue) für den Lerner hilfreich ist, hängt demnach von der Wahrnehmbarkeit, der Verfügbarkeit und der Zuverlässigkeit des Reizes ab. Morphologische Regeln sind z. B. sehr zuverlässig, manche dieser Regeln betreffen aber nur wenige Nomen. Einsilber, die zu ca. 60 % männlich sind, sind zwar hochgradig verfügbar, die Zuverlässigkeit der Regel ist aber eingeschränkt. Menzel plädiert dennoch für eine weitaus stärkere Betonung von Genusregeln bereits im Anfängerunterricht und für eine explizite Vermittlung von Regeln in Abhängigkeit von ihrer Relevanz (Inputfrequenz). Über Regelkonflikte soll von Beginn an kommuniziert werden (z. B. *die Regel* als Abweichung von der Regel, dass *-el*-Wörter zu 70 % maskulin sind).

Richter (2009) formuliert für erwachsene Lerner in Integrationskursen drei verschiedene Nomengruppen, die verschiedene didaktische Zugänge benötigen. Nomen, bei denen das Genus auf Grund des Natürlichen-Geschlecht-Prinzips oder auf Grund semantischer Prinzipien zugewiesen wird, sollen über Analogiebildung (z. B. in der thematischen Einbettung bei Wetterphänomenen, die in der Regel maskulin sind) zugewiesen werden. Ähnlich wird bei Nomen mit morphologischen und phonologischen Hinweisreizen vorgegangen, hier sollen gleich klingende Wörter gesammelt und gemeinsam gelernt werden. Für das Lernen bei Wörtern, die als Ausnahmen von Regeln gelernt werden müssen, bleiben mnemotechnische Methoden, Richter nennt explizit Raps, Reime und Lieder.

Auch aus der Patholinguistik bzw. der Sonderpädagogik gibt es Überlegungen, Schwierigkeiten bei der Genuszuweisung zu fördern. Schmidt und Kauschke (2016) berichten über die „Genustherapie" bei vier mehrsprachigen Kindern (Türkisch und Deutsch) mit einer SSES. Dabei wurden 120 Nomen geübt, 70 % enthielten sichere Hinweise auf die Genuszuweisung (maskulin: *-en, -er,* einsilbig; feminin: *-e, in*; neutrum: *-chen, -lein*). Zudem wurden Farben und Formen mit den drei Genera verbunden. Neben einem hochfrequenten und intensiven Angebot der Nomen wurde eine Kombination von Inputspezifizierung (gehäufte Einführung relevanter Funktionen), Modellierung (z. B. korrektives Feedback) sowie Übungen und Kontrastierungen zur Metasprache vorgenommen. Übungsmaterial waren z. B. Bildkarten mit Alltagsszenen. Die Autorinnen können signifikante Lerneffekte bei drei der Probanden beobachten. Bestehende Regularitäten der Genuszuweisung werden als wichtige Erleichterung aufgefasst, allerdings kann in dieser qualitativen Studie nicht ausgeschlossen werden, dass Verbesserungen vor allem auf Übungseffekten beruhen sowie durch eine erhöhte Aufmerksamkeit und Sensibilisierung zu begründen sind.

In einer weiteren Trainingsstudie bei acht mehrsprachigen Kindern mit Türkisch als L1 (Glaser, Glück & Cholewa 2012) wurden zwei unterschiedliche Trainingsmethoden erprobt. Die eine Trainingsmethode bestand darin, dass die Kinder Genuszugehörigkeit anhand externaler Hinweisreize nutzen sollten. Z. B. sollte einem Nomen, dem zuvor ein bestimmter Artikel zugeordnet wurde, nun das entsprechende Demonstrativpronomen zugeordnet werden, oder die NP mit unbestimmtem Artikel wurde durch ein kongruentes Adjektiv erweitert. Die zweite Methode beruhte auf internen Genusindikatoren. Über prototypische Schlüsselwörter wurden Muster geliefert und Wörter der gleichen Klasse wurden zugeordnet (*Blume – Küche, Kreuzung – Werbung, Winter – Bäcker*). Sechs der acht Kinder zeigten deutliche Fortschritte, vieles deutet darauf hin, dass die Kinder vor allem Nutzen aus den internalen Genushinweisen ziehen konnten. Glaser, Glück & Cholewa (2012: 326) kommen zu dem Schluss, dass Kinder in L1 und im L2 Erwerb durchaus Nomen-internale Hinweisreize (wie die Schwa-Regel) verwenden, um das inhärente Genusmerkmal von Nomen zuordnen zu können, wenn auch zunächst ohne Berücksichtigung der mehr oder weniger zahlreichen Ausnahmen.

4 Schluss

Vor dem Hintergrund der Lernaufgabe und des Ausmaßes der Lernschwierigkeiten bei mehrsprachigen Kindern im Grundschulalter hinsichtlich der Aneignung der Morphologie nominaler Gruppen verwundert es, dass es nach wie vor eine überschaubare Forschungsaktivität in diesem Bereich gibt. Insgesamt scheinen die Spracherwerbsforschung und die Zweit- und Fremdspracherwerbsforschung stärker auf den Erwerb verbaler Gruppen fokussiert, in Diagnoseverfahren unterschiedlichster Provenienz werden nominale Gruppen, wenn überhaupt, im Hinblick auf Kasus und Numerus erfasst. Determination und Genus spielen unter Hinweis auf episodisches Lernen eine untergeordnete Rolle. Dies zeigt sich dann auch in den didaktischen Modellierungen, die sich auf wenige Vorschläge eingrenzen lassen und einen Schwerpunkt in Mnemotechniken haben. Allerdings sind diese nur zum Teil für Kinder im Grundschulalter anwendbar. In der Praxis der Sprachförderung an Grundschulen wird Genus teilweise nicht einmal thematisiert.

Erst in jüngerer Zeit gibt es aus der Fremdsprachendidaktik und der Sprachpathologie Untersuchungen, die auf strategiebasierte Aneignung bzw. Fördermöglichkeiten auch von Genus hinweisen (Schmidt & Kauschke 2016, Glaser, Glück & Cholewa 2012, Rogina 2010), eine Übertragung auf die Grundschuldidaktik steht allerdings aus. Hier muss die Zweitspracherwerbsforschung tätig werden, indem z. B. untersucht werden sollte, ob und wie internale Hinweisreize der Genusmarkierung von mehrsprachigen Kindern im Grundschulalter bei der Sprachaneignung genutzt werden können. Ebenso sollte die Förderung nominaler Gruppen stärker auf den Gebrauch in Texten und Kontexten bezogen werden, hier ist die Sprachdidaktik gefragt, denn sprachdidaktische Modellierungen stehen weitgehend aus. Dabei sollte sich die Deutschdidaktik durchaus auf relevante Entwicklungen in der Fremdsprachendidaktik und der Patholinguistik beziehen. Bei Konzeption von Lehrwerken und Fördermaterialien muss berücksichtigt werden, dass nicht nur mehrsprachige Grundschulkinder bei der Aneignung der Morphologie nominaler Gruppen unterstützt werden müssen.

5 Literatur

Ahrenholz, Bernt (Hrsg.) (2006): *Kinder mit Migrationshintergrund. Spracherwerb und Fördermöglichkeiten.* Freiburg: Fillibach.

Arslan, Feride (2005): Sprachvermittlung von Anfang an. Ein integratives Konzept zur Einführung der Artikel und ihrer Flexionen. *Praxis Grundschule.* 28/2, 12–18.

Belke, Gerlind (2012): *Mehr Sprache(n) für alle.* Baltmannsweiler: Schneider Hohengehren.

Bewer, Franziska (2004): Der Erwerb des Artikels als Genus-Anzeiger im deutschen Erstspracherwerb. *ZAS Papers in Linguistics* 33, 87–140.

Clahsen, Harald (1984): Der Erwerb der Kasusmarkierungen in der deutschen Kindersprache. *Linguistische Berichte* 89, 1–31.

Glaser, Jordana; Glück, Christian W. & Cholewa, Jürgen (2012): Förderung des Genuserwerbs im Deutschen bei Kindern mit Türkisch als Erstsprache. Psycholinguistische Hintergründe und Ergebnisse einer Pilotstudie. *Empirische Sonderpädagogik* 3/4, 303–330.

Grießhaber, Wilhelm (2010): *Spracherwerbsprozesse in Erst- und Zweitsprache.* Duisburg: Universitätsverlag Rhein-Ruhr.

Heilmann, Beatrix (2012): *Diagnostik & Förderung leicht gemacht.* Stuttgart: Klett.

Jeuk, Stefan & Schäfer, Joachim (2008): „Der, die, das – ist mir doch egal". *Grundschule Deutsch* 18, 11–15.
Jeuk, Stefan (2013): Aspekte der Nominalflexion bei mehrsprachigen Kindern. In Dirim, Inci & Oomen-Welke, Ingelore (Hrsg.): *Mehrsprachigkeit in der Klasse. Wahrnehmen – aufgreifen – fördern*. Stuttgart: Fillibach bei Klett, 109–119.
Jeuk, Stefan (2011): *Sprachstandsbeobachtung für der die das 1/2*. Berlin: Cornelsen.
Jeuk, Stefan (2008): „Der Katze jagt den Vogel". Aspekte des Genuserwerbs im Grundschulalter. In Ahrenholz, Bernt (Hrsg.): *Zweitspracherwerb. Diagnosen, Verläufe, Voraussetzungen*. Freiburg: Fillibach, 135–150.
Kaltenbacher, Erika & Klages, Hanna (2006): Sprachprofil und Sprachförderung bei Vorschulkindern mit Migrationshintergrund. In Ahrenholz, Bernt (Hrsg.): *Kinder mit Migrationshintergrund. Spracherwerb und Fördermöglichkeiten*. Freiburg: Fillibach, 80–97.
Köpcke, Klaus-Michael & Zubin, David (1984): Sechs Prinzipien für die Genuszuweisung im Deutschen. Ein Beitrag zur natürlichen Klassifikation. *Linguistische Berichte* 93, 26–50.
Kwakernaak, Erik (2002): Nicht alles für die Katz. Kasusmarkierung und Erwerbssequenzen im DaF-Unterricht. *Deutsch als Fremdsprache* 39/3, 156–166.
Mehlau, Kathrin (2016): Screening grammatischer Fähigkeiten Klasse 2 (SGF2) – ein neues Gruppenverfahren zur Erhebung des Sprachentwicklungsstandes. *Praxis Sprache* 4, 251–254.
Menzel, Barbara (2003): Genuserwerb im DaF-Unterricht. *Deutsch als Fremdsprache* 40/4, 233–237.
Mills, Anne E. (1986): *The Acquisition of Gender. A Study of English and German*. Berlin: Springer.
Marouani, Zahida (2006): *Der Erwerb des Deutschen durch arabischsprachige Kinder*. Universität Heidelberg.
Montanari, Elke (2012): Genuserwerb im Diskurs in der Zweitsprache Deutsch. In Ahrenholz, Bernt & Knapp, Werner (Hrsg.): *Sprachstand erheben – Sprachstand erforschen*. Freiburg: Fillibach bei Klett, 17–34.
Motsch, Hans-Joachim & Rietz, Christian (2016): *ESGRAF 4–8*. München: Reinhardt.
Opdenhoff, Jan-Hendrik (2009): Mnemotechnische Methoden im DaF-Erwerb. Eine experimentelle Studie zur Genuszuweisung. *Deutsch als Fremdsprache* 46/1, 31–37.
Petermann, Franz (2012): *Sprachstandserhebungstest für Kinder im Alter zwischen 5 und 10 Jahren* (SET 5–10). Göttingen: Hogrefe (2010).
Reich, Hans H. & Roth, Hans-J. (2004): *HAVAS 5. Hamburger Verfahren zur Analyse des Sprachstandes bei 5-jährigen*. Hamburg: Behörde für Bildung und Sport.
Richter, Thomas (2009): Erwerb des korrekten Genus-Gebrauchs im Kontext sprachlicher Fossilierungseffekte. *DaZ* 3, 40–48.
Rogina, Irene (2010): Das Genus der Substantive – Überlegungen aus der fremdsprachlichen Lern- und Erwerbssicht. *Deutsch als Fremdsprache* 47/3, 151–159.
Ruhberg, Tobias (2015): Diagnostische Aspekte des Genuserwerbs ein- und mehrsprachiger Kinder. *Forschung Sprache* 3/2, 22–41.
Schäfer, Sandra (2006): Der schwierige Weg zum richtigen Artikel. *Praxis Grundschule* 29/3, 38–43.
Scherger, Anna-Lena (2015): Kasus als klinischer Marker im Deutschen. *Logos* 23/3, 144–175.
Schmidt, Hanna Mareike & Kauschke, Christina (2016): Genustherapie bei bilingualen Kindern mit spezifischer Sprachentwicklungsstörung. *Logos* 24/2, 94–104.

Schulz, Petra & Tracy, Rosemarie (2012): *Lise DaZ. Linguistische Sprachstandserhebung – Deutsch als Zweitsprache*. Göttingen: Hofgrefe.
Sippel, Liselotte & Albert, Ruth (2015): Der Brust und die Bioladen. Genuslernen mit Mnemotechniken im Anfangsunterricht. *Deutsch als Fremdsprache* 52/4, 214–222.
Tracy, Rosemarie (1986): The acquisition of case morphology in German. *Linguistics* 24, 47–78.
Ulrich, Tanja; Penke, Martina; Margit Berg; Lüdtke, Ulrike & Motsch, Hans-Joachim (2016): Der Dativerwerb – Forschungsergebnisse und ihre therapeutischen Konsequenzen. *Logos* 24/3, 176–190.
Wegener, Heide (1995): *Die Nominalflexion des Deutschen – verstanden als Lerngegenstand*. Tübingen: Niemeyer.

Martina Rost-Roth
Modalpartikeln mit begründender Funktion

Ein Vergleich der Modalpartikelverwendung von
Muttersprachlern und Nichtmuttersprachlern am Beispiel
von Kindern mit Deutsch als Erst- und Zweitsprache

1 Einleitung

Ziel des folgenden Beitrags ist, zu zeigen, dass Modalpartikeln (MP) auch als Mittel, Begründungen auszudrücken, eine wichtige Rolle spielen. Dies ist insbesondere beim Erwerb des Deutschen als Zweitsprache von Bedeutung. Schon frühere Untersuchungen zum Zweitspracherwerb haben gezeigt, dass Kinder und Jugendliche von einzelnen MP wie *ja* und *auch* Gebrauch machen, um Begründungszusammenhänge auszudrücken (Antos 1985; Schu 1988; Kutsch 1985). In umfangreicheren Studien zum muttersprachlichen Gebrauch von Begründungen (Gohl 2006; Grundler 2011) werden MP jedoch außer Acht gelassen, obgleich hier ein recht weitreichendes Bild zum Ausdruck von Begründungen aufgezeigt wird. Dies gilt auch für Untersuchungen zum Zweitspracherwerb.

Die Uneinheitlichkeit verschiedener Partikelphänomene – wie z. B. Distribution nach Satzarten und Sprechhandlungen – erschwert die Beschreibung des Phänomens der MP und bedingt, dass für Analysen häufig nur einzelne Partikeln oder auch einzelne Kontexte herausgegriffen werden. Im Bereich Deutsch als Zweit- und Fremdsprache kommt hinzu, dass die Zielsprache Deutsch eine Sprache darstellt, die sich mit dem Phänomen MP von vielen anderen Sprachen unterscheidet.

Der Beitrag versucht vor diesem Hintergrund zu zeigen, wie sich der Gebrauch von MP im Vergleich mit anderen Kausalitätsmarkern bei Muttersprachlern (MS) und Nichtmuttersprachlern (NMS) gestaltet.[1]

---

[1] An dieser Stelle sei Beate Lütke, Diana Maak und Gregor Kieselbach mein Dank für hilfreiche Anmerkungen ausgesprochen.

2 Forschungsüberblick

Begründungen werden in sehr unterschiedlichen Kontexten realisiert. Sie sind zum einen zentral für Argumente und Argumentationen, deren Ziel im Überzeugen der Gesprächspartner besteht. Wie schon Kopperschmidt (2000: 45) anführt, ist ein intuitives Wissen über Argumentation, eine sogenannte „argumentationspraktische Kompetenz", anzunehmen. Allerdings beinhalten Argumente einerseits auch andere Sprechhandlungen wie z. B. Behauptungen oder Widersprechen und andererseits kommen Begründungen auch in Kontexten wie z. B. Erzählungen oder Bitten etc. vor. Klein (1980) hat auf die Diskrepanz zwischen Kategorien der Argumentationstheorie und empirisch nachvollziehbaren Prinzipien des Argumentierens hingewiesen. Er zeigte, wie schwer es ist, einzelne Argumente und Begründungen in den Gesprächsschritten nachzuvollziehen. Ein weiterer empirischer Ansatz ist das ‚Mannheimer Kategoriensystem zur Analyse von Argumentationen und Argumentfunktionen (MAKS)' von Spranz-Fogasy, Hofer & Pikowsky (1992), das zur Anwendung auf authentische Diskussionen entwickelt wurde. Sie haben ein System von Kategorien entwickelt, mit dem Argumentinhalte und -funktionen – hierunter auch Begründungen – in politischen Diskussionen und anderen mündlichen Gesprächen identifiziert werden können. Das Kategoriensystem umfasst verschiedene Analyseebenen, wobei im Folgenden vor allem die Inhaltsebene und die Funktionsebene von Belang sind.[2]

Es gibt verschiedene Untersuchungen zu Argumentationen und Begründungen bei Kindern und Jugendlichen. Felton & Kuhn (2001) vergleichen z. B. Argumentationsstrategien von Jugendlichen und Erwachsenen. Vogt (2007) befasst sich mit Argumentieren in Zusammenhang mit der schulischen Kompetenzdiskussion. Speziell mit Argumentationen im schulischen Bereich befasst sich auch Grundler (2011). Sie sind schließlich auch von Bedeutung für den bildungssprachlichen Bereich (Gogolin et al. 2011). Von Interesse für den vorliegenden Beitrag sind vor allem empirische Untersuchungen zur sprachlichen Realisierung von Begründungen und kausalen Relationen.[3] Begründungen als Ausdruck von

---

[2] Auf der Ebene der Argumentfunktion werden Äußerungen daraufhin überprüft, ob sie zur Problematisierung anderer Positionen oder zur Stützung der eigenen Position beitragen (Spranz-Fogasy, Hofer & Pikowsky 1992: 363ff.). Auf der Inhaltsebene werden Bezüge auf Äußerungsinhalte unterschieden; hier ist insbesondere der Aspekt ‚Fakt', Bezug auf Gegebenes, von Interesse (Spranz-Fogasy, Hofer & Pikowsky 1992: 360ff.).

[3] Die Duden-Grammatik (2009: 1048) spricht in diesem Zusammenhang vom „Kausalsatz" und von „kausalen Konnektoren" (Duden 2009: 1085–1089), Engel (2009: 147) von „kausalen Subjunktorklassen" mit *weil* als „häufigstem Subjunktor", die IdS-Grammatik von Zifonun, Hoffmann & Strecker (1997: 2296f.) von „Konnektoren" zum Ausdruck „semantischer Relationen".

Kausalität können mit sehr unterschiedlichen sprachlichen Mitteln realisiert werden, wobei es sich einerseits um lexikalische Mittel wie *weil, da, denn, aufgrund* etc. handelt. Andererseits sind Bereiche der Syntax wie insbesondere die Einbettung kausaler Indikatoren und Nebensatzkonstruktionen berührt. Breindl & Walter (2009) untersuchen korpusbasiert die Kausalmarker wie u. a. *aufgrund, da, daher, darum, denn, deswegen, nämlich* und *weil*. Gohl (2006) untersucht gesprochene Sprache und ist hiermit von besonderer Bedeutung für die vorliegende Arbeit. Kausalität wird als Konzept gesehen und im methodischen Paradigma der interaktionalen Linguistik analysiert. Als sprachliche Mittel treten u. a. in Erscheinung: *weil-, denn-* und begründende *wenn*-Konstruktionen. Weitere Mittel sind z. B. *dass*-Konstruktionen, *durch* und *wegen*. Da der Ausdruck kausaler Relationen sehr unterschiedliche Mittel auf der Ebene von Lexik und Syntax betrifft, gibt es eine Vielzahl von Studien, die sich einzelnen Mitteln und Aspekten widmen. Ahrenholz (2002) hat eine Analyse von Grundwissen über Nebensatzkonstruktionen und grammatische Beschreibungen von Kausalbeziehungen geleistet. Goschler (2010) hat den Ausdruck kausaler Beziehungen in Erzählungen bei Kindern bzw. Jugendlichen analysiert und Feilke (1996 und 2010) hat *weil, denn* und *da* im schulischen Schreiben verglichen, um nur Beispiele zu nennen.

Auffallend ist, dass bei der Betrachtung kausaler Relationen besonders MP oft unberücksichtigt bleiben (wie z. B. auch bei Gohl 2006).[4] In der Literatur, die sich hingegen speziell mit MP befasst, sind begründende Funktionen schon früh in den Blick geraten. So spricht Settekorn (1977) von „minimalen Argumentationsformen" und Brausse (1986) von der „Polyfunktionalität von MP". Zu all diesen Funktionen und Bedeutungen von MP werden verschiedenste Überlegungen angestellt (vgl. u. a. Thurmair 1989) und immer wieder wird hierbei die Funktion der Begründung benannt und von anderen wie z. B. der Evidenz, der Bekanntheit etc. abgegrenzt.

Betrachtet man Studien zu zweitsprachlichen Erwerbsprozessen, wird häufig eine sogenannte Partikelarmut der Lernersprachen konstatiert. So stellt etwa Weydt (1981) eine geringere Partikelfrequenz bei NMS im Vergleich zu MS fest. Hier macht sich offensichtlich bemerkbar, dass der Erwerb der MP für viele Lerner des Deutschen als Fremd- oder Zweitsprache eine besondere Schwierigkeit darstellt. Dies mag damit zusammenhängen, dass das Deutsche mit dem Phänomen der MP über eine Besonderheit verfügt, die nur mit wenigen anderen Sprachen

---

4 Z. B. finden MP in der sehr ausführlichen Auflistung sprachlicher Mittel bei Buscha et al. (1998) keine weitere Berücksichtigung; lediglich *da ja* findet als Verbindung Erwähnung (Buscha et al. 1998: 57).

geteilt wird. Zudem handelt es sich bei MP um Homonyme mit anderen Wortfunktionen, die zunächst einmal erkannt werden müssen.[5]

In eigenen Untersuchungen wurde bereits mehrfach die Funktion von MP und hierunter auch begründende Funktionen analysiert (Rost-Roth 1998, 1999, 2012). Der folgende Artikel setzt diese Untersuchungen fort.

Der Ausdruck von Kausalität wird im Rahmen einer konzeptorientierten Erwerbsforschung als ein Konzeptbereich verstanden, der über verschiedene sprachliche Mittel zum Ausdruck gebracht werden kann (Klein & von Stutterheim 1987). Vor diesem Hintergrund wird im Folgenden versucht, den Beitrag der MP in begründender Funktion in Bezug auf den allgemeinen MP-Gebrauch einerseits und den Gebrauch anderer sprachlicher Mittel zum Ausdruck kausaler Relationen andererseits näher zu untersuchen.

3 Datenbasis

Datenbasis ist eine Auswahl von Daten aus dem Projekt ‚Förderunterricht und Deutsch-als-Zweitsprache. Eine longitudinale Untersuchung zu mündlichen Sprachkompetenzen bei Schülerinnen und Schülern nicht-deutscher Herkunftssprache in Berlin (FöDaZ)'. Das Projekt wurde unter der Leitung von Ulrich Steinmüller und Bernt Ahrenholz an der Technischen Universität Berlin durchgeführt und in den Jahren 2003–2006 von der DFG gefördert. Es wurden Daten zu mündlichen Produktionen von einzelnen Schülerinnen und Schülern (SuS) mit Deutsch als Zweitsprache und Deutsch als Erstsprache auf der Basis von unterschiedlichen Erzähl- und Erhebungsstimuli erhoben. Die Longitudinalstudie wurde an zwei Berliner Grundschulen im Verlauf der dritten und vierten Klasse durchgeführt. Die Erhebungen fanden in Abständen von zwei bis drei Monaten statt und wurden den Jahrgangsstufen entsprechend in zwei Zyklen durchlaufen. Das Alter der ProbandInnen lag zwischen acht und zehn Jahren. Die meisten sind in Deutschland geboren bzw. lebten bereits längere Zeit in Deutschland. In der Darstellung wird herausgearbeitet, welche sprachlichen Mittel in den beiden Vergleichsgruppen – Kinder mit Deutsch als Zweitsprache und Kinder mit Deutsch als Erstsprache – zur Anwendung kommen.

Berücksichtigt wurden in der vorliegenden Studie sechs MS und fünf NMS, deren Ausgangssprachen Arabisch, Polnisch und Türkisch sind. Hierbei wurden

---

5 Bsp.: „Das Land ist *eben* bergig." Hier wird *eben* nicht als Adjektiv im Sinne von *flach* verwendet und steht demnach nicht im Gegensatz zu *bergig*, sondern signalisiert als MP eine Schlussfolgerung.

NMS ausgewählt, die MP in begründender Funktion verwenden, um deren Stellenwert im Vergleich zu anderen kausalen Relationen zu erfassen (vgl. Rost-Roth 2012 zu NMS, die keine MP in begründender Funktion verwenden). Untersucht wurden Gespräche mit Erzählvorgaben und Rollenspiele.[6]

4 Versprachlichung von Begründungen – Kausalitätsindikatoren

Die folgende Analyse von Kausalitätsindikatoren ist in zwei Teile gegliedert. Zunächst wird der Ausdruck kausaler Relationen mit Konjunktionen, Präpositionen, Adverbien etc. betrachtet, d. h. allen Mitteln, die über MP hinausgehen (Abschnitt 4.1). Dann werden MP betrachtet (Abschnitt 4.2), wobei begründende Funktionen von anderen, allgemeineren Funktionen unterschieden werden. Die Ergebnisse aus beiden Teilen werden dann im abschließenden Abschnitt in Beziehung gesetzt.

Da nicht alle Gesprächsarten mit allen SuS geführt werden konnten, wird jeweils die Zahl der Datensätze, d. h. die Zahl der hier berücksichtigten Experimente, Gespräche und Aufgaben, angegeben. Das Vorkommen der einzelnen Kausalitätsmarker wird dann zum einen in absoluten Zahlen aufgeführt. Zum anderen wird die Frequenz, also die relative Häufigkeit der Verwendung, präsentiert, um die Vergleichbarkeit zwischen den SuS zu gewährleisten. Die Frequenz (F) errechnet sich, indem die Summe der absoluten Vorkommen (S) durch die Zahl der Datensätze geteilt wird (10 Vorkommen in 10 Datensätzen ergäbe eine Frequenz von 1,0; 2 Vorkommen in 10 Datensätzen einen Wert von 0,2). Auch wenn die einzelnen Gespräche z. T. unterschiedliche Längen haben, ist hierdurch zumindest eine gewisse Vergleichbarkeit gegeben.

---

[6] Die Transkriptionskonventionen sind im Anhang wiedergegeben. Bei den Sprechersiglen stehen die ersten Buchstaben jeweils für die Ausgangssprachen (A für Arabisch, P für Polnisch, T für Türkisch, D für Deutsch), die zweiten für Junge (J) oder Mädchen (M). Die Abkürzungen am Ende der Datensatzausschnitte verweisen auf die Elizitierungsimpulse (frog, p+k und h+k = Bildergeschichten *Frog Story*, *Horse Story* und *Cat and Dog Story*, rek = Zeichentrickstummfilm *Reksio*, fer = Ferienerlebnisse, pst = Erzählung zu einem Puppenstubenszenarium) und Rollenspiele (tel = Telefonat mit einer Lehrerin, spi = Spielplatzgespräch).

4.1 Ausdruck kausaler Relationen mit *weil, denn, doch, deswegen, wegen, nämlich*

Tabelle 1 gibt einen Überblick zum Gebrauch der einzelnen kausalen Marker bei MS und NMS. Hier sind zunächst alle Mittel zum Ausdruck kausaler Relationen (mit Ausnahme der MP) aufgelistet.

Tab. 1: Kausalitätsmarker ohne MP – Absolute Häufigkeit (S) und Frequenz (F)

ProbandInnen		DJ1	DJ2	DM1	DM2	DM3	DM4	AJ1	PJ1	PJ2	PM1	TJ5
Datensätze		11	14	14	11	6	14	12	11	2	13	11
weil	S	15	5	15	13	4	13	10	10	1	3	12
	F	1,36	0,36	1,07	1,18	0,66	0,93	0,83	0,90	0,50	0,23	1,09
denn (ohne MP)	S			1	1							
	F			0,07	0,09							
wegen	S										2	2
	F										0,15	0,18
deswegen	S			1	1	1						
	F			0,07	0,09	0,17						
doch (ohne MP)	S		1	2					1		2	
	F		0,07	0,14					0,08		0,15	

weil

In den vorliegenden mündlichen Kontexten wird *weil* als kausale Konjunktion bzw. Kausalitätsmarker mit Abstand am häufigsten eingesetzt. Dies gilt sowohl für MS als auch für NMS. Die MS weisen tendenziell höhere Frequenzzahlen auf, der Frequenzdurchschnitt liegt bei rund 0,93. Bei den NMS hingegen ist der Frequenzdurchschnitt 0,71.

PJ1: °*weil eine*° +...#2# *weil eine eule* -' +/. *Ihn erschreckt hat* -'

PJ1 frog 2

Der Einsatz von *weil* kann sehr vielseitig sein. Er kommt nicht nur als Verbindung zwischen Haupt- und Nebensatz vor, sondern ist auch äußerungsinitial, z. B. nach *warum*-Fragen der Gesprächspartner, zu beobachten:

EBL: # [<]*warum*[>]?
DJ1: [<]*weil*[>] # [/] *weil hier is grad n fest.*

DJ1 tel 2

In Rost-Roth (2012), einem Beitrag, der ebenfalls Ergebnisse des FöDaZ-Projektes auswertet, wurden *weil*-Konstruktionen genauer untersucht: Verb-Erst-Stellungen (wie im letzten Beispiel) nehmen im Verlauf der Studie ab, Verb-Letzt-Stellungen (wie im Beispiel zuvor) nehmen zu. Zwar werden auch von den MS Verb-Erst-Konstruktionen produziert (vgl. z. B. Günthner 1993), jedoch nehmen auch diese im Lauf der Erhebung ab. Dies könnte darauf zurückzuführen sein, dass der Einsatz von *weil* mit Verb-Letzt-Stellung bestimmte syntaktische Entwicklungen voraussetzt und dem Einsatz von *weil* Entwicklungen vorausgehen (Rost-Roth 2012: 134ff.). Zudem ist bei *weil* und Verb-Letzt-Stellung zuweilen ein sehr komplexer Ausbau zu beobachten.

Die hohen Anteile von *weil* zur Realisierung von Kausalitätsbeziehungen entsprechen den Befunden von Antos (1985) und Feilke (1996). Letzterer stellt bei schriftlichen Argumentationen von MS einen steigenden Gebrauch von *weil* bis zum Ende des 4. Schuljahres fest, der danach abnimmt. Grundler (2011) kommt für mündliche Argumentationen (bei MS in der 8. Jahrgangsstufe) zu dem Ergebnis, dass *weil* besonders bei SuS zum Einsatz kommt, die begrenztere Möglichkeiten zeigen. Dies führt sie darauf zurück, dass Argumentieren mit *weil* darauf beschränkt ist, Begründungen zu formulieren, wohingegen ausgebautere argumentative Kompetenzen eher auf interaktiver gestaltete Argumentationen zurückgreifen (Grundler 2011: 231ff.).

denn

Die kausale Konjunktion *denn*[7] (nach Pasch et al. 2003: 706 „Adverbkonnektor") wird nur zweimal eingesetzt:

DM1:   ### aber ## es war irgendwie +/.
DM1:   **denn** ## es is aber zugefroren –.

DM1 rek 1

Es handelt sich in diesem Beispiel wohl nicht zufällig vor *denn* um einen Abbruch. Es wird häufiger darauf verwiesen, dass *denn* und *weil* im Prinzip austauschbar sind; es ergeben sich jedoch einschränkende Verwendungsbedingungen für *denn* (vgl. z. B. Engel 2009: 428, Duden-Grammatik 2009: 631). Im Gegensatz zu *weil* handelt es sich bei *denn* um eine koordinierende Konjunktion. *Denn* wird zudem als typisch für geschriebene Sprache und konzeptionelle Schriftlichkeit gesehen. Hier ist von Interesse, dass *denn* im Kontext gesprochener Sprache verwendet wird. Vermutlich ist es auch kein Zufall, dass ein Beispiel in einem Rollenspiel

---

[7] Zur Auswertung der MP *denn* vgl. 4.2. *Denn* kommt auch als Ersatz für *dann* vor. Diese Vorkommen werden hier jedoch nicht gewertet.

(Telefongespräch mit einer Lehrerin) vorliegt, in dem ein formellerer Kontext konstruiert wird.

EIL: [<]ja[>] hallo-'.
DM2: ## ich bitte sie um verständnis-, ## für meine ## bitte-'.
DM2: ### **denn** # wir habn ein familienfest-'.

DM2 tel 1

Die Realisierungen bleiben auf MS und evtl. nicht zufällig auf Mädchen beschränkt – bei denen öfter elaboriertere Produktionen zu beobachten sind. Nach Feilke (1996) wird *denn* seltener als *weil* eingesetzt; der Gebrauch von *denn* nimmt jedoch im 3. und 4. Schuljahr zu.

wegen, deswegen

Etwas häufiger zu beobachten sind Vorkommen von *wegen* (Präposition) und *deswegen* (Adverb). *Deswegen* wird als retrospektive Markierung von drei MS je einmal benutzt (DM1, DM2, DM3).

DM3: weil so n schönes fest mh in zwei tagn is-.
DM3: **deswegn**-.

DM3 tel 1

Verweiswörter wie *deswegen* verdeutlichen, dass vorausgehende Äußerungen rückwirkend als Begründungen für Inhalte in folgenden Äußerungen zu sehen sind. Der Grund, warum das Verweiswort *deswegen* nicht von NMS eingesetzt wird, mag darin liegen, dass mit *deswegen* komplexere Textteile verbunden werden, die von NMS (noch) nicht produziert werden. Bei den NMS findet sich hingegen nur *wegen* (PM1 2x, TJ5 2x). Dabei sind die Vorkommen jedoch nicht immer zielsprachengemäß:

PM1: #2# mh **weg**n wir feiern so n fest.

PM1 tel 2

EEB: warum?
PM1: **wegen** es ist ja eingebrochen also hat es kaputt gemacht –.

PM 1 pst 2

Der Gebrauch von *wegen* ist relativ kompliziert. *Wegen* erfordert – zumindest im Schriftlichen – einen Genitiv, wobei im mündlichen Ausdruck auch Dativ verbreitet ist. Der Genitiv bereitet schon aufgrund des selteneren Gebrauchs Probleme. Des Weiteren gilt die Einschränkung, dass eine Nominalgruppe folgt (nicht zulässig ist also „wegen wir feiern son fest" mit Prädikation). Dies hat zur Folge, dass im Prinzip keines der vier Vorkommen von *wegen* eine korrekte Konstruktion nach sich zieht (so ist z. B. bei PM1 jeweils der Folgetext mit Prädikation nicht stimmig).

Der Gebrauch von *wegen* im Bereich der Präpositionen und nominalen Bezüge (gegenüber Vertretern wie *aufgrund* oder *infolge*) kann als prototypisch angesehen werden. Hier dürften Frequenzaspekte im Input sowie Aspekte der Salienz für den Einsatz von *wegen* ausschlaggebend sein. Eventuell ist dies auch der Grund dafür, dass *wegen* trotz der Probleme, die bezüglich des Einbaus aufgeworfen werden, vergleichsweise häufig zum Einsatz kommt.

doch

Etwas häufiger wird *doch* in der Funktion einer Konjunktion bzw. eines Adverbs eingesetzt (zur Auswertung der MP *doch* s. u.). *Doch* wird von MS (DJ1 1x, F: 0,07; DM1 2x, F: 0,14) und von NMS benutzt (AJ1 1x, F: 0,08; PM1 2x, F: 0,15):

EEB: also er will das kind nicht mitnehmen -'.
DJ2:   **doch** vielleicht will er das kind auch erstmal so schlagen,
                                                                    DJ2 pst 2

PM1:   und ich hab ein diktat #
PM1:   und ein # dings geschriebm #2
PM1:   am:: # mittwoch # ja[?] doch am mittwoch #
                                                                    PM1 tel 1

Doch kann äußerungsinitial ebenso wie integriert in Äußerungen eingesetzt werden. In beiden Fällen ist die Abgrenzung gegenüber zuvor geäußerten Meinungen vorherrschend.

da, darum, deshalb, daher, damit, um ... zu, aufgrund

In Anschluss u. a. an Gohl (2006) wurden auch *da, darum, aufgrund* sowie *deshalb* und *daher* in begründender Funktion auf Vorkommen überprüft. Diese lexikalischen Kausalitätsmarker kamen jedoch weder bei MS noch bei NMS in den hier untersuchten Experimentteilen vor. *Um ... zu* und *damit* sind zwar häufiger in den Daten repräsentiert und werden von MS und NMS verwendet, aber nur in finaler Funktion und zum Ausdruck eines Zweckes, nicht jedoch in begründender Funktion.[8] So setzt im folgenden Beispiel eine Antwort auf eine *warum*-Frage zunächst mit *weil* an, wird dann aber nach einem Abbruch mit *damit* formuliert:

EBL: und warum -?
PJ1:   **weil** dann [/] **damit** man besser lernen xx -.
                                                                    PJ1 fer 2

---

8 Vgl. z. B. Gohl (2006: 192f.) bzw. die Duden-Grammatik (2009: 639); Begründungen können auch über finale Konstruktionen zum Ausdruck gebracht werden.

Ähnlich verhält es sich mit *um ... zu, dass* u. a. auch in Kombination mit *weil* zu beobachten ist:

PJ1:   ### *dann kommt eine katze -'.*
PJ1:   ### *die mutter hat [?] sieht sie nich –.*
PJ1:   *weil sie wegfliegt* **um** *essen* **zu** *holen -'.*

PJ1 h+k 2

Da wird hingegen von keinem der SuS, d. h. weder MS noch NMS, eingesetzt. *Da* ist zwar vorrangig für den Ausdruck in schriftlichen Texten, jedoch könnte man bei einzelnen Gesprächen auch einen konventionell schriftlichen Modus erwarten. Insbesondere Feilke (1996: 45f.) hat sich mit *da* in Relation zu *weil* und *denn* beschäftigt. In seinen Daten ist *da* wesentlich seltener und wird auch erst mit zunehmendem Alter vermehrt eingesetzt (Anstieg Ende der 4., vermehrt in der 7. Jahrgangsstufe, vgl. auch Redder 1990).

4.2 Modalpartikeln: Ausdruck kausaler Relationen mit *ja, auch, eben, halt, doch, denn*

Tabelle 2 verdeutlicht jeweils für MS und NMS den begründenden Gebrauch und kontrastiert ihn mit dem allgemeinen Gebrauch von MP.[9]

MP *ja*

Die MP *ja* ist recht häufig in begründender Funktion zu beobachten (MS: 31x; NMS: 23x). Relativ gesehen wird sie von NMS tendenziell sogar häufiger eingesetzt als von MS. Der Frequenzdurchschnitt liegt bei den NMS bei 0,64 und bei den MS bei 0,39.[10] Besonders deutlich wird die kausale Beziehung im Zusammenhang mit *weil*:

DJ1:   *und # äm # weils #* **ja** *winter is.*
DJ1:   *is zugefrorn-'.*

DJ1 rek 2

---

[9] Zweifelsfälle werden hier, um die Darstellung übersichtlicher zu gestalten, zugunsten der wahrscheinlicheren Interpretation gewertet, da es sich um zahlenmäßig sehr geringe Vorkommen handelt.
[10] Selbst wenn man die beiden ProbandInnen mit unter zehn Datensätzen (DM3, PJ2) nicht berücksichtigt, da die geringe Gesprächszahl die Berechnungen verzerren könnte, ergeben sich recht ausgeglichene Werte von 0,43 für NMS und von 0,46 für MS. Vgl. ganz allgemein zur MP *ja* auch Helbig (1988: 165) oder Averina (2015: 36).

Tab. 2: Modalpartikeln in kausalen und anderen Funktionen – Absolute Häufigkeit (S) und Frequenz (F)

ProbandInnen			DJ1	DJ2	DM1	DM2	DM3	DM4	AJ1	PJ1	PJ2	PM1	TJ5
Datensätze			11	14	14	11	6	14	12	11	2	13	11
ja	kausal	S	3		9	3		16	9	1	3	4	6
		F	0,27		0,64	0,27		1,14	0,75	0,09	1,5	0,31	0,55
	andere	S	1		1			2	4			1	1
		F	0,09		0,07			0,14	0,33			0,08	0,09
auch	kausal	S		1	9	4	2	5	5	1	1	3	2
		F		0,07	0,64	0,36	0,33	0,36	0,42	0,09	0,50	0,23	0,18
	andere	S	4	1	6	1		2	2	3			3
		F	0,36	0,07	0,43	0,09		0,14	0,17	0,27			0,27
eben	kausal	S			1								
		F			0,07								
	andere	S			3			1					
		F			0,21			0,07					
halt	kausal	S			1								
		F			0,07								
	andere	S	1	3		1			30				
		F	0,09	0,21		0,09			2,50				
denn	kausal	S											
		F											
	andere	S				1		2	5	1		1	1
		F				0,09		0,14	0,42	0,09		0,08	0,09
doch	kausal	S			1	1							1
		F			0,07	0,09							0,09
	andere	S										1	
		F										0,08	

Bereits Antos (1985) hat beobachtet, dass die MP *ja* mit *weil* kombiniert die Stärke und Intensität einer Begründung steigert. Die MP *ja* kann jedoch auch ohne *weil* in begründender Funktion auftreten. So klärt der folgende Einschub mit der MP *ja* die Voraussetzungen für das weitere Geschehen:

DJ1: hh und #2 [/] und den junge +//.
       # hmm #2 der hat **ja** da reingeguckt #
DJ1: und stinkt #

DJ1 frog 1

Es zeigt sich, dass *ja* weitaus häufiger in begründender (insgesamt 54x) als in anderer Funktion (insgesamt nur 10x), wie der der Bekanntheit oder der Evidenz (vgl. auch Rost-Roth 1998: 302ff), eingesetzt wird. In anderer Funktion wird sie nur von einigen MS (DJ1, DM1, DM4) und NMS (AJ1, PM1, TJ5) verwendet:

DM4: da [///] ### <eigentlich ehm ### wollte ich mit> [///]
DM4: ### ehm #2#
DM4: *also eigentlich gehe ich **ja** immer mit meinm papa mit -'.*

DM4 fer 2

Dass die MP *ja* relativ häufig eingesetzt wird, mag darauf beruhen, dass sie durch ihre in die Äußerungen integrierte Form für NMS im Verhältnis zu anderen MP relativ leicht von ihrer homonymen Bedeutung, als Bestätigungspartikel im weitesten Sinne, zu unterscheiden ist. Auch Rost-Roth (1998: 304) stellte fest, dass bei der MP *ja* die begründende Relation zu anderen Äußerungen im Vordergrund steht. Die Funktion der MP *ja* in Assertionen wird bei Weydt (1969: 32) als „Begründung" charakterisiert, deren Gültigkeit „als bekannt vorausgesetzt" wird. Settekorn (1977: 395) sieht in der MP *ja* eine „minimale Argumentationsform" und Franck (1980: 231) sieht ebenso einen Zusammenhang mit Argumentationen. Auch nach Brausse (1986) wird die Gesamtbedeutung weniger durch die Komponente ‚Bekanntheit' bestimmt als durch die Signalisierung einer Begründung.

MP *auch*

Die MP *auch* findet ebenso häufig Verwendung.[11] Sie ist bei fast allen MS – bis auf DJ2 – und allen NMS in begründender Relation zu beobachten:

DM2: *### der läuft irgendwie in richtung ### zu [?] diesem schwarzen mann oder frau –.*
DM2: *#8# oder vielleicht ist es **auch** nur ### zu hallowin eine verkleidung –.*

DM2 pst 1

Die MP *auch* wird in kausalem Zusammenhang immer wieder mit der Partikel *ja* kombiniert:

AJ1: *und der elch hat sich ja dann da versteckt –.*
AJ1: *### man kann **ja auch** seine hörner sehn –.*
AJ1: *### und dann ## is er eben # da # beim # felsen rauf ## gegangn –.*

AJ1 frog 1

---

11 Der Gebrauch von *auch* in einem additiven o. ä. Sinne wird nicht beachtet, hier werden nur die Vorkommen der MP ausgewertet. Zur MP *auch* vgl. u. a. Franck (1980: 211).

Die Partikelkombination *ja auch* könnte man derart beschreiben, dass die MP *ja* eine Aussage als bekannt markiert und die MP *auch* diese Aussage mit der vorhergehenden verbindet und als erwartbar kennzeichnet (vgl. Thurmair 1989: 208f.). Hierdurch ist *ja auch* in besonderem Maße als argumentatives Mittel geeignet (vgl. auch Rost-Roth 1998: 304ff.). Obgleich *ja* und *auch* häufig in denselben Kontexten erscheinen, zeigen sie einen grundlegenden Unterschied in Bezug auf Konsensaspekte bzw. Widerspruchsrelationen.

Im Vergleich mit der MP *ja* scheint der Gebrauch von *auch* in kausaler Relation weniger bedeutend (54 gegen 33 Verwendungen). Ihr Gebrauch in anderen Funktionen scheint jedoch eine größere Rolle zu spielen (10 gegen 22 Verwendungen), wenn auch der Einsatz in begründender Funktion dominiert.

DJ1:   # und dann ## wollt [/] wollte der junge **auch** schlittschuh # laufen
DJ1:   hat **auch** geklappt-'.

DJ1 rek 2

MP *eben*

Die MP *eben* in begründender Funktion wird nur einmal von einer MS eingesetzt:[12]

DM1:   ### und dann ### hat der # hund **eben** das bemerkt –.

DM1 rek 1

Auch in anderer Funktion ist *eben* relativ selten und wird ebenso nur von MS realisiert (DM1 3x; DM4 1x):

DM4:   also ich kann schon werfn -, ### weit -, aber ### **eben** nich SO weit –.

DM4 pst 1

Die MP *eben* gehört hier weder in begründender noch in allgemeiner Funktion zum Repertoire der NMS. Dies entspricht auch den Ergebnissen von Rost-Roth (1998: 307): *eben* wird dort von allen MS benutzt (im Unterschied zu *halt*). *Eben* wird z. B. von Helbig (1988: 121), Brausse (1986) und Thurmair (1989: 123) mit Argumentationen und logischen Schlüssen in Zusammenhang gebracht. Die MP *eben* kann auch in Verbindung mit dem Argumentinhalt ‚Fakt' gesetzt werden (Rost-Roth 1998: 307).

MP *halt*

Die MP *halt* wird nur einmal, von einer MS, in begründender Funktion eingesetzt:

---

[12] Andere Verwendungen des Lexems *eben* (wie z. B. das Adjektiv, das Temporaladverb o. ä.) werden hier nicht quantifiziert. Zur MP *eben* vgl. Autenrieth (2002: 55ff.).

DM2: ## wahrscheinlich wegen wind –.
DM2: weil das fenster is auch <so n bisschen> [/] #2# ja –, so n bisschen # kaputt **halt** –.
DM2: und ## da is n loch drin –.

DM2 pst 1

Als andere Aufgabe der MP *halt wird* im Allgemeinen auf die Markierung von Unabänderlichkeit verwiesen (vgl. Autenrieth 2002: 88ff.). In dieser Funktion wird sie von MS etwas häufiger eingesetzt (DJ1 1x; DJ2 3x; DM2 1x):

DJ2: und hat den **halt** dann # ans land gezogen #

Dj2 rek 1

Auffallend ist der Gebrauch von *halt* bei AJ1. Er ist hier der einzige NMS, der die MP einsetzt und sie in allgemeiner Funktion überaus häufig benutzt (AJ1 30x, F: 2,5):

AJ1: und dann sind ## die wespen dann **halt** auch gekommn –.
AJ1: ### die wollten ihn dann stechn –.
AJ1: ### und der junge hat dann ihn **halt** weiter gesucht –.

AJ1 frog 1

Die MP *halt* scheint für ihn ein wesentliches Mittel der Gestaltung seiner Lernersprache darzustellen. Hier zeigt sich, dass Interimssprachen zum Teil auf sehr unterschiedliche Möglichkeiten zurückgreifen können.[13]

MP *denn*

Denn wird nicht nur als Konjunktion (vgl. 4.1) sondern auch als MP genutzt. Sie wird sowohl von zwei MS gebraucht (DM2 1x; DM4 2x) als auch von fast allen NMS (AJ1 5x; PJ1 1x; PM1 1x; TJ5 1x). Allerdings erscheint die MP *denn* weder bei MS noch bei NMS in begründender Funktion, sondern vorwiegend in anderer Funktion bei Fragen und insgesamt eher selten:

TJ5: was spielst du **denn** gerne?

TJ5 spi 2

Molnár (2002: 54) sieht die Funktion der MP *denn* in einer rückwärts gerichteten Fragebeziehung, Averina (2015: 45f.) in einem Konnex zu vorausgegangenen Gesprächssituationen. Diese Funktion wird insbesondere in Entscheidungsfragen und Ergänzungsfragen von Helbig (1988: 105ff.) als Freundlichkeit bzw.

---

[13] Dies zeigt sich auch im Vergleich mit anderen arabischen LernerInnen im Projekt (z. B. in Rost-Roth 2012: 132).

Natürlichkeit der Frage benannt. Die Verwendung der MP *denn* scheint vor allem auch durch entsprechenden Input in einer von Erwachsenen an Kinder gerichteten Sprache gefördert zu werden (vgl. das nächste Beispiel für die MP *doch*).

MP *doch*

Wie bereits ausgeführt, kann *doch* als Konjunktion bzw. Adverb erscheinen (vgl. 4.1) oder als MP. Hier ist wiederum zwischen begründender und anderen Funktionen zu unterscheiden. In begründender Funktion erscheint *doch* sowohl bei MS (DM1 1x; DM2 1x) als auch bei einem NMS (TJ5 1x), insgesamt also selten.

ENA: *warum willst du das denn habn?*
DM2: *ich finde das so schön.*
DM2: *das sieht **doch** so niedlich aus.*

DM 2 spi 1

Als andere Funktionen werden z. B. von Helbig (1988: 112) textverknüpfende und reaktive Funktionen benannt, die einen direkten Widerspruch signalisieren. Auch Molnár (2002: 104) sieht, neben einem Zustimmungsappell oder der Signalisierung eines Kontrastes zur eigenen Erwartungshaltung, als eine mögliche Funktion einen Widerspruch gegenüber vorausgegangenen Äußerungen (vgl. auch Averina 2015: 42). In nicht-begründender Funktion wird die MP *doch* nur von AJ1 benutzt, der bereits durch den exzessiven Gebrauch von *halt* auffällt und selbst wenn *halt* nicht mitgezählt wird mit 26 weiteren MP in 12 Gesprächssegmenten die höchste MP-Frequenz bei den NMS aufzeigt.

AJ1: *soll ich dir helfen?*
AJ1: *aber ich kann **doch** nicht schlittschuhfahren #,*

AJ1 rek 1

Damit gehört *doch* zu den nur selten benutzten MP.

5 Schlussfolgerungen

Die hier beobachteten Kinder zeigen in den untersuchten Situationen einen relativ begrenzten Bestand an Möglichkeiten zum Ausdruck kausaler Relationen. Hierbei erscheint *weil* als herausragendes Mittel, das von allen sechs MS und allen fünf NMS gebraucht wird. Alle anderen Mittel, die in Abschnitt 4.1 betrachtet wurden, werden selten verwendet, *doch* (Konjunktion, Adverb) immerhin von zwei NMS und zwei MS, *wegen* nur von zwei NMS und *deswegen* und *denn* (Adverbkonnektor) nur von drei bzw. zwei MS. Insgesamt haben die vorausgehenden Analysen auch deutlich werden lassen, dass der Gebrauch von MP in begründender Funktion recht umfangreich sein kann. Insbesondere die MP *ja* und ebenso die MP *auch* tauchen als Kausalitätsmarker häufiger auf. Dies gilt sowohl für MS als auch NMS. Die MP *doch* kommt bei zwei MS und einem NMS jeweils einmal in begründender Funktion vor. Die MP *eben* und *halt* sind nur bei einer einzigen MS jeweils einmal in begründender Funktion zu beobachten. *Denn* wird weder von MS noch von NMS in begründender Funktion benutzt, der Einsatz in allgemeiner Funktion bei MS und NMS kann mit Input in Verbindung gebracht werden.[14]

Die folgende Tabelle (Tab. 3) fasst die Ergebnisse für die unter 4.1 genannten Kausalitätsmarker und die unter 4.2 analysierten MP zusammen, wobei hier jedoch nur die MP in begründender Funktion aufgeführt sind:

Tab. 3: Zusammenfassung aller Kausalitätsmarker – Absolute Häufigkeit (S) und Frequenz (F)

ProbandInnen		DJ1	DJ2	DM1	DM2	DM3	DM4	AJ1	PJ1	PJ2	PM1	TJ5
Datensätze		11	14	14	11	6	14	12	11	2	13	11
lexikalische Kausalitätsmarker (4.1)	S	15	6	19	15	5	13	11	10	1	7	14
	F	1,36	0,43	1,35	1,36	0,83	0,93	0,92	0,91	0,50	0,54	1,27
MP in kausaler Funktion (4.2)	S	3	1	21	8	2	21	14	2	4	7	9
	F	0,27	0,07	1,50	0,73	0,33	1,50	1,17	0,18	2,00	0,54	0,82
Kausalitätsmarker insgesamt	S	18	7	40	23	7	34	25	12	5	14	23
	F	1,64	0,50	2,86	2,09	1,17	2,43	2,08	1,09	2,50	1,08	2,09

Man sieht, dass das Bild der kausalen Relationen wesentlich über das Zusammenspiel von Kausalitätsmarkern im Sinne von Konjunktionen, Präpositionen und Adverbien einerseits und MP in begründender Funktion andererseits bestimmt wird. Zumindest bei einzelnen MS und NMS spielen MP in begründender Funktion also eine wichtige Rolle. Sie stellen bei diesen LernerInnen (DM1, DM4, AJ1, PJ2 und PM1) sogar den größeren Anteil an Kausalitätsindikatoren dar.

---

14 An dieser Stelle sei noch einmal darauf hingewiesen, dass in diesem Beitrag nur Lerner berücksichtigt werden, die auch begründenden MP-Gebrauch aufweisen. Die Vermutung liegt nahe, dass die jeweilige Muttersprache berücksichtigt werden muss. Während im Polnischen gewisse Entsprechungen zu verzeichnen sind (vgl. Cheon-Kostrzewa 1998, Szulc-Brzozowska 2002: 205ff.), ist dies bei Türkisch (vgl. z. B. Goschler 2010, Vural 2001 und Hepsöyler 1986 zu Entsprechungen von *eben* und *denn*) und Arabisch (vgl. El-Shaar 2005) weniger der Fall. Es kann allerdings davon ausgegangen werden, dass gerade Kinder weniger durch die Ausgangssprache als vielmehr über das Hören und deutschsprachigen Input beeinflusst werden.
In Rost-Roth (1999: 193ff.) wurden bereits Hypothesen über den Erwerb diskutiert (Inputphänomene, Sprachkontraste und feste Wendungen). Die Daten bezogen sich auf erwachsene Lerner, wobei sich zeigte, dass diese in der Tendenz weniger MP verwenden.

Für die hier untersuchten fünf NMS zeigt sich, dass MP ein wesentliches Mittel darstellen, kausale Relationen auszudrücken. Dies, obwohl MP für NMS ein Problem in Hinblick auf die Analyse sind, d. h. sie müssen zunächst als solche erkannt werden, was durch die Homonymie erschwert ist, und sie müssen entsprechend in Lernersprachen eingebaut werden, was durch komplexe Verwendungsbedingungen wie Satzarten und Einbettungsphänomene erschwert wird. Klein (1992: 70ff.) spricht hier von „Analyseproblemen" und „Synthese- bzw. Einbettungsproblemen". Dies gilt vor allem für Lerner, deren Ausgangssprachen keine den MP (direkt) entsprechenden Äquivalente aufweisen.

Fazit: In Hinblick auf die vielfach konstatierte Partikelarmut von Lernersprachen ist folglich festzuhalten, dass Lerner im Alter von 8 bis 10 Jahren bzw. der 3. und 4. Jahrgangsstufe, bestimmte MP-Funktionen erwerben und hierbei begründende Funktionen eine bedeutende Rolle spielen können. Auch wenn sich bei NMS Einschränkungen in Hinblick auf den Gebrauch von MP in begründender Funktion zeigen, ist insgesamt festzuhalten, dass MP – und hier insbesondere *ja* und *auch* – bei einigen Lernern relativ häufig zum Einsatz kommen.

Von daher erscheint es im Rahmen eines konzeptorientierten Ansatzes unabdinglich, als Ausdrucksmittel für Kausalität auch MP in die Analysen einzubeziehen.

6 Literatur

Ahrenholz, Bernt (2002): Grammatisches Grundwissen für Deutsch-als-Fremdsprache-Lehrer – Skizzierung eines Lernmoduls am Beispiel von Nebensätzen. In Börner, Wolfgang & Vogel, Klaus (Hrsg.): *Grammatik und Fremdsprachenerwerb. Kognitive, psycholinguistische und erwerbstheoretische Perspektiven.* Tübingen: Narr, 261–295.

Autenrieth, Tanja (2002): *Heterosemie und Grammatikalisierung bei Modalpartikeln. Eine synchrone und diachrone Studie anhand von „eben", „halt", „e(cher)t", „einfach", „schlicht" und „glatt".* Tübingen: Niemeyer.

Averina, Anna (2015): *Partikeln im komplexen Satz. Mechanismen der Lizenzierung von Modalpartikeln in Nebensätzen und Faktoren ihrer Verwendung in komplexen Sätzen. Kontrastive Untersuchung am Beispiel der Partikeln ‚ja', ‚doch' und ‚denn' im Deutschen und ‚ведь [ved']', ‚же [že]' und ‚вот [vot]' im Russischen.* Frankfurt/M.: Lang.

Antos, Gerd (1985): Mit „weil" Begründen lernen. Zur Ontogenese argumentativer Strukturen im natürlichen L2-Erwerb. In Kutsch, Stefan; Desgranges, Ilka; Deutsche Forschungsgemeinschaft & Projekt Gastarbeiterkommunikation (Hrsg.): *Zweitsprache Deutsch – ungesteuerter Erwerb. Interaktionsorientierte Analysen des Projekts Gastarbeiterdeutsch.* Tübingen: Niemeyer, 273–320.

Brausse, Ursula (1986): Zum Problem der sogenannten Polyfunktionalität von Modalpartikeln. *Ja* und *eben* als Argumentationssignale. *Zeitschrift für Phonetik, Sprachwissenschaft und Kommunikationsforschung* 39/2, 206–233.

Breindl, Eva & Walter, Maik (2009): *Der Ausdruck von Kausalität im Deutschen. Eine korpusbasierte Studie zum Zusammenspiel von Konnektoren, Kontextmerkmalen und Diskursrelationen*. Mannheim: Institut für Deutsche Sprache.

Cheon-Kostrzewa, Bok Ja (1998): *Der Erwerb der deutschen Modalpartikeln. Eine longitudinale Fallanalyse einer polnischen Lernerin*. Frankfurt/M.: Lang.

Dudenredaktion (2009[8]): *Duden. Die Grammatik*. Mannheim: Dudenverlag.

Gogolin, Ingrid; Lange, Imke; Hawighorst, Britta; Bainski, Christiane; Heintze, Andreas; Rutten, Sabine & Saalmann, Wiebke (2011): *Durchgängige Sprachbildung. Qualitätsmerkmale für den Unterricht*. Münster: Waxmann.

El-Shaar, Mohamed (2005): *Modalität und Modalpartikeln im Deutschen und Arabischen: denn, doch, eben und halt*. Hannover: ibidem.

Engel, Ulrich (2009[2]): *Deutsche Grammatik. Neubearbeitung*. München: Iudicium.

Feilke, Helmuth (1996): „Weil"-Verknüpfungen in der Schreibentwicklung. Zur Bedeutung ‚lernersensitiver' empirischer Struktur-Begriffe. In Feilke, Helmuth & Portmann, Paul R. (Hrsg.): *Schreiben im Umbruch. Schreibforschung und schulisches Schreiben*. Stuttgart: Klett, 40–54.

Feilke, Helmuth (2010): Schriftliches Argumentieren zwischen Nähe und Distanz – am Beispiel wissenschaftlichen Schreibens. In Ágel, Vilmos & Hennig, Mathilde (Hrsg.): *Nähe und Distanz im Kontext variationslinguistischer Forschung*. Berlin: de Gruyter, 207–232.

Felton, Mark & Kuhn, Deanna (2001): The Development of Argumentative Discourse Skill. *Discourse Processes* 32/2–3, 135–153.

Franck, Dorothea (1980): *Grammatik und Konversation*. Königstein/Ts.: Scriptor.

Gohl, Christine (2006): *Begründen im Gespräch. Eine Untersuchung sprachlicher Praktiken zur Realisierung von Begründungen im gesprochenen Deutsch*. Tübingen: Niemeyer.

Goschler, Juliana (2010): Kausalbeziehungen in den Erzählungen türkisch-deutscher bilingualer Sprecher. In Mehlem, Ulrich & Sahel, Said (Hrsg.): *Erwerb schriftsprachlicher Kompetenzen im DaZ-Kontext*. Stuttgart: Fillibach bei Klett, 163–183.

Grundler, Elke (2011): *Kompetent argumentieren. Ein gesprächsanalytisch fundiertes Modell*. Tübingen: Stauffenburg.

Günthner, Susanne (1993): „... weil – man kann es ja wissenschaftlich untersuchen" – Diskurspragmatische Aspekte der Wortstellung in WEIL-Sätzen. *Linguistische Berichte* 143, 37–59.

Helbig, Gerhard (1988): *Lexikon deutscher Partikeln*. Leipzig: Enzyklopädie.

Hepsöyler, Ender (1986): *Kontrastive Beschreibung und Didaktisierung der Abtönungspartikeln mal, eben, wohl, schon, denn und ihrer Entsprechungen im Türkischen*. Frankfurt/M.: Lang.

Klein, Wolfgang (1980): Argumentation und Argument. *Zeitschrift für Literaturwissenschaft und Linguistik* 38/39, 9–57.

Klein, Wolfgang (1992[3]): *Zweitspracherwerb. Eine Einführung*. Frankfurt/M.: Anton Hain.

Klein, Wolfgang & von Stutterheim, Christiane (1987): Quaestio und referentielle Bewegung in Erzählungen. *Linguistische Berichte* 109, 163–183.

Kopperschmidt, Josef (2000): *Argumentationstheorie zur Einführung*. Hamburg: Junius.

Kutsch, Stefan (1985): Die Funktionen kommunikativer und semantischer Partikeln als Probleme des ungesteuerten Zweitspracherwerbs ausländischer Kinder. In Kutsch, Stefan; Desgranges, Ilka; Deutsche Forschungsgemeinschaft & Projekt Gastarbeiterkommunikation (Hrsg.): *Zweitsprache Deutsch – ungesteuerter Erwerb. Interaktionsorientierte Analysen des Projekts Gastarbeiterdeutsch*. Tübingen: Niemeyer, 88–164.

Molnár, Anna (2002): *Die Grammatikalisierung deutscher Modalpartikeln. Fallstudien.* Frankfurt/M.: Lang.
Pasch, Renate; Brauße, Ursula; Breindl, Eva; Waßner, Ulrich Hermann (2003): *Handbuch der deutschen Konnektoren. Linguistische Grundlagen der Beschreibung und syntaktischen Merkmale der deutschen Satzverknüpfer (Konjunktionen, Satzadverbien und Partikeln).* Berlin: de Gruyter.
Redder, Angelika (1990): *Grammatiktheorie und sprachliches Handeln: „denn" und „da".* Tübingen: Niemeyer.
Rost-Roth, Martina (1998): Modalpartikeln in Argumentationen und Handlungsvorschlägen. In Harden, Theo & Hentschel, Elke (Hrsg.): *Particulae particularum. Festschrift zum 60. Geburtstag von Harald Weydt.* Tübingen: Stauffenburg, 293–324.
Rost-Roth, Martina (1999): Der Erwerb der Modalpartikeln. Eine Fallstudie zum Partikelerwerb einer italienischen Deutschlernerin mit Vergleichen zu anderen Lernervarietäten. In Dittmar, Norbert & Giacalone Ramat, Anna (Hrsg.): *Grammatik und Diskurs. Grammatica e discorso. Studien zum Erwerb des Deutschen und des Italienischen.* Tübingen: Stauffenburg, 165–209.
Rost-Roth, Martina (u. Mitarbeit v. Glaab, Teresa) (2012): Argumentieren und Begründen. Sprachliche Mittel bei Kindern mit Deutsch als Erst- und Zweitsprache. In: Jeuk, Stefan & Schäfer, Joachim (Hrsg.): *Deutsch als Zweitsprache in Kindertageseinrichtungen und Schulen. Aneignung, Förderung, Unterricht. Beiträge aus dem 7. Workshop „Kinder mit Migrationshintergrund", 2011.* Stuttgart: Fillibach bei Klett, 125–148.
Schu, Josef (1988): Begründungen in Erzählungen. Beobachtungen über den Zusammenhang zweier Sprechhandlungstypen in der Kind-Erwachsenen-Interaktion. In Antos, Gerd (Hrsg.): *„Ich kann ja Deutsch": Studien zum ‚fortgeschrittenen' Zweitspracherwerb von Kindern ausländischer Arbeiter.* Tübingen: Niemeyer, 217–242.
Settekorn, Wolfgang (1977): Minimale Argumentationsformen. Untersuchungen zu Abtönungen im Deutschen und Französischen. In Schecker, Michael (Hrsg.): *Theorie der Argumentation.* Tübingen: Narr, 391–415.
Spranz-Fogasy, Thomas; Hofer, Manfred & Pikowsky, Birgit (1992): Mannheimer ArgumentationsKategorienSystem (MAKS). Ein Kategoriensystem zur Auswertung von Argumentationen in Konfliktgesprächen. *Linguistische Berichte* 141, 350–370.
Szulc-Brzozowska, Magdalena (2002): *Deutsche und polnische Modalpartikeln und ihre Äquivalenzbeziehungen.* Lublin: Towarzystwo Naukowe Katolickiego Uniwersytetu Lubelskiego.
Thurmair, Maria (1989): *Modalpartikeln und ihre Kombinationen.* Tübingen: Niemeyer.
Vogt, Rüdiger (2007): Mündliche Argumentationskompetenz beurteilen. Dimensionen, Probleme, Perspektiven. *Didaktik Deutsch* 23, 33–54.
Vural, Sergül (2001): *Der Partikelgebrauch im heutigen Deutsch und im heutigen Türkisch. Eine kontrastive Untersuchung.* Diss. Universität Mannheim. Mannheim: MATEO.
Weydt, Harald (1969): *Abtönungspartikel. Die deutschen Modalwörter und ihre französischen Entsprechungen.* Bad Homburg: Dr. Max Gehlen.
Weydt, Harald (1981): Partikeln im Rollenspiel von Deutschen und Ausländern – Eine Pilotstudie. In Weydt, Harald (Hrsg.): *Partikeln und Deutschunterricht. Abtönungspartikeln für Lerner des Deutschen.* Heidelberg: Groos.
Zifonun, Gisela; Hoffmann, Ludger & Strecker, Bruno (1997): *Grammatik der deutschen Sprache.* Berlin: de Gruyter.

Anhang: Transkriptionskonventionen

Frage, Aussage, Ausruf	? (Fragezeichen),. (Punkt),! (Ausruf), am Ende der Zeile
komplexe Satzgefüge	, (Komma)
Intonierung innerhalb der Äußerung als Ausruf	[!] (in der Zeile)
Stimmhöhe steigend,	-'
Stimmhöhe fallend, fallende Intonationskontur	text -. (am Ende der Äußerung) text -, text (innerhalb der Äußerung)
Pausen	#, ##, ### (ab 1 Sek. gemessen #2# etc.)
Wiederholungen von Äußerungsteilen ohne Veränderung	ich [/] ich, <ich bin> [/] ich bin gegangen
Wiederholung/Wiederaufnahmen von Äußerungsteilen mit Veränderung	ich [//] du <ich bin> [//] du hast
Abbruch/Selbstkorrektur	ich wollte [/-] morgen gehe ich
Unterbrechung	+/.
'trailing off' Abklingen (leiser werdend)	+...
Dehnung	to::r
starke Betonung	GROSSBUCHSTABEN
leiser gesprochen	°text°
lachen	hhhhhh
nicht genau verständlich, vermuteter Text	Petra [?] < Petra kommt> [?]
unverständlicher Text	xx (je nach Zahl der vermuteten Wörter: xx xx)
Kommentare - kurze Kommentare innerhalb der Zeile	[%schneller gesprochen] [%klingeln] etc.
- Kommentarzeile	%COM: Kommentar
Beginn und Ende von Überlappung	*PPP: du lässt mich [<] nicht aussprechen [>] *TTT: [<]auf keinen Fall[>]

Christine Dimroth[1]

Präverbale Negation als Attraktor im Zweitspracherwerb und im bilingualen Erstspracherwerb: Ein Vergleich von Erwerbsverläufen mit den Zielsprachen Deutsch und Polnisch

1 Einleitung

Das Negieren von Aussagen ist ein fundamentales kommunikatives Bedürfnis, und so ist es nicht verwunderlich, dass Negationswörter typischerweise sehr früh gelernt werden (s. Dimroth 2010 für einen Überblick). Dabei zeigen Untersuchungen zum Zweitspracherwerb, dass die Satznegation in einigen Zielsprachen (z. B. Italienisch; vgl. Bernini 2000) schnell und scheinbar problemlos gelernt wird, während der Erwerb bei anderen Zielsprachen (z. B. Deutsch; vgl. Becker 2005) deutlich langwieriger und fehleranfälliger ist. Über den ungesteuerten Erwerb des Italienischen als Zweitsprache erwachsener Lerner äußert Bernini die Hypothese, dass der schnelle Erwerb der typologisch unmarkierten präverbalen Position der Negation in der Zielsprache geschuldet sein könnte: „… the target structures are reached by the vast majority of the learners (…) in a short span of time with no real transitorial constructions abandoned in the process of acquisition, as in the case of French and German. Preposition of the negator to the verb as a nonmarked structure in typological terms and scope domain on the right in both clause and constituent negation may be the major factors effecting ease of acquisition." (Bernini 2000: 432f.).

Der vorliegende Aufsatz geht dieser Hypothese nach und vergleicht Daten zum Negationserwerb im Deutschen (postverbale Negation) mit solchen zum Polnischen (präverbale Negation, ähnlich wie im Italienischen). Dazu werden in

---

[1] Als ehemalige DaF-Studentin des Jubilars („Die erfolgreiche Teilnahme am Reformmodell *Deutsch als Fremdsprache* wurde am 15.12.1994 durch die Vorlage von acht Seminarscheinen und einer Praktikumsbescheinigung nachgewiesen") bin ich sehr dankbar, dass der Kontakt nie abgerissen ist, sondern sich regelmäßig Gelegenheiten zum Austausch gefunden haben und weiterhin finden.

Abschnitt 2.1 Ergebnisse zum Erwerb des Deutschen durch polnische Lerner aus dem Projekt P-MoLL[2] zusammengefasst. In Abschnitt 2.2 werden Ergebnisse zum Erwerb der Negation im Polnischen durch deutsche Lerner aus dem Projekt VILLA[3] vorgestellt. Abschnitt 2.3 präsentiert Daten aus einer longitudinalen Fallstudie zum bilingualen Erstspracherwerb mit den Sprachen Deutsch und Polnisch. Eine Zusammensicht der Untersuchungen legt die Interpretation nahe, dass die präverbale Negation eine Art *default* für Lernersprachen darstellt: Ein Äußerungsmuster mit präverbaler Negation ist schon nach wenigen Stunden Sprachkontakt mit dem Polnischen ein *attractor state* für die L2-Produktion. In den frühen Phasen des bilingualen Erstspracherwerbs kann sie für beide Sprachen verwendet werden, während der Erwerb der postverbalen Negation bei Erwachsenen und Kindern erst nach dem Durchlaufen verschiedener Zwischenstufen erfolgt.

Negation und Finitheit im Deutschen und Polnischen

Wenn oben für das Deutsche von postverbaler Negation die Rede war, so ist dies eine etwas ungenaue Redeweise. Sind in einem deklarativen Hauptsatz wie (1a) beide Klammerpositionen (linke und rechte Satzklammer) mit verbalen Elementen belegt, so steht der Negator auch im Deutschen *vor* dem lexikalischen Verb, d. h. wir haben es nicht mit postverbaler, sondern mit postfiniter Negation zu tun. Eine Oberflächenreihenfolge mit postfiniter *und* postverbaler Negation liegt hingegen in Sätzen wie (1b) vor, in denen das lexikalische Verb zugleich Träger der Finitheitseigenschaften ist und deshalb in der linken Satzklammer steht. Die von generativen Darstellungen der Satzstruktur inspirierte Redeweise, dass Verben in solchen Fällen ‚über die Negation angehoben' werden, deutet an, dass die Negation hier als Fixpunkt verstanden wird, um den herum Verben bewegt werden können. Dies spiegelt sich auch in Diagnoseinstrumenten zum frühen Syntaxerwerb (wie beispielsweise LiSe-DaZ; Schulz & Tracy 2011), in denen die Negation als Indikator für die Stellung von nicht-finiten Verben in elementaren Äußerungen herangezogen wird. Die postfinite Position der Negation im Deutschen zeigt sich auch in Sätzen ohne lexikalisches Verb, wie beispielsweise die Kopulakonstruktion in (1c).

(1a) Marzena wird nicht arbeiten.
(1b) Marzena arbeitet nicht.
(1c) Marzena ist nicht gesund.

---

[2] Zum Projekt „Modalität von Lernervarietäten im Längsschnitt", an dessen Auswertung auch der Jubilar maßgeblich beteiligt war, vgl. Ahrenholz (1998) und Schumacher & Skiba (1992).
[3] „Varieties of Initial Learners in Language Acquisition: Controlled classroom input and elementary forms of linguistic organisation" (vgl. Dimroth et al. 2013).

Im Gegensatz zu *nicht* kann die polnische Negationspartikel *nie* sowohl als verneinende Antwortpartikel als auch als Satznegator verwendet werden. Wie alle slawischen Sprachen hat Polnisch eine freie und stark von pragmatischen Bedingungen abhängige Wortstellung. Dabei wird SVO generell als unmarkierte Wortstellung aufgefasst. Bei der Satznegation steht die Negationspartikel unabhängig vom Verbtyp direkt vor dem finiten Verb (vgl. (2a) und (2b)).

(2a) Marzena nie bedzie pracowac.
Marzena NEG AUX arbeiten-INF.
(2b) Marzena nie pracuje.
Marzena NEG arbeiten-3.SG.
(2c) Marzena nie jest zdrowa.
Marzena NEG COP gesund-FEM-SG.

Im Vergleich mit dem Deutschen hat das Polnische nur wenige analytische Verbformen. Anders als im Russischen ist die Kopula (2c) jedoch obligatorisch.

Deutsch und Polnisch unterscheiden sich also hinsichtlich der Negation in erster Linie durch die relative Reihenfolge von Negation und Finitheitsträgern (beispielsweise Negator und Kopula). Bei hoch frequenten deutschen Aussagesätzen wie (1b) führt die postfinite Negation zu einer Diskrepanz zwischen der Oberflächenstruktur und einer ikonischen Abbildung der semantischen Verhältnisse, da der Negator der negierten Information nicht vorangeht, sondern das Prädikat als Anwendungsbereich (Skopus) der Satznegation zumindest teilweise *vor* dem Negator steht.

2.1 Der Erwerb der postfiniten Negation: L1 Polnisch, L2 Deutsch

Untersuchungen zum ungesteuerten Zweitspracherwerb des Deutschen haben gezeigt, dass erwachsene Lerner lange brauchen, um die zielsprachliche Stellung von Verb und Negation zu erwerben. In Dimroth (2008) wird der Erwerbsprozess bei Arbeitsmigranten mit Polnisch als Erstsprache in vier Phasen untergliedert (vgl. Tabelle 1). Dabei spielen semantisch leichte oder leere Verben eine besondere Rolle (vgl. auch Becker 2005; Parodi 2000 sowie die Untersuchungen zu sogenannten Dummy-Auxiliaren in Blom et al. 2013).

Tab. 1: Lernreihenfolgen beim ungesteuerten L2-Erwerb des Deutschen durch Erwachsene

Phasen	Charakteristika
I	Negation nominaler Ausdrücke
II	Präverbale Negation. Hauptsächlich lexikalische Verben (in morphologisch finiten oder nicht-finiten Formen). Erste Modalverben und die Kopula in finiter Form und Position
III	Erwerb des Perfekts mit Auxiliarverben in finiter Form und Position. Postfinite Negation mit Auxiliarverben
IV	Postverbale Negation mit lexikalischen Verben. Der Prozess der zielsprachlichen Markierungen für die Subjekt-Verb-Kongruenz dauert an.

(3) Beispiele (aus Becker 2005) für die Phasen I–IV
(I) *nix bus*
(II) *mein vater nicht schlafen*
(III) *er hat nicht lese*
(IV) *ich sage nicht deine name*

Phase II entspricht weitgehend der sogenannten Basisvarietät (Klein & Perdue 1997), in der grammatische Beziehungen nicht durch morphologische Mittel angezeigt werden und nur wenige Wortstellungsmuster zur Verfügung stehen, deren Wahl in erster Linie von der Argument- und Informationsstruktur der Äußerungen abhängt.

Dem Lernersystem in Phase III kommt als Zwischenschritt eine entscheidende Rolle zu. Mit ihrer Aufteilung in finites Auxiliar und nicht-finites lexikalisches Verb erlauben analytische Verbformen eine separate Kodierung grammatischer (Finitheit; Subjekt-Verb-Kongruenz) und lexikalischer (Verb-)Eigenschaften. Der Skopus der Negation wird auf transparente Weise markiert, in dem die im engeren Sinne *negierten* Ausdrücke dem Negator folgen. Erst nach dieser Zwischenstufe werden Strukturen mit morphosyntaktisch finiten lexikalischen Verben produktiv.

In Phase IV (postverbale Negation) muss die Trennung zwischen Finitheit und lexikalischem Verb (Bedeutung; Argumentstruktur) zugunsten einer Fusion funktionaler und lexikalischer Information aufgegeben werden. Der Skopus der Negation wird durch die Oberflächenwortstellung nicht mehr abgebildet. Damit sind noch nicht alle relevanten Eigenschaften erworben: die Verbzweitstellung (Subjekt-Verb-Inversion), die Nebensatzstellung, aber auch die Wortstellung innerhalb der VP (OV) stellen – je nach Ausgangssprache – weitere Erwerbsschritte dar.

Longitudinale Korpora von kindlichen Lernern des Deutschen mit L1 Polnisch oder Russisch (z. B. Haberzettl 2005; Dimroth 2008) zeigen keine den

Erwachsenen entsprechende Evidenz für den Erwerb analytischer Verbformen als Wegbereiter für die Finitheit. Allerdings kann bei dieser Gruppe insgesamt keine mit der Basisvarietät vergleichbare ausgedehnte nicht-finite Lernergrammatik beobachtet werden. Eine experimentelle Untersuchung (Dimroth & Schimke 2012; Schimke & Dimroth 2017), in der kindliche L2-Lerner[4] Sätze wiederholen sollten, in denen die Stellung der Negation (präverbal vs. postverbal) sowie der Verbtyp (Auxiliarverb vs. lexikalisches Verb) und die Verbflexion (3. Person Singular vs. Infinitiv) systematisch variiert wurden, zeigt allerdings auch bei Kindern Hinweise auf eine Phase, in der sie die postfinite Negation mit Auxiliarverben, nicht jedoch mit lexikalischen Verben bevorzugen.

Festzuhalten bleibt, dass die postfinite Negation im Deutschen insbesondere mit lexikalischen Verben am Ende eines Erwerbsprozesses steht, in dem zunächst Phasen mit präverbaler Negation durchlaufen werden, und der zumindest bei erwachsenen Lernern lange dauert. Die Daten in Becker (2005) und Dimroth (2008) aus den Lernerkorpora der Projekte ESF (European Science Foundation: *Second language acquisition by adult immigrants*) und P-MoLL weisen für einige Lerner noch im zweiten und dritten Aufnahmezyklus (d. h. im zweiten Aufenthaltsjahr) Äußerungen mit der grammatischen Struktur der Basisvarietät (Phase II) nach. Dieses Ergebnis wird im folgenden Abschnitt mit Daten aus einem Projekt verglichen, in dem Lerner mit L1 Deutsch und L2 Polnisch untersucht wurden.

2.2 Der Erwerb der präfiniten Negation: L1 Deutsch, L2 Polnisch

Das europäische Forschungsprojekt VILLA (*Varieties of Initial Learners in Language Acquisition: Controlled classroom input and elementary forms of linguistic organization*[5]) hat zum Ziel, Zweitspracherwerb unter kontrollierten Bedingungen zu untersuchen. Der Fokus liegt auf der Frage, wie L2-Lerner mit verschiedenen Ausgangssprachen Input in der Zweitsprache (Polnisch) für den Erwerb sprachlicher Eigenschaften nutzen. Gruppen von Lernern ohne Vorkenntnisse in slawischen Sprachen mit fünf verschiedenen Ausgangssprachen (Englisch, Französisch, Italienisch, Niederländisch und Deutsch) nahmen an speziell für sie ein-

---

4 In der Studie wurden 37 Kinder mit verschiedenen L1 (hauptsächlich Türkisch und Polnisch) im Alter zwischen 6 und 12 Jahren und mit einer Aufenthaltsdauer zwischen 2 und 24 Monaten getestet.
5 http://villa.cnrs.fr/ *(12.06.2017)*.

gerichteten Polnischkursen teil. In einem kommunikativ ausgerichteten und vollständig monolingualen Setup interagierte jede Gruppe zehn Tage lang für insgesamt 14 Zeitstunden mit einer polnischen Muttersprachlerin. Für die L1 Deutsch wurden zwei Gruppen untersucht: eine Gruppe Erwachsener (N=20) und eine Gruppe 10–11-jähriger Kinder (N=12).

Der sprachliche Input war so strukturiert, dass die Entwicklung der Lerner in verschiedenen sprachlichen Bereichen untersucht werden konnte, und wurde dabei so konstant gehalten, wie es unter relativ natürlichen Bedingungen möglich ist. Aufgrund der geringen Expositionszeit war der Input zwar thematisch beschränkt, ansonsten aber an Bedingungen des ungesteuerten Erwerbs orientiert. Insbesondere wurde auf schriftliche Unterrichtsmaterialien verzichtet und die Lernenden hatten zugesichert, sich weder Notizen zu machen noch Lehrbücher, Grammatiken oder Wörterbücher zu konsultieren.

Die Interaktion im Klassenzimmer inklusive des gesamten Inputs durch die Muttersprachlerin wurden aufgezeichnet, transkribiert und morpho-syntaktisch annotiert, so dass Befunde über Verstehen und Produktion phonologischer, morpho-syntaktischer und diskurspragmatischer Eigenschaften der Zielsprache mit den entsprechenden Eigenschaften des zum jeweiligen Messzeitpunkt verfügbaren Inputs (beispielsweise der Frequenz bestimmter Wörter, Flexionsparadigmen, syntaktischer Konstruktionen) abgeglichen werden können. Die sprachliche Entwicklung der Lerner wurde mithilfe einer Reihe von Aufgaben und Experimenten gemessen, die zumeist zu mehreren Testzeitpunkten wiederholt wurden, um eine longitudinale Beobachtung des Verlaufs zu ermöglichen (ein Überblick findet sich in Dimroth et al. 2013).

Sprachstrukturelle Schwerpunkte (z. B. bestimmte Kasusmarkierungen) wurden allein durch eine erhöhte Inputfrequenz der entsprechenden Formen umgesetzt. Die Negation stand zu keiner Zeit im Mittelpunkt der Aufmerksamkeit, d. h. Äußerungen mit Satznegation kamen über die 14 Kontaktstunden verstreut vor, wenn immer dies kommunikativ motiviert war, wurden aber in keiner der Inputsequenzen besonders häufig angeboten. Tabelle 2 zeigt die Inputfrequenz für die Satznegation (obligatorisch präverbal) in beiden Lernergruppen.

Tab. 2: Satznegation im Input

Lernergruppen (L1 Deutsch)	Vorkommen Satznegation im Input gesamt (14h)
Erwachsene (N=20)	188
Kinder (N=12)	218

Am Ende der Kontaktzeit, d. h. nach insgesamt 14 Stunden, wurde von beiden Lernergruppen eine Filmnacherzählung elizitiert. Dabei wurden die Lernenden aufgefordert, eine Reihe von kurzen Videoclips (*The Finite Story*; Dimroth 2012) anzuschauen und einem polnischen Muttersprachler den Inhalt zu erzählen. Rezipienten waren polnische Muttersprachler. Die Geschichte enthält eine Reihe quasi obligatorischer Kontexte für negierte Äußerungen. Wie aus Tabelle 3 ersichtlich, produzierten die Lerner dabei fast ausschließlich Äußerungen mit präverbaler Negation.

Tab. 3: Satznegation in der elizitierten Sprachproduktion

Lernergruppen (L1 Deutsch)	präverbale Negation	andere Stellungen des Negators
Erwachsene (N=20)	73	2
Kinder (N=12)	29	2

(4) Beispiele für negierte Äußerungen
(4a) *strażak   nie telefonuje* (erwachsener Lerner)
 feuerwehrmann NEG telefonieren-3-SG
 ‚Der Feuerwehrmann geht nicht ans Telefon'
(4b) *na dachu   nie jest   pożar* (erwachsener Lerner)
 auf dach-LOC NEG COP-3-SG feuer
 ‚Auf dem Dach ist kein Feuer mehr'
(4c) *Le strażak   nie jest   słuchać* (kindlicher Lerner)
 der feuerwehrmann NEG AUX-3-SG hören-INF
 ‚Der Feuerwehrmann hört das Telefon nicht'

Wie die Beispiele in (4) zeigen, wird die präverbale Negation auch mit Kopulaverben bzw. *Dummy*-Hilfsverben verwendet. Im Vergleich mit den im vorhergehenden Abschnitt zitierten Untersuchungen zum Erwerb der postfiniten Negation im Deutschen erreichen die Lerner in der L2 Polnisch trotz vergleichsweise niedriger Inputfrequenz sehr schnell (nach 14 Stunden) eine zielsprachenkonforme Negations-Grammatik.[6]

Dieser Befund ist mit den in der Einleitung zitierten Ergebnissen zum Erwerb der präverbalen Negation im Italienischen (Bernini 2000) kompatibel. Die Daten deuten darauf hin, dass die präverbale Negation als typologisch unmarkierte Struktur eine attraktive Entwicklungsstufe im Zweitspracherwerb darstellt, die in Sprachen wie dem Italienischen und dem Polnischen zugleich der Zielstruktur entspricht.

Im folgenden Abschnitt gehen wir der Frage nach, ob sich die Anziehungskraft einer (Lerner-)Grammatik mit präverbaler Negation auch im simultanen

---

6 Für Details zu dieser Untersuchung siehe Dimroth (2018).

Erwerb eines Systems mit präfiniter Negation (Polnisch) und eines Systems mit postfiniter Negation (Deutsch) bemerkbar macht. Hierbei ist zu bedenken, dass auch einsprachige Kinder beim Erwerb des Deutschen eine Phase durchlaufen, in der die Negation nicht-finiten Verben vorangeht (s. Verrips & Weissenborn 1992, Tracy 2002). Ähnlich wie erwachsene L2-Lerner entwickeln sie sich also von präverbaler zu postfiniter Negation, und das ist in erster Linie der Dynamik des Finitheitserwerbs geschuldet. In dem Maße, in dem Verben zunehmend in finiter Form auftreten (auch hier kommt bestimmten Verben, z. B. den Modalverben, eine Vorreiterrolle zu; vgl. Jordens 2012), werden sie in einer syntaktisch finiten Position produziert, was dann mit der zielsprachlichen postfiniten Negation einhergeht.

2.3 Negation im simultanen Erstspracherwerb: L1 Deutsch und Polnisch

Um zu untersuchen, ob die präverbale Negation auch beim bilingualen Spracherwerb Deutsch-Polnisch eine Art Attraktor darstellt, der den Erwerb des Deutschen entsprechend beeinflusst, werden im folgenden Daten aus einer longitudinalen Fallstudie des Mädchens Julka präsentiert, die mit ihren zwei älteren Brüdern in einer zweisprachigen Umgebung („one parent, one language") aufwächst und deren Sprachproduktion im Deutschen (Interaktion mit der Mutter) und Polnischen (Interaktion mit dem Vater) in wöchentlichen Videoaufzeichnungen dokumentiert wurde.

In der Literatur sind zu der Frage, ob beim simultanen Erstspracherwerb überhaupt cross-linguistischer Einfluss zu erwarten ist, verschiedene Ansichten vertreten worden. Viele Untersuchungen (z. B. Meisel 2001, Döpke 2000, De Houwer 1995) kommen zu dem Schluss, dass sich monolingualer und simultan bilingualer Erstspracherwerb qualitativ nicht substantiell voneinander unterscheiden. So stellt De Houwer (1995) beispielsweise fest, dass bilinguale Kinder in jeder ihrer Sprachen dieselben Entwicklungsstadien durchlaufen und dieselben Äußerungsstrukturen produzieren wie ihre monolingualen Altersgenossen. Ohne damit zu der inzwischen obsoleten Überzeugung zurückkehren zu wollen, bilinguale Kinder könnten ihre Sprachen nicht trennen und entwickelten zunächst eine gemeinsame Grammatik für beide Sprachen, halten Wissenschaftler zugleich Interferenzen nicht für ausgeschlossen und ziehen dabei neuere psycholinguistische Befunde über die Repräsentation sprachlichen Wissens heran: „The dual linguistic representations of a bilingual child are probably not hermetically sealed – a systematic interplay between them should be expected." (Paradis 2000: 176).

Die Frage ist hier, ob der Negationserwerb im Deutschen von einer simultan erworbenen Sprache mit präverbaler Negation beeinflusst wird, etwa indem die Phase des präverbalen Negationsgebrauchs im Deutschen zeitlich besonders ausgedehnt ist oder die präverbale Stellung der Negation systematisch auch mit morphologisch finiten Verben auftritt.

Datengrundlage der vorliegenden Untersuchung sind 32 deutschsprachige Aufnahmen à 60 Minuten, die die Entwicklung zwischen 1;11 und 2;11 dokumentieren. Die untersuchten Aufnahmen enthalten insgesamt 392 verbhaltige Äußerungen mit Satznegation. Eine erste Analyse ergibt, dass die Lernerin im relevanten Zeitraum im Deutschen zwei verschiedene Negationspartikeln verwendet, nämlich *[ne:]* (transkribiert als *nee*; N=229) und *[nɪç]* (transkribiert als *nich(t)*; N=163). Vgl. Beispiele (5) und (6), in denen beide Negatoren in präverbaler Position vorkommen:

(5) Julka malt Bilder (2;1.3) [JUL = Julka; MOT = Mutter]
 MOT: *du malst n zug?*
 JUL: *julchen **nee** kann zug.*
 MOT: *julchen kann keinen zug malen?*
 JUL: *nee.*

(6) Puppenbaby weint (2;4.4)
 MOT: *das sagt: Julchen is die Mama.*
 com: JUL nimmt Puppenbaby auf den Arm
 MOT: *hmmmm.*
 JUL: *jetzt **nich** heult.*

Die lautliche Realisierung *[ne:]* ist dabei nicht von der umgangssprachlichen Variante der Antwortpartikel *nee* zu unterscheiden. Trotz oberflächlicher Ähnlichkeit unterscheidet sich die Form jedoch deutlich von der polnischen Negationspartikel *[njɛ]* (*nie*), die von der Lernerin ausschließlich in polnischen Interaktionen verwendet wird und bei der Satznegation immer präverbal steht (s. Beispiel (7)).

(7) Julka betrachtet ein Bilderbuch (2;1)
 JUL: *tu pociąg jedzie.*
 hier zug fahren-3-SG
 JUL: *dzieci **nie** możną.*
 kinder NEG dürfen-3-PL
 ‚die Kinder dürfen nicht mitfahren'
 JUL: *piesek **nie** może wejść.*
 hundchen NEG dürfen-3-SG einsteigen-INF
 ‚das Hundchen darf nicht einsteigen'

Unter Berücksichtigung der beiden im Deutschen belegten Negationspartikeln lassen sich zunächst grob vier Phasen des Negationserwerbs bei Julka unterscheiden (vgl. Tab. 4).

Tab. 4: Entwicklungsphasen der Satznegation im Deutschen

Alter	Aufnahmen	Negation
1;11–2;0	1–4	erste, unsystematische Vorkommen von *nee*
2;1–2;4	5–15	produktiver Gebrauch von *nee*, erste Vorkommen von *nicht*
2;5–2;8	16–25	Erwerb von Auxiliarverben; produktiver Gebrauch beider Negatoren
2;9–2;11	26–32	abruptes Verschwinden von *nee*; Zunahme von *nicht*

Abbildung 1 zeigt die Vorkommenshäufigkeit beider Negationspartikeln für die vier Entwicklungsphasen und verdeutlicht, dass *nee* im Erwerbsverlauf zunächst frequenter ist als *nicht*, schließlich jedoch von *nicht* abgelöst wird.

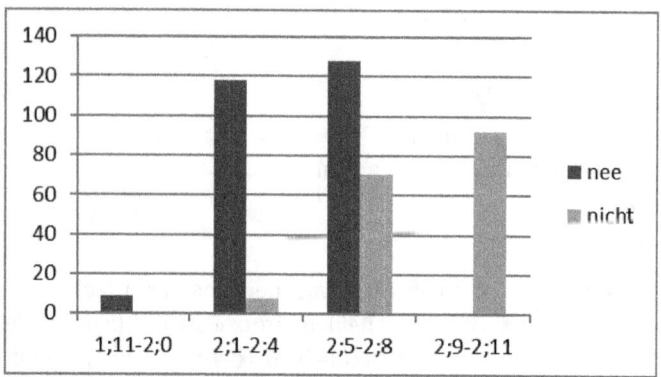

Abb. 1: *nee* und *nicht* im Erwerbsverlauf

Im Untersuchungszeitraum produziert die Lernerin zunehmend mehr morphologisch finite lexikalische Verben. Schon in der zweiten der hier in den Blick genommenen Phasen treten deutlich mehr finite als nicht-finite lexikalische Verben in negierten Äußerungen[7] auf. Abbildung 2 zeigt die Verteilung finiter und nicht-finiter Formen lexikalischer Verben in den vier Entwicklungsphasen. Leichte

---

[7] Ob der Erwerb morphologischer Finitheitsmarkierungen in nicht negierten Äußerungen im gleichen Tempo vorankommt, müsste in einer Untersuchung aller lexikalischen Verben im relevanten Zeitraum überprüft werden.

Verben (Kopula, Modalverben), die in der Kindersprache fast ausschließlich in finiter Form vorkommen, sind hier nicht berücksichtigt.

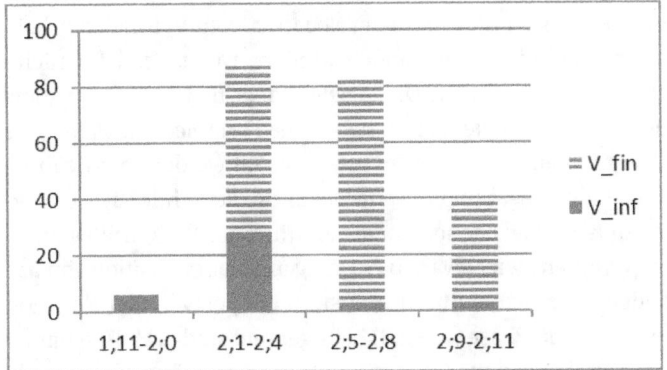

Abb. 2: Finitheit lexikalischer Verben in Äußerungen mit Satznegation

Wie Abbildung 3 zeigt, gibt es im Erwerbsprozess Phasen, in denen beide Negationspartikeln nebeneinander gebraucht werden. Ihre syntaktische Integration ist dabei allerdings verschieden. Während *nee* wie das polnische *nie* ausschließlich präverbal vorkommt, ist *nicht* in beiden Positionen, d. h. präverbal und postverbal belegt, wobei die zielsprachliche postverbale Variante zahlenmäßig überwiegt, sobald *nicht* produktiv verwendet wird. Die Beispiele in (8) illustrieren die drei Strukturen.

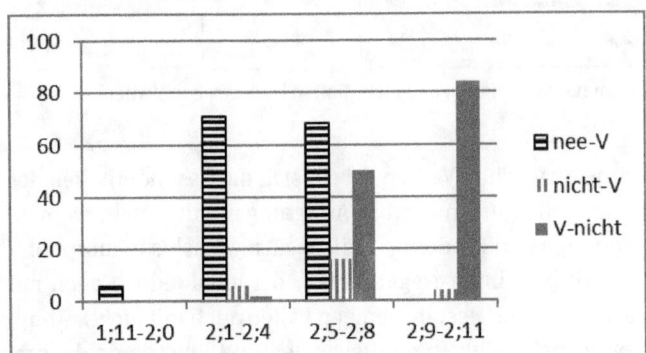

Abb. 3: Position von *nicht* vs. *nee* in verbhaltigen Äußerungen

(8) Stellungsmöglichkeiten der Negationspartikeln relativ zum Verb
(8a) *nee*-V: ich **nee sehe** mama (2;5)
(8b) *nicht*-V: julchen **nicht findes** (2;3)
(8c) V-*nicht*: ich **mach nicht** kuchen (2;8)

Bei den lexikalischen Verben kommt die präverbale Negation im Korpus mit finiten und nicht-finiten Verben vor – im Laufe der Zeit nehmen die nicht-finiten Verben ab. Wie Abbildung 4 zeigt, kommen im Alter zwischen 2;1 und 2;4 vermehrt finite lexikalische Verben mit präverbaler Negation (NEG-V_fin) vor, d. h. in einem Strukturmuster, das bei monolingualen Kindern weitgehend für nicht-finite Verben reserviert zu sein scheint. Die meisten, aber nicht alle Negationspartikeln, die in dieser Struktur belegt sind, haben die Form *nee*. Bis zum Ende des Gebrauchs der Negationspartikel *nee* im Alter von 2;8 werden massiv finite Verbformen mit präverbaler Negation verwendet. Für die ausschließlich präverbal gebrauchte Negationspartikel *nee* scheint die Finitheit des Verbs irrelevant zu sein: Der Anteil finiter Verben steigt zwar ab 2;1 stetig an, an der Position von *nee* ändert sich jedoch nichts. Verben in Strukturmustern mit postverbaler Negation werden gegen Ende der dritten Phase (2;5–2;8) häufiger und sind praktisch immer auch morphologisch finit. Sie kommen nur mit *nicht* vor und drängen ab 2;9 alle anderen Negationsmöglichkeiten zurück.

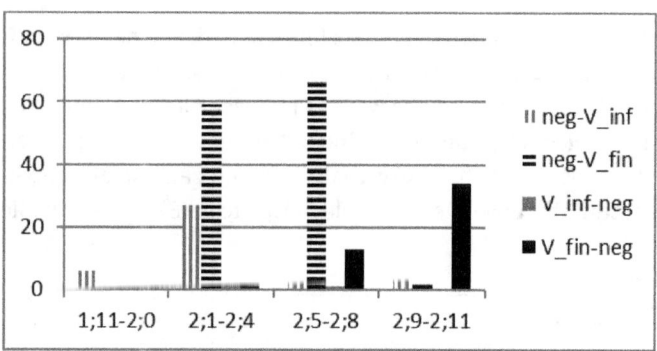

Abb. 4: Stellung der Negation relativ zu finiten und nicht-finiten lexikalischen Verben

Noch deutlicher als mit lexikalischen Verben zeigen sich die Besonderheiten des Negationserwerbs bei dem bilingualen Kind in Äußerungen mit Auxiliarverben. Diese kommen bei monolingualen Kindern praktisch ausnahmslos in morphologisch finiter Form und mit postfiniter Negation vor, bei Julka jedoch auch mit präfiniter Negation (fast immer mit *nee*, in wenigen Fällen auch mit *nicht*). Abbildung 5 zeigt die Vorkommenshäufigkeit; die Beispiele in (9) illustrieren die drei Stellungsmöglichkeiten.

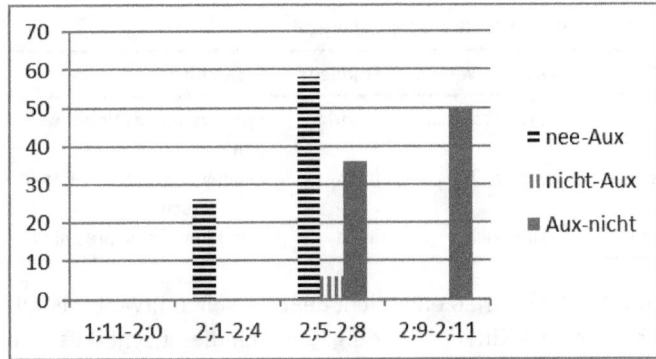

Abb. 5: Position von *nicht* vs. *nee* mit Auxiliarverben

(9) Stellungsmöglichkeiten der Negationspartikeln relativ zu Auxiliarverben
(9a) *nee*-AUX   *ich **nee habe** gewonnen* (2;5)
(9b) *nicht*-AUX   *ich **nich habe** gesagt* (2;5)
(9c) AUX-*nicht*   *bär **hat nich** gut aufgepasst* (2;8)

Beispiel (10) zeigt, dass wir es in der Hochphase der präverbalen Negation mit einer recht robusten Kindergrammatik zu tun haben, bei der Korrekturversuche (postfinites *nicht* statt präfinitem *nee*) wirkungslos bleiben.

(10) Stoffpony vor einer roten Spielzeugampel (2;6.6)
    MOT: *sag mal: da darf das pony **nicht** laufen.*
    JUL: *[zum pony] musst du warten da.*
    com: stellt Stoffpony vor die rote Ampel
    MOT: *ja. sag mal: du darfst da **nicht** laufen.*
    JUL: ***nee** musst/da **nee** darfst du laufen.*
    MOT: *du darfst da **nicht** laufen, sag mal.*
    JUL: *weil du/da **nee** darfst du laufen.*
    MOT: *du darfst da **nicht** laufen.*
    JUL: *du **nee** darfst da laufen.*
    MOT: *hmhm.*

Tabelle 5 fasst die Entwicklung für beide Negationspartikeln und beide Stellungsvarianten (NEG-V vs. V-NEG) zusammen. Die zielsprachliche Struktur V-NEG ist mit *nee* nicht belegt.

Tab. 5: Zusammenfassung der Negationsentwicklung bei Julka

	Form	Verbformen	Auxiliarverben	Frequenz	Entwicklung
NEG-V	*nicht*	meist nicht-finit	praktisch keine	niedrig	früh, graduelles Verschwinden
	nee	zunehmend finit	zahlreich	hoch	kaum Veränderung, plötzliches Verschwinden
V-NEG	*nicht*	meist finit	zahlreich	hoch	zunehmend zielsprachlich

Eine Entwicklung von NEG-V zu V-NEG entspricht dem typischen Erwerbsverlauf monolingual deutschsprachiger Kinder. Allerdings geht mit dieser syntaktischen Entwicklung bei ihnen im Normalfall der Erwerb von morphologisch finiten Verbformen einher. Die Enge des Zusammenhangs zwischen syntaktischer und morphologischer Finitheit ist durchaus umstritten (vgl. Verhagen & Schimke 2009, für eine Diskussion), abweichende Fälle betreffen jedoch in erster Linie nichtfinite Verbformen in syntaktisch finiten Positionen (also z. B. mit postverbaler Negation).

Bei dem vorliegenden bilingualen Erwerbsprozess ist demgegenüber im Deutschen eine Phase dokumentiert, in der die Mehrzahl der Verben zwar morphologisch finit ist, jedoch – ähnlich der zielsprachlichen Struktur in der zweiten Erstsprache, Polnisch – mit präverbaler Negation gebraucht wird. Besonders auffällig sind in diesem Zusammenhang finite Kopula- und Auxiliarverben, wo ein derartiges Stellungsverhalten bei monolingualen Kindern so gut wie nie vorkommt. Dass bilinguale Kinder Strukturen besonders frequent oder lange nutzen, in denen sich ihre beiden Sprachen überlappen, ist häufiger beobachtet worden (Hulk 2000; Müller & Hulk 2001). Dabei kann es sich auch um vermeintlich, d. h. nur aus der Perspektive der zu einem bestimmten Entwicklungszeitpunkt erreichten Lernergrammatik, überlappende Strukturen handeln: „Crosslinguistic influence occurs once a syntactic construction in language A allows for more than one grammatical analysis from the perspective of child grammar and language B contains positive evidence for one of these possible analyses." (Müller & Hulk 2001: 1).

Wollte man den hier dokumentierten Fall unter diese Variante des crosslinguistischen Einflusses subsummieren, müsste man annehmen, dass weder die Form (Finitheit) noch der Verbtyp (Vollverb vs. Auxiliar) zu dem relevanten Zeitpunkt für die grammatische Analyse des Kindes eine Rolle spielen und dass die Oberflächenreihenfolge NEG-V allein den Anlass für eine mit dem Polnischen überlappende Analyse und damit für eine Übertragung bildet. Unter einer solchen Perspektive ist allerdings kaum zu erklären, dass sich das Phänomen im Deutschen nur mit der Negationspartikel *nee* manifestiert, während in dem relevanten

Zeitraum auch die Partikel *nicht* erworben wird, für deren Position Finitheit und Verbtyp von Beginn an relevant sind.

Festzuhalten bleibt jedenfalls, dass die Lernerin Julka keinen Versuch der Übertragung vom Deutschen auf das Polnische unternimmt. Polnische Äußerungen mit postfiniter Negation sind nicht belegt. Dies gilt auch für die älteren deutschsprachigen Lerner des Polnischen als Zweitsprache, die nach 14 Stunden Sprachkontakt praktisch ausschließlich Äußerungen mit präverbaler Negation produzieren und diesbezüglich keinen Transfer aus dem Deutschen zeigen.

3 Zusammenfassung und Diskussion

In Abschnitt 2 wurde der Erwerb der Negation in drei verschiedenen Spracherwerbsszenarien verglichen, in denen Deutsch und Polnisch als Ausgangs- bzw. Zielsprachen involviert sind. Dabei hat sich gezeigt, dass der ungesteuerte Zweitspracherwerb der postfiniten Negation im Deutschen zumindest bei erwachsenen Lernern ein langwieriger Prozess mit diversen Zwischenstufen ist, in denen Lerner die Negationspartikel in einer Position *vor* dem lexikalischen Verb realisieren. Im Gegensatz dazu werden beim Zweitspracherwerb der präverbalen Negation im Polnischen bereits nach 14 Stunden Sprachkontakt, in denen nur rund 200 zielsprachliche Satznegationen gehört wurden, praktisch ausschließlich Äußerungen mit zielsprachlicher Negation produziert. Nennenswerte Übertragungen der postfiniten Position aus dem Deutschen sind nicht belegt. Im Verlauf des bilingualen Erstspracherwerbs Deutsch-Polnisch wurde über insgesamt neun Monate eine eigenständige Lernergrammatik mit der idiosynkratischen Negationspartikel *[ne:]* dokumentiert, die ausschließlich in präverbaler Stellung vorkam. Evidenz für eine Übertragung in die Gegenrichtung wurde nicht gefunden.

Die Ergebnisse deuten darauf hin, dass die präverbale Negation als typologisch unmarkierte Struktur eine Art Attraktor für sich entwickelnde Lernervarietäten bildet. Wie oben dargestellt, könnte dafür die transparente Abbildung der semantischen Verhältnisse (Skopus) im Satz verantwortlich sein. Die in Tabelle 1 unterschiedenen Erwerbsphasen werden in Tabelle 6 mit Beispielen aus polnischen, englischen und deutschen Lernervarietäten illustriert. Dabei wird deutlich, dass die von der Negation semantisch betroffenen (also „negierten") prädikativen Elemente der Negationspartikel bis zur Entwicklungsstufe III folgen, während sie ihr bei finiten synthetischen Verbformen im Deutschen (Stufe IV) vorangehen.

Tab. 6: Negationserwerb im Sprachvergleich: Deutsch als markierter Fall

Phase	Struktur	Polnisch	Englisch	Deutsch
I	NEG-X	potem *nie* pożar (dann nicht feuer)	for me *no* very concentration	*nix* andere kind
II	NEG-V	pan niebieski *nie* śpi (Herr Blau nicht schläft)	I prove two time but *no* speak English	ich *nix* komme
III	AUX/KOP/ MOD-NEG	-	I *don't* see very well	ich kann *nicht* verkauf
IV	V-NEG	-	-	er arbeitet *nicht*

(angelehnt an Dimroth 2010)

Was hier im Anschluss an Bernini (2000) als unmarkierter Fall beschrieben wurde, entspricht also einer Oberflächenreihenfolge, in der der Operator seinem Anwendungsbereich vorangeht, was man auf einer abstrakten Ebene als eine einfache oder logische Serialisierung auffassen könnte. Da die Anziehungskraft einer Äußerungsstruktur mit präverbaler Negation kaum allein das Ergebnis von L1-Transfer sein kann, kann man spekulieren, ob diese Art der Organisation von Information besonders gut mit unserer Sprachfähigkeit kompatibel ist, wie etwa Klein (2001: 93) das tut: „To the extent that such systems exhibit properties that are independent of source and target languages, we must assume they immediately reflect creative processes of the underlying human language faculty. Where else should these properties come from?"

Lernende müssten dann nichts über typologisch unmarkierte Fälle wissen, um diese Anordnung vorzuziehen. Die Frage, ob die „menschliche Sprachfähigkeit" mehr ist als Sprachverarbeitungsroutinen und die dafür benötigten kognitiven Ressourcen, wird in der Spracherwerbsforschung (und nicht nur dort) allerdings unterschiedlich beantwortet. Die hier vorgestellten Ergebnisse zum Erwerb der Negation sind auch mit Erklärungsansätzen kompatibel, die wie der von O'Grady (2015) vorgeschlagene *Processing Determinism* annehmen, dass grammatische Eigenschaften später erworben werden, wenn sie für das Kurzzeitgedächtnis stärker belastend sind. So könnte der vergleichsweise langwierige Erwerb der postfiniten Negation im Deutschen den erhöhten Verarbeitungskosten geschuldet sein, die durch die späte Verarbeitung der Negation hervorgerufen werden. In einem Satz wie *Er arbeitet nicht.* muss der Wahrheitswert ins Gegenteil verkehrt werden, nachdem zunächst eine affirmative Assertion verarbeitet wurde. Solche Erklärungsansätze scheinen allerdings hauptsächlich mit Blick auf die kognitiven Ressourcen beim Satz*verstehen* plausibel zu sein, bei dem der Hörer vor der Verarbeitung der Negationspartikel nichts über die kommunizierten Inhalte weiß. Dass bei der Sprach*produktion* neben kognitiven Ressourcen auch sprachspezifische Prinzipien der Informationsorganisation eine wichtigere Rolle spielen, finde ich naheliegend – letztlich ist dies jedoch eine offene Frage.

4 Literatur

Ahrenholz, Bernt (1998): *Modalität und Diskurs. Instruktionen auf deutsch und italienisch. Eine Untersuchung zum Zweitspracherwerb und zur Textlinguistik*. Tübingen: Stauffenburg.

Becker, Angelika (2005): The semantic knowledge base for the acquisition of negation and the acquisition of finiteness. In Hendriks, Henriëtte (ed.): *The Structure of Learner Varieties*. Berlin: Mouton de Gruyter, 263–314.

Bernini, Giuliano (2000): Negative items and negation strategies in non-native Italian. *Studies in Second Language Acquisition* 22, 399–440.

Blom, Elma; Craats, Ineke van de & Verhagen, Josje (eds.) (2013): *Dummy Auxiliaries in First and Second Language Acquisition*. Berlin: Mouton de Gruyter.

De Houwer, Anniek (1995): Bilingual language acquisition. In: Fletcher, Paul & MacWhinn, Brian (eds.): *The handbook of child language*. Oxford, UK: Blackwell, 219–250.

Dimroth, Christine (2008): Age effects on the process of L2 acquisition? Evidence from the acquisition of negation and finiteness in L2 German. *Language Learning* 58, 117–150.

Dimroth, Christine (2010): The acquisition of negation. In: Horn, Laurence R. (ed.): *The expression of negation*. Berlin: de Gruyter, 39–73.

Dimroth, Christine (2012): Videoclips zur Elizitation von Erzählungen: Methodische Überlegungen und einige Ergebnisse am Beispiel der „Finite Story". In Ahrenholz, Bernt (Hrsg.): *Einblicke in die Zweitspracherwerbsforschung und ihre methodischen Verfahren*. Berlin: de Gruyter, 77–98.

Dimroth, Christine (2018): Beyond statistical learning: Communication principles and language internal factors shape grammar in child and adult beginners learning Polish through controlled exposure. *Language Learning* [http://dx.doi.org/10.1111/lang.12294] (11.06.2018).

Dimroth, Christine & Schimke, Sarah (2012): Der Erwerb der Finitheit im Deutschen: Ein Vergleich von kindlichen und erwachsenen L2 Lernern. In Ahrenholz, Bernt & Knapp, Werner (Hrsg.): *Sprachstand erheben – Spracherwerb erforschen*. Freiburg: Fillibach, 287–306.

Dimroth, Christine; Rast, Rebekah; Starren, Marianne & Watorek, Marzena (2013): Methods for studying the learning of a new language under controlled input conditions: The VILLA project. *Eurosla Yearbook* 2013, 109–138.

Döpke, Susanne (2000): The Interplay Between Language-Specific Development and Crosslinguistic Influence. In Döpke, Susanne (ed.): *Cross-Linguistic Structures in Simultaneous Bilingualism*. Amsterdam: Benjamins, 79–103.

Haberzettl, Stefanie (2005): *Der Erwerb der Verbstellungsregeln in der Zweitsprache Deutsch durch Kinder mit russischer und türkischer Muttersprache*. Tübingen: Niemeyer.

Hulk, Aafke (2000): Non-Selective Access and Activation in Child Bilingualism: The syntax. In Döpke, Susanne (ed.): *Cross-linguistic structures in simultaneous bilingualism*. Amsterdam: Benjamins, 57–78.

Jordens, Peter (2012): *Language acquisition and the functional category system*. Berlin: Mouton de Gruyter.
Klein, Wolfgang (2001): Elementary forms of linguistic organisation. In Ward, Sean & Trabant, Jürgen (eds.): *The origins of language*. Berlin: Mouton de Gruyter, 81–102.
Klein, Wolfgang & Perdue, Clive (1997): The basic variety (or: Couldn't natural languages be much simpler?). *Second Language Research* 13, 301–347.
Meisel, Jürgen (2001): The simultaneous acquisition of two first languages. Early differentiation and subsequent development of grammars. In Cenoz, Jasone & Genesee, Fred (eds.): *Trends in Bilingual Acquisition*. Amsterdam: Benjamins, 1–42.
Meisel, Jürgen (2009): Second language acquisition in early childhood. *Zeitschrift für Sprachwissenschaft* 28, 5–43.
Müller, Natascha & Hulk, Aafke (2001): Crosslinguistic influence in bilingual language acquisition: Italian and French as recipient languages. *Bilingualism: Language and Cognition* 4/1, 1–21.
O'Grady, William (2015): Processing determinism. *Language Learning* 65, 6–32.
Paradis, Joanne (2000): Beyond ‚One System or Two?' Degrees of separation between the languages of French-English bilingual children. In Döpke, Susanne (ed.): *Cross-linguistic structures in simultaneous bilingualism*. Amsterdam: Benjamins, 175–200.
Parodi, Teresa (2000): Finiteness and verb placement in second language acquisition. *Second Language Research* 16, 355–381.
Schimke, Sarah & Dimroth, Christine (2017): The influence of finiteness and lightness on verb placement in L2 German: Comparing child and adult learners. *Second Language Research* 34, 229–256.
Schulz, Petra & Tracy, Rosemarie (2011): *Linguistische Sprachstandserhebung – Deutsch als Zweitsprache*. Göttingen: Hogrefe.
Schumacher, Magdalena & Skiba, Romuald (1992): Prädikative und modale Ausdrucksmittel in den Lernervarietäten einer polnischen Migrantin. Eine Longitudinalstudie. *Linguistische Berichte* 141, 371–400 (Teil I); *Linguistische Berichte* 142, 451–475 (Teil II).
Tracy, Rosemarie (2002): Growing roots. *Linguistics* 40, 653–686.
Verhagen, Josje & Schimke, Sarah (2009): Differences or fundamental differences? Kommentar zu J. Meisels Artikel „Second language acquisition in early childhood". *Zeitschrift für Sprachwissenschaft* 28, 97–106.
Verrips, Maike & Weissenborn, Jürgen (1992): Routes to verb placement in early child German and French: The independence of finiteness and agreement. In Meisel, Jürgen (ed.): *The acquisition of verb placement*. Dordrecht: Kluver, 283–331.

Fumiya Hirataka
Zur *ist*-Konstruktion in der Varietät einer japanischen Lernerin des Deutschen als Zweitsprache – eine Forschungsskizze[1]

1 Einleitung

Der vorliegenden Forschungsskizze liegen zwei Motivationen zugrunde: Da ich erstens in Japan Deutschunterricht gebe, dachte ich lange, dass Japaner Deutsch ausschließlich als Fremdsprache lernen, also meistens an der Universität, manchmal an der Oberschule oder in Sprachschulen unter fachkundiger Anleitung von Lehrern anhand einschlägiger Lehrmaterialien. Erst vor einigen Jahren habe ich Japaner kennengelernt, die die deutsche Sprache ungesteuert erwerben. „Ungesteuert" im Sinne von „Erwerb außerhalb des Unterrichts, also lediglich durch die alltägliche Kommunikation mit Sprechern der zu lernenden Sprache" (Klein & Dimroth 2003: 2). Es gibt Japaner, die in den deutschsprachigen Raum kommen, ohne vorher Deutsch gelernt zu haben. Sie nutzen beispielsweise die Möglichkeit der sogenannten „Working Holidays" und arbeiten ein Jahr in Deutschland ohne vorherige Deutschkenntnisse. Oder wie die Frau, die unten ausführlich vorgestellt werden soll, leben sie häufig mit einem oder einer Ehepartner/in in Deutschland zusammen.

In der Zweitspracherwerbsforschung den deutschsprachigen Raum betreffend liegen bereits viele Untersuchungsergebnisse vor, u. a. zu türkischen, spanischen, italienischen, polnischen Lernern. Japanische Lerner sind hingegen selten Gegenstand der Untersuchung. Diese Forschungslücke ist nun die zweite Motivation für meine Untersuchung.

Wie das nächste Kapitel zeigt, hat unsere Lernerin zwar eine Zeit lang im Rahmen von Volkshochschulkursen in Berlin Deutsch gelernt, aber im Großen und Ganzen kann man sagen, dass sie Deutsch ungesteuert erworben hat und noch weiterhin erwirbt. Nach Ahrenholz (2017: 9) muss der

---

[1] Dieser Beitrag basiert auf einem Vortrag des Verfassers auf dem Second International Symposium of Tokyo Academic Forum on Immigrant Languages, 10. Februar 2012, Tokyo, bei dem unser Jubilar anwesend war. Ich danke Christine Dimroth für Literaturhinweise und Leopold Schlöndorff für die Korrektur der früheren Version.

Sprecher im ungesteuerten Zweitspracherwerb „im Alltag bedeutsame Kommunikationssituationen bewältigen, für die er sprachlich zumindest am Anfang nur über sehr beschränkte Mittel verfügt". Der vorliegende Beitrag geht deshalb der Frage nach, wie die Varietät einer japanischen Deutsch-als-Zweitsprache-Lernerin mit rudimentären Deutschkenntnissen aussieht. Dabei soll die Aufmerksamkeit auf die Verwendung von *sein*, insbesondere auf die *ist*-Konstruktionen gelegt werden, die im Gespräch häufig vorkommen und häufig am Anfang der Äußerung stehen. Die *ist* -Konstruktion scheint eine Schlüsselrolle in der untersuchten Lernervarietät zu spielen und soll im Folgenden nicht nur unter syntaktischem und funktionalem Gesichtspunkt, sondern auch aus informationsorganisatorischer und ausgangssprachlicher Perspektive untersucht werden.

2 Zur Ausgangssituation

Die Lernerin der vorliegenden Untersuchung, wir nennen sie Haruna[2], hat einige Jahre in Japan bei verschiedenen Firmen Verwaltungstätigkeiten ausgeübt, nachdem sie eine Fachschule absolviert hatte. Neben der Büroarbeit besuchte sie abends eine weitere Fachschule, an der sie sich zur Zeichnerin und Illustratorin ausbilden ließ. Deutsch hat sie in Japan überhaupt nicht gelernt. Ihren Angaben zufolge mochte sie Englisch in der Oberschule nicht besonders. Sie ist im November 2006 mit ihrem japanischen Ehemann, der die deutsche Sprache beherrscht, nach Berlin gezogen. In Berlin hat sie zuerst einen Intensivkurs an einer Volkshochschule (VHS) besucht, wo sie zwei Monate lang vier bis fünf Mal pro Woche Deutsch gelernt hat. Haruna sagte selbst, dass sie im ersten Monat fleißig war, aber im zweiten Monat keine große Lust mehr zum Lernen hatte, weil sie gemerkt habe, dass sie nicht einmal auf der Niveaustufe A1.1. im Unterricht mithalten konnte. Sie meinte, dass sie damals nicht wusste, wie man eine Fremdsprache lernen soll. Deshalb hat sie vorerst mit dem Kurs aufgehört und danach autodidaktisch Deutsch gelernt. Haruna dachte anfangs, sie bleibe höchstens zwei Jahre in Berlin, aber als sich das Ehepaar doch für einen längeren Aufenthalt entschied, besuchte sie noch einmal den A1.1-Kurs der VHS, und zwar insgesamt anderthalb Jahre (zuerst besuchte sie wieder einen Intensivkurs und später einen weiteren Kurs zwei Mal pro Woche). Obwohl sie die Niveaustufe A2.2 erreicht hat und ihr der

---

2 Name vom Verfasser geändert.

Besuch des B1-Kurses empfohlen wurde, hat sie noch einmal den A1.2 Kurs besucht, weil sie dachte, sie könne andernfalls mit dem Unterrichtstempo nicht mithalten. Im April 2011 hat sie den Besuch des Kurses endgültig aufgegeben.

Eine Zeit lang hat Haruna in einem japanischen Restaurant gejobbt. Da konnte sie gerade noch die Bestellungen annehmen, aber ihr war von ihrem Chef versichert worden, dass er ihr helfen werde, wenn sie bei der Erklärung Schwierigkeiten habe. Sonst hat sie ein wenig Deutsch gesprochen, wenn deutsche Bekannte zu ihrem Mann nach Hause kamen.

Wie der folgende Ausschnitt[3] (1) zeigt, sind ihre Deutschkenntnisse rudimentär. Hier fragt die Interviewerin (A) Haruna (H) nach empfehlenswerten japanischen Restaurants in Berlin:

(1) H: Ja, lecker. Aber ich wir keinen viel Geld nur einmal gegangen.
    A: Ist das teuer?
    H: Zwei Leute Sushi oder andere ander Essen und ein bisschen Sake getrunken 30 Euro.

Auffallend ist in ihrer Varietät das häufige Vorkommen von „ist". Wie Tabelle 1 zeigt, kommt „ist" viel häufiger vor als „bin" und „war". Andere Flexionsformen wie *bist*, *sind* und *seid* sind in den Daten nicht zu finden. Während verschiedene Wörter im Vorfeld von „ist" stehen – darunter einmal „ich" in der 2. Aufnahme –, ist das Pronomen *ich* das einzige Wort, das das Vorfeld von „bin" und „war" besetzt.

Tab. 1: Vorkommen von *sein*

	1. Aufnahme	2. Aufnahme	3. Aufnahme
ist	41	39	38
bin	4	7	1
war	5 (+ *gegangen*: 4, + *zurückgegangen*: 1)	1	0

Typisch ist dabei die *ist*-Konstruktion wie im letzten Satz des Ausschnitts (2), die oft am Anfang der Äußerung steht:

---

[3] In den hier angeführten Äußerungsbeispielen sollen einfachheitshalber Füllwörter, Pausen usw. nicht wiedergegeben werden, obwohl ihre Äußerungen durch eine Fülle von solchen Elementen gekennzeichnet sind.

(2) H: [...] Es ist ja sehr voll immer.
A: So, das Owner ist Deutscher, eine Owner, ein deutscher Mann. Er ist sehr schön japanisch *Ramen*[4] machen.

Im Folgenden soll die *ist*-Konstruktion in Harunas Äußerungen näher beleuchtet werden. Dabei sollen Formen und Funktionen der *ist*-Konstruktion analysiert werden.

3 Zu den Daten

Die Interviews fanden drei Mal statt. Jedes Mal wurde Haruna durch eine andere deutschsprachige Muttersprachlerin als Gesprächspartnerin interviewt:
1. Interview: August 2011 mit Interviewerin A
2. Interview: Februar 2012 mit Interviewerin B
3. Interview: Februar 2013 mit Interviewerin C

Bei den Interviews, die 35 bis 50 Minuten dauerten, handelte es sich thematisch unter anderem um Harunas Karriere in Japan, den Grund für den Umzug nach Berlin, Erfahrungen mit dem Deutschlernen, japanische Restaurants in Berlin und das große Erdbeben sowie die Tsunami-Katastrophe vom März 2011. Weil Haruna zwischen dem 2. und dem 3. Interview ein Kind zur Welt gebracht hatte, wurde beim 3. Interview auch über Kindererziehung gesprochen. Die Gespräche wurden aufgenommen und transkribiert. Jeweils einen Tag nach dem ersten und zwei Tage nach dem zweiten Interview habe ich ein Follow-Up-Interview mit Haruna auf Japanisch durchgeführt, bei dem ich sie u. a. nach der Redeabsicht und dem Inhalt der unklaren Stellen, bzw. nach ihrem Gefühl gefragt und ihr wenn nötig geeignete Ausdrücke beigebracht habe.

4 Syntaktische Strukturen der *ist*-Konstruktionen

Um der Verwendung des Verbs *sein* bei Haruna näherzukommen, soll zuerst die syntaktische Struktur der entsprechenden Äußerungen betrachtet werden. Von der syntaktischen Struktur her gesehen, können Harunas Äußerungen in vier Gruppen eingeteilt werden (Tabelle 2). Die Zahlen in Tabelle 2 stellen die Häufigkeit des Vorkommens dieser Strukturen in den drei Interviews dar. Die Äuße-

---

4 *Ramen* ist ein japanisches Nudelgericht.

rungsstruktur in der ersten Zeile „NP+*ist*+NP/Adj." enthält neben wenigen zielsprachlichen Varianten sowohl zielsprachennahe als auch abweichende Varianten.

Tab. 2:[5] Vorkommen von „NP+*ist*"

	1. Aufnahme	2. Aufnahme	3. Aufnahme
NP + *ist* + NP/Adj.	21 (darunter: *ich bin*: 2)	27 (darunter: *ich bin*: 4, *ich ist*: 1)	24 (darunter: *ich bin*:1)
NP + *ist* + NP +V	8 (darunter: *ich war*: 4)	5 (darunter: *ich bin*: 1)	4
NP + *ist* +V + NP	6 (darunter: *ich bin*: 1, *ich war*: 1)	5 (darunter: *ich bin*: 2)	0
NP + *ist* + Satz	6 (darunter: *ich bin*: 1)	4	2

Im Folgenden betrachten wir die Äußerungsstrukturen anhand von konkreten Beispielen. Die Zahlen in den Klammern hinter den Beispielen zeigen, aus welchem Interview diese jeweils stammen.

NP+*ist*+NP/Adj.
(3)   Mein Mann ist Japaner. (1)
(4)   Alles Station ist dunkel alles Laden ist dunkel. (1)

Die Beispiele (3) und (4) haben die syntaktische Struktur „NP+*ist*+NP/Adj.", wobei Beispiel (3) sowohl grammatikalisch als auch semantisch völlig korrekt ist, während (4) die Flexionsformen von „alles", „Station", „ist" und „Laden" von der Zielsprache abweichen, aber sehr gut verständlich sind. Wie bereits erwähnt und auch Tabelle 1 zu entnehmen ist, kommt in den Gesprächsdaten von Haruna „sind" überhaupt nicht vor.

In den Äußerungsdaten gibt es auch solche, die zwar die Struktur „NP+*ist*+NP/Adj." aufweisen, aber nicht so einfach zu verstehen sind:

(5)   Prenzlauerberg ist viel Europa Menschen wenig Asia Leute. (3)
(6)   Zwei Monaten sehr langsam Package ist sehr billig. (1)

Die Äußerung (5) bedeutet, dass im Berliner Ortsteil Prenzlauerberg viele Europäer wohnen, aber wenige Asiaten. Mit der Äußerung (6) meint Haruna, dass Pakete, die sehr langsam geliefert werden, also erst nach zwei Monaten in Japan ankommen, sehr billig sind. In (6) nimmt „ist" zwar nicht die Verbzweitstellung ein, aber „Zwei Monaten sehr langsam Package" kann als eine Nominalphrase behandelt werden.

---

5 Die Gesamtzahl des Vorkommens von „NP+*ist*" in den Tabellen 1 und 2 stimmen nicht überein, weil die schwer zu klassifizierenden Äußerungen in Tabelle 2 nicht berücksichtigt sind.

Weitere Äußerungen mit *ist*-Konstruktionen, die von der Zielsprache abweichen, sind in den Daten enthalten:

NP+*ist*+NP+V
(7) Er ist sehr schön japanisch Ramen machen. (1)
(8) Elektronik Musik ist in Berlin Berlin ist sehr viel, viel spielen. (1)

NP+*ist*+V+NP
(9) Mein Mann ist sprechen gut Englisch. (1)

NP+*ist*+Satz
(10) Mein Kind ist wir hoflich wir hoflich hoffen ja wir möchten er Japanischschule gehen. (3)

Die Äußerungen, die zu den Typen (5) bis (10) zugeordnet werden, kommen in unseren Daten häufig vor. Sie sind sowohl syntaktisch als auch inhaltlich oft nicht so einfach zu verstehen. Das Wort „ist" in den Beispielen (7) und (9) könnte als das eine Fähigkeit markierende Modalverb *können* verstanden werden. Das erste „ist" im Beispiel (8) kann hingegen als das passivbildende Auxiliarverb *werden* interpretiert werden. Dem zweiten kann man wohl die lokative Funktion zuschreiben. Beide stehen in der 3. Person Singular. So würde die Äußerung (8) bedeuten, dass elektronische Musik in Berlin häufig gespielt wird. In Chilla, Haberzettl & Wulff (2013: 210) heißt es tatsächlich: „[I]t is particularly the verb *sein* (,to be') – especially in the form of *ist* (3SG) – that is frequently used as a dummy verb [...]." Das „ist" im Beispiel (10)[6] kann man jedoch nicht als „dummy verb" gelten lassen. Hier folgt nach dem „ist" ein Satz. Das deutet an, dass hinter der Verwendung der *ist*-Konstruktion von Haruna noch eine andere Strategie steckt.

Um den Sinn dieser Äußerungen zu verstehen, benötigt man neben den Äußerungen der Gesprächspartnerin auch verschiedene Hintergrundinformationen. Das Kontextwissen erscheint hier als besonders notwendig. Die Äußerungsstrukturen (5) bis (10) haben voneinander etwas abweichende Strukturen, aber in allen Äußerungen nimmt die Konjugationsform „ist" die Verbzweitstellung ein. Im nächsten Abschnitt soll auf diese *ist*-Konstruktionen besonderes Augenmerk gerichtet werden und nicht nur hinsichtlich der Struktur, sondern auch in Hinblick auf die Funktion analysiert werden.

---

6 Bis Haruna das Wort „hoffen" einfällt, wiederholt sie mehrfach „hoflich". Es scheint zwar, dass Haruna nach „Mein Kind" einmal die Äußerung abbricht und sie neu zu formulieren versucht, aber wie das Pronomen „er" im danach folgenden Teil zeigt, bleibt ihre Redeabsicht von ihrem „Kind" zu sprechen weiter erhalten.

5 Funktionen der *ist*-Konstruktionen

Berninis (2003) Aufteilung möglicher Funktionen folgend ergibt sich das in Tabelle 3 dargestellte Bild für die Verwendung der *ist*-Konstruktion in Harunas Äußerungen.

Tab. 3: Funktionen von *sein*

Funktionen	1. Aufnahme	2. Aufnahme	3. Aufnahme
Eigenschaft	11	14	13
Identität	9	6	8
Auxiliarverb	5	1	0
Lokation	1	0	1
Existenz	2	2	2
Possession	0	0	2

Wie Tabelle 3 zu entnehmen ist, gibt es unter den Äußerungen mit der *ist*-Konstruktion solche am häufigsten, die Eigenschaften, Zustände, Umstände u. a. zum Ausdruck bringen. Ihnen folgen Äußerungen, die die Identität beinhalten. Wie die Beispiele (11) bis (14) zeigen, haben die Äußerungen, die zu diesen beiden Kategorien gehören, die syntaktische Struktur „NP+ist+NP/Adj." und sind meistens korrekt oder zielsprachennah. Bei kurzen einfachen Äußerungen geht die Form mit der Funktion einher. Dabei besetzt Haruna sowohl das Vor- als auch das Nachfeld von „ist" mit einfachen Nomen und Adjektiven, die sie wohl verhältnismäßig häufig gehört hat. Darunter sind manche Äußerungen, wie (11) und (14), für stehende Wendungen.

Eigenschaft:
(11) Berlin ist schön. (2)
(12) Das Wohnung ist sehr alt. (3)

Identität:
(13) Das Owner ist Deutscher. (1)
(14) Was ist Name? (3)

Es gibt aber sehr viele Äußerungen mit der *ist*-Konstruktion, die sich keiner der in Tabelle 3 genannten Kategorien zuordnen lassen. Wir beschäftigen uns nun mit der Analyse solcher Äußerungen. Dabei steht die Frage nach der Rolle der *ist*-Konstruktion in den Äußerungen der japanischen DaZ-Lernerin mit rudimentären Deutschkenntnissen im Mittelpunkt der Analyse.

6 Informationsstruktur

Aus der bisherigen Untersuchung geht hervor, dass die morphosyntaktischen Mittel und der Wortschatz der Zielsprache, die Haruna zur Verfügung stehen, sehr begrenzt sind. Mit dem kleinen Repertoire muss sie im Gespräch den Maximaleffekt erzielen. Wie organisiert sie dabei ihre Äußerungen? Um diese Frage zu klären, sollen in diesem Kapitel ihre Aussagen aus informationsorganisatorischer Sicht beleuchtet werden.

Dimroth & Starren (2003: 2) erläutern die Grundregel der Wortstellung wie folgt:

> „Word order seems to follow a basic rule: learners first refer to the topic situation (protagonist, time, space) the utterance is about and then express some state of affairs that holds for the topic."

Nehmen wir wieder die oben angeführten Äußerungen (7) bis (10), um zu prüfen, ob diese Grundregel für die von der Zielsprache abweichenden Äußerungen von Haruna gilt.

(7)   Er ist sehr schön japanisch Ramen machen. (1)
(8)   Elektronik Musik ist in Berlin Berlin ist sehr viel, viel spielen. (1)
(9)   Mein Mann ist sprechen gut Englisch. (1)
(10) Mein Kind ist wir hoflich wir hoflich hoffen ja wir möchten er Japanischschule gehen. (3)

Wenn wir jeweils die erste NP in diesen Äußerungen als Topik interpretieren, verstehen wir Harunas Redeabsicht. Dabei spielt „ist" als Topikmarker eine zentrale Rolle. „ist" zeigt nämlich, dass das, was im Vorfeld von „ist" steht, das Topik der Äußerung ist.

Der Einfluss von Harunas Muttersprache, Japanisch, ist nicht zu übersehen. Japanisch ist eine topikprominente Sprache. „Topikprominente Sprachen bevorzugen eine Topik-Comment-Struktur" (Ebi & Eschbach-Szabo 2015: 127). Dem vorangehenden Topik folgt die Aussage, die es kommentiert. Dabei markiert das Partikel *wa* das Topik.

Japanische DaZ-Lerner denken, dass auch im Deutschen die satzinitiale *ist*-Konstruktion, „Das ist" aus Beispiel (15), das Topik bezeichnet, weil im Japanischen der satzinitiale Teil *Kore (wa)* das Topik tragende Satzglied ist. Sie setzen das deutsche Satzpattern „A ist B" mit dem japanischen „A *wa* B" gleich. Die Kopula ist „*desu*", aber sowohl *wa* als auch *desu* können weggelassen werden (Beispiel (16)). Auch wenn die beiden Elemente weggelassen werden, bringen die restlichen zwei Wörter jeweils das Topik und den Kommentar zum Ausdruck, wie

Beispiel (16) zeigt. Deshalb gilt für Japaner *ist* als Topikmarker und zusammen mit dem Wort im Vorfeld bildet *ist* den Topik tragenden Teil.

(15)   *Kore wa*   *wain desu*
        das TOP   Wein KOP
       „Das ist Wein."

(16)   *Kore*   *wain*
        das   Wein
       „Das ist Wein."

Außerdem ist die Kommunikation im Japanischen sehr stark kontextabhängig. In Äußerung (17) können sowohl *wa* als auch *ni suru* weggelassen werden, und im Beispiel (18) sind nur noch zwei Wörter vorhanden, nämlich „er" und „Wein." Und weil japanische DaZ-Lerner das deutsche Satzpattern „X ist Y" und das japanische „X *wa* Y" für identisch halten und das Partikel *wa* weggelassen werden kann, setzen sie den Topik tragenden Teil „X ist" an den Anfang der Äußerung. Daher ist es durchaus nachvollziehbar, wenn japanische Lerner mit rudimentären Deutschkenntnissen Äußerungen wie „Er ist Wein.", „Er ist nehmen Wein." oder „Er ist Wein nehmen." produzieren.

(17)   *kare*   *(wa)*   *wain (ni suru)*
        er   TOP   Wein nehme
       „Er nimmt Wein."

(18)   *kare wain*
        er   Wein
       „Er nimmt Wein."

Das Sprechtempo von Haruna ist sehr langsam, sie spricht mit langen Pausen und vielen Füllwörtern. Oft flüstert sie auf Japanisch *Nandattakke* („Wie hieß das noch einmal?"), oder *Aa wasurechatta* („Ah, ich habe es vergessen.") vor sich hin und spricht, als würde sie Wort für Wort vom Japanischen ins Deutsche übersetzen.

Insbesondere bei erwachsenen Lernern kann man sich gut vorstellen, dass sie beim Gespräch zuerst klar machen möchten, worüber sie sprechen. Daher setzen sie das Topik an den Anfang der Äußerung, sowohl wenn sie selbst ein Topik einführen, als auch wenn sie das Thema, das der Gesprächspartner in der vorangegangenen Äußerung eingeführt hat, beibehalten wollen. Diese Neigung wird noch verstärkt, wenn die Ausgangssprache der Lerner eine topikprominente Sprache ist.

Zur *ist*-Konstruktion von deutschlernenden türkischen Kindern heißt es bei Haberzettl (2003: 46) wie folgt:

„In the early stages of the acquisition process, L2 learners first and foremost rely on certain syntactic and prosodic surface structures of the L2, or parts of the structures, which are learned and automatized as such, because they are frequent and/or salient. Consequently, learners may produce patterns or parts of patterns without making use of their full functional potential."

Die analysierten Äußerungen von Haruna können ebenfalls in diesem Sinne interpretiert werden und stärken demnach die Form-geht-vor-Funktion-These, weil einige Strukturen, wie hier die *ist*-Konstruktion, sicher auffallend sind. Die vorliegende Forschungsskizze hat jedoch gezeigt, dass nicht nur die Form- und/ oder Funktionsfrage, sondern auch andere Elemente wie die Informationsstruktur und die Ausgangssprache (oder die Muttersprache) des Lerners im frühen Spracherwerbsprozess eine große Rolle spielen und deshalb in Betracht gezogen werden sollten, vor allem wenn es sich bei der Ausgangssprache des Lerners um eine topikprominente Sprache handelt.

7 Literatur

Ahrenholz, Bernt (2017): Erstsprache – Zweitsprache – Fremdsprache. In Ahrenholz, Bernt & Oomen-Welke, Ingelore (Hrsg.): *Deutsch als Zweitsprache*. 4. vollständig überarbeitete und erweiterte Auflage. Baltmannsweiler: Schneider Hohengehren, 3–20.

Bernini, Giuliano (2003): The copula in learner Italian. Finitness and verbal inflection. In Dimroth, Christine & Starren, Marianne (eds.): *Information Structure and the Dynamics of Language Acquisition*. Amsterdam, Philadelphia: John Benjamins, 159–185.

Chilla, Solveig; Haberzettl, Stefanie & Wulff, Nadja (2013): Dummy verbs in first and second language acquisition in German. In Blom, Elma; de Craats, Ineke van & Verhagen, Josje: *Dummy Auxiliaries in First and Second Language Acquisition*. Boston: de Gruyter, 209–249.

Dimroth, Christine & Starren, Marianne (eds.) (2003): *Information Structure and the Dynamics of Language Acquisition*. Amsterdam, Philadelphia: John Benjamins.

Ebi, Martina & Eschbach-Szabo, Viktoria (2015): *Japanische Sprachwissenschaft. Eine Einführung für Japanologen und Linguisten*. Tübingen: Narr.

Haberzettl, Stefanie (2003): „Tinkering" with chunks. Form oriented strategies and idiosyncratic utterance patterns without functional implications in the IL of Turkish speaking children learning German. In Dimroth, Christine & Starren, Marianne (eds.): *Information Structure and the Dynamics of Language Acquisition*. Amsterdam, Philadelphia: John Benjamins, 45–63.

Klein, Wolfgang & Dimroth, Christine (2003): Der ungesteuerte Zweitspracherwerb Erwachsener: Ein Überblick über den Forschungsstand. In Maas, Utz & Mehlem, Ulrich (Hrsg.): *Qualitätsanforderungen für die Sprachförderung im Rahmen der Integration von Zuwanderern*. Osnabrück: IMIS, 127–161.

Deutsch als Zweitsprache in Unterrichtskontexten

Hana Klages, Eva-Larissa Maiberger, Giulio Pagonis
„Implizit gesteuert": kommunikative Sprachförderung in der Vorschule

Das Thema Sprachförderung ist spätestens seit dem sogenannten Pisa-Schock verstärkt in den Fokus des öffentlichen und wissenschaftlichen Interesses gerückt. Infolge des Zuzugs großer Gruppen von Menschen mit Fluchthintergrund nach Deutschland hat die Thematik in den vergangenen Monaten weiter an anwendungsbezogener Relevanz gewonnen.

In Bildungsinstitutionen, von Kindergärten über Schulen bis hin zu Universitäten, stehen Menschen der herausfordernden Aufgabe gegenüber, Lernende des Deutschen als Zweitsprache in ihrem Spracherwerb zu unterstützen. Dabei stellt sich die sprachdidaktische Frage, wie dies am effizientesten geleistet werden kann, d. h. wie Unterstützungsangebote konkret beschaffen sein sollten, um Sprachlernprozesse in Gang zu setzen oder zu beschleunigen. Eine zentrale Stellschraube bei der didaktischen Planung von Sprachförderung betrifft dabei die Frage nach der Bewusstmachung grammatischer Strukturen zum Zwecke der Anbahnung spontansprachlicher Kompetenz: Im wissenschaftlichen Diskurs der Fremd- und Zweitsprachendidaktik werden in diesem Zusammenhang bereits seit Jahren verschiedene Vermittlungsverfahren unterschieden, die (in variierender Aufdringlichkeit) den Versuch unternehmen, das Bewusstsein des Lernenden (auch) auf die Formseite der zu vermittelnden Sprache zu lenken und somit sprachliches Wissen explizit zu machen (Achard 2004, Ellis et al. 2002, Doughty & Williams 1998, zum Deutschen als Zweitsprache u. a. Rösch & Stanat 2011). Mit dieser didaktischen Vorgehensweise der Formfokussierung wird in der Regel die Hoffnung verbunden, dass Lernprozesse unterstützt werden, und zwar

a. weil die durch die Formfokussierung bewusst gewordene sprachliche Form vom Lernenden im Sprachangebot fortan eher wahrgenommen wird, vor allem wenn diese Form (z. B. Artikelwörter) lautlich wenig salient ist und trotz hoher Vorkommenshäufigkeiten auch nach längerem Sprachkontakt nicht in die Lernersprache integriert wird,
b. oder weil die bewusste Wahrnehmung sprachlicher Formen unbewusste Segmentierungs- und Analyseprozesse im Lernenden unterstützt, insofern größere konkrete, im Gedächtnis abgelegte Äußerungseinheiten (*chunks*) leichter aufgebrochen und in ihre Komponenten zerlegt werden können und somit besser für die Ausbildung abstrakten Schema- oder Regelwissens genutzt werden können (*dechunking*, Roche 2013: 55f.),

c. oder weil das explizite Wissen über die systematische Bildung sprachlicher Formen den Lernenden in die Lage versetzt, modellhafte Äußerungen bewusst zu konstruieren und damit einen Autoinput zu generieren, der, entbunden von der Notwendigkeit, vom Lernenden selbst inhaltlich dekodiert werden zu müssen, eine erhöhte Wahrscheinlichkeit aufweist, Eingang in den impliziten, beiläufigen Sprachverarbeitungsmechanismus zu finden (Krashen 1981, Paradis 2009).

Während die Stichhaltigkeit der unter a. und b. genannten Annahmen zum Nutzen von bewusstmachenden Vermittlungsverfahren von der Plausibilität einer mentalen Schnittstelle zwischen bewusstem Wissen und unbewusster Sprachverarbeitung abhängt (*interface*), eignet sich die unter c. aufgeführte Hypothese auch ohne Rekurrenz auf eine solche interne Schnittstelle zur Legitimation von bewusstmachenden Ansätzen in der Sprachvermittlung.

Es scheint vor diesem Gesamtbild nachvollziehbar, warum formfokussierende Vermittlungsmethoden in der didaktischen Planung regelmäßig in Betracht gezogen werden (auch in der Sprachförderung von Kindern mit Deutsch als Zweitsprache) oder schlechthin als das didaktische Mittel der Wahl gelten (etwa im Kontext der Fremdsprachendidaktik). Dabei wird man der Vielfalt der unterscheidbaren Typen der Formfokussierung nicht gerecht, wenn man sie, wie bisher suggeriert, zwingend mit dem Aspekt der *Bewusstmachung sprachlicher Formen* verbindet. Unabhängig von der Frage nach ihren Effekten (a. – c.) wird im Hinblick auf die *Art* der Formfokussierung in der sprachdidaktischen Forschung zwischen mindestens drei Typen der Formfokussierung unterschieden.

1. *Fokus on FormS*: Aspekte des Lerngegenstandes, z. B. grammatische Regeln, werden den Lernenden *isoliert* bewusst gemacht und erläutert. Der expliziten Regelvermittlung können sich Übungen anschließen. Isoliert meint hier zweierlei: Zum einen wird die Form nicht aus ihrem kommunikativen Gebrauch heraus explizit gemacht, zum anderen zeichnet diesen Grammatikvermittlungsansatz aus, dass im vorgeplanten Unterrichtscurriculum der Reihe nach jeweils *ein* grammatischer Bereich fokussiert wird, eine Synthese der Wissensbestände wird in den Leistungsbereich des Lernenden verschoben (Long 2000).

2. *Fokus on Form (explizit)*: Die explizite Formfokussierung ist im kommunikativ ausgerichteten Unterrichts- bzw. Fördergeschehen eingebettet. Sie erfolgt nur punktuell und spontan (ist also nicht curricular vorgeplant) und im Unterschied zur Bewusstmachung in 1. nicht kontextlos und isoliert von der Inhaltsseite des sprachlichen Ausdrucks. So wird der Lernende im Rahmen des Unterrichtsgeschehens nur dann auf die sprachliche Form hingewiesen (Bewusstmachung der Form), wenn er die entsprechende Form *im kommunika-*

tiven Akt abweichend gebraucht hat (kontextuelle Einbindung). Im Mittelpunkt der Bewusstmachung steht somit die gesamte Konstruktion, neben der Form also auch die damit korrespondierende Bedeutung (Madlener & Behrens 2015).
3. *Fokus on Form (implizit)*: Die Formfokussierung erfolgt, im Unterschied zu 1. und 2., ohne den didaktischen Versuch, das Bewusstsein auf die sprachliche Form zu richten, weder in einem kommunikativen Kontext eingebettet noch isoliert. Das Bewusstsein des Lernenden soll vielmehr, wie in der natürlichen Interaktion auch, auf der *Bedeutung* des sprachlichen Ausdrucks liegen. Die Formfokussierung erfolgt hier (sowohl pro- als auch reaktiv, zum Begriff des *recast* s. Long 2006) stattdessen u. a. über die Steuerung der Häufigkeit, mit der die fokussierte Form im Sprachangebot auftaucht, sowie, wenn der Förderschwerpunkt auf einer abstrakten Konstruktion liegt, über die Steuerung der Varianz ihrer Instantiierungen[1] (Goldberg 2006, Cordes 2014). Dem Lernenden soll die fokussierte sprachliche Form dabei zu keinem Zeitpunkt bewusst werden, die implizite Formfokussierung zielt vielmehr unmittelbar auf die Optimierung impliziter Sprachverarbeitungsprozesse ab.

Alle hier aufgeführten Typen der Formfokussierung folgen dem didaktischen Ansatz, Sprachlernprozesse durch die gezielte Gestaltung des Sprachförderangebots steuern zu wollen und unterscheiden sich somit von rein bedeutungsorientierten Vermittlungsansätzen (im Sinne des Sprachbades[2]) in ihrer Geplantheit. Die unter 3. genannte Vermittlungsmethode (*Fokus on Form (implizit)*), auf die im Weiteren näher eingegangen werden soll, stellt dabei einen Ansatz dar, der die Kombination zweier didaktischer Aspekte erlaubt, die mit Blick auf eine vorschulische Sprachförderung besonders geeignet erscheinen:

Einerseits wird bei der impliziten Formfokussierung anders als in den unter 1. und 2. aufgeführten Verfahren auf jeglichen Versuch verzichtet, dem Lernenden sprachliche Formen oder gar zugrunde liegende Muster und Strukturen bewusst zu machen. Unter Berücksichtigung des kognitiven Alters von Vorschulkindern und der Annahme, dass sich die Fähigkeit zum bewusstseinsgesteuerten Erlernen sprachlicher Strukturen erst allmählich entfaltet und frühestens mit Eintritt in die Grundschule verfügbar ist[3] (Paradis 2009: 131),

---

[1] Dies betrifft bei Argument-Struktur-Konstruktionen z. B. die Vielfalt an konkreten Verben, mit denen die Verbposition konkret besetzt wird.
[2] Hierzu zählt der Ansatz „focus on meaning", eine extreme Position des kommunikativen Ansatzes. Bei diesem wird davon ausgegangen, dass der Erwerb sprachlicher Formen im Vermittlungskontext implizit und ohne jegliche, auch implizite, Steuerung des Sprachangebots erfolgt.
[3] Das häufig angeführte Argument, dass Kinder bereits früher in der Lage sind, sprachliche Formen zum Gegenstand der bewussten Reflexion zu machen (z. B. in der expliziten Thematisie-

erscheint eine Inputsteuerung durch implizite Formfokussierung bei dieser Altersgruppe also als adäquat, wohingegen explizite, auf Bewusstmachung setzende Methoden der Formfokussierung mit vielfältigen Überforderungen des Kindes einhergehen können (Pagonis 2014). Gleichzeitig eröffnet die Vorgestaltung des Sprachangebots, die bei der impliziten Formfokussierung ausdrücklich vorgesehen ist, Möglichkeiten der Inputoptimierung, die auf eine kompensatorische Wirkung abzielen: Reicht der Zugang zur Zielsprache, den die Kinder im Kitaalltag und im häuslichen Umfeld erleben (quantitativ und/ oder qualitativ) nicht aus, damit sich die unter günstigen Erwerbsbedingungen entfaltenden natürlichen Erwerbsschritte vollziehen können, so wird mit der gezielten Vorgestaltung des Sprachangebots die Erwartung verbunden, dass Lernprozesse systematisch beschleunigt oder wieder in Gang gesetzt werden, sofern es z. B. zu Fossilierungsphänomenen gekommen ist.

Die implizite formfokussierende Inputsteuerung kann dabei entlang einer Reihe didaktisch relevanter Faktoren erfolgen, deren Berücksichtigung zu einem Sprachangebot führt, das einen besonders günstigen Einfluss auf die implizite, natürliche Weiterentwicklung der Lernersprache erwarten lässt, insofern sie

- auf den Sprachstand des Lernenden abgestimmt ist, somit diagnosebasiert erfolgt, und hinsichtlich der Progression an natürlichen Entwicklungsverläufen angelehnt ist (*Entwicklungsproximalität*): Der angebotene sprachliche Input ist jeweils auf die Unterstützung des Lernprozesses im Rahmen der Zone der nächsten natürlichen Entwicklung hin zugeschnitten (Wygotski 1987);
- eine bestimmte Häufigkeitsverteilung sprachlicher Formen im Input aufweist: Nach dem Prinzip des *skewed input*[4] (Boyd & Goldberg 2009) wird bei der didaktischen Planung einer impliziten Formfokussierung der Annahme gefolgt, dass der Spracherwerb natürlicherweise inputsensitiv verläuft: Frequenz- und Varianzverteilungen haben einen Einfluss darauf, wie rasch grammatisches Regel- bzw. Schemawissen abstrahiert wird und somit produktive Sprachkompetenz ausgebildet wird. Infolgedessen wird der Lernprozess von der Aufnahme konkreten sprachlichen Materials hin zur Abstraktion der innewohnenden grammatischen Schemata dadurch unterstützt, dass neue abstrakte Konstruktionen im Sprachangebot mit einer oder mit

---

rung von sprachlichen „Fehlern"), widerspricht der hier formulierten Annahme nicht, die Aussagen über explizite *Lern*prozesse macht.

4 Die Effektivität der genannten Anpassungen ist vereinzelt auf Grundlage empirischer Studien belegt (Goldberg 2006, Cordes 2014).

wenigen Realisierungsformen, die hochfrequent auftreten, eingeführt werden (Anker) und erst allmählich durch eine zunehmende Varianz der Realisierungsformen im Sprachangebot erweitert werden.

Damit trotz Inputsteuerung und der dafür notwendigen Vorgestaltung des Sprachangebots[5] ein „natürlicher" Sprachgebrauch gewahrt bleibt, in dem sich das Bewusstsein des Lernenden ganz natürlich auf die *Bedeutung* (und nicht die Form) des sprachlichen Ausdrucks richtet, müssen die genannten impliziten Steuerungsmaßnahmen in einen authentischen Kommunikationsrahmen eingebettet sein: Das Erleben des sprachlichen Zeichens in seinem kommunikativen (rezeptiven und produktiven, kontextuell eingebetteten) Gebrauch stellt aus Sicht gebrauchsbasierter Erwerbsmodelle (*Usage Based Grammar*, Tomasello 2003) die Grundvoraussetzung für seinen Erwerb dar und ist die Grundprämisse für einen didaktischen Ansatz, der auf eine *implizite, bedeutungsorientierte* Formfokussierung setzt. Denn erst in konkreten Situationen authentischen kommunikativen Handelns, die sich „*nicht von kontextuellen Bedingungen ablösen [lassen], zu denen Umgebungs- und Situationsvariablen ebenso zu zählen sind wie (kopräsente) PartnerInnen der Interaktion*" (Ziem & Lasch 2013: 162), sind die Bedingungen gegeben, unter denen der Lernende die unbewusste ‚Detektivarbeit' des Spracherwerbs am ehesten leisten kann. Diese besteht aus gebrauchsbasierter Perspektive darin, dass der Lernende *aus dem kommunikativen Gebrauch konkreter Äußerungen heraus* implizite Rückschlüsse auf die Form-Bedeutungsbeziehung der verwendeten symbolischen Zeichen zieht, sowohl mit Blick auf konkrete Konstruktionen (also z. B. auf die Form und Bedeutung lexikalischer Einheiten) als auch auf abstrakte grammatische Konstruktionen (also z. B. auf das Forminventar und die Distributionsmuster der Pluralallomorphe im Deutschen), um diese Konstruktionen schließlich zu einem komplexen Konstruktionsnetzwerk zusammenzufügen. Dieser Prozess, der im ungesteuerten Spracherwerb allmählich und schrittweise verläuft[6], gelingt umso eher, je zugänglicher

---

5 Sprachvermittlung nach dem Prinzip der z. T. impliziten Formfokussierung setzt Planungs- und Materialentwicklungsprozesse voraus, die bereits vor dem Einsatz des Vermittlungsverfahrens abgeschlossen sind.
6 Einerseits muss der Lernende (wiederholt auftretende) sprachliche Formen aus längeren sprachlichen Ausdrücken extrahieren, andererseits muss er aus dem Kontext des Sprachgebrauchs heraus Rückschlüsse auf die (Teil-)Bedeutung dieser sprachlichen Formen ziehen. Beide Verarbeitungsschritte erfolgen im ungesteuerten Erwerb allmählich: Die Form des sprachlichen Zeichens wird mitunter zunächst nur als Teil größerer, unanalysierter Äußerungseinheiten mitgelernt und schrittweise herausgelöst. Bei abstrakten Konstruktionen (wie z. B. syntaktischen Strukturen) werden zunächst nur konkrete Realisierungen der zugrunde liegenden abstrakten Struktur aus dem Input übernommen, erst allmählich wird durch interne Abgleich-

die Beziehung von Form und Bedeutung über den Input angeboten wird. Ausgehend von den kognitionslinguistischen Arbeiten Tomasellos (2003) wird diese schrittweise Rekonstruktion konventioneller Form-Bedeutungspaare erst durch die Teilnahme des Lernenden an triadischer Kommunikation ermöglicht: Wenn der Lernende dank seiner schon früh in der Ontogenese (ca. ab dem 12 Lebensmonat) entwickelten Fähigkeit zur geteilten Intentionalität in sozial-kommunikative Aushandlungsprozesse involviert ist und wiederholt die symbolische Dimension linguistischer Zeichen erlebt, bildet sich allmählich schematisches linguistisches Wissen als Beiprodukt dieser sozialen Interaktion heraus (*emergence*): „Nur in konkreten Kommunikationssituationen stellt sich die für den Erwerb von Konstruktionen notwendige intersubjektiv geteilte Intentionalität („shared intentionality") ein. Notwendig ist dafür ein gemeinsamer Aufmerksamkeitsfokus („joint attention") der InteraktionspartnerInnen" (Ziem & Lasch 2013: 162).

Ein didaktischer Vermittlungsansatz, der die Bedeutung des konkreten kommunikativen Gebrauchs sprachlicher Konstruktionen als Voraussetzung für deren produktiven Erwerb (bezüglich Form und Bedeutung) und ihre Implementierung in ein Netzwerk von Konstruktionen anerkennt, strebt in der Sprachvermittlung folglich die Inszenierung von Sprachgebrauchskontexten an, die die Merkmale natürlicher, triadischer Interaktion erfüllen, ohne dabei, wie Punkt 3. oben zeigt, auf Maßnahmen der Inputoptimierung durch Vorgestaltung zu verzichten – sofern diese didaktischen Maßnahmen nicht zu Lasten der Bedeutungsorientiertheit als Kernmerkmal sprachlicher Interaktion gehen, also implizit vollzogen werden.

Mit dem Ziel, eine kognitive Überforderung der Kinder zu vermeiden und stattdessen durch den gezielten Einsatz von Verfahren der Inputoptimierung (*Entwicklungsproximalität, skewed input*) beiläufige Erwerbsschritte zu unterstützen, zielt der Vermittlungsansatz der impliziten Formfokussierung daher auf die Schaffung natürlicher und authentischer Kommunikationssituationen ab und verzichtet folglich auf eine explizite Bewusstmachung der zu fördernden sprachlichen Formen. Einen solchen impliziten und gleichzeitig systematischen Vermittlungsansatz stellt das Sprachförderkonzept *Deutsch für den Schulstart* dar, auf das im Folgenden näher eingegangen werden soll.

---

und Kategorisierungsprozesse „erkannt", dass sich die konkreten Formen gemeinsame formale Merkmale teilen, die so abstrahiert werden können. Die Bedeutung des sprachlichen Zeichens wird zunächst nur grob und annäherungsweise erfasst, es kommt zu Über- und Untergeneralisierungen.

Das Sprachförderkonzept *Deutsch für den Schulstart*

Das Sprachförderkonzept *Deutsch für den Schulstart* (www.deutsch-fuer-den-schulstart.de) ist im Rahmen des seit 2004 am Institut für Deutsch als Fremdsprachenphilologie der Universität Heidelberg angesiedelten gleichnamigen Forschungs- und Förderprojekts entstanden[7]. Es verfolgt das Ziel, Kinder ohne eine altersgemäß entwickelte sprachliche Kompetenz, insbesondere Kinder nichtdeutscher Herkunftssprache, im Erwerb ihrer sprachlichen Fähigkeiten und somit in ihrem Schul- und Bildungserfolg zu unterstützen. Das Sprachförderkonzept, das sich an Kinder im Alter zwischen 4 und 8 Jahren richtet, wurde in der Praxis erprobt und findet seinen Einsatz in mehreren Bundesländern. Es erfüllt in verschiedenen Hinsichten didaktische Ansprüche, die sich aus dem oben Gesagten ableiten lassen.

Das mit *Entwicklungsproximalität* bezeichnete Merkmal einer sprachstandsangemessenen Förderung erfüllt das Förderkonzept *Deutsch für den Schulstart* dahingehend, dass seinem Einsatz die Durchführung einer Sprachstandserhebung vorausgeht. Ausgehend vom aktuellen Sprachstand der Kinder werden Teile des Fördermaterials ausgewählt, die die Anbahnung der Zone der nächsten sprachlichen Entwicklung unterstützen sollen. Dabei handelt es sich um Sprachspiele aus einer der vier Förderphasen des Materials. Die Spiele liefern Anlässe zu rezeptiven und produktiven sprachlichen Handlungen, in denen bestimmte sprachliche Konstruktionen wiederholt in Sprachgebrauchskontexten mit Merkmalen triadischer Kommunikation angeboten werden.

Eine solche sprachliche Konstruktion, deren Erwerb durch das Förderkonzept gezielt unterstützt werden soll, stellt z. B. die Kombination zwischen einer konkreten definiten Artikelform und einem Substantiv als konkreter Ausdruck eines Genussystems dar, das u. a. lautlich motivierten Zuweisungsprinzipien folgt. So übernimmt die Artikelform *die* in einer Äußerung wie *Die Biene hat mich gestochen.* u. a. die Funktion, Subjekte, die mit zweisilbigen Nomina mit Schwa-Auslaut realisiert werden, als Feminina zu markieren. Dass diese Funktion in dem genannten Kontext der Artikelform *die* vorbehalten ist – kein anderer bestimmter Artikel wie z. B. *der, das, dem* oder *den* „kann" in dieser Funktion auftreten, sofern seine Verwendung den Regularitäten des deutschen Sprachsys-

---

[7] Das Projekt wird finanziell unterstützt durch die Günter-Reimann-Dubbers-Stiftung Heidelberg und die Dürr-Stiftung Hamburg.

tems entsprechen soll –, ergibt sich aus der Übereinstimmung zwischen den grammatischen Informationen der Artikelform *die* (feminin, Singular, Nominativ) und aus den grammatischen Informationen des zu begleitenden Substantivs in dem genannten Kontext. Zu Substantiven, die diese drei grammatischen Informationen tragen, gehören häufig mit dem Schwa-Laut endende, zweisilbige Substantive (Wegener 1995: 3). Es ist gerade der konkrete lautliche Zusammenhang zwischen der Form der Substantive und der Form des Artikels, den sich kindliche L2-Lernende oft zunutze machen, um eine für das deutsche Genussystem relevante abstrakte Konstruktion, die wir als *phonologische Regel* bezeichnen, zu erwerben (Kaltenbacher & Klages 2012).

An einem konkreten Sprachspiel aus dem Sprachförderansatz *Deutsch für den Schulstart* soll illustriert werden, wie eine didaktische Vorgehensweise für den Elementarbereich konkret aussehen kann, die den Weg der Inputsteuerung im Hinblick auf die Häufigkeitsverteilung der fokussierten Formen (*skewed input*) bei gleichzeitiger Wahrung einer prinzipiellen Bedeutungsorientiertheit geht und somit eine implizite Formfokussierung als Vermittlungsansatz anstrebt.

Didaktische Analyse des Sprachspiels *Bienenstiche*

Das Sprachspiel *Bienenstiche* (s. Anhang) stammt aus Phase zwei (von insgesamt vier Phasen) des Fördermaterials *Deutsch für den Schulstart* und unterstützt gemeinsam mit einer Reihe weiterer Sprachspiele mit gleicher Zielsetzung den Erwerb einer zielsprachlichen Kompetenz im Gebrauch des Artikels *die* in seiner Funktion „Begleiter von *auf Schwa-Laut* auslautenden zweisilbigen Feminina im Nominativ". Das Spiel richtet sich an Kinder, die Artikelwörter als Begleiter von Substantiven bereits gebrauchen, diese jedoch noch nicht systematisch zum Ausdruck von Genusinformationen nutzen (zu Entwicklungssequenzen beim Artikelgebrauch im frühen Zweitspracherwerb vgl. Kaltenbacher & Klages 2012).

Bienenstiche ist eines der ersten Spiele, mit denen die Ausbildung der oben beschriebenen Kompetenz zum systematischen Gebrauch der Form *die* gefördert wird. Mit dem Spiel soll die Grundlage für die Ausbildung einer produktiven Kompetenz im genusbasierten Artikelgebrauch gelegt werden. Eine solche Grundlage stellt die stabile Repräsentation von konkreten, unanalysierten Äußerungseinheiten im Gedächtnis der Kinder dar (*chunks*), die so für anschließende implizite Analyseprozesse (*dechunking*) verfügbar gemacht werden sollen und schließlich für die Ausbildung des entsprechenden Schemawissens (*die* ist ein Begleiter von *auf Schwa-Laut* auslautenden zweisilbigen Feminina im Nominativ) genutzt werden können.

Das Ziel des Sprachspiels ist es, *eine* konkrete Realisierung des Gefüges „*die* + *zweisilbiges Femininum auf Schwa*", hier „*die Biene*", im Gedächtnis des Kindes zu festigen und für den (zunächst unanalysiert holistischen) Sprachgebrauch verfügbar zu machen. Mit dieser Festigung einer konkreten lautlichen Äußerungseinheit soll eine Basis gelegt werden, die für den Abgleich mit vergleichbaren Äußerungseinheiten dienen soll, die entweder im gleichen Spiel auftauchen (wie z. B. *die Pfote* und *die Blume*) oder erst im weiteren Verlauf der Förderung angeboten werden (z. B. *die Rose, die Hose*).

Es wird hier also gezielt unterstützt, dass bestimmte konkrete sprachliche Formen (in ihrer kommunikativen Funktion) aus dem Sprachangebot extrahiert werden und ins Langzeitgedächtnis des Kindes gelangen, um dort als Induktionsbasis für implizite Analyseprozesse genutzt werden zu können. Dies geschieht, indem während des Sprachspiels die gleiche konkrete Einheit (*die Biene*) gegenüber weiteren konkreten, formal analogen Repräsentanten des gleichen Musters (z. B. *die Blume, die Pfote*) überproportional häufig angeboten wird und somit als Anker fungieren kann, zu dem die letzteren, im Input weniger häufig vorkommenden Einheiten in Bezug gesetzt werden können. Ein derartig gestalteter Input (*skewed Input*) soll die implizite Erkennung der Funktion von *die* als Begleiter von auf Schwa auslautenden Wörtern positiv beeinflussen.

Das Sprachspiel wird durch das Auftreten der Katze Mimi (ein den Kindern bekanntes Plüschtier) eingeleitet, die an ihrem Körper zahlreiche Pflaster trägt. Dieser Auftritt schafft die Grundlage für die nun beginnende authentische Kommunikation zwischen Mimi und den Kindern, in der es um die Ursachen von Mimis Verletzungen geht. Im Fokus dieser Kommunikation, und somit im Aufmerksamkeitsfokus der beteiligten Kommunikationspartner, steht der Verursacher der Verletzungen, die Biene. Diese prominente Rolle des Protagonisten „Biene" erhöht die Wahrscheinlichkeit, dass die Kinder im Gespräch die Aufmerksamkeit auf sie richten und die damit verbundene sprachliche Äußerungseinheit nicht nur aufgrund ihrer erhöhten Vorkommenshäufigkeit leichter ins Gedächtnis aufnehmen.

Den zweiten Teil des Sprachspiels bildet die Nacherzählung derselben Geschichte (s. Anhang, Aufgabe 3)[8]. Dieses Mal sind die Kinder die Erzähler,

---

8 Aufgabe 2 dient der Sicherstellung, dass die im Rahmen von Aufgabe 1 übermittelten Inhalte aufgenommen und abgespeichert wurden. Sie stellt nur bedingt eine natürliche triadische Inter-

die einem zweiten Plüschtier (dem Drachen Draco), das verschlafen und Mimis Erzählung deshalb verpasst hat, über Mimis Erlebnisse berichten. Mimi hat die Fördergruppe zu diesem Zeitpunkt wegen der schmerzhaften Stiche bereits verlassen und kann die Geschichte deshalb nicht selbst wiedererzählen. Der Anlass der Nacherzählung ist also das echte Interesse des Drachen an den Gründen für Mimis Abwesenheit. In dieser Aufgabe sollen die Kinder nun den während der ersten Aufgabe holistisch abgespeicherten Fokusausdruck *die Biene* (und evtl. auch die Ausdrücke *die Pfote* und *die Blume*) aktiv gebrauchen.

In Aufgabe 4 (s. Anhang) soll die Form *die Biene* durch die Kinder erneut rezeptiv und produktiv gebraucht werden. Die kommunikative Interaktion erfolgt hier zwischen einem Kind (das „gestochen" wird, d. h. beim Fangenspielen abgeschlagen wird), und den restlichen Kindern, die diesem Kind ein Pflaster auf die gedachte Stichwunde kleben sollen. Die Kommunikationspartner teilen also die Intention, sich gegenseitig mitzuteilen, wer Hilfe braucht und warum. Die Signaläußerung ist dabei der Aussagesatz „Die Biene hat mich gestochen!". Die hier erfolgte Herauslösung der Fokusform *die Biene* aus dem ursprünglichen Gebrauchskontext der Geschichte dient dem Transfer der Form in neue Gebrauchskontexte (hier in den Kontext der persönlichen Kommunikation).

Zusammenfassend lässt sich festhalten, dass im Sprachspiel *Bienenstiche* eine natürliche triadische Interaktion angeleitet wird, bei der sich Sprecher (Mimi bzw. die Kinder) und Hörer (der Drache bzw. die Kinder) über die Ursache (die Biene hat Mimi/jemanden gestochen) eines bestimmten Vorfalls verständigen (Verletzung, Abwesenheit von Mimi). Darüber hinaus wird durch die Einbettung der sprachlichen Form *die Biene* eine Häufigkeitsverteilung sichergestellt, die die holistische Aufnahme einer konkreten Äußerung sowie die darauf aufbauende Abstraktion des Musters für den Gebrauch des Artikels *die* (phonologische Zuweisungsregel) positiv beeinflussen soll (*skewed input*). Bei dieser Art der Vermittlung handelt es sich um eine implizite Formfokussierung, da das Bewusstsein des Kindes zu keiner Zeit explizit auf die zu erlernende sprachliche Form gelenkt wird.

---

aktion dar und wird deshalb hier nicht weiter thematisiert.

Fazit

Die Frage nach der Wirksamkeit der Bewusstmachung grammatischer Strukturen zum Zweck der Anbahnung spontansprachlicher Kompetenz ist im wissenschaftlichen Diskurs nicht eindeutig geklärt. Vor dem Hintergrund der oben aufgeführten Annahmen zur Gebrauchsbasiertheit des kindlichen (Zweit-)Spracherwerbs wird in dem vorliegenden Beitrag für eine didaktische Vorgehensweise nach dem Prinzip der impliziten Formfokussierung plädiert. Diese zeichnet sich durch einen völligen Verzicht der Bewusstseinslenkung auf die sprachliche Form linguistischer Konstruktionen aus und legt den Aufmerksamkeitsfokus bei der Förderung grammatischer Kompetenz allein auf die Bedeutung bzw. den kontextuell eingebetteten kommunikativen Gebrauch des sprachlichen Ausdrucks. Ein Blick auf den Erstspracherwerb stützt diese Vorgehensweise. Es handelt sich dabei um einen didaktischen Ansatz, der das Alter der Vorschulkinder berücksichtigt und somit eine kognitive Überforderung der Lernenden vermeidet. Die implizite Formfokussierung unterscheidet sich dabei von einem rein bedeutungsorientierten Ansatz dadurch, dass eine gezielte didaktische Vorgestaltung des Sprachförderangebots entlang einer Reihe relevanter Faktoren vorgenommen wird. Hierzu zählen die Berücksichtigung der *Entwicklungsproximalität* und einer bestimmten Häufigkeitsverteilung sprachlicher Formen im Input (*skewed Input*), die einen positiven Einfluss auf die implizite Weiterentwicklung der Lernersprache erwarten lassen. Wie dies konkret realisiert werden kann, deutet die vorgenommene Analyse des Sprachspiels *Bienenstiche* aus dem Sprachförderkonzept *Deutsch für den Schulstart* an.

Phase II

| Spiel 33 | **Bienenstiche** |

Wortschatz

Grammatik
Genus (phon. Regel)

Aufgabe/Tätigkeit:
Fragen zur Geschichte beantworten, eigene Erlebnisse erzählen, Geschichte nacherzählen
sich bewegen

Literalität
Textverstehen
Erzählen
Nacherzählen

Material:
Pflaster oder Kreppband als Pflaster

Mathe

Vorbereitung:
vor dem Spiel der Handpuppe „Katze Mimi" drei Pflaster auf die Pfote, den Schwanz und das Ohr kleben; dann drei Mal so viele Pflasterstücke vorbereiten, wie Kinder da sind

Umsetzung

Alle sitzen im Stuhlkreis. Die Förderkraft führt mit Handpuppe „Katze Mimi" in das Spiel ein.

Förderkraft: „Schaut mal, Mimi hat drei Pflaster! Mimi, was ist denn mit dir passiert?"
Katze: „Ach, das ist eine verrückte Geschichte! Soll ich sie euch erzählen?"
Kinder: *antworten*
Katze: *erzählt die Geschichte*

Danach bearbeiten die Kinder die Aufgaben zu der Geschichte.

Aufgabe 1:
Die Kinder beantworten Fragen zur Geschichte:

Hat euch die Geschichte gefallen?
Was wollte Mimi auf der Wiese machen?
Warum hat die erste Biene Mimi gestochen?
Wohin hat die erste Biene Mimi gestochen?
Warum hat die zweite Biene Mimi gestochen?
Wohin hat sie Mimi gestochen?
Wohin hat die dritte Biene Mimi gestochen?
Mimi hat die erste und die zweite Blume nicht gepflückt. Hat sie denn die dritte Blume gepflückt?
Was ist dann mit der dritten Blume passiert?
Wie hat die Oma Mimi getröstet?

Deutsch für den Schulstart 2012/13

Phase II

Nach der ersten Aufgabe wird die Katze müde – die Stiche tun ihr weh – und geht nach Hause. Die Kinder machen die nächsten drei Aufgaben.

Aufgabe 2:
Die Kinder erzählen ihre eigenen Erlebnisse. Die Förderkraft hilft dabei mit Fragen:

> Hat euch auch schon mal eine Biene gestochen? Wohin?
> Wo ist es passiert? Wie ist es passiert?
> Was habt ihr dann gemacht?

Aufgabe 3:
Die Förderkraft bringt die Handpuppe „Drache Draco" ins Spiel. Die Kinder sollen Draco die Geschichte nacherzählen.

Drache:	„Wo ist denn die Mimi?"
Förderkraft:	„Mimi geht es nicht gut."
Drache:	„Oh je! Was ist denn passiert?"
Förderkraft:	„Sie ist von drei Bienen gestochen worden. *wendet sich an die Kinder* Erzählt Draco doch, was Mimi passiert ist."
Kinder:	*erzählen die Geschichte*

Der Drache kann die Kinder beim Nacherzählen durch Fragen unterstützen.

Nach dem Erzählen bedankt sich der Drache bei den Kindern und fliegt Mimi besuchen.

Aufgabe 4:
Im Anschluss wird das Spiel „Die Biene hat mich gestochen" gespielt. Die Kinder laufen durcheinander im Raum herum. Die Förderkraft ist die Biene und geht summend zwischen ihnen herum. Sie sticht ein Kind, indem sie es leicht an einer Stelle am Körper zwickt. Das gestochene Kind bleibt stehen und ruft: „Die Biene hat mich gestochen." Die anderen fragen im Chor: „Wohin denn?", und das Kind antwortet. Es bekommt ein Pflaster auf die entsprechende Stelle geklebt. Das Spiel kann an den folgenden Tagen wiederholt werden.

Phase II

Geschichte: Bienenstiche

> GesternbinichdraußenaufderWiesehinterunserem Haus spazieren gegangen. Dort habe ich viele bunte Blumen gesehen. Da hatte ich auf einmal eine Idee! Ich wollte für Oma Faul einen schönen Blumenstrauß pflücken.
>
> Aber als ich vor einer großen, roten Blume stand und sie gerade pflücken wollte, ist eine Biene angeflogen gekommen. Bzzzzz! Die Biene hat sich auf die Blume gesetzt und gesagt: „Halt! Das ist meine Blume!" Weil die Blume so schön war und ich sie unbedingt haben wollte, habe ich nicht auf die Biene gehört. Ich wollte die Blume trotzdem pflücken. Da ist die Biene ganz böse geworden und hat mich in die Pfote gestochen. Aua, das hat weh getan!
> *Die Katze zeigt den Kindern das Pflaster auf der Pfote.*
>
> *Die Förderkraft zeigt dann auf das Pflaster am Schwanz und fragt Mimi, was da passiert ist. Die Katze erzählt weiter.*
>
> Ich bin dann ganz schnell zu einer anderen Blume gelaufen. Sie war noch größer als die Erste und hat ganz gut gerochen. Da habe ich mir gedacht: „Die muss ich haben!" Aber als ich die Blume gerade pflücken wollte, ist wieder eine Biene gekommen. Bzzzz! „Die kannst Du nicht haben," hat die Biene gesagt „Diese Blume gehört mir!" Da habe ich versucht, die Biene zu verscheuchen. *(macht es vor)* Aber als ich das gemacht habe, hat mich die Biene in den Schwanz gestochen. „Miau!" hab ich da geschrien und bin ganz schnell weggelaufen.
>
> *Die Förderkraft zeigt auf das Pflaster am Ohr und fragt Mimi, was da passiert ist.*
>
> Ich wollte zurück nach Hause gehen, aber dann habe ich die dritte Blume gesehen. Sie war wunderschön und ganz gelb, wie die Sonne. Diese Blume wollte ich unbedingt pflücken. Doch da ist wieder eine Biene gekommen. „Was machst du da?" hat die Biene gesagt. „Das ist meine Blume!" Ich war ganz wütend, und weil ich der Oma Faul doch eine Blume bringen wollte, hab ich sie trotzdem gepflückt. Da hat mich die Biene hier ins Ohr gestochen *(zeigt es)*. Das hat am meisten weh getan!

Fortsetzung siehe nächste Seite

Deutsch für den Schulstart 2012/13

Phase II

Fortsetzung Geschichte: Bienenstiche

> Ich hab die Blume fallen lassen und bin ganz schnell nach Hause gelaufen. Dort habe ich dann geweint, weil meine Pfote, mein Schwanz und mein Ohr so weh getan haben. Aber die Oma Faul ist gekommen und hat mich getröstet. Sie hat mich gestreichelt und mir auf die Pfote, den Schwanz und das Ohr ein Pflaster geklebt. Und da ist es mir gleich wieder besser gegangen.

Wortschatz:
die Biene · die Blume

Literatur

Achard, Michel (2004): Grammatical instruction in the natural approach: a cognitive grammar view. In Achard, Michel & Niemeier, Susanne (eds.): *Cognitive Linguistics, Second Language Acquisition, and Foreign Language Teaching*. Berlin: Mouton de Gruyter, 165–194.

Boyd, Jeremy K. & Goldberg, Adele E. (2009): Input Effects Within a Constructionist Framework. *Modern Language Journal* 93/3, 418–429.

Cordes, Anne-Kristin (2014): *The role of frequency in children's learning of morphological constructions*. Tübingen: Narr Francke Attempto.

Doughty, Catherine & Williams, Jessica (eds.) (1998): *Focus-on-form in Classroom Second Language Acquisition*. Cambridge: Cambridge University Press.

Ellis, Rod; Basturkmen, Helen & Loewen, Shawn (2002): Doing focus on form. *System* 30/2, 419–432.

Goldberg, Adele E. (2006): *Constructions at work: the nature of generalization in language*. Oxford: OUP.

Kaltenbacher, Erika & Klages, Hana (2012): Sprachprofil und Sprachförderung bei Vorschulkindern mit Migrationshintergrund. In Ahrenholz, Bernt (Hrsg.): *Kinder mit Migrationshintergrund. Spracherwerb und Fördermöglichkeiten*. 3. Aufl. Freiburg/Br.: Fillibach, 80–97.

Krashen, Stephen D. (1981): *Second Language Acquisition and Second Language Learning*. Oxford: Pergamon Press.

Long, Mike H. (2000): Fokus on Form in task-based language teaching. In Lambert, Richard D. & Shohamy, Elana (eds.): *Language policy and pedagogy. Essays in honor of A. Ronald Walton*. Philadelphia: John Benjamins.

Long, Mike H. (2006): *Problems in SLA. Second Language Acquisition Research Series*. Mahwah: Erlbaum.

Madlener, Karin & Behrens, Heike (2015): *Konstruktion(en) sprachlichen Wissens: Lernprozesse im Erst- und Zweitspracherwerb. Arbeitspapier Universität Basel*. pdf unter https://www.rug.nl/let/organization/bestuur-afdelingen-en-medewerkers/afdelingen/afdeling-europese-talen-en-culturen/nieuws_media_activiteiten/agenda-items/behrens.pdf *(15.05.2018)*.

Pagonis, Giulio (2014): Zur Eignung von expliziter Formfokussierung in der schulischen DaZ-Vermittlung. In Pagonis, Giulio & Klages, Hana (Hrsg): *Linguistisch fundierte Sprachförderung und Sprachdidaktik. Grundlagen, Konzepte, Desiderate*. Berlin: de Gruyter Mouton, 141–172.

Paradis, Michel (2009): *Declarative and Procedural Determinants of Second Languages*. Amsterdam, Philadelphia: John Benjamins.

Roche, Jörg (2013): *Mehrsprachigkeitstheorie. Erwerb – Kognition – Transkulturation – Ökologie*. Tübingen: Narr.

Rösch, Heidi & Stanat, Petra (2011): Bedeutung und Form (BeFo): Formfokussierte und bedeutungsfokussierte Förderung in Deutsch als Zweitsprache. In Hahn, Natalia & Roelcke, Torsten (Hrsg.): *Grenzen überwinden in Deutsch. 37. Jahrestagung des Fachverbandes Deutsch als Fremdsprache an der Pädagogischen Hochschule Freiburg/Br.* Göttingen: Universitätsverlag, 149–161.

Tomasello, Michael (2003): *Constructing a Language: A Usage-Based Theory of Language Acquisition*. Cambridge: Harvard University Press

Wegener, Heide (1995): Das Genus im DAZ-Erwerb. Beobachtungen an Kindern aus Polen, Russland und der Türkei". In Handwerker, Brigitte (Hrsg.): *Fremde Sprache Deutsch: grammatische Beschreibung – Erwerbsverläufe – Lehrmethodik*. Tübingen: Narr, 1–24.

Wygotski, Lew (1987): *Ausgewählte Schriften. Band 2: Arbeiten zur psychischen Entwicklung der Persönlichkeit*. Köln: Pahl-Rugenstein.

Ziem, Alexander & Lasch, Alexander (2013): *Konstruktionsgrammatik. Konzepte und Grundlagen gebrauchsbasierter Ansätze*. Berlin: de Gruyter.

Petra Wieler
Fiktionale Geschichten als Beitrag zur Literacy-Förderung und Erweiterung der kulturellen Literalität mehrsprachiger Grundschulkinder

Im Zuge der kritischen Auseinandersetzung insbesondere der Literaturdidaktik mit dem pragmatisch eingegrenzten Literacy-Konzept der PISA-Studie gewinnt ein über den Erwerb vornehmlich kognitiver Lese- und Schreibfähigkeiten deutlich hinausreichendes Konzept kultureller Literalität an Kontur. Ein solches Konzept, welches u. a. durch die Berücksichtigung der motivationalen, emotionalen und interaktiven Dimensionen der Literaturrezeption einen Beitrag zur Identitätsentwicklung in der Perspektive der beteiligten Subjekte zu leisten beansprucht (Hurrelmann 2009), wird auch in der im Folgenden vorgestellten Interventionsstudie zugrunde gelegt. Diese Studie ist im Schnittpunkt verschiedener Forschungsdisziplinen angesiedelt und untersucht den Einfluss von Literacy-Aktivitäten auf den Zweitspracherwerb sowie die Übergänge zwischen konzeptioneller Mündlichkeit und Schriftlichkeit.

Das Projekt wurde in einem sozial benachteiligten Stadtbezirk Berlins an einer überwiegend von Kindern mit Zuwanderergeschichte besuchten Grundschule durchgeführt. Für den Unterricht einer jahrgangsübergreifenden Lerngruppe der Klassenstufen 1–3 und zur Anregung interaktiver Vorlesesituationen sowie von Erzähl- und Schreibaktivitäten wurde eine Auswahl teils mehrsprachiger ästhetisch anspruchsvoller sowie (für Kinder) ansprechender fiktionaler (Bilderbuch-)Geschichten und zugehöriger Hörmedien angeboten. Anhand von dokumentierten Gesprächssituationen und Schülertexten wird gezeigt, wie fiktionale (Bilderbuch-)Geschichten u. a. aufgrund ihrer sprachlich-ästhetischen Gestaltung und ihres Identifikationspotentials subjektiv bedeutsame Rezeptionsprozesse anstoßen und Kinder insbesondere bei ihren schriftlichen Erzähltexten zu dekontextualisierter Sprachverwendung einschließlich der Erprobung bildungssprachlicher Fähigkeiten anregen (vgl. Wieler 2011a).

Im Sinne der Auffassung, der gemäß die Begegnung mit literarischen Texten Kinder nicht zuletzt im Prozess ihrer Selbstvergewisserung zu unterstützen vermag, untersucht dieser Beitrag die mündlichen und schriftlichen Erzählproduktionen mehrsprachiger Grundschulkinder zu Irina Korschunows Kinderbuch „Hanno malt sich einen Drachen", das die Geschichte einer ‚Selbstheilung' (Haas 1991) mit Hilfe eines Phantasiegefährten erzählt.

Theoretische und empirische Bezugspunkte der vorgestellten Studie

(Frühe) Literacy-Erfahrungen im Kontext der Rezeption fiktionaler Geschichten

Hinsichtlich der vielfach bestätigten Beobachtung, dass das Ausmaß und Spektrum sowie die sprachlich-interaktive, kognitive und emotionale Qualität auch schon weit vor dem Schuleintritt beginnender Literacy-Erfahrungen über späteren Bildungserfolg entscheiden, sind nicht zuletzt die schon von (etwa drei- bis fünfjährigen) Kindern ausgebildeten Fähigkeiten, Geschichten zu verstehen und zu produzieren, aufschlussreich (Bruner 1986; Kabasci 2009; Wieler 2010). Besondere Beachtung verdient dabei der Hinweis, dass entsprechende Sprach- und (Vor-)Leseaktivitäten zugleich mit der Förderung der sprachlichen Fähigkeit des Kindes zur Dekontextualisierung von der aktuell gegebenen Handlungssituation einhergehen. Dies wird einmal mehr durch die bereits in frühen ethnographischen Studien der ‚Emergent-Literacy'-Forschung gewonnenen Einsichten in die Bedeutsamkeit auch familialer Erzählsituationen für die Ausbildung der kindlichen Imaginationsfähigkeit bestätigt (vgl. Wieler 1997). Schon in diesen Untersuchungen wurde die *narrative Gestaltung* von sowohl dialogischen als auch monologischen Redesituationen als Handlungsgerüst für ‚eine bestimmte Form des Denkens' beschrieben, d. h. als die eines (ausschließlich) durch die Sprache konstituierten Rahmens für die Entfaltung der kindlichen Phantasietätigkeit, die gleichermaßen das Interesse für die nicht-alltägliche Wirklichkeit literarischer Texte begründe. Entsprechende (Fall-)Beispiele dokumentiert eine vom Kleinkind- bis ins Grundschulalter reichende Langzeitstudie zur literarischen Sozialisation zweier Mädchen aus einer Akademiker-Familie (Wolf & Heath 1992). Leitmotiv dieser Untersuchung ist die Rezeption des ‚Rapunzel'-Märchens; sie bildet den Ausgangspunkt für die enge Verflechtung von literarischer und alltäglicher Erfahrung in der Lebenswelt der beiden Kinder („The Braid of Literature"). Ein ähnliches Beispiel untersucht Kaspar Spinner (2013) in seinem Beitrag „Narrative Selbstvergewisserung – Wie ein Kind literarische und eigene biographische Erfahrung verbindet". Auch er kennzeichnet ‚Narration' „als eine grundlegende mentale

Tätigkeit des Subjekts [...], die dem Selbst- und Weltverstehen dient" (Spinner 2013: 165) und beruft sich dabei u. a. auf einen Text, den eine Siebenjährige unbeobachtet und improvisierend in ein Diktaphon gesprochen hat. Wie in der rekonstruktiven Analyse dieses (Kinder-)Textes nachgewiesen wird, dient eine kinderliterarische Geschichte von Ursula Wölfel der Siebenjährigen dazu, sich eigener Lebenserfahrung bewusst zu werden und sie zu verarbeiten. Der Text des Kindes zeige, wie durch die Narration und die damit verbundene temporale Strukturierung ein Begreifen der eigenen Situation und die Schaffung einer Lösungsperspektive möglich werden (vgl. Spinner 2013: 171).

Das besondere Lernpotential von Geschichten mit fiktionalen Elementen liegt offenbar darin begründet, dass sie Kinder zur Spekulation über alternative Handlungssituationen veranlassen und gleichzeitig den Wunsch nach einem Austausch über alltägliche Erfahrungen, Befürchtungen und Wünsche auslösen. Von solchen Gesprächsgelegenheiten abhängig ist, in welchem Ausmaß das Hören und Lesen von Geschichten von Kindern als aufschlussreich für ihre eigene Alltagspraxis wahrgenommen wird. Darüber hinaus erhellen die skizzierten Untersuchungsergebnisse die unterstützende Funktion früher Literacy-Aktivitäten für die Begegnung des Kindes mit einer spätestens zu Beginn des Schulalters maßgeblichen Herausforderung zu einer neuen, nämlich von konkreten und situativen Kontexten abgelösten Form des sprachlichen Handelns und Denkens; diese Anforderung geht einher mit der ebenfalls unverzichtbaren Annäherung des Kindes an die spezifische Sprachvarietät der Unterrichtskommunikation und ihre konzeptionell schriftliche Ausrichtung.

Übergänge zwischen Mündlichkeit und konzeptioneller Schriftlichkeit auch in mehrsprachigen Kontexten

Die Beteiligung an fachsprachlich orientierter Unterrichtssprache stellt für alle Kinder eine maßgebliche Herausforderung dar. Dies gilt einmal mehr für Kinder, deren Familiensprachen sich von der Sprache des Unterrichts unterscheiden (siehe dazu die langjährigen Forschungsarbeiten von Bernt Ahrenholz 1995; 2010; 2011). Es gilt ebenso für Kinder aus weniger lese- sowie insgesamt weniger schriftorientierten sozialen Milieus (vgl. Dehn 2011: 129f.) – auch dann, wenn die Kinder Situationen alltagssprachlicher Verständigung problemlos meistern. Entsprechend wird auch in deutschdidaktischen Konzepten der letzten Jahre dafür plädiert, Kindern – auch unter Berücksichtigung ihrer Medienerfahrungen – erweiterte Zugänge zur Schriftkultur zu eröffnen (Dehn, Merklinger & Schüler 2011; Wieler 2011b). So wird u. a. versucht, die Anleitung zu konzeptioneller Schriftlichkeit mit der Aktualisierung narrativer Muster zu vermitteln, die Kindern aus Bilderbüchern und zugehörigen Hörmedien bekannt sind (Hüttis-Graff 2008). In diesem Sinne erforscht z. B. ein in Vorschulklassen durchgeführtes Projekt von Petra Hüttis-Graff den „Übergang von Mündlichkeit und audiovisuell gestützter Rezeption von Geschichten zur Rezeption von akustisch gestützten Texten auf Hörmedien und zum Umgang mit Schriftlichkeit" (Hüttis-Graff 2008: 106). Dabei zeigt die Autorin anhand eines dokumentierten Gesprächs zweier Vorschulkinder zur ‚Hörspielversion' der ‚Grüffelo'-Bilderbuchgeschichte (Scheffler & Donaldson 2008), wie wiedererkannte Muster der Wiederholung den Prozess literarischen Verstehens vertiefen und solchermaßen auch die Annäherung an ‚konzeptionelle Schriftlichkeit' unterstützen können.

In ähnlicher Weise richten Projekte zur sprachlichen Frühförderung von Kindern mit Migrationshintergrund ihre besondere Aufmerksamkeit auf das Lernpotential der Rezeption und Produktion von Geschichten (Apeltauer 2008a). So etwa stellt das für türkischsprachige Kinder im Alter von 3,5 bis 5 Jahren konzipierte, in einer Kindertagesstätte erprobte und auf die Zweisprachigkeit der Familien ausgerichtete ‚Kieler Modell' „erstmals das Erzählen und Vorlesen und damit auch das Anbahnen von Biliteralität [...] über die Inhalte von Geschichten" ins Zentrum der Fördermaßnahmen (Apeltauer 2008b: 187) – dies auch unter Nutzung zweisprachiger Hörmedien. Grundlegend für diese Konzeption ist u. a. die Annahme, dass Sprachförderung, so etwa die Vermittlung des Wortschatzes in der Zweitsprache, eingebunden in Interaktions- und Erzählkontexte erfolgen sollte (Apeltauer 2008a: 114). Ferner erzeuge die (mündliche) Rezeption literaler Texte sprachliche Strukturen, „die wiederum als Voraussetzung für die weitere Ausdifferenzierung sprachlicher Kompetenzen genutzt werden könn[t]en" (Pätzold 2005: 70; vgl. auch Apeltauer 2008a: 115). Obwohl während dieses Projekts erhebliche Literacy-Fortschritte auf Seiten der Kinder beobachtet werden konnten – so etwa bezogen auf deren bewussten Umgang mit beiden (Schrift-)Sprachen, ebenso wie hinsichtlich der Weiterentwicklung ihres Hörverstehens (vgl. Apeltauer 2008a: 130) und nicht zuletzt hinsichtlich der durch die Kinder selbst hergestellten Verbindung von ‚Büchern' mit *sich unterhalten, gemütlich machen* und *lernen* (Apeltauer 2008a: 127) –, wird angesichts der noch nicht bewältigten Sprachschwierigkeiten, die bei den Kindern während des ersten Schuljahrs beobachtet wurden, eindringlich für eine Fortführung der beschriebenen Fördermaßnahmen (auch) in der Grundschule plädiert.

Die durchgeführte Unterrichtsstudie

Die vorgestellten mehrjährigen Beobachtungen der eigenen, auf Videoaufnahmen gestützten Studie wurden im Deutschunterricht einer jahrgangsübergreifenden Lerngruppe der Klassen 1 bis 3 mit überwiegend deutsch-türkisch-sprachigen Kindern gewonnen. In interaktiven Vorlesesituationen wurden den Kindern teils zweisprachige fiktionale (Bilderbuch-)Geschichten vorgestellt, gefolgt von Erzähl- und Schreibaktivitäten mit der deutschsprachigen Lehrerin. Mehrfach wurden Bücher auch als Hörmedien präsentiert, einmal auch das Video zu einem Living-Book (vgl. Wieler 2011b). Bei dem im Folgenden vorgestellten Kinderbuchklassiker „Hanno malt sich einen Drachen" von Irina Korschunow handelt es sich um ein einsprachiges Lektüreangebot. Erzählt wird die Geschichte von Hanno, einem Schulanfänger, der sich schwer tut mit den Anforderungen der Schule und u. a. aufgrund seines pummeligen Äußeren von den Klassenkameraden gehänselt wird. In dieser Notsituation kommt es zur Begegnung mit einem Phantasiegefährten in der Gestalt eines kleinen Drachen. In seinem zugehörigen Unterrichtsvorschlag interpretiert Gerhard Haas (1991) das Kinderbuch als ‚Geschichte einer Selbstheilung', den kleinen Drachen sieht er als *Schicksalsgefährten, Spiegelbild, Unterbewusstsein* des Jungen:

> Wenn Hanno Schwierigkeiten mit dem Schreiben und Lesen, mit Malen und Turnen hat, dann findet er einen neben sich, der das gleiche nicht kann, ja, es noch weniger kann, und für den Hanno, ohne es recht zu wollen, zum Lehrmeister wird. Aus dieser Funktion heraus aber lernt er die Sache selbst und gewinnt nach und nach an Sicherheit und Selbstbewusstsein. (Haas 1991: 45)

In der im Folgenden auszugsweise wiedergegebenen Unterrichtsstunde wird an eine für längere Zeit unterbrochene (im zuvor beschriebenen Sinne ausgerichtete) Unterrichtsarbeit zu diesem Kinderbuch wieder angeknüpft.

Unterrichtsgespräch[1] zu „Hanno malt sich einen Drachen" von Irina Korschunow[2]

1	L	... und wir wollen über Hanno sprechen. Haben wir ja immer mal wieder gemacht. [...] Und jetzt wollen wir mal gucken, was ihr noch alles wisst. Alles, was euch zu Hanno einfällt, dürft ihr jetzt mal ganz laut und deutlich sagen. [...] Erim!
2	Erim	Hanno wurde ( ) den Ball gekriegt und (dann beim Sport war er immer letzter)
3	L	Okay!
4	Bedir	Der Junge sagte zu Hanno *Bratwurstfriedhof*.
5	Serhat	Er hat auch *Fußballbauch* gesagt.
6	L	Schön, Serhat. Bedir! [...]
		[...]
7	Tuncay	[...] der Drache war auch in seiner Drachenschule und alle konnten Feuer speien/ehm Feuer spucken und er konnte nur Rauch.
8	L	Genau. Was war das für ein Gefühl für den kleinen Drachen?
9	Tuncay	Traurig.
10	L	Eda!
11	Eda	Hanno hatte keine Freunde in der Schule und ( ) er kannte den kleinen Drachen und es (ging) der kleine Drache auch so. ( )
12	L	Serkan!
13	Serkan	Als Hanno und der kleine Drache in seinem Haus waren und so und da hat die Oma immer eine Tafel Schokolade oder Süßigkeiten oder kleine Tafel Schokolade. Die Mutter sagt, ehm, „Oma, du + ehm, Hanno soll nicht so viel essen, dann wird sie immer dicker", aber sie, die Oma sagt, „es werdet groß und stark von Schokolade".
14	L	( ) Dilara!
15	Dilara	Und Hanno + er war, er war so im Park, er malt so, so auf'm Boden, so ein Kreis und dann kam der Drache von der Drachenschule + und + da haben die sich kennengelernt und da hat der, ehm, Drache Schokoladenfeuer + gegessen. Feuer und Schokolade. Also, Glut und Schokolade.
16	L	Diesen Rauch hat der aufgefressen.
17	Dilara	Ja.

---

1 Transkriptionslegende: [...] Auslassung P. W.
[xxx] ergänzende Beschreibung   ___ Betonung
+   kurze Pause   /   Formulierungshemmung
<   gleichzeitiges Sprechen   ( ) schwer- bzw. unverständliche Äußerung
2 Die Namen der Kinder sind pseudonymisiert.

18	L	Und da war er ganz begeistert von! Bedir!
19	Bedir	Wo sie () Hanno seine Familie () hat seine Oma sie, also eine Tafel Schokolade gegeben und dann hat, ehm, Hanno dem Drachen ein bisschen gegeben, aber der Drache wollte nur Feuer essen, dann hat Hanno, ehm, die Schokolade in Feuer geworfen. ()
		[...]
20	L	Eda weiß noch was.
21	Eda	(....) Hanno malt doch da im Sandkasten ein Bild und dann kommt der Drache raus.
22	L	Mhm. [bestätigend]
23	S	Ein Kreis!
24	L	Ja, einen Kreis. Dilara!
		[...]
25	Dilara	Ludwig sitzt hinter Hanno und er hat am ersten Tag schon ihn beleidigt, obwohl Hanno nix gemacht hat.
26	L	Jetzt haben wir ja schon einiges von dem Ludwig gehört. Was fällt euch denn alles zum Ludwig noch ein? ... Okay!
27	Okay	Er ist gemein, frech und + ehm + er belästigt alle Kinder, am meisten Hanno.
28	L	Mhm, und warum belästigt der denn wohl am meisten den Hanno? + Bedir!
		[...]
29	Bedir	Weil er () nicht so gut sich verteidigen kann.
30	L	Weil er so dick ist, meinst du, kann er nicht so gut rennen?
31	Bedir	Ja.
32	L	Serkan, was meinst du denn?
33	Serkan	Weil er dick ist wie (Sinan).[3]
34	L	Du meinst, weil er so dick ist wie Sinan, ärgert er ihn?
35	Serkan	Fast, aber (Sinan) is bisschen dünn, aber Hanno is ein bisschen dicker.
36		[...]
37	Eda	Und Hanno machte auch nicht beim Unterricht immer mit.
38	L	Warum macht denn der Hanno da nicht mit?
39	Eda	Weil er denkt, dass er das nich kann.

---

[3] Sinan ist ein anderer, beim wiedergegebenen Unterrichtsgespräch nicht anwesender Schüler.

Auf die offene Eingangsfrage der Lehrerin hin („Alles, was euch zu Hanno einfällt, dürft ihr jetzt mal ganz laut und deutlich sagen" [1]) schildern und deuten die Schüler/innen einzelne Episoden der Buchgeschichte auf insgesamt durchaus elaboriertem Niveau. Sie erkennen die Problemsituation des Protagonisten, zugleich aber auch deren Übereinstimmung mit der seines Schicksals-/Phantasiegefährten in Gestalt des kleinen Drachen („und alle konnten Feuer speien [...] und er konnte nur Rauch" [7]; „Hanno hatte keine Freunde in der Schule [...] und es (ging) der kleine Drache auch so" [11]). Ein Indiz dafür, dass im Zuge des Gesprächs zugleich eine Vertiefung der Interpretation gelingt, ist darin zu sehen, dass im Anschluss an die Schilderung eines Problems wiederholt auch die durch die Buchgeschichte vorgezeichnete Lösungsperspektive aufgezeigt wird („,Hanno soll nicht so viel essen, dann wird sie immer dicker', aber sie, die Oma sagt, ,es werdet groß und stark von Schokolade'" [13]; „aber der Drache wollte nur Feuer essen, dann hat Hanno, ehm, die Schokolade in Feuer geworfen" [19][4]; vgl. auch „Und Hanno machte auch nicht beim Unterricht immer mit" [37]; „Weil er denkt [!], dass er das nich kann" [39]). Auffällig ist ebenso, wie engagiert und eloquent die Schüler/innen für den Protagonisten ‚Hanno' Partei ergreifen („Ludwig sitzt hinter Hanno und er hat am ersten Tag schon ihn beleidigt, obwohl Hanno nix gemacht hat" [25]; „Er [Ludwig] ist gemein, frech und + ehm + er belästigt alle Kinder, am meisten Hanno" [27]). In der Begründung für Hannos Unfähigkeit, sich zu verteidigen, kommt es dabei zu einer eher unbeabsichtigten Applikation auf die eigene Lebenswelt/Klassensituation der Schüler/innen [33]; in seiner nachfolgenden Äußerung [35] tritt Serkan jedoch für den dabei in Mitleidenschaft geratenen Mitschüler ein („L: Weil er so dick ist, meinst du, kann er nicht so gut rennen?" [30]; „Weil er dick ist wie (Sinan)" [33]; „L: Du meinst, weil er so dick ist wie Sinan, ärgert er ihn?" [34]; „Fast, aber (Sinan) is bisschen dünn, aber Hanno is ein bisschen dicker" [35]). Wiederholt wird die (phantastische) Erstbegegnung zwischen Hanno und dem kleinen Drachen, eine Schlüsselszene der Buchgeschichte, angesprochen (vgl. [15], [21], [23]); im Rahmen des Unterrichtsgesprächs reichen diese Kommentare jedoch nicht über Andeutungen hinaus.

Eine weitere Vertiefung erfährt die Auseinandersetzung mit der Buchgeschichte in den im Anschluss an die wiedergegebene Gesprächssequenz angefertigten schriftlichen Texten der Schüler/innen[5].

---

4 Dem ‚literarischen Lösungsangebot' zum Umgang mit dem Problem der Übergewichtigkeit wird in dieser Studie der Vorzug gegeben gegenüber didaktischen Materialien, die die Buchgeschichte zum Anlass nehmen, Kinder u. a. anhand einer „Ernährungspyramide" über gesunde und ungesunde Ernährung aufzuklären (vgl. Sitzmann & Voltmer 2013).
5 Die offen gehaltene Aufgabe dazu lautete: „Jeder darf jetzt noch einmal aufschreiben, was ihm an der Geschichte von Hanno besonders wichtig erscheint.".

Schülertexte

Abb. 1: Klasse 1

Hanno hat ankst fon die schule Hanno spilt mit den drachen. Dan Schlafen die zusamen.

                        Serkan Klasse 2

Hanno hat Angst
Hanno geht zu Schule Aber er Hat Angst

                        Sinan Klasse 2

Hanno get Nach Hause
Und Er Trift Einen Drachen.
Er Nimt den Drache mit.
Er ist Jetzt Zu Hause

                        Okay Klasse 2

Hanno Hart Angst vor Ludwig wal Er in immer ergart mit Brat wurst friedhof

                        Serhat Klasse 2

Hanno Puzt sisch die Zehne dan wescht er sisch er benutzt die Dose als ain Schiff dan Ruft saine Muter hanno Komm in der Schule du wills Doch nischt zu spet komm Ich will nischt zu Schule Gehen Disa Ludwig lacht misch Aus dan geter los aba Disa Ludig schubst in und saGt Bratwurstfriedhof und Fußballbauch

                        Bedir Klasse 2

Hanno hat Angst vor der Schule. Und er will nicht zur Schule gehen Weil Ludwig zu in sagt Brat wurst fried hof und die anderen Kinder lachen in aus. Und Hanno hat keine Freunde in seiner Klasse und im Sport steht er imehr hiten und will Mal den Ballfangen aber er hat in Noch nie gekriekt.

Hanno Kapitel 2
(vom Schüler gewählte Überschrift)
Hanno hat sich auf eine Bank hingesezt und hat in den Sand Muster reingemacht. Auf einmal kamm eine Schwarze geschtald aus dem sand bist du ein drache und der drache hat ja gesagt. Und Hanno sagt von wo bist du gekommen hat er gesagt er hat gesagt von unten im Drachenland alle Drachen haben Drei Köpfe aber ich habe ein Kopf.

                        Tuncay Klasse 3

Alls Hanno von der Schule kam ging er durch den Park da war eine Park bank. Hannu sas sich auf den Park bank un nam en schtok. damalte Hanno ein kreis in die erde. und dan kam ein kleiner drache aus dem kreis.

Erim Klasse 3

Hanno malt sich ein Drachen
Hanno geht in den park und er nemte sich einen Stok und er malt einen kreis und aus den kreis komt ein kopf her raus und der kleine kopf war ein Drache der Drache war schwarz und klein und der kleine Drache war ser net und er sagte was bist du für ein Drache und Hanno sagte was ich bin doch kein Drache ich bin ein Mänsch der kleine Drache geht ihr auch in die Schule sagte der kleine Drache ja sagte Hanno und der Drache sagte kanzt du mich mit in euer Menschen Schule mit nemen sagte der Drache ich muss nach Hause.

Eda Klasse 3

Hanno malt sich einen Drachen!
An einem kalten Winter Tag Sas hanno sich auf die bank und ehr nahm sich einen Stock und malte ein kreis und ein kleiner Schwarzer kopf kuckte heraus Und sagte Was bist du Fuhr ein drache? Ich bin doch kein drache und was bist du Dann ich bin ein Mensch habt ihr auch eine Schule Ja leider ich mag die Schule Nicht und jeder von meiner Klasse lacht mich jeder aus und ich will nicht mehr in die Schule Fortsezung Folkt!

Dilara Klasse 3

Hannos Angst vor der Schule und vor seinen Mitschülern sind das dominante Thema der von den Erst-, Zweit- und Drittklässlern verfassten Texte, die sich überwiegend auf wenige Zeilen beschränken (ungewöhnlich u. a. jedoch der bereits sehr eingehende Kommentar zu einer Bildillustration durch den Erstklässler Orkan). Eine weitere Ausnahme bildet der sprachlich und inhaltlich weit vorangeschrittene Text des Zweitklässlers Bedir, der zunächst ausführlich eine fiktive Spielszene schildert, in die sich Hanno beim morgendlichen Waschen selbstverliert, um den Schulbesuch hinauszuzögern. Wie ansonsten erst die Drittklässler integriert Bedir bereits dialogische Sequenzen und direkte Rede in seine Textproduktion. Im wiedergegebenen Gespräch mit der Mutter nennt Hanno seine Furcht vor einem Konflikt mit seinem Widersacher, das Ende des Textes bestätigt die Berechtigung seiner Ängste. Durchweg dokumentieren (auch) die schriftlichen Textproduktionen der Drittklässler den Erwerb grundlegender Prinzipien der Textkomposition und -interpretation. Dazu zählen Augst et al. (2007) unter anderem den zunehmenden Umfang von Schülertexten; so umfasst Tuncays Text zwei Kapitel, Dilara kündigt eine Fortsetzung ihrer Geschichte an („Fortsezung Folkt!"). Ferner dokumentieren die Berücksichtigung von Zeitstrukturen (in diesem Fall der Gebrauch des ‚epischen Präteritums') sowie die Verwendung komplexer, d. h. hypotaktischer Satzstrukturen und schließlich die Integration dialogischer Sequenzen die fortgeschrittene schriftliche Erzählfähigkeit der Schüler/innen („Auf einmal kamm eine Schwarze gestchald aus dem sand bist du ein drache und der drache hat ja gesagt" – Tuncay; „Alls Hanno von der Schule kam ging er durch den Park" – Erim; „Hanno geht in den park und er nemte sich einen Stok" – Eda). Im Unterschied zum Unterrichtsgespräch thematisieren alle Schülertexte die erste ‚Begegnung' zwischen Hanno und dem kleinen Drachen und greifen in der Gestaltung des Dialogs zwischen den beiden Figuren auch die humoristischen Aspekte des literarischen Textes auf („und ein kleiner Schwarzer kopf kuckte heraus Und sagte Was bist du Fuhr ein drache? Ich bin doch kein drache[.] und was bist du Dann[?] ich bin ein Mensch" – Dilara). Somit ist ein weiteres Indiz für die fortgeschrittenen Fähigkeiten der Schüler/innen zur Textinterpretation darin zu sehen, dass die Motivation und die Innensichten der Protagonisten sowie die Entwicklung ihrer Beziehung im Zentrum der schriftlichen Textproduktionen stehen.

Als die Geschichte „Hanno malt sich einen Drachen" einige Monate später, zu Beginn des neuen Schuljahrs in der Lerngruppe noch einmal angesprochen wird und wiederum Texte geschrieben wurden, formuliert Bedir, der sich bereits in der vorausgehenden Unterrichtsarbeit zu diesem Kinderbuch in besonderer Weise engagiert hat, den folgenden Text:

Herbst (neues Schuljahr)
Hanno und der kleine Drache sind die weit besten Freunde. Aber der kleine Drache ist die Phantasie von Hanno. Hanno ist so traurig, dass er vorgestellt hat, dass er ein Drache als Freund hat. Immer haben sie viel Spaß, wird Hanno immer besser in die Schule. Obwohl Hanni Hannis Phantasie ist, hilft der kleine Drache Hanno. Wegen dem kleinen Drachen ist er nie mehr wieder traurig.

Im Rahmen der vorgestellten Studie ragt die (im Kontext eines Unterrichtsgesprächs) vorgetragene schriftliche Erzählung des Schülers aus der Gesamtheit der entstandenen Schülertexte deutlich hervor. In keinem der zuvor dokumentierten Unterrichtsgespräche, auch in keinem anderen Schülertext wurde der Zusammenhang zwischen den ‚Nöten' des Protagonisten der Buchgeschichte und seiner ‚Begegnung' mit dem neuen Gefährten in vergleichbarer Weise erläutert. Die in der wiedergegebenen Erzählung formulierte psychologische Einsicht des Drittklässlers bewegt sich auf ungewöhnlich hohem Abstraktionsniveau und lässt von daher vermuten, dass auch in diesem Fall literarische und eigene biographische Erfahrung miteinander vermittelt werden. Einen weiteren Anhaltspunkt für diese Annahme bietet auch das im Folgenden vorgestellte Selbstportrait des Schülers Bedir:

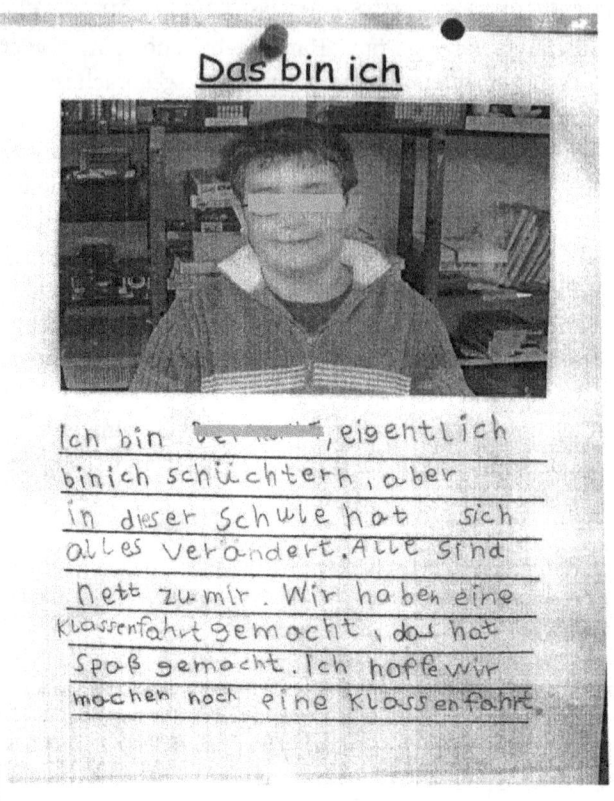

Fazit

Kaum eines der vorgestellten Beispiele zu den Äußerungen und Texten von Grundschulkindern sticht durch gänzlich gelingendes Sprachhandeln hervor. Vielmehr fällt das durchweg ausgeprägte sprachliche ‚Engagement' der Kinder, ihr Bemühen um subjektiv-authentische, aber auch ‚sprachlich angemessene' Formulierungen ins Auge. Solche Anstrengungen zeigen sich insbesondere in Gesprächen und schriftlichen Texten, in denen Kinder Eindrücken und Erfahrungen von subjektiv hoher emotionaler und kognitiver Qualität Ausdruck zu verleihen suchen (vgl. Wieler 2011a) – in der vorgestellten Studie wohl vor allem aufgrund der emotionalen Identifikation mit einer literarischen Figur. Bezogen auf die didaktische Konzeptualisierung von Unterrichtssituationen ist die Realisierung des Anliegens, auch Sprache selbst verstärkt zum „Gegenstand der Aufmerksamkeit" (Dehn 2011: 129) werden zu lassen, somit in entscheidender Weise von der ‚Bedeutsamkeit der erörterten Inhalte in der Perspektive der Kinder' abhängig. In dieser Hinsicht sind auch die vorgestellten Textproduktionen als ein wichtiger Zwischenschritt auf dem Weg zu konzeptioneller Schriftlichkeit zu werten. Zugleich erfährt eine von Kaspar Spinner vertretene Position nachhaltige Bestätigung: „Durch das Vorlesen von Geschichten, in denen grundlegende Entwicklungsaufgaben von Kindern, zum Beispiel Überwindung von Minderwertigkeitsgefühlen und Gewinnung von Selbstbewusstsein, gestaltet sind, kann ein nachhaltiger Beitrag zur Identitätsbildung der Kinder geleistet werden." (Spinner 2013: 173).

Grundsätzlich ergibt sich für den Grundschulunterricht – einmal mehr angesichts der Bedingungen von Mehrsprachigkeit – die Aufgabe, an ein recht heterogenes Spektrum vor- und außerschulischer Sprach- und Literacy-Erfahrungen von Kindern anzuknüpfen. Dabei gilt es vor allem, die mit dem Vorlesen, ebenso wie mit dem (mündlichen und schriftlichen) Erzählen gegebenen Lernchancen zum Umgang mit dekontextualisierten Ausprägungen der Sprachverwendung auch in der Schule aufzugreifen und zu vertiefen. Beobachtungen zum Sprachförderungspotential, wie es insbesondere der frühen Bilderbuchrezeption zugeschrieben wird, legen vielfältige Begegnungen mit ein- und mehrsprachigen Bilderbüchern nahe, darunter nicht zuletzt fiktionale Geschichten, die es erlauben, „Eigenes im verfremdeten Gewand" (Kruse 2010) zu entdecken. Gleichermaßen zu beachten ist die ‚Unterstützung von Formulierungsprozessen' und ‚Entlastung von Schreibprozessen', dergestalt, dass „Kinder ständig wiederkehrend kleinere Texte verfassen" (Kruse 2010: 237), kürzere Schreibaufgaben bearbeiten oder einen Teil der Schreibaufgabe in Partner- und Gruppenarbeit oder gemeinsam mit der Lehrperson verfassen (vgl. Knapp 1998: 238).

Über die Bereitstellung eines breit gefächerten Lektüreangebots und vielseitig gestalteter ‚Freiräume' für das Texteverfassen hinaus bedarf es eines breiten Spektrums musterhafter Sprachangebote und Gesprächskonstellationen, an denen sich ein- und mehrsprachige Kinder auf dem Weg zur ihren Textproduktionen orientieren können.

Literatur

Ahrenholz, Bernt (1995): Lehrwerkanalyse zum Modalfeld auf der Folie der Zweitspracherwerbsforschung. In Dittmar, Norbert & Rost-Roth, Martina (Hrsg.): *Deutsch als Zweit- und Fremdsprache. Methoden und Perspektiven einer akademischen Disziplin*. Frankfurt/M.: Lang, 165–193.

Ahrenholz, Bernt (2010[2]): Einleitung. Fachunterricht und Deutsch als Zweitsprache – eine Bilanz. In Ahrenholz, Bernt (Hrsg.): *Fachunterricht und Deutsch als Zweitsprache*. Tübingen: Narr, 1–14.

Ahrenholz, Bernt (2010[2]): Bildungssprache im Sachunterricht der Grundschule. In Ahrenholz, Bernt (Hrsg.): *Fachunterricht und Deutsch als Zweitsprache*. Tübingen: Narr, 15–35.

Ahrenholz, Bernt (2011): Verbale Ausdrucksmöglichkeiten von Schülerinnen und Schülern in einer dritten und vierten Grundschulklasse. In Apeltauer, Ernst & Rost-Roth, Martina (Hrsg.): *Sprachförderung Deutsch als Zweitsprache*. Tübingen: Stauffenburg, 117–141.

Apeltauer, Ernst (2008a[2]): Das *Kieler Modell*: Sprachliche Frühförderung von Kindern mit Migrationshinter-grund. In Ahrenholz, Bernt (Hrsg.): *Deutsch als Zweitsprache. Voraussetzungen und Konzepte für die Förderung von Kindern und Jugendlichen mit Migrationshintergrund*. Freiburg/Br.: Fillibach, 111–133.

Apeltauer, Ernst (2008b): Sprachförderung von Kindern mit Migrationshintergrund durch Anbahnen von (Bi-) Literalität? In Wieler, Petra (Hrsg.): *Medien als Erzählanlass. Wie lernen Kinder im Umgang mit alten und neuen Medien?* Freiburg/Br.: Fillibach, 183–208.

Augst, Gerhard; Disselhoff, Katrin; Henrich, Alexandra; Pohl, Thorsten & Völzing, Paul-Ludwig (2007): *Text-Sorten-Kompetenz. Eine echte Longitudinalstudie zur Entwicklung der Textkompetenz im Grund-schulalter*. Frankfurt/M.: Lang.

Bruner, Jerome S. (1986): *Actual Minds, Possible Worlds*. Cambridge Mass./London: Harvard University Press.

Dehn, Mechthild (2011): Elementare Schriftkultur und Bildungssprache. In: Fürstenau, Sara & Gomolla, Mechtild (Hrsg.): *Migration und schulischer Wandel: Mehrsprachigkeit*. Wiesbaden: VS Verlag für Sozialwissenschaften, 129–151.

Dehn, Mechthild, Merklinger, Daniela & Schüler, Lis (2011): *Texte und Kontexte. Schreiben als kulturelle Tätigkeit in der Grundschule*. Seelze: Kallmeyer.

Haas, Gerhard (1991): Irina Korschunow: Hanno malt sich einen Drachen. In Haas, Gerhard (Hrsg.): *Lesen in der Schule mit dtv junior. Unterrichtsvorschläge – Texte für die Primarstufe TB 1*. München: dtv, 41–53.

Hüttis-Graff, Petra (2008): Vom Hören zum Lesen – Literarisches Lernen mit Lese-Hör-Kisten. In Wieler, Petra (Hrsg.): *Medien als Erzählanlass. Wie lernen Kinder im Umgang mit alten und neuen Medien?* Freiburg/Br.: Fillibach, 105–123.

Hurrelmann, Bettina (2009): Literalität und Bildung. In Bertschi-Kaufmann, Andrea & Rosebrock, Cornelia (Hrsg.): *Literalität. Bildungsaufgabe und Forschungsfeld*. Weinheim: Juventa, 21–42.

Kabasci, Kirstin (2009): *Narration als Werkzeug der Kognition in der frühen Kindheit. Ein Fachbuch über frühkindliches Erzählen unter humanwissenschaftlichen Sichtweisen*. Hamburg: Diplomica Verlag.

Knapp, Werner (1998): Lässt sich der gordische Knoten lösen? Analysen von Erzähltexten von Kindern aus Sprachminderheiten und Folgerungen für die Praxis des Texteverfassens. In Kuhs, Katharina & Steinig, Wolfgang (Hrsg.): *Pfade durch Babylon. Konzepte und Beispiele für den Umgang mit sprachlicher Vielfalt in Schule und Gesellschaft*. Freiburg/Br.: Fillibach, 225–244.

Korschunow, Irina (1978): *Hanno malt sich einen Drachen*. München.

Kruse, Iris (2010): Eigenes in verfremdetem Gewand. Realistische Kinderliteratur als Herausforderung für den Literaturunterricht. *kjl & medien* 10/4, 70–78.

Pätzold, Margit (2005): Frühe literale Textkompetenz. In Feilke, Helmuth & Schmidlin, Regula (Hrsg.): *Literale Textentwicklung*. Frankfurt/M.: Lang, 69–87.

Scheffler, Axel & Arnoldson, Julia (2004): *Der Grüffelo*. Weinheim: Beltz & Gelberg.

Sitzmann, Sandra & Voltmer, Birte (2013): *Materialien und Kopiervorlagen zu Irina Korschunow, Hanno malt sich einen Drachen*. München: Hase und Igel Verlag.

Spinner, Kaspar H. (2013): Narrative Selbstvergewisserung – Wie ein Kind literarische und eigene biographische Erfahrungen verbindet. In Becker, Tabea & Wieler, Petra (Hrsg.): *Erzählforschung und Erzähldidaktik heute. Entwicklungslinien, Konzepte, Perspektiven.* Tübingen: Stauffenburg, 165–174.

Wolf, Shelby Anne & Heath, Shirley Brice (1992): *The Braid of Literature. Children's Worlds of Reading.* Cambridge, Mass: Harvard University Press.

Wieler, Petra (1997): Vorlesen in der Familie. Fallstudien zur literarisch-kulturellen Situation von Vierjährigen in der Familie. Weinheim/München: Juventa.

Wieler, Petra (2010): Eigene Geschichten. In Duncker, Ludwig; Lieber, Gabriele; Neuß, Norbert & Uhlig, Bettina (Hrsg.) (2009): *Bildung in der Kindheit. Das Handbuch zum Lernen in Kindergarten und Grundschule.* Seelze: Kallmeyer, 207–209.

Wieler, Petra (2011a): „Denn sie erkannten nicht die Gefahr" – bildungssprachliche Aspekte in Gesprächen und Texten von Kindern im Deutschunterricht der Grundschule und darüber hinaus. In Hüttis-Graff, Petra & Wieler, Petra (Hrsg.): *Übergänge zwischen Mündlichkeit und Schriftlichkeit im Vor- und Grundschulalter.* Freiburg/Br.: Fillibach, 123–148.

Wieler, Petra (2011b): Mehrsprachige Kinder erzählen und schreiben zu einer Bilder(buch) geschichte und deren Multimedia-Adaption als Living-Book. In Apeltauer, Ernst & Rost-Roth, Martina (Hrsg.): *Sprachförderung Deutsch als Zweitsprache: Von der Vor- in die Grundschule.* Tübingen: Stauffenburg, 55–69.

Claudia Schmellentin
Gedanken zur Implementierung von *Sprachbewusstem (Fach-)Unterricht*[1]

Konzepte wie *Sprachbewusster (Fach-)Unterricht* (Lindauer et al. 2013) oder *Durchgängige Sprachbildung* (Gogolin & Lange 2010) zielen darauf, der engen Kopplung von Sprachkompetenzen, Bildungserfolg und sozialer Herkunft gerecht zu werden. Die Forderungen nach *Durchgängiger Sprachbildung* sind nicht neu: Im englischen Sprachraum wurden sie bereits in den 1970er-Jahren in dem von der englischen Regierung beauftragten Bullock-Report *A Language for Life* (Bullock 1975) aufgestellt: „Each school should have an organised policy for language across the curriculum, establishing every teacher's involvement in language and reading development throughout the years of schooling." Kritische Stimmen machten damals darauf aufmerksam, dass die Implementierung des Konzepts eine „Revolution" in Bezug auf die etablierten Unterrichtspraktiken im Fach- und im Sprachunterricht und auf die organisatorischen Strukturen der Schulen erfordern würde (Fillion 1977). Heute, rund 40 Jahre später, wird im englischen Sprachraum noch immer bemängelt, dass ein empirisch fundiertes Curriculum für den Aufbau fachspezifischer bildungssprachlicher Kompetenzen fehle (Nagy & Townsend 2012, Schleppegrell 2004, Snow 2010), was eine Voraussetzung für die Umsetzung von *Language across the curriculum* wäre.

Im deutschen Sprachraum geriet die Diskussion um *Durchgängige Sprachbildung* erst mit den Befunden der PISA-Studien in den Fokus der bildungspolitischen und -wissenschaftlichen Diskussion. In der Folge wurde eine Reihe von Untersuchungen, Initiativen und Publikationen unterstützt, die das Konzept empirisch fundiert konkretisieren und in die Schulpraxis implementieren sollten. Auch die Arbeiten und Projekte von Bernt Ahrenholz haben zum Ziel, empirisch fundiertes Wissen zum Verhältnis von Sprache, Sprachkompetenz und fachbezogenem Lernen zu generieren und damit einen Beitrag zum sprachbewussteren

---

[1] Der Beitrag basiert auf der verschriftlichten Fassung des im Rahmen der GDCP-Jahrestagung (Gesellschaft der Didaktik für Chemie und Physik) gehaltenen Plenarvortrags „Sprachbewusster (Fach-)Unterricht: Bedingungen zur Implementierung einer fachübergreifenden Aufgabe für die Schule", die im Online-Tagungsband erschienen ist (Schmellentin 2017).

Umgang mit Lerninhalten zu leisten, der letztlich insbesondere jenen Lernenden zugute kommen soll, die sprachlich benachteiligt sind.[2]

Die Erfahrungen aus dem englischen Sprachraum weisen darauf hin, dass die Umsetzung *Durchgängiger Sprachbildung* eine große Herausforderung sowohl für die Bildungswissenschaften als auch für die Unterrichtspraxis bedeutet. Am Beispiel des Konzepts *Sprachbewusster Fachunterricht* (Lindauer et al. 2013 sowie Lindauer et al. 2016), welches im Auftrag der Bildungsdirektionen des Bildungsraums Nordwestschweiz zur Konkretisierung und Umsetzung von *Durchgängiger Sprachbildung* entwickelt wurde und welches im ersten Abschnitt dargestellt wird, werden im Beitrag die besonderen Implementierungsherausforderungen diskutiert.

1 Merkmale von sprachbewusstem (Fach-)Unterricht – Beispiel Lesen

Verschiedene AutorInnen bemängeln, dass die Teilhabe an Bildung für viele Lernende eingeschränkt ist, weil eine Diskrepanz zwischen den für das Fachlernen implizit vorausgesetzten sprachlichen Kompetenzen und den vorhandenen besteht (vgl. u. a. Bolte & Pastille 2010; Morek & Heller 2012; Rincke 2010; von Borries 2011; Schmellentin et al. 2017). Um dieser Diskrepanz entgegenzuwirken und so das fachliche Lernen mit Texten zu ermöglichen, sind immer wieder textseitige Maßnahmen wie Textvereinfachungen gefordert worden (z. B. Britton et al. 1993; Schulz von Thun et al. 1973; Starauschek 2003; von Borries 2011). Verschiedene Studien weisen darauf hin, dass schulische Fachtexte durchaus Optimierungspotenzial haben (z. B. Schmellentin et al. 2017). Allerdings weisen textseitige Maßnahmen, die auf sprachliche Vereinfachung zielen, in dreifacher Hinsicht Grenzen auf:

1. Texte haben im (Fach-)Unterricht eine wissenstransferierende Funktion. Sie vermitteln teils komplexe fachliche Inhalte. Dies ist allerdings nur bedingt mit einer ‚einfacheren' Sprache möglich, denn die Komplexität der Sprache spiegelt bis zu einem gewissen Grad auch die Komplexität der Inhalte wider. Die sprachlichen Mittel in schulischen Fachtexten sind von den zu transferierenden Fachinhalten abhängig (Maak 2017), entsprechend variiert die Sprache auch in den Texten der unterschiedlichen Fächer: In den Naturwis-

---

[2] Ein Überblick über die Projekte ist unter https://www.profjl.uni-jena.de/Sprache_im_Fachunterricht.html oder http://www.evasek.de/www/publikationen/ zu finden.

senschaften werden häufig Strukturen (z. B. Aufbau der Blüte), Prozesse (z. B. Fotosynthese), Funktionsweisen (z. B. Funktion der Schleimhäute in den Atemwegen) oder Modelle (z. B. Atommodelle) dargestellt (Schleppegrell 2004). Diese Darstellungen erfordern andere sprachliche Mittel als beispielsweise die Darstellung von historischen Begebenheiten und Ereignissen, und zwar nicht nur in Bezug auf semantisch-lexikalische, sondern auch in Bezug auf syntaktische und textliche Strukturen (Kernen et al. 2012; Nagy & Townsend 2012; Schleppegrell 2004; Schrader 2013). Mit anderen Worten: Aufgrund der Kopplung der sprachlichen Form an inhaltliche Funktionen und an fachliche Ziele weist der Abbau sprachlicher Hürden durch Textvereinfachungen fachliche Grenzen auf. Ein fachlich adäquater Wissenstransfer bedingt gewisse (fachspezifische) Textkomplexitätsmerkmale (Maak 2017) wie beispielsweise komplexe Fachbegriffe, unpersönliche Ausdrucksweisen, Nominalisierungen usw. Diese lassen sich nicht eliminieren, ohne gleichzeitig inhaltliche Verluste in Kauf zu nehmen.

2. Empirische Studien weisen darauf hin, dass die Wirksamkeit von Textvereinfachungen eingeschränkt ist: In der vom Schweizerischen Nationalfonds (SNF) geförderten Studie *Textverstehen in den naturwissenschaftlichen Schulfächern*[3] konnte zwar nachgewiesen werden, dass durch Textanpassungen die fachlichen Verstehensleistungen der Schüler und Schülerinnen durchaus signifikant verbessert werden, allerdings profitieren von diesen Textanpassungen nur die mittelstarken und stärkeren LeserInnen (Schneider et al., eingereicht). Der Verstehensaufbau mittels Texten kann bei schwächeren LeserInnen durch diese Maßnahme alleine nicht maßgeblich unterstützt werden (Dittmar et al. 2017).[4] Eine Erklärung dafür, dass textseitige Maßnahmen alleine nicht ausreichen können, gibt Kintsch (2009): Textverständnis entsteht aus der Interaktion von Personen und Texten. Neben den Textkomplexitätsmerkmalen wie Kohäsionsmittel, inhaltlich logische Textstruktur, Themenkomplexität usw., die einen Einfluss auf das Verstehen haben, sind auch Personenmerkmale wie Wortschatz, schlussfolgerndes Denken, Verfügen über Lesestrategien oder Vorwissen entscheidend. Gemäß Kintsch (2009) verfügen Lernende der Sekundarstufe I allerdings noch nicht über die Vor-

---

3 Das Projekt wurde von Hansjakob Schneider und Claudia Schmellentin unter Mitarbeit von Miriam Dittmar und Eliane Gilg geleitet (https://www.fhnw.ch/ppt/content/prj/T999-0385).
4 Auch die Studie von McNamara et al. (1996) weist darauf hin, dass Textvereinfachungen nur bedingt zu besserem fachlichen Verständnis führen: In der genannten Studie führten optimierte Texte bei Lernenden mit viel Vorwissen nur zu einem oberflächlichen Verstehen. Allerdings profitierten sowohl die Lernenden mit wenig Vorwissen wie auch jene mit viel Vorwissen dann von gut strukturierten Texten, wenn nur oberflächliches Verstehen (Inhaltswiedergabe) gefragt war.

wissenschemata und das Strategiewissen, um komplexe Texte eigenständig verstehen zu können. Er fordert daher, dass Lehrpersonen das Textverstehen lesedidaktisch steuern, um Lernen aus Texten überhaupt zu ermöglichen.
3. Nicht nur, dass sich die sprachlichen Mittel in den Texten der verschiedenen Fächer unterscheiden, das Verstehen der Fachtexte erfordert auch fachspezifische Lesestrategien und Techniken: So geht es im Fach Geschichte häufig nicht nur darum, Informationen zu entnehmen, sondern diese kritisch mit Bezug zum Textkontext (z. B. Autorinteressen, Entstehungszeit usw.) zu gewichten und zu hinterfragen. Anders in einem Fach wie Biologie, in dem häufig Struktur-, Prozess- oder Funktionskonzepte mit Text-Bild-Bezug aufzubauen sind. In einem Geschichtstext kann das Markieren wichtiger Inhalte zielführend für die Textbearbeitung sein, bei informationsdichten naturwissenschaftlichen Texten hingegen ist diese Technik wenig hilfreich. Das Verfügen über fachbezogene sprachliche Handlungsweisen und Strategien ist Teil der Fachkompetenz (Shanahan et al. 2011) und daher unmittelbar an den Erwerb von fachlichen Konzepten geknüpft. Im Fachunterricht haben Texte nicht nur eine wissenstransferierende Funktion, sie dienen auch dem Aufbau einer fachspezifischen Literalität, und das geht nun einmal nicht ohne Fachsprache, auch wenn diese mitunter hohe oder gar zu hohe Anforderungen an die Verstehensleistungen stellt. Autoren und Autorinnen wie Nagy & Townsend (2012), Schleppegrell (2004), Snow (2010) fordern daher schülerseitige Maßnahmen wie ein curricularer Aufbau von fachbezogenen literalen Kompetenzen.

Die obigen Ausführungen zeigen, dass mehrere Voraussetzungen erfüllt sein müssen, damit schulisches Lernen mit Texten möglich ist: Es braucht Texte, die so weit an die Verstehensmöglichkeiten der Lernenden angepasst sind, dass sie diese mit Unterstützung sowohl für den Wissenstransfer als auch für den Aufbau fachspezifischer literaler Kompetenzen nutzen können, es braucht didaktische Maßnahmen, um (Lese-)Verstehensprozesse adäquat zu begleiten und fachbezogene literale Kompetenzen auf- und auszubauen, wobei Letzteres auf empirisch fundierten fachspezifischen Curricula basieren sollte, deren Entwicklung noch immer ein Desiderat darstellen.

Sprachbewusster Fachunterricht sollte unter den am Beispiel Textverstehen dargestellten Überlegungen folgende Eigenschaften aufweisen (vgl. Lindauer et al. 2013; Lindauer, Schmellentin & Beerenwinkel 2016):
– Unnötige sprachliche Hürden werden zwar abgebaut, Texte werden bspw. vereinfacht, nicht aber ‚ent-fachsprachlicht' oder gar simplifiziert: Nur wer mit Fachsprache in Kontakt kommt, kann auch die zum Fach gehörende Sprache erlernen.

- Schüler und Schülerinnen werden beim fachlichen Lernen beim Verstehen und Produzieren eines fachspezifischen Sprachgebrauchs unterstützt: Sprachabhängige Lernprozesse müssen auch sprachbewusst strukturiert werden.
- Der Aufbau der fachsprachlichen Kompetenzen wird horizontal-fachübergreifend und vertikal-curricular durchgängig strukturiert.

Bei sprachbewusstem Fachunterricht geht es entsprechend nicht primär darum, Sprachförderung in allen Fächern zu betreiben, so wie es beispielsweise die EDK (Schweizerische Erziehungsdirektorenkonferenz) in ihrem *Aktionsplan PISA 2000* (EDK 2003) gefordert hat; es geht auch nicht darum, Fachlehrpersonen zu Sprachlehrpersonen umzuschulen. Sprachbewusster Fachunterricht muss im Dienste des fachlichen Lernens stehen. Er zielt darauf ab, dass Sprache ihre wissenstransferierende Funktion im Fachunterricht entfalten kann und dass der Aufbau fachspezifischer Sprachkompetenzen als Bestandteil von Fachkompetenzen ermöglicht wird. Im Folgenden werden nun ausgehend von den oben dargestellten Merkmalen von sprachbewusstem (Fach-)Unterricht Bedingungen für seine Implementierung diskutiert.

2 Bedingungen für die Implementierung von sprachbewusstem Fachunterricht

In Anlehnung an Altrichter & Wiesinger (2009) und Goldenbaum (2013) werden im Folgenden Einflussfaktoren auf die Implementation von schulischen Innovationen dargestellt, um darauf basierend Bedingungen zur Implementation von sprachbewusstem Fachunterricht zu diskutieren. Altrichter & Wiesinger (2004) und Goldenbaum (2013) verorten die Einflussfaktoren auf vier Ebenen:

A) **Charakteristika der Innovation:** Die inhärenten Eigenschaften der Schulinnovation sind für deren Implementierung maßgebend. Dabei spielen unter anderem folgende Faktoren eine Rolle: die *Komplexität und Struktur der Innovation*; die von den Akteuren wahrgenommene *Qualität und Praktikabilität der geplanten Innovation*; die *Klarheit über die Ziele und die Mittel* sowie das *Lösungsangebot für schulischen Bedarf*.

B) **Lehrkräfte:** Lehrkräfte setzen Innovationen auf der Mikro-Ebene (Unterricht) um. Dabei spielen die *Qualifikation* und die *Kompetenzen, Einstellungen, subjektiven Theorien*, aber auch Aspekte wie *Selbstwirksamkeitserwartungen, Motivation* oder *Partizipationsmöglichkeit* eine entscheidende Rolle.

C) **Einzelschule (Meso-Ebene):** Die Einzelschule kann den Erfolg von Implementationen stark mitbeeinflussen: Die *Schulkultur*, das *innerschulische Management*, *die Organisationsstruktur*, die *Einstellung der Schulleitung* haben Einfluss auf die Motivation, Kooperation und die Unterstützung der Lehrkräfte bei der Umsetzung von Innovationen im Unterricht.

D) **Schulsystem (Makro-Ebene):**[5] Schulen und Lehrkräfte sind bei der Umsetzung von Schulinnovationen auf die Unterstützung durch die Verwaltung sowie deren Know-how angewiesen. Die Implementierung wird häufig durch die Bildungsverwaltung geplant und begleitet. Verwaltung und Politik stellen *Richtlinien* auf. Insbesondere entscheiden sie auch über *zeitliche* und *finanzielle Ressourcen* usw.

Die Darstellung weist darauf hin, dass für eine erfolgreiche Implementierung von Schulinnovationen alle Ebenen des Bildungssystems mitbedacht werden müssen (Maag Merki et al. 2012). Schulinnovationen sind jedoch auch unter Berücksichtigung der Merkmale des Gegenstandes zu planen und umzusetzen: In diesem Beitrag wird von der Grundthese ausgegangen, dass die Merkmale des Innovationsgegenstandes (Gruppe A), die Faktoren der anderen, systembezogenen Gruppen determinieren. Dazu ein Beispiel:

Zur Verbesserung der Sprachkompetenzen wurden unter Einfluss der ersten Ergebnisse der PISA-Studien in den deutschsprachigen Ländern verschiedene Maßnahmen gefordert. Unter anderem sollten die Sprachkompetenzen in allen Unterrichtsfächern aktiv gefördert werden (bspw. Ministerium für Schule, Jugend und Kinder des Landes Nordrhein-Westfalen 1999; EDK 2003). Die Verantwortung für die Umsetzung der Forderung wurde vor allem an die Fachlehrpersonen und an die Lehreraus- und Weiterbildung delegiert. Zumindest in der Schweiz ist diese Forderung bis heute kaum umgesetzt worden.[6] So wird hier *Sprachbewusster Fachunterricht* bzw. *Durchgängige Sprachbildung* kaum in den Ausbildungszielen der pädagogischen Hochschulen erwähnt und auch in der Weiterbildung gibt es wenig bis keine Angebote dazu. Der Blick auf die Faktoren der Gruppe A deckt einige Gründe für die gescheiterte Implementierung auf:

Die Forderung, in allen Fächern Sprachkompetenzen zu fördern, ist sehr unspezifisch. Unter anderem missachtet sie den zur Gruppe A gehörenden Faktor „Klarheit über die Ziele und Mittel": Es wird weder definiert, welche sprachlichen

---

[5] Altrichter & Wiesinger unterscheiden zwischen der Unterstützung lokaler Verwaltung (lokaler Kontext) und der Zentralverwaltung bzw. Politik. In diesem Beitrag werden die beiden Faktoren subsumiert. Beide gehören der Makro-Ebene (Maag Merki et al. 2012) an.
[6] In Deutschland sind in den letzten Jahren in vielen Bundesländern DaZ-Module eingerichtet worden (Lütke 2017).

(Teil-)Kompetenzen in den Fächern gefördert werden sollen und können, noch wird spezifiziert, welchen Beitrag die Fächer bei der Sprachkompetenzförderung mit welchen Mitteln leisten können. Zudem missachtet die Forderung die kontextuelle Praxis und bietet keine Lösungsangebote für Bedürfnisse von Fachlehrpersonen: In den Fächern geht es primär darum, die in den Lehrplänen aufgeführten umfangreichen fachlichen Kompetenzen zu fördern. Dafür sind aber die in den jeweiligen Fächern zur Verfügung stehenden Zeitressourcen schon sehr knapp. Wie in Fortbildungen häufig von Fachlehrpersonen zu hören ist, steht für Sprachbildungsarbeit kaum Lernzeit zur Verfügung. Will man Fachlehrpersonen für sprachliche Themen sensibilisieren und sie in die Verantwortung für sprachliche Bildung miteinbeziehen, muss der fachbezogene Zusammenhang von Lernen und Sprache erkennbar gemacht werden. Es geht, wie oben bereits ausgeführt, nicht darum, allgemeine bildungssprachliche Kompetenzen in den Fächern zu fördern, sondern darum, fachliches Lernen unter Einbezug von sprachdidaktischen Maßnahmen zu verbessern. Zudem sollte es darum gehen, *fachbezogene* Sprachkompetenzen als Bestandteil von Fachkompetenz zu fördern. Erst wenn den Lehrpersonen der Zusammenhang von sprachbewusstem Unterricht und fachlicher Förderung bewusst und einsichtig ist, werden sie bereit sein, sich auf diesen einzulassen. Die Innovation muss mit dem Berufsverständnis der Akteure kompatibel sein: Fachlehrpersonen sind keine Sprachlehrpersonen und verstehen sich nicht als solche.

Ohne die Berücksichtigung der Charakteristik der Innovation wird die Implementierung auch dann scheitern, wenn, wie aktuell im deutschen Sprachraum, sehr viele Forschungs- und Entwicklungsprojekte sowie Initiativen durch die Verwaltung und Politik unterstützt werden. Die im Folgenden diskutierten Gedanken zu Bedingungen für die Implementierung von sprachbewusstem Fachunterricht gehen daher von seinen zentralen Merkmalen (vgl. Abschnitt 1) aus: a) Abbau unnötiger sprachlicher Hürden, b) sprachdidaktische Strukturierung sprachabhängiger Lernprozesse, c) durchgängige (fachübergreifende und curriculare) Modellierung und Strukturierung des Aufbaus fachspezifischer Sprachkompetenzen. Sie werden mit Bezug zu den oben erwähnten Implementierungsfaktoren diskutiert:

a) Abbau unnötiger sprachlicher Hürden: Seit den 1970er-Jahren weisen verschiedene Studien immer wieder darauf hin, dass Schulbücher und Unterrichtsmaterialien in der Regel in Bezug auf Verständlichkeit nicht hinreichend optimiert sind (vgl. u. a. Schulz von Thun et al. 1973; Britton et al. 1993; von Borries 2011; Starauschek 2003; Schmellentin et al. 2017). Wellenreuther (2010: 211) fordert daher, dass die Verbesserung der Verständlichkeit von Schulbüchern und Unterrichtsmaterialien durch Experten für Textverständlichkeit ermöglicht werde, dass dies allerdings mindestens einen zusätzlichen Arbeitsschritt bei der Entwicklung von Schulbüchern erfordere. Der Einsatz von „Experten für Verständlichkeit" muss allerdings gut konzipiert sein, denn es ist nicht damit getan, dass entwickelte Materialien im Nachgang aus linguistischer oder sprachdidaktischer Sicht „verbessert" werden. Nur wer beurteilen kann, was der Inhalt und die unter Lernerperspektive relevante Information einer Textpassage, eines Satzes sein soll, kann eine Textpassage so reformulieren, dass sie verständlicher bzw. lernwirksamer wird (Lindauer et al. 2016). Die Akzeptanz von sprachbewusst gestalteten Lehrmitteln und Unterrichtsmaterialien bei den Lehrpersonen setzt voraus, dass diese zu ihren fachlichen Bedürfnissen passen (vgl. Faktoren der Gruppe B). Dies bedingt, dass sie in interdisziplinärer Zusammenarbeit von entsprechender Fachdidaktik und Sprachdidaktik entwickelt werden. Ein solches Vorgehen erhöht allerdings den Entwicklungsaufwand, denn die interdisziplinäre Zusammenarbeit erfordert Annäherungsprozesse von fach- und sprachdidaktischen Perspektiven. Ob die Lehrmittelverlage bereit sind, die dazu notwendigen zusätzlichen Ressourcen aufzuwenden, wird sich erweisen. Gefordert wäre hier zumindest in der Schweiz auch die Bildungsverwaltung (Gruppe D): In vielen Schweizer Kantonen werden Lehrmittel von den bildungssteuernden Institutionen zugelassen und finanziert. Sollte Sprachbewusstheit ein zentrales Zulassungskriterium sein, müssten die bildungssteuernden Institutionen die höheren Entwicklungskosten miteinberechnen und die Lehrmittelverlage wären gezwungen, die zusätzlichen Ressourcen aufzuwenden.[7]

h) Sprachdidaktische Strukturierung sprachabhängiger Lernprozesse: Für die Umsetzung einer „sprachdidaktischen Strukturierung sprachabhängiger Lernprozesse" im Unterricht sind sowohl die Einstellungen und Kompetenzen der Lehrpersonen (Gruppe B) als auch die Bereitstellung von unterstützenden Materialien und von Ressourcen zur Weiterbildung entscheidend (Gruppe D) (Altrichter et al. 2005; Gräsel & Parchmann 2004):

Lehrpersonen benötigen ein (Handlungs-)Wissen über didaktische Strukturierungsmöglichkeiten von sprachbedingten Lehr-/Lernprozessen. Dieses Handlungswissen setzt neben fachdidaktischen auch sprachdidaktische und (psycho-)linguistische Kenntnisse voraus. Dazu gehören beispielsweise Kenntnisse von fachsprachlichen lexikalischen und syntaktischen Besonderheiten (Ahrenholz

---

[7] Neben der Entwicklung sprachbewusster Lehrmittel und Unterrichtsmaterialien bedingt Eigenschaft a) auch eine Sensibilisierung der Lehrpersonen in Bezug auf ihren eigenen Sprachgebrauch und in Bezug auf das Erkennen von sprachlichen Hürden in Unterrichtsmaterialien. Hier ist die Lehreraus- und -weiterbildung gefordert (vgl. dazu auch unter b)).

2013; Ahrenholz & Maak 2012), von fachspezifischen Textprozeduren (Feilke 2012) und Diskurstypen, von Lese- und Schreibstrategien, Wissen über sprachliche Entwicklungsprozesse (in Erst- und Zweitsprache), über adäquate Förderansätze sowie Kenntnisse von sprachdidaktischen Konzepten und Hilfestellungen (z. B. Verstehensprozesse (sprach-)didaktisch anleiten, Schreibprozesse initiieren und strukturieren usw.). Dabei handelt es sich um Kenntnisse aus verschiedenen disziplinären Wissensbereichen. Für die mehrheitlich disziplinär ausgerichtete Lehreraus- und -weiterbildung bedeutet die Bereitstellung dieses interdisziplinären Wissens eine große Herausforderung, die allenfalls auch mit strukturellen Maßnahmen wie der Schaffung interdisziplinär ausgerichteter Ausbildungsmodule verbunden ist.[8]

Ebenfalls in interdisziplinärer Zusammenarbeit sind Hilfsmaterialien zuhanden der Lehrpersonen zu entwickeln (z. B. Checklisten zur Strukturierung von sprachbedingten Lehr-/Lernprozessen), denn die Materialien, die von den Sprachdidaktiken für den Sprachunterricht geschaffen sind, lassen sich nicht eins zu eins für den Fachunterricht übertragen. Die Materialien sind auf die Funktionen von Sprache in den einzelnen Fächern und dort jeweils in den einzelnen Themen, auf die fachspezifische Art, Sprache für das Lernen zu verwenden, sowie auf die fachlichen Ziele anzupassen. Auch sollten die Materialien an fachliche Traditionen anknüpfen und so gestaltet sein, dass den Fachlehrpersonen der Zugang zu sprachbewusstem (Fach-)Unterricht möglichst leicht gemacht wird. Aus diesem Grund fordern Lindauer et al. (2016), dass diese Materialien nicht nur in *inter*-, sondern noch besser in *trans*disziplinärer Zusammenarbeit zwischen den entsprechenden Fach- und Sprachdidaktiken unter Einbezug von Akteuren und Akteurinnen der Praxis entwickelt werden.

c) *Durchgängige (fachübergreifende und curriculare) Modellierung und Strukturierung des Aufbaus fachspezifischer Sprachkompetenzen:* Im englischen Sprachraum wird schon seit längerem gefordert, dass es ein Curriculum für den Aufbau fachspezifischer Literalität brauche (Nagy & Townsend 2012, Schleppegrell 2004, Snow 2010). In den Lehrplänen der deutschsprachigen Schulsysteme ist diese

---

8 An verschiedenen Institutionen der LehrerInnenbildung entstehen momentan solche interdisziplinär ausgerichteten Module. So auch an der Pädagogischen Hochschule der Nordwestschweiz (PH FHNW), wo auf das Herbstsemester 2017 eine interdisziplinäre Ringvorlesung zum Thema „Sprachbewusster Fachunterricht" durchgeführt wird. Die Ringvorlesung wird ergänzt durch Tutorate, in denen das Handlungswissen im Fokus steht. Die Tutorate werden von den Masterstudierenden Deutsch erteilt, die in einem Seminar auf diese Aufgabe vorbereitet werden und die auch später an Schulen als Sprachexperten und Multiplikatoren für sprachbewussten Fachunterricht fungieren können.

Forderung bisher kaum umgesetzt. Der Aufbau fachübergreifender bildungssprachlicher Kompetenzen ist allein in den Curricula für das Fach Deutsch vorgesehen.[9] Nicht nur, dass damit die fachbezogenen Sprachkompetenzen nicht curricular modelliert sind und somit den Fachlehrpersonen Anhaltspunkte zu deren Aufbau fehlen, die Fächer werden auch nicht explizit in die Pflicht genommen. Für die erfolgreiche Implementierung von sprachbewusstem Fachunterricht wäre die verbindliche Strukturierung fachbezogener Sprachkompetenzen in den Curricula der einzelnen Fächer entscheidend. Vor allem der Einfluss der Curricula auf die Lehrmittelentwicklung könnte für die Implementierung von sprachbewusstem (Fach-)Unterricht positive Effekte haben: Die Umsetzung curricularer Vorgaben gilt als das wichtigste Kriterium für die Zulassung von Lehrmitteln. Da Lehrpersonen sich bei der curricularen Strukturierung des Unterrichts stark an den Lehrmitteln orientieren (Oelkers 2001), könnte die Festschreibung fachbezogener Sprachkompetenzen in den Fachcurricula via Lehrmittel direkten Einfluss auf den Unterricht haben.

Zu einer durchgängigen Konzeption von sprachbewusstem Fachunterricht gehört allerdings nicht nur seine curricular-vertikale Modellierung über die Stufen, sondern auch die horizontale über die einzelnen Schulfächer hinweg. Auf den ersten Blick scheint dies ein Widerspruch zur oben beschriebenen fachlichen Bedingtheit von sprachbewusstem Unterricht zu sein. Trotz der fachlichen Bedingtheit wäre aber aus Schülersicht eine kohärente Modellierung von Sprachkompetenzen über möglichst alle Fächer hinweg wünschenswert. Wie die Betonung auf fachübergreifende Merkmale von Bildungssprache ohne den Verlust der fachspezifischen Merkmale bewerkstelligt werden könnte, wird am Beispiel von Lesestrategien gezeigt: Der komplexe Lese- bzw. Verstehensprozess ließe sich auf einer Metaebene in allen Fächern in gleiche Schritte strukturieren. Das in der Schweiz verbreitete Sprachlehrmittel *Die Sprachstarken* (Lindauer & Senn 2008–2016) vermittelt dafür folgende vier Leseschritte:

- *Leseschritt 1:* dem Text begegnen – Vorwissen aktivieren, Leseerwartung aufbauen, Ziele klären
- *Leseschritt 2:* den Text bearbeiten – lokale Informationen gewinnen
- *Leseschritt 3:* Textinhalte verarbeiten – Textinhalte miteinander verknüpfen
- *Leseschritt 4:* Textverständnis überprüfen und mit Vorwissen in Verbindung bringen

---

9 Manchmal finden sich noch Angaben zu allgemeinen Sprachkompetenzen in den Teilen, in denen überfachliche Kompetenzen thematisiert werden, so z. B. beim Deutschweizer Lehrplan 21 (D-EDK 2015). Diese bleiben aber meist sehr allgemein sowohl in Bezug auf die Beschreibung der Kompetenzen als auch in Bezug auf deren curriculare Strukturierung.

Die Ebene der konkreten Handlungen beim Lesen spezifischer Fachtexte, die durch die einzelnen Leseschritte ausgelöst werden, ist hingegen fachspezifisch. Sie variiert – wie oben gezeigt – je nach Fach und Textbeschaffenheit. Die explizite Strukturierung in die immer gleichen Schritte in allen Fächern und über alle Stufen hinweg schafft allerdings Kohärenz und soll die Schüler und Schülerinnen dazu führen, den komplexen Leseprozess mit der Zeit eigenständig zu steuern.

Die Umsetzung von durchgängigem sprachbewusstem (Fach-)Unterricht bedingt also auch, dass nach Möglichkeiten fachübergreifender Aspekte des Verhältnisses von Fachlernen und Sprache gefragt wird. Mit anderen Worten: Für die Umsetzung von sprachbewusstem Fachunterricht sind nicht nur der Unterricht selbst und die Lehrpersonen in den Blick zu nehmen (Gruppe B). Sprachbewusster Fachunterricht erfordert eine Harmonisierung der sprachdidaktischen Maßnahmen zur Strukturierung von sprachlich bedingten Lernprozessen über die Fach- und Stufengrenzen hinweg. Dies bedingt die innerschulische Schaffung einer Planungs- und Koordinationsinstanz z. B. in Form von schulischen Sprachbeauftragten oder Sprachcoaches. Damit rücken die (geleiteten) Einzelschulen (Gruppe C) in den Fokus von Implementierungsbemühungen. Die Schulen benötigen eigene, zu den lokalen und organisationalen Gegebenheiten passende Konzepte zur Umsetzung von durchgängig kohärent strukturiertem sprachbewusstem Unterricht, die in transdisziplinärer Zusammenarbeit von Experten und Expertinnen aus den Sprach- und aus den Fachdidaktiken sowie den Lehrpersonen entwickelt werden.[10] Für das Gelingen dieser Bemühungen kann die Bildungsverwaltung und Politik (Gruppe D) einen entscheidenden Beitrag leisten, z. B. indem personelle und finanzielle Ressourcen zur Verfügung gestellt oder indem in Zusammenarbeit mit den Aus- und Weiterbildungsinstitutionen Qualifizierungsmöglichkeiten für Sprachbeauftragte oder Sprachcoaches geschaffen und finanziert werden.

3 Fazit

Sollen die wissenschaftlichen Bemühungen zur Umsetzung von *Durchgängiger Sprachbildung* und *Sprachbewusstem (Fach-)Unterricht* ihre Wirksamkeit entfalten, sind Forschung, Entwicklung und Implementierung stärker aufeinander zu beziehen. Die Fachdidaktiken müssen sich stärker mit Fragen der Implementierung auseinandersetzen, sollen ihre Innovationen gegenstandsgerecht imple-

---

10 Dieser Aspekt würde für eine sogenannte *symbiotische Implementierungsstrategie* (Gräsel & Parchmann 2004) sprechen.

mentiert werden (Gräsel & Parchmann 2004). Sprachbewusster (Fach-)Unterricht ist Aufgabe aller an Bildung Beteiligten. Nicht zuletzt aus diesem Grund ist die Implementierung dieses Konzepts aber auch sehr komplex. Sie erfordert nicht nur eine „Revolution" in Bezug auf die etablierten Unterrichtspraktiken, wie dies Fillion (1977) prognostiziert hat, sondern auch die Änderung von Einstellungen und Identitäten z. B. in Bezug auf das Fachverständnis und auf das Lehr- und Lernverständnis. Dies gilt auch für die Fachdidaktiken: *Sprachbewusster Fachunterricht* erfordert eine engere Zusammenarbeit unter den Fachdidaktiken und eine stärkere Betonung der gemeinsamen Bezugsfelder. Die Entwicklung und Umsetzung von *Sprachbewusstem Fachunterricht* ist eine interdisziplinäre fachdidaktische Aufgabe.

Auch wird die Umsetzung strukturelle Auswirkungen auf verschiedene Ebenen des Bildungssystems haben (z. B. auf die innerschulische Organisation durch die Schaffung interdisziplinärer Arbeitsgruppen oder durch die Etablierung von Sprachbeauftragten; auf die disziplinär strukturierte Ausbildung von Lehrpersonen durch die interdisziplinäre Bedingtheit von sprachbewusstem Fachunterricht usw.) Die Tatsache, dass die Konzeption und Umsetzung von sprachbewusstem Fachunterricht inter- und transdisziplinäre Forschungs- und Entwicklungsarbeit bedingt, könnte eine der größten Herausforderungen für seine Implementierung bedeuten. Dieser Aspekt lässt keine schnelle Umsetzung zu: Es braucht Zeit, um Konzepte und Materialien auf der Basis von interdisziplinären Forschungsergebnissen in transdisziplinärer Zusammenarbeit zu entwickeln, in verschiedenen Settings zu erproben und anzupassen, dann braucht es Zeit, diese Konzepte unter Berücksichtigung aller involvierter Ebenen und Akteure sowie ihrer Einstellungen und Praktiken flächendeckend zu implementieren. Es bleibt zu hoffen, dass die Ergebnisse der internationalen Vergleichsstudien nicht wie bereits Anfang der 2000er-Jahre zur Forderung nach schneller Umsetzung und damit zu einem „Rückzug auf ältere Implementationsmodelle" (Altrichter et al. 2005: 30) verleiten.

4 Literatur

Ahrenholz, Bernt (2013): Sprache im Fachunterricht untersuchen. In Röhner, Charlotte & Hövelbrinks, Britta (Hrsg.): *Fachbezogene Sprachförderung in Deutsch als Zweitsprache. Theoretische Konzepte und empirische Befunde zum Erwerb bildungssprachlicher Kompetenzen*. Weinheim: Juventa, 87–98.

Ahrenholz, Bernt & Maak, Diana (2012): Sprachliche Anforderungen im Fachunterricht. Eine Skizze mit Beispielanalysen zum Passivgebrauch in Biologie. In Roll, Heike & Schilling, Andrea (Hrsg.): *Mehrsprachiges Handeln im Fokus von Linguistik und Didaktik*. Duisburg: Universitätsverlag Rhein Ruhr, 135–152.

Altrichter, Herbert & Wiesinger, Sophie (2004): Der Beitrag der Innovationsforschung im Bildungswesen zum Implementierungsproblem. In Reinmann, Gabi & Mandl, Heinz (Hrsg.): *Psychologie des Wissensmanagements*. Göttingen: Hogrefe, 220–233.

Altrichter, Herbert & Wiesinger, Sophie (2005): Implementation von Schulinnovationen – aktuelle Hoff- nungen und Forschungswissen. *journal für schulentwicklung* 9/4, 28–36. http://paedpsych.jk.uni-linz.ac.at/internet/ORGANISATIONORD/ALTRICHTERORD/IMPLse2PlusLit.pdf *(28.10.2016).*

Baumert, Jürgen & Schümer, Gundel (2001): *PISA 2000: Die Länder der Bundesrepublik Deutschland im Vergleich.* Leverkusen: Leske + Budrich.

Borries, Bodo von (2011): Schulbuch-Gestaltung und Schulbuch-Benutzung im Fach Geschichte. Zwischen empirischen Befunden und normativen Überlegungen. In Handro, Saskia & Schönemann, Bernd (Hrsg.): *Geschichtsdidaktische Schulbuchforschung.* 2. Aufl. Münster: LIT, 39–51.

Bolte, Claus & Pastille, Reinhard (2010): Naturwissenschaften zur Sprache bringen. Strategien und Umsetzung eines sprachaktivierenden naturwissenschaftlichen Unterrichts. In Fenkart, Gabriele; Lembens, Anja & Erlacher-Zeitlinger, Edith (Hrsg.): *Sprache, Mathematik und Naturwissenschaften.* Innsbruck: Studien Verlag (ide-extra 16), 26–46.

Britton, Bruce K.; Gulgoz, Sami & Glynn, Shawn (1993): Impact of Good and Poor Writing on Learners: Research and Theory. In Britton, Bruce K.; Woodward, Arthur & Binkley, Marilyn (eds.): *Learning From Textbooks.* Hillsdale, N. J.: Lawrence Erlbaum, 1–46.

Bullock, Alan (1975): *A language for life – Report of the Committee of Enquiry appointed by the Secretary of State for Education and Science under the Chairmanship of Sir Alan Bullock F. B. A.* London: Her Majesty's Stationery Office (HMSO). http://www.educationengland.org.uk/documents/bullock/bullock1975.html *(15.10.2016).*

(D-EDK) Deutschschweizer Erziehungsdirektoren-Konferenz (Hrsg.) (2015): *Lehrplan 21.* http://www.lehrplan.ch *(15.10.2016).*

Dittmar, Miriam; Schmellentin, Claudia; Gilg, Eliane & Schneider, Hansjakob (2017): Kohärenzaufbau aus Text-Bild-Gefügen: Konzepterwerb mit schulischen Fachtexten. *leseforum.ch, Onlineplattform für Literalität in Forschung und Praxis* 1, 1–19.

EDK (2003): *Aktionsplan PISA 2000 – Folgemassnahmen.* Bern. http://www.edudoc.ch/static/web/arbeiten/pisa2000_aktplan_d.pdf *(15.10.2016).*

Feilke, Helmuth (2012): Was sind Textroutinen? – Zur Theorie und Methodik des Forschungsfeldes. In Lehnen, Katrin & Feilke, Helmuth (Hrsg.): *Schreib- und Textroutinen: Theorie, Erwerb und didaktisch-mediale Modellierung.* Frankfurt/M.: Lang, 1–31.

Fillion, Bryant (1979): Language Across the Curriculum: Examining the place of language in our schools. *McGill Journal of Education* 14, 47–60.

Gogolin, Ingrid & Lange, Imke (2011): Bildungssprache und Durchgängige Sprachbildung. In Fürstenau, Sara & Gomolla, Mechtild (Hrsg.): *Migration und schulischer Wandel: Mehrsprachigkeit.* Wiesbaden: Springer, 107–127.

Goldenbaum, Andrea (2013): Implementation von Schulinnovationen. In Rürup, Matthias & Bormann, Inka (Hrsg.): *Innovationen im Bildungswesen: Analytische Zugänge und empirische Befunde.* Wiesbaden: Springer, 149–172. https://doi.org/10.1007/978-3-531-19701-2_7 *(12.09.2017).*

Gräsel, Cornelia & Parchmann, Ilka (2004): Implementationsforschung – oder: der steinige Weg, Unterricht zu verändern. *Unterrichtswissenschaft* 32, 196–207.

Kernen, Nora; Riss, Maria; Lindauer, Thomas & Schmellentin, Claudia (2012): *Textschwierigkeiten in Lehrmitteln für den naturwissenschaftlichen Unterricht in der Sekundarstufe I* –

Eine Analyse von der Pädagogischen Hochschule FHNW Zentrum Lesen. Beratung: Thomas Lindauer, Claudia Schmellentin. Bildungsraum Nordwestschweiz. www.zentrumlesen.ch *(15.10.2016)*.

Leisen, Josef (2010): Leseverstehen und Leseförderung in den Naturwissenschaften. In Fenkart, Gerd; Lembens, Anja & Erlacher-Zeitlinger, Edith (Hrsg.): *Sprache, Mathematik und Naturwissenschaften*. Innsbruck: Studien Verlag (ide-extra 16), 212–231.

Lindauer, Thomas & Senn, Werner (Hrsg.) (2008–2016): *Die Sprachstarken 2–9*. Baar: Klett & Balmer.

Lindauer, Thomas; Schmellentin, Claudia & Beerenwinkel, Anne (2016): Sprachbewusster Naturwissenschafts-Unterricht. Werkstattbericht zu einem transdisziplinären Entwicklungsprojekt. In Winkler, Iris & Schmidt, Frederike (Hrsg.): *Interdisziplinäre Forschung in der Deutschdidaktik. „Fremde Schwestern" im Dialog*. Frankfurt/M.: Lang, 226–246.

Lindauer, Thomas; Riss, Maria & Schmellentin, Claudia (2012): *Empfehlungen für die sprachbewusste Gestaltung von Lehrmitteln*. www.zentrumlesen.ch *(15.10.2016)*.

Lindauer, Thomas; Schmellentin, Claudia; Beerenwinkel, Anne; Hefti, Claudia & Furger, Julienne (2013): *Fachlernen und Sprache: Sprachbewusst unterrichten – Eine Unterrichtshilfe für den Fachunterricht*. Bildungsraum Nordwestschweiz. www.fhnw.ch/ph/zl/publikationen/studien_berichte *(15.10.2016)*.

Lütke, Beate (2017): Deutsch als Zweitsprache-Module im Lehramtsstudium: Entwicklung, Relevanz und curriculare Konzepte. In Quetz, Jürgen & Burwitz-Melzer, Eva (Hrsg.): *Themenheft ‚Sprachenpolitik', Fremdsprachen Lehren und Lernen (FLuL)* 46/1.

Maag Merki, Katharina; Moser, Urs; Roos, Markus & Angelone, Domenico (2012): *Qualität in multikulturellen Schulen (QUIMS). Eine Sekundäranalyse zur Überprüfung der Wirkungen und Wirkungsbedingungen von QUIMS anhand vorliegender Daten*. http://www.ibe.uzh.ch/publikationen/QUIMS_Evaluation_Schlussbericht.pdf *(16.05.2018)*.

Maak, Diana (2017): „Wo kommt das blut HER?" Sprachliche Beschaffenheit des fachlichen Inputs im Fach Biologie. In Ahrenholz, Bernt; Hövelbrinks, Britta & Schmellentin, Claudia (Hrsg.): *Fachunterricht und Sprache in schulischen Lehr-/Lernprozessen*. Tübingen: Narr, 93–114.

Ministerium für Schule, Jugend und Kinder des Landes Nordrhein-Westfalen (Hrsg.) (1999): *Förderung in der deutschen Sprache als Aufgabe des Unterrichts in allen Fächern – Empfehlungen*. http://www.zfsl-hagen.nrw.de/Seminar_GyGe/Seminarmaterialien/Materialien/Foerderung-in-der-deutschen-Sprache-als-Aufgabe-des-Unterrichts-in-allen-Faechern.pdf *(26.10.2016)*.

Morek, Miriam & Heller, Vivien (2012): Bildungssprache – Kommunikative, epistemische, soziale und interaktive Aspekte ihres Gebrauchs. *Zeitschrift für angewandte Linguistik* 57/1, 67–101.

Nagy, William & Townsend, Dianna (2012): Words as Tools: Learning Academic Vocabulary as Language Acquisition. *Reading Research Quarterly* 47/1, 91–108.

OECD (2014): *PISA 2012 Ergebnisse: Was Schülerinnen und Schüler wissen und können. Band I: Schülerleistungen in Lesekompetenz, Mathematik und Naturwissenschaften*. Überarbeitete Ausgabe. Bielefeld: Bertelsmann.

Oelkers, Jürgen (2001): Erfahrung, Illusion und Grenzen von Lehrmitteln. In Oelkers, Jürgen & Tröhler, Daniel (Hrsg.): *Über die Mittel des Lernens. Kontextuelle Studien zum staatlichen Lehrmittelwesen im Kanton Zürich des 19. Jahrhunderts*. Zürich: Pestalozzianum, 94–121.

Rincke, Karsten (2010): Von der Alltagssprache zur Fachsprache. Bruch oder schrittweiser Übergang? In Fenkart, Gabriele; Lembens, Anja & Erlacher-Zeitlinger, Edith (Hrsg.):

Sprache, Mathematik und Naturwissenschaften. Innsbruck: Studienverlag (ide-extra 16), 47–62.
Schleppegrell, MaryJ. (2004): *The language of schooling. A Functional Linguistic perspective*. Mahwah, N. J.: Lawrence Erlbaum.
Schmellentin, Claudia (2017): Sprachbewusster (Fach-)Unterricht: Bedingungen zur Implementierung einer fachübergreifenden Aufgabe für die Schule. In Maurer, Christian (Hrsg.): *Implementation fachdidaktischer Innovation im Spiegel von Forschung und Praxis. Gesellschaft für Didaktik der Chemie und Physik Jahrestagung in Zürich 2016*. Regensburg: Universität Regensburg 2017, (Gesellschaft für Didaktik der Chemie und Physik 37), 32–42.
Schmellentin, Claudia; Dittmar, Miriam; Gilg, Eliane & Schneider, Hansjakob (2017): Sprachliche Anforderungen in Biologielehrmitteln. In Ahrenholz, Bernt; Hövelbrinks, Britta & Schmellentin, Claudia (Hrsg.): *Fachunterricht und Sprache in schulischen Lehr-/Lernprozessen*. Tübingen: Narr, 73–91.
Schrader, Viola (2013): *Geschichte als narrative Konstruktion – Eine funktional-linguistische Analyse von Darstellungstexten in Geschichtsschulbüchern*. Münster: LIT.
Schulz von Thun, Friedemann; Göbel, Gerhild & Tausch, Reinhard (1973): Verbesserung der Verständlichkeit von Schulbuchtexten und Auswirkungen auf das Verständnis und Behalten verschiedener Schülergruppen. *Psychologie in Erziehung und Unterricht* 20, 223–234.
Shanahan, Cynthia; Shanahan, Timothy & Misschia, Cynthia (2011): Analysis of expert readers in three disciplines: History, mathematics, and chemistry. *Journal of Literacy Research* 43/4, 393–429.
Snow, Catherine E. (2010): Academic Language and the Challenge of Reading for Learning About Science. *Science* 328/5977, 450–452. http://www.sciencemag.org/cgi/doi/10.1126/science.1182597 *(15.10.2016)*.
Starauschek, Erich (2003): Ergebnisse einer Schülerbefragung über Physikschulbücher. *Zeitschrift für Didaktik der Naturwissenschaften 9*, 135–146.
Wellenreuther, Martin (2008): *Lehren und Lernen – aber wie? Empirisch-experimentelle Forschungen zum Lehren und Lernen im Unterricht*. Baltmannsweiler: Schneider Hohengehren.

Cordula Meißner, Franziska Wallner
Allgemein-wissenschaftssprachlicher Wortschatz in der Sekundarstufe I?

Zu Vagheit, Polysemie und pragmatischer Differenziertheit von Verben in Schulbuchtexten

Der vorliegende Beitrag geht der Frage nach, inwieweit die in der Wissenschaftssprachforschung gewonnenen Erkenntnisse zum allgemein-wissenschaftssprachlichen Wortschatz auch zur Beschreibung der in der Schule geforderten sprachlichen Kompetenzen einen Beitrag leisten können. Hierzu werden zunächst das Konzept des allgemein-wissenschaftssprachlichen Wortschatzes und vorliegende Ansätze zu seiner Ermittlung vorgestellt. Im Anschluss daran wird auf Ergebnisse von Studien eingegangen, die belegen, dass ein Zusammenhang zwischen der Kenntnis der unter diesem Konzept gefassten Ausdrucksmittel und den schulischen Leistungen hergestellt werden kann. Daran anknüpfend wird im Rahmen einer explorativen Analyse das Vorkommen bzw. Funktionsspektrum ausgewählter allgemein-wissenschaftssprachlicher Verben in Schulbuchtexten verschiedener Fächer untersucht. Die Schulbuchtexte entstammen der Sekundarstufe I und damit der Schulstufe, ab der das fachliche Lernen in umfassender Weise an (schrift-)sprachliche Fähigkeiten gebunden ist. Fokussiert wird die inhaltliche Flexibilität als eine aus der Wissenschaftssprachforschung bekannte Besonderheit allgemein-wissenschaftssprachlicher Lexik. Die Ergebnisse zeigen, dass die damit verbundenen und für diesen Wortschatz als besonders schwierig geltenden Eigenschaften auch in Schulbuchtexten der Sekundarstufe I zu beobachten sind.

1 Allgemein-wissenschaftssprachlicher Wortschatz

1.1 Zum Konzept des allgemein-wissenschaftssprachlichen Wortschatzes

Unter dem Begriff des allgemein-wissenschaftssprachlichen Wortschatzes werden der Gemeinsprache nahe scheinende, nicht-terminologische, disziplinenübergreifend gebrauchte sprachliche Mittel gefasst. Sie stellen die eigentlichen Zusammenhänge zwischen den fachterminologisch ausgedrückten Sachverhalten her und gestalten diese aus, wie etwa die Formen des Voraussetzens, des Begründens, des Vergleichens usw. Diese sprachlichen Mittel gerieten vor dem Hintergrund studienbezogener Sprachvermittlung in den Fokus und wurden von Schepping (1976) erstmals unter der Bezeichnung der *allgemeinen Wissenschaftssprache* zusammengefasst. Für Novizen des Wissenschaftsbetriebs stellen sie eine besondere Herausforderung dar: Während die Terminologie Gegenstand der Fachausbildung ist, wird vorausgesetzt, dass Studierende diese sprachlichen Mittel von vornherein beherrschen. Schon Schepping fordert daher eine besondere Berücksichtigung dieser Lexik im Rahmen des studienbezogenen Sprachunterrichts.

Ehlich (1993, 1999) betrachtet den von Schepping umrissenen Sprachbereich unter dem Begriff der *alltäglichen Wissenschaftssprache* und fokussiert damit insbesondere die Nähe dieser in der Wissenschaft gebrauchten sprachlichen Mittel zur Gemeinsprache. Zentral ist hierbei die durch die Polysemie bzw. Vagheit dieser Ausdrücke ermöglichte inhaltliche Flexibilität in verschiedenen fachlichen und textuellen Kontexten. Anders als Termini verfügen die Ausdrucksmittel der alltäglichen Wissenschaftssprache über eine Unschärfe, durch die sie aber gerade ihre vielseitige Verwendbarkeit gewinnen und eine größere Funktionalität im fachübergreifenden Gebrauch erreichen (vgl. Ehlich 2007: 104f.).

Die für die Leistungsfähigkeit der Wissenschaftssprache wesentliche vielseitige Verwendbarkeit der allgemein-wissenschaftssprachlichen Mittel zeigt sich darin, dass diese Bestandteil konventionalisierter Ausdrucksroutinen sind, mit denen unterschiedliche wissenschaftssprachliche Handlungen realisiert werden. Diese Verknüpftheit von musterhaft gebrauchten Ausdrucksmitteln mit der Realisierung bestimmter Handlungen nimmt das Konzept der *Textprozeduren* in den Blick (vgl. Feilke 2014). Für Novizen des Wissenschaftsbetriebs – seien es Lernende mit Deutsch als Erst-, Zweit- oder Fremdsprache – ist damit eine sehr komplexe Lernaufgabe verbunden, gilt es für sie doch einerseits, Konzepte eines (textsortenspezifischen) wissenschaftssprachlichen Handelns aufzubauen und andererseits sich ein Repertoire an Ausdrucksroutinen zur Umsetzung einzelner Handlungen anzueignen.

1.2 Zur Ermittlung des allgemein-wissenschaftssprachlichen Wortschatzes

Eine systematische Erforschung und Beschreibung der allgemein-wissenschaftssprachlichen Ausdrucksmittel bildet eine wesentliche Voraussetzung dafür, Lernende bei der Bewältigung dieser Lernaufgabe adäquat zu unterstützen. Neben

Arbeiten, die sich auf die Analyse einzelner Handlungstypen oder sprachlicher Mittel konzentrieren (vgl. u. a. Graefen 1999, Fandrych 2006, Guckelsberger 2005, Thielmann 2009, Meißner 2014, Wallner 2014), sind hierbei v. a. Untersuchungen notwendig, die es sich zur Aufgabe machen, den Wortschatzbereich als Ganzen zu erfassen.

Den ersten Versuch einer systematischen Erfassung der allgemeinen Wissenschaftssprache bilden für das Deutsche die Wortschatzsammlungen von Erk (1972 u. a.). Sie basieren auf einem Korpus von Texten aus 34 Fachdisziplinen, welches pro Fach jeweils drei Texte verschiedener Textsorten enthält (Lehrbuchtexte, fachwissenschaftliche Zeitschriftenartikel und populärwissenschaftliche Zeitschriftenartikel) und insgesamt 250.000 Token umfasst. Alle Wörter, die mindestens 10-mal vorkamen, fanden Eingang in Erks Sammlung. Die für die allgemeine Wissenschaftssprache kennzeichnende disziplinenübergreifende Verwendung war dabei kein Selektionskriterium, es werden aber Angaben zur Verbreitung der Lexeme in einzelnen Texten gemacht. Die für ihre Zeit fortschrittlichen Arbeiten von Erk erscheinen jedoch aus aktueller korpusmethodologischer Perspektive hinsichtlich verschiedener Aspekte problematisch (so u. a. bzgl. des Alters der Daten – die Basis bilden Texte aus den 1950er und 1960er Jahren (Erk 1972: 31–33) –, des vergleichsweise geringen Umfangs der Datengrundlage bei heterogener Zusammensetzung sowie der Mischung von i. e. S. wissenschaftlichen und didaktisierenden bzw. popularisierenden Textsorten). Es wäre daher eine Anschlussforschung wünschenswert, die eine aktuelle, empirisch abgesicherte Grundlage für die Erforschung und Vermittlung des allgemein-wissenschaftssprachlichen Wortschatzes bereitstellt.

Für die Geisteswissenschaften als einer in besonderem Maße auf Sprache angewiesenen Disziplinengruppe wurde mit dem Projekt GeSIG (Das gemeinsame sprachliche Inventar der Geisteswissenschaften)[1] ein solcher Wortschatzbereich erschlossen. Die Datengrundlage für die Ermittlung des GeSIG-Inventars bildet ein Korpus geisteswissenschaftlicher Dissertationen. Diese Textsorte wurde gewählt, da sie das gesamte Spektrum des in Textform niedergelegten wissenschaftlichen Erkenntnisprozesses in besonderer Breite und Vollständigkeit abbildet. Das Korpus setzt sich in Anlehnung an die Einteilung der geisteswissenschaftlichen Fachbereiche des Statistischen Bundesamtes (2013) aus 19 fachspezifischen Teilkorpora mit jeweils mindestens 1 Mio. Token zusammen. Die Texte wurden nach Wortarten annotiert und lemmatisiert. Um das Konzept des allgemein-wissenschaftssprachlichen Wortschatzes zu operationalisieren, wurde das Charakteristikum seiner disziplinenübergreifenden Verwendung herangezo-

---

[1] Vgl. http://research.uni-leipzig.de/gesig/ *(07.06.2018)*.

gen. Die sprachlichen Mittel der allgemeinen Wissenschaftssprache der Geisteswissenschaften wurden demnach empirisch bestimmt als Schnittmenge der Wortschätze einzelner geisteswissenschaftlicher Fachbereiche. Hierzu wurde auf Grundlage der Teilkorpora für jeden Fachbereich eine Lemmaliste generiert und eine Schnittmenge aus diesen Fachbereichslemmalisten gebildet. Das darin enthaltene Inventar umfasst damit jene sprachlichen Mittel, die der Form nach in geisteswissenschaftlichen Disziplinen übergreifend gebraucht werden (vgl. Meißner & Wallner erscheint 2018).

Das Konzept des allgemein-wissenschaftssprachlichen Wortschatzes wurde im Rahmen der Wissenschaftssprachforschung entwickelt und ist in seiner Relevanz für die studienbezogene Sprachausbildung unstrittig. Es stellt sich nun die Frage, ob und inwieweit diese Lexik auch im Hinblick auf die sprachlichen Anforderungen im schulischen Kontext eine Rolle spielt.

2 Allgemein-wissenschaftssprachlicher Wortschatz und schulischer Bildungserfolg

Den Zusammenhang zwischen der Kenntnis von allgemein-wissenschaftssprachlichem Wortschatz und schulischem Bildungserfolg haben Townsend et al. (2012) anhand von Schülerinnen und Schülern der 7. und 8. Jahrgangsstufe amerikanischer Mittelschulen untersucht. Es wurde dabei das allgemeine Wortschatzwissen der Probanden sowie ihre Kenntnis des allgemein-wissenschaftssprachlichen Wortschatzes geprüft. Für Letzteres bildete die aus der Wissenschaftssprachforschung zum Englischen stammende *Academic Word List* (Coxhead 2000) die Grundlage. Diese Liste basiert auf einem Korpus wissenschaftlicher Zeitschriftenartikel und universitärer Lehrbuchtexte. Ihr liegt ein dem unter 1.1 beschriebenen Konzept vergleichbares Konstrukt von fachübergreifend gebrauchter Lexik zugrunde.[2] Neben dem Wortschatzwissen wurden die schulischen Kompetenzen der Probanden getestet (Mathematik, Geschichte, Sozialkunde, Leseverstehen). Die Ergebnisse zeigen, dass die Kenntnis des allgemein-wissenschaftssprachlichen Wortschatzes einen eigenständigen Einflussfaktor für das Abschneiden in schulischen Kompetenztests – unabhängig vom allgemeinen Wortschatzwissen – darstellt (Townsend et al. 2012: 511f.). Auch in der Forschung zum Deutschen

---

2 Ein Unterschied besteht jedoch darin, dass Coxhead einen als bekannt vorausgesetzten Grundwortschatz der 2000 häufigsten Wortfamilien des Englischen aus dem ermittelten fachübergreifenden Wortschatz ausklammert (vgl. Coxhead 2000).

wurde ein Zusammenhang zwischen der Kenntnis der unter 1.1 beschriebenen Lexik mit dem schulischen Bildungserfolg belegt (vgl. z. B. Haag et al. 2013). Dieses Wortschatzkonzept wird hier (unter Bezug auf die *alltägliche Wissenschaftssprache*, Ehlich (1999)) zur linguistischen Beschreibung des für den schulischen Kontext unter dem Begriff *Bildungssprache* gefassten Registers herangezogen (vgl. für einen Überblick Berendes et al. 2013). Allerdings wird die Auswahl der hierzu gezählten Ausdrucksmittel unterschiedlich operationalisiert (vgl. z. B. Uesseler, Runge & Redder 2013 oder Haag et al. 2013).

Die Beherrschung der unter dem Konzept des allgemein-wissenschaftssprachlichen Wortschatzes gefassten Ausdrucksmittel stellt somit einen für die Schulkarriere wichtigen Teil der Sprachkompetenz dar. Dies betrifft sowohl rezeptiv den Erwerb von Wissen als auch produktiv den Nachweis von Wissen (Berendes et al. 2013: 25). Diese Sprachfunktionen gewinnen ab der Sekundarstufe I in zunehmender fachlicher Breite eine ausschlaggebende Bedeutung für den schulischen Erfolg. Der Erwerb dieser Ausdrucksmittel muss folglich durch Lehrkräfte explizit gefördert werden. Da dieser Wortschatz im Gegensatz zur Fachterminologie eher unauffällig ist, wird er kaum als relevanter Vermittlungsgegenstand wahrgenommen, was eine besondere Sensibilisierung der Lehrkräfte erforderlich macht (vgl. etwa Ahrenholz 2013, Townsend et al. 2012). Allerdings sind Vorkommen und Funktionsumfang allgemein-wissenschaftssprachlicher Lexik im schulischen Kontext bislang nur in Ansätzen empirisch erforscht (vgl. hierzu etwa die Arbeiten von Haag et al. 2013, Ahrenholz, Hövelbrinks & Neumann 2017).[3] Der vorliegende Beitrag möchte an dieser Stelle anknüpfen und exemplarisch den Gebrauch ausgewählter allgemein-wissenschaftssprachlicher Verben in Schulbuchtexten der Sekundarstufe I betrachten.

3 Allgemein-wissenschaftssprachliche Lexik in Schulbuchtexten der Sekundarstufe I

Für die Analyse des Gebrauchs allgemein-wissenschaftssprachlicher Lexik eignen sich Verben besonders, da sie als strukturelles Zentrum des Satzes den Angelpunkt für Produktions- und Rezeptionsprozesse bilden. Anhand der mit

---

3 Verwiesen sei hier auf die aktuellen Forschungsarbeiten des Projektverbundes *Fachunterricht und Deutsch als Zweitsprache* (Fach-DaZ), in dessen Rahmen u. a. ein digitales Schulbuchkorpus aufgebaut und analysiert wird (vgl. Ahrenholz 2013 sowie für erste Ergebnisse Ahrenholz, Hövelbrinks & Neumann 2017).

ihnen verbundenen Verwendungsmuster lässt sich auf den Funktionsumfang schließen.

Ausgehend von dieser zentralen Stellung des Verbs wird in den folgenden Analysen das funktionale Spektrum ausgewählter allgemein-wissenschaftssprachlicher Verben in Schulbuchtexten der Sekundarstufe I beschrieben. Den Hintergrund bilden Erkenntnisse aus der Wissenschaftssprachforschung im Hinblick auf die inhaltliche Flexibilität als ein wesentliches Charakteristikum dieser Lexik (vgl. etwa Ehlich 2007: 104f.). Hierzu zählen insbesondere die folgenden Aspekte:
- die Vagheit als Eigenschaft von Ausdrücken, deren Bedeutung je nach Kontext verschieden spezifiziert werden kann (vgl. u. a. Ehlich 2007: 104f., Meißner 2014: 260f.),
- die Polysemie als Eigenschaft von Ausdrücken, die über mehrere semantisch verbundene Bedeutungen verfügen (vgl. etwa Meyer 1996, Fandrych 2001, Meißner 2014: 248ff.) und
- die pragmatische Differenziertheit als Eigenschaft von Ausdrucksmitteln, die in funktional verschiedenen Verwendungsweisen zur Realisierung unterschiedlicher Handlungen beitragen (vgl. Meißner & Wallner 2016, Wallner 2017).

Aus der Wissenschaftssprachforschung ist bekannt, dass diese im Sprachgebrauch in der Regel in einem Wechselverhältnis zueinander stehenden Aspekte für Lernende eine besondere Herausforderung darstellen.

Für die folgenden Analysen wurden die Verben *bilden, darstellen, entstehen* und *sprechen* ausgewählt. Sie gehören zu den häufigsten Verben des GeSIG-Inventars und finden sich ebenfalls bei Erk (1972). Explorative Analysen zu ihrer Verwendung in wissenschaftlichen Texten deuten zudem auf ein breites Funktionenspektrum hin (vgl. Meißner & Wallner 2018). Sie können somit als gute Repräsentanten allgemein-wissenschaftssprachlicher Verben angesehen werden. Ihre Vorkommen in Schulbuchtexten sollen nun exemplarisch anhand einer Auswahl von Schulbüchern der Klassenstufe 5/6 aus den Fächern Biologie, Physik, Geografie, Mathematik, Deutsch und Geschichte betrachtet werden. Der Fokus wird dabei auf eine qualitative Analyse der Verwendungsweisen gelegt. Eine systematische quantitative Bestimmung von Verbreitung und Frequenz allgemein-wissenschaftssprachlicher Verben in Schulbuchtexten bleibt späteren Untersuchungen vorbehalten.

3.1 Vagheit allgemein-wissenschaftssprachlicher Verben in Schulbuchtexten: Das Beispiel *entstehen*

Die Vorkommen des Verbs *entstehen* in den Schulbuchtexten verschiedener Fächer zeigen, wie eine Bedeutung durch den Kontext unterschiedlich spezifiziert werden kann. Die Bedeutung des Verbs lässt sich mit ‚beginnen zu sein' umschreiben. Die folgenden Belege für *entstehen* veranschaulichen etwa eine Spezifizierung dieser Bedeutung i. S. v. ‚wachsen' im Fach Biologie (vgl. (1)), im Sinne des Ergebnisses eines physikalisch-chemischen Prozesses im Fach Physik (vgl. (2)) oder im Sinne einer Einordnung in geschichtliche Entwicklungsbedingungen im Fach Deutsch (vgl. (3)). Beleg (4) zeigt zudem ein Vorkommen in einer philosophischen Frage, in dem die (fachliche) Spezifizierungsbedürftigkeit von *entstehen* selbst aufscheint.

(1) Aus der befruchteten Eizelle entwickelt sich ein Samen. Um den Samen herum **entsteht** der harte Stein und das Fruchtfleisch. (*Prisma Biologie* 1: 105)

(2) Kühlt sich flüssige Lava nach einem Vulkanausbruch ab, so **entstehen** im Gestein eisenhaltige Kristalle, die beim Abkühlen durch das jeweils vorhandene Erdmagnetfeld magnetisiert werden. (*Impulse Physik*: 20)

(3) Sagen [...] **entstanden** in Zeiten, in denen sich die Menschen vieles noch nicht wissenschaftlich erklären konnten und stattdessen an die Macht von Naturgeistern und Dämonen glaubten. (*Deutsch kompetent*: 265)

(4) Philosophen in Athen [...] Den Philosophen ging es jetzt nicht mehr nur um die Erklärung der Natur, sondern um den Menschen und sein Handeln. Wie verhält sich der Mensch im Leben richtig? [...] Wie **entsteht** Wissen? (*Geschichte und Geschehen*: 106)

Die Beispiele belegen somit, dass bestimmte allgemein-wissenschaftssprachliche Verben wie in wissenschaftlichen Texten, so auch in Schulbuchtexten in einer Weise eingesetzt werden, bei der erst der jeweilige fachliche Kontext die eigentliche Bedeutung spezifiziert. Diese für das vollständige Erschließen der Wissensinhalte notwendige kontextuelle Bedeutungsspezifikation zu leisten, ist eine Verstehensanforderung, welcher die Schülerinnen und Schüler gerecht werden müssen.

3.2 Polysemie allgemein-wissenschaftssprachlicher Verben in Schulbuchtexten: Die Beispiele *darstellen* und *bilden*

Die Verben *darstellen* und *bilden* kommen in Schulbuchtexten in verschiedenen Bedeutungen vor. Das Beispiel *darstellen* zeigt dabei eine Reihe von Bedeutungsvarianten, die von konkreten Handlungen der Wiedergabe (schauspielerisch, visuell-bildnerisch, sprachlich) über modellbezogene Repräsentationsbeziehungen bis hin zur abstrakten Identitätsbedeutung reichen. All diese Bedeutungsvarianten sind bereits in Schulbuchtexten der 5. Klassenstufe anzutreffen. So zeigt Beleg (5) in einer Aufgabe zu Rollenspielen im Fach Geschichte die Bedeutung ‚etwas schauspielerisch darstellen'. Beleg (6) veranschaulicht die Bedeutung der bildnerischen Wiedergabe im Kontext der Beschreibung einer Abbildung. Die Vorkommen (7) bis (9) zeigen *darstellen* in der Bedeutung einer sprachlichen (Wissens-)Wiedergabe. Bei (7) und (8) handelt es sich um zwei Verwendungen in Aufgabenstellungen, wobei mit dem erwarteten Textprodukt unterschiedliche Anforderungen verknüpft sein dürften. Die Aufgabe in (7) könnte mit einer beschrifteten Skizze gelöst werden, (8) erfordert eine Inhaltsangabe zu einer historischen Quelle in Textform. Je nach Fachkonvention ist also mit *darstellen* eine andere Handlungsaufforderung verbunden (vgl. auch Feilke 2013: 12). Dieser Aspekt bleibt auch bei der in (9) aufgeführten Metaerklärung implizit, die einer gesonderten Rubrik eines Geografiebuches entstammt, in der Operatoren erläutert werden.

(5) Einen recht großen Freiraum habt ihr, wenn ihr Personen oder Situationen der Vergangenheit ohne Anbindung an ein konkretes Ereignis **darstellt**. (*Geschichte und Geschehen:* 92)

(6) **Dargestellt** sind der Hausherr und seine Frau. (*Geschichte und Geschehen:* 103)

(7) **Stelle** den Aufbau einer Blütenpflanze **dar**. (*Prisma Biologie* 1: 101)

(8) **Stelle** in deinen Worten **dar**, was Appian über das „Staatsland" berichtet (Q3). (*Zeitreise* 1: 115)

(9) Erklären bedeutet, etwas so **darzustellen**, dass die Ursachen oder Zusammenhänge verständlich werden. (*Terra:* 23)

Neben diesen Bedeutungsvarianten, die auf eine Wiedergabe abzielen, finden sich Vorkommen von *darstellen*, in denen es um eine modellbezogene Repräsentationsbeziehung geht und die mit ‚steht für' bzw. ‚ist zu interpretieren als' paraphrasiert werden können. So soll in (10) eine Batterie eine Wandsteckdose repräsentieren, in (11) sind durchgehende Linien auf einer Karte als Grenzen des Römischen Reiches zu interpretieren.

(10) Zeichne einen Schaltplan für eine elektrische Schaltung, die so funktioniert wie der Betrieb an der Mehrfachsteckdose. In deiner Schaltung soll eine Batterie die Wandsteckdose **darstellen**. (*Impuls Physik:* 39)

(11) Durchgehende Linien **stellen** auf dieser Karte die Grenzen des Römischen Reiches zum Zeitpunkt seiner größten Ausdehnung **dar**. (*Zeitreise* 1: 111)

Schließlich enthalten die betrachteten Schulbuchtexte auch eine gänzlich abstrakte Bedeutung von *darstellen* im Sinne einer Identitätsbeziehung (‚sein'), wie sie (12) im Kontext einer Darstellung physikalischer Zusammenhänge zeigt.

(12) Die Glühlampe leuchtet hell, wenn der Eisendraht eine gute Leitung ist, und weniger hell, wenn der Draht ein großes Hindernis **darstellt**. (*Impulse Physik:* 34)

Der Zusammenhang zwischen den Bedeutungsvarianten von *darstellen* ist im Sinne einer Repräsentationsbeziehung (bildnerisch – sprachlich – abstrakt) relativ deutlich erkennbar. Weniger stark ist dies bei dem Verb *bilden* der Fall. Dieses zeigt sich in den Schulbuchtexten in zwei konkreten Lesarten i. S. v. ‚etw. herstellen', sowie ‚etw. formen'. So wird mit *bilden* in (13) eine biologische Stoffproduktion versprachlicht. In (14) handelt es sich um eine Aufgabe, in der Schüler mit *bilden* dazu aufgefordert werden, Verbzweitsätze zu formulieren.

(13) Wenn es zum Beispiel an Magnesium fehlt, wird weniger oder gar kein Chlorophyll **gebildet**. (*Prisma Wahlpflicht 1 Naturwissenschaften aktiv:* 9)

(14) **Bildet** aus den folgenden Aufforderungen Verbzweitsätze und beschreibt sie mit Hilfe des Feldermodells. (*Deutsch kompetent:* 195)

Daneben findet sich *bilden* in abstrakter Bedeutung i. S. v. ‚sein'. Der prozedurale Bedeutungsaspekt der konkreten Lesart tritt hier in den Hintergrund (vgl. (15)).

(15) Zähle Meere, Flüsse und Wüsten auf, die eine natürliche Grenze **bildeten**. (*Zeitreise 1:* 111)

Mitunter wird mit dieser Bedeutungsvariante auch eine Zuordnung zu einem übergeordneten Fachbegriff zum Ausdruck gebracht, wie dies in (16) der Fall ist.

(16) Alle Metalle besitzen ähnliche Stoffeigenschaften. Sie **bilden** deshalb eine Stoffgruppe. (*Prisma Wahlpflicht 1 Naturwissenschaften aktiv:* 62)

Bei Beleg (17) handelt es sich um eine aus Hinweisen zu Lesetechniken stammende Produktionsvorlage, die illustriert, wie sich Überschriften für Textabschnitte formulieren lassen. Dies zeigt, dass die abstrakte Bedeutungsvariante von *bilden* auch produktiv von den Schülerinnen und Schülern erwartet wird.

(17) Nach den Nagetieren **bilden** die Fledermäuse die größte Gruppe unter den Säugetieren. (*Deutsch kompetent:* 242)

Das Verb *bilden* findet sich darüber hinaus im Rahmen fachspezifischer Kollokationen, wie sie (18) und (19) zeigen:

(18) Zur Pflanzenfamilie der Leguminosen gehören z. B. Erbsen, Bohnen und Lupinen. Leguminosen **bilden Symbiosen** mit Knöllchen-Bakterien.
(*Prisma Wahlpflicht 1 Naturwissenschaften aktiv:* 44)
(19) Würfelt 30-mal mit zwei Würfeln und **bildet** jedes Mal die **Summe** der Augenzahlen. (*Schnittpunkt Mathematik:* 11)

Das Verb *bilden* geht hier mit den Termini *Symbiose* bzw. *Summe* eine feste Verbindung ein und ist nicht beliebig durch andere Verben ersetzbar. Die Bedeutung des Kollokators *bilden* wird dabei durch die als Basis fungierenden Nomen *Symbiose* bzw. *Summe* determiniert.[4] Das Verständnis setzt eine Kenntnis der mit diesen Termini bezeichneten Inhalte voraus. Im Hinblick auf die Produktion muss Schülerinnen und Schülern bewusst gemacht werden, dass einige Termini, wie hier *Symbiose* und *Summe*, eine eingeschränkte Kombinationsfähigkeit aufweisen. *Symbiose bilden* und *Summe bilden* müssen daher als Einheit gelernt werden.

Wie die Beispiele dieses Abschnittes zeigen, wird in Schulbuchtexten von Lernenden die Kenntnis vielfältiger Bedeutungsvarianten allgemein-wissenschaftssprachlicher Ausdrucksmittel gefordert. Ein Ausbau der sprachlichen Kompetenz in der Schule muss also einen Ausbau der spezifischen Bedeutungen und Verwendungsweisen der Lexik dieses Wortschatzbereiches umfassen.

3.3 Pragmatische Differenziertheit allgemein-wissenschaftssprachlicher Verben in Schulbuchtexten: Das Beispiel *sprechen*

In den letzten Abschnitten wurde die Flexibilität allgemein-wissenschaftssprachlicher Verben v. a. mit Blick auf die lexikalische Bedeutung beschrieben. In der Sprachverwendung sind die Vorkommen der Verben jedoch auch immer mit einem bestimmten Handlungskontext verknüpft. Anhand von konventionalisierten Ausdrucksroutinen lassen sich Rückschlüsse auf den Handlungszusammenhang ziehen. Ein einzelnes Verb kann dabei als Bestandteil verschiedener Ausdruckroutinen an der Realisierung unterschiedlicher Handlungen beteiligt sein. Das Beispiel des Verbs *sprechen* zeigt, dass dies so auch auf Schulbuchtexte zutrifft.

Eine fachübergreifend verbreitete Verwendung des Verbs *sprechen* stellt eine im Rahmen von Definitionen anzutreffende Formulierung dar, wie sie in (20) und (21) zu sehen ist. Es handelt sich hierbei um ein (auch in wissenschaftlichen

---

4 Vgl. zum Begriff *Kollokation* Wallner (2014).

Texten gebräuchliches) Verwendungsmuster, das sich durch die Merkmale Präpositionalobjekt mit *von*, Subjektbesetzung durch *man* sowie ein konditionales Gefüge auszeichnet.

(20) Verschwindet die Sonne ganz hinter der Mondscheibe, **spricht man von** einer totalen Sonnenfinsternis, und es wird merklich dunkler und kühler. (*Terra:* 33)

(21) **Wenn** Dinge oder Erscheinungen wie Lebewesen dargestellt werden, **spricht man von** einer Personifikation. (*Deutsch kompetent:* 271)

Daneben tritt *sprechen* in einem anderen Ausdrucksmuster auch in argumentativen Kontexten auf. Mit *sprechen für/gegen* werden hier Gründe gegeneinander abgewogen. Beleg (22) zeigt eine Verwendung dieser Funktion in einer Aufgabenstellung.

(22) Ein Freund von Skytos arbeitet in einem Bergwerk. Er schlägt vor, gemeinsam wegzulaufen. Skytos schwankt, ob er mitmachen soll oder nicht. Arbeite heraus, welche Gründe **dafür** und welche **dagegen sprechen**. (*Geschichte und Geschehen:* 103)

Schließlich ist in Schulbuchtexten auch eine weitere aus dem wissenschaftlichen Verwendungskontext bekannte Form anzutreffen, in der mit Hilfe des Verbs *sprechen* eine Rechtfertigung des Behaupteten zum Ausdruck gebracht wird. Zur Veranschaulichung seien hier ein Beleg aus einer ägyptologischen Dissertation des GeSIG-Korpus (23) und ein Beleg aus einem Geschichtslehrbuch (24) gegenübergestellt. In beiden Vorkommen findet das Muster *von ... sprechen können* Verwendung. In der Dissertation wird hiermit (nach umfangreicher Begründung) eine Behauptung als gerechtfertigt erklärt, im Schulbuch wird im Rahmen einer Aufgabenstellung eine die Behauptung prüfende Stellungnahme – und damit eine mit (23) vergleichbare Handlung – gefordert.

(23) **Deswegen kann davon gesprochen werden, dass** das Gebet und der Hymnus zu einer gemeinsamen Gattung, und mit den Huldigungen zu einer gemeinsamen Sprechsitte, dem Hymnischen, gehören. (*ÄGY_2*)

(24) Erläutere, in welchen Bereichen wir heute noch **von** „griechischen Wurzeln Europas" **sprechen können**. (*Geschichte und Geschehen:* 115)

Wie die Belege zeigen, eröffnet *sprechen* als hochfrequentes und aus dem alltäglichen Sprachgebrauch vertrautes Verb mit seinen Ausdrucksmustern Möglichkeiten, komplexe bildungs- bzw. wissenschaftssprachliche Handlungen zu versprachlichen. Das in den Schulbuchtexten vorgefundene Spektrum reicht hier vom Definieren (vgl. (20)–(21)) über das Abwägen von Gründen (22) bis hin zum Rechtfertigen von Behauptungen (24).

4 Zusammenfassung und Ausblick

Der Beitrag ist der Frage nachgegangen, ob im Rahmen der Wissenschaftssprachforschung erhobene allgemein-wissenschaftssprachliche Verben auch in Schulbuchtexten vorkommen und welches Bedeutungs- bzw. Funktionenspektrum sie dort aufweisen. Der Fokus richtete sich dabei auf die seitens der Wissenschaftssprachforschung gewonnenen Erkenntnisse im Hinblick auf die inhaltliche Flexibilität als ein mit besonderen Lernanforderungen verbundenes Charakteristikum dieses Wortschatzbereiches. Am Beispiel des Verbs *entstehen* wurde gezeigt, dass bestimmte allgemein-wissenschaftssprachliche Verben in Schulbuchtexten ähnlich wie in wissenschaftlichen Texten erst durch den jeweiligen fachlichen Kontext hinsichtlich der eigentlichen Bedeutung spezifiziert werden. Für Schülerinnen und Schüler ist damit die Anforderung verbunden, diese Bedeutungsspezifikation eigenständig zu leisten. Anhand von *darstellen* und *bilden* wurde gezeigt, dass allgemein-wissenschaftssprachliche Verben bereits in Schulbuchtexten ein vielfältiges Bedeutungsspektrum sowie spezifische Gebrauchskonventionen aufweisen können. Für einen erfolgreichen Umgang mit den Texten ist daher die Kenntnis des für den schulischen Kontext relevanten Bedeutungs- und Gebrauchsumfangs erforderlich. Das Beispiel *sprechen* schließlich hat gezeigt, dass mit einem aus dem alltäglichen Sprachgebrauch vertrauten Verb komplexe bildungssprachliche Handlungen realisiert werden können. Zu deren Versprachlichung wird *sprechen* als Bestandteil konventionalisierter Ausdrucksroutinen gebraucht. Für Schülerinnen und Schüler stellt sich in diesem Zusammenhang die Aufgabe, sich ein Repertoire solcher Ausdrucksroutinen zur Umsetzung einzelner Handlungen anzueignen.

Die Ergebnisse machen damit deutlich, dass sich die für den allgemein-wissenschaftssprachlichen Wortschatz als besonders schwierig geltenden Eigenschaften auch für die in Schulbuchtexten verwendete Lexik nachweisen lassen. Es konnten hier jedoch nur punktuelle Einblicke gegeben werden. Eine umfassende systematische Analyse zu Vorkommen und Funktionsumfang dieser Lexik im schulischen Kontext auf Basis einer repräsentativen, sowohl die schriftliche als auch die mündliche Modalität berücksichtigenden Datengrundlage steht noch aus. Dies wäre jedoch die Voraussetzung dafür, die sprachlichen Anforderungen in der Sekundarstufe I zu bestimmen und bedarfsgerechte Fördermöglichkeiten gerade für diese Schulstufe zu entwickeln, in der der sprachlich vermittelte Wissenserwerb und -nachweis eine entscheidende Rolle einnimmt. Zudem deuten die Ergebnisse des Beitrags die Vielfalt der Phänomenbereiche an, die allein mit Blick auf das Bedeutungs- und Gebrauchsspektrum von Verben in einem sprachsensiblen Fachunterricht berücksichtigt werden müssten. Die hier betrachtete inhaltliche Flexibilität als ein fachübergreifendes Charakteristikum allgemein-wissenschaftssprachlicher Lexik sollte daher auch im Deutschunterricht aufgegriffen werden. Wichtig ist hierbei, ein Bewusstsein für die konventionalisierten Ausdrucksroutinen zu schaffen, mit denen spezifische Handlungen versprachlicht werden.

5 Literatur

Ahrenholz, Bernt (2013): Sprache im Fachunterricht untersuchen. In: Röhner, Charlotte & Hövelbrinks, Britta (Hrsg.): *Fachbezogene Sprachförderung in Deutsch als Zweitsprache. Theoretische Konzepte und empirische Befunde zum Erwerb bildungssprachlicher Kompetenzen*. Weinheim: Beltz Juventa, 87–98.

Ahrenholz, Bernt; Hövelbrinks, Britta & Neumann, Jessica (2017): Verben und Verbhaltiges in Schulbuchtexten der Sekundarstufe 1 (Biologie und Geographie). In Ahrenholz, Bernt; Hövelbrinks, Britta & Schmellentin, Claudia (Hrsg.): *Fachunterricht und Sprache in schulischen Lehr-/Lernprozessen*. Tübingen: Narr, 15–26.

Berendes, Karin; Dragon, Nina; Weinert, Sabine; Heppt, Birgit & Stanat, Petra (2013): Hürde Bildungssprache? Eine Annäherung an das Konzept „Bildungssprache" unter Einbezug aktueller empirischer Forschungsergebnisse. In Redder, Angelika & Weinert, Sabine (Hrsg.): *Sprachförderung und Sprachdiagnostik: Interdisziplinäre Perspektiven*. Münster: Waxmann, 17–41.

Coxhead, Averil (2000). A new academic word list. *TESOL Quarterly 34/2*, 213–238.

Ehlich, Konrad (1993). Deutsch als fremde Wissenschaftssprache. *Jahrbuch Deutsch als Fremdsprache 19*, 13–42.

Ehlich, Konrad (1999): Alltägliche Wissenschaftssprache. *Info DaF 26/1*, 3–24.

Ehlich, Konrad (2007): Sprache und sprachliches Handeln, Band 1. Berlin: de Gruyter.

Erk, Heinrich (1972): Zur Lexik wissenschaftlicher Fachtexte: Verben, Frequenz und Verwendungsweise. München: Hueber (Schriften der Arbeitsstelle für wissenschaftliche Didaktik des Goethe-Instituts).

Fandrych, Christian (2001): ‚Dazu soll später noch mehr gesagt werden' Lexikalische Aspekte von Textkommentaren in englischen und deutschen wissenschaftlichen Artikeln. In Davies, Máire C.; Flood, John L. & Yeandle, David (eds.): *‚Proper Words in Proper Places' Studies in Lexicology and Lexicography in Honour of William Jervis Jones*. Stuttgart: Akademie-Verlag, 375–398.

Fandrych, Christian (2006): Bildhaftigkeit und Formelhaftigkeit in der allgemeinen Wissenschaftssprache als Herausforderung für Deutsch als Fremdsprache. In Ehlich, Konrad & Heller, Dorothee (Hrsg.): *Die Wissenschaft und ihre Sprachen*. Frankfurt/M.: Lang, 39–61.

Feilke, Helmuth (2013): Bildungssprachliche Kompetenzen – fördern und entwickeln. *Praxis Deutsch 233*, 4–13.

Feilke, Helmuth (2014): Argumente für eine Didaktik der Textprozeduren. In Bachmann, Thomas & Feilke, Helmuth (Hrsg.): *Werkzeuge des Schreibens. Beiträge zu einer Didaktik der Textprozeduren*. Stuttgart: Fillibach, 11–34.

Graefen, Gabriele (1999): Wie formuliert man wissenschaftlich?. *Materialien Deutsch als Fremdsprache 52*, 222–239.

Guckelsberger, Susanne (2005): *Mündliche Referate in universitären Lehrveranstaltungen. Diskursanalytische Untersuchungen im Hinblick auf eine wissenschaftsbezogene Qualifizierung von Studierenden.* München: Iudicium.

Haag, Nicole; Heppt, Birgit; Stanat, Petra; Kuhl, Poldi & Pant, Hans Anand (2013): Second language learners' performance in mathematics: Disentangling the effects of academic language features. *Learning and Instruction* 28, 24–34.

Meißner, Cordula (2014): *Figurative Verben in der allgemeinen Wissenschaftssprache des Deutschen. Eine Korpusstudie.* Tübingen: Stauffenburg.

Meißner, Cordula & Wallner, Franziska (erscheint 2018): *Das gemeinsame sprachliche Inventar der Geisteswissenschaften. Lexikalische Grundlagen für die wissenschaftspropädeutische Sprachvermittlung.* Berlin: Erich Schmidt.

Meißner, Cordula & Wallner, Franziska (2018): Zur Rolle des allgemein-wissenschaftssprachlichen Wortschatzes für die Wissenschaftspropädeutik im Übergangsbereich Sekundarstufe II – Hochschule. *Info-DaF* 45/4, 1–22.

Meißner, Cordula & Wallner, Franziska (2016): Persuasives Handeln im wissenschaftlichen Diskurs und seine lexikografische Darstellung: das Beispiel der Kollokation *Bild zeichnen*. *Studia Linguistica* 35, 235–252.

Meyer, Paul Georg (1996): Nicht fachgebundene Lexik in Wissenschaftstexten: Versuch einer Klassifikation und Einschätzung ihrer Funktionen. In Kalverkämper, Hartwig & Baumann, Klaus-Dieter (Hrsg.): *Fachliche Textsorten: Komponenten, Relationen, Strategien.* Tübingen: Narr, 175–192.

Schepping, Heinz (1976): Bemerkungen zur Didaktik der Fachsprache im Bereich des Deutschen als Fremdsprache. In Rall, Dieter; Schepping, Heinz & Schleyer, Walter (Hrsg.): *Didaktik der Fachsprache. Beiträge zu einer Arbeitstagung der RWTH Aachen vom 30.9. bis 4.10.1974.* Bonn-Bad Godesberg: DAAD, 13–34.

Statistisches Bundesamt (2013): *Bildung und Kultur. Studierende an Hochschule – Fächersystematik.* https://www.destatis.de/DE/Methoden/Klassifikationen/BildungKultur/StudentenPruefungsstatistik.pdf (16.10.2014).

Thielmann, Winfried (2009): *Deutsche und englische Wissenschaftssprache im Vergleich. Hinführen – Verknüpfen – Benennen.* Heidelberg: Synchron.

Townsend, Dianna; Filippini, Alexis; Collins, Penelope & Biancarosa, Gina (2012): Evidence for the importance of academic word knowledge for the academic achievement of diverse middle school students. *The Elementary School Journal* 112/3, 497–518.

Uesseler, Stella; Runge, Anna & Redder, Angelika (2013): „Bildungssprache" diagnostizieren. Entwicklung eines Instruments zur Erfassung von bildungssprachlichen Fähigkeiten bei Viert- und Fünftklässlern. In Redder, Angelika & Weinert, Sabine (Hrsg.): *Sprachförderung und Sprachdiagnostik: Interdisziplinäre Perspektiven.* Münster: Waxmann, 42–67.

Wallner, Franziska (2014): *Kollokationen in Wissenschaftssprachen. Zur lernerlexikographischen Relevanz ihrer wissenschaftssprachlichen Gebrauchsspezifika.* Tübingen: Stauffenburg.

Wallner, Franziska (2017): Diskursmarker funktional: Eine quantitativ-qualitative Beschreibung annotierter Diskursmarker im GeWiss-Korpus. In Fandrych, Christian; Meißner, Cordula & Wallner, Franziska (Hrsg.): *Gesprochene Wissenschaftssprache – digital. Verfahren zur Annotation und Analyse mündlicher Korpora.* Tübingen: Stauffenburg, 107–122.

Primärquellen

Impulse Physik Klasse 5/6 Niedersachsen, Schülerbuch. Stuttgart: Klett, 2015.
Deutsch kompetent 5 Baden-Württemberg, Schülerbuch. Stuttgart: Klett, 2016.
Geschichte und Geschehen 5/6 Baden-Württemberg, Schülerbuch. Stuttgart: Klett, 2015.
Terra Geografie 5/6 Gymnasium Baden-Württemberg, Schülerbuch. Stuttgart: Klett, 2016.
Prisma Biologie 1 Nordrhein-Westfalen, Schülerbuch, Klasse 5/6. Stuttgart: Klett, 2012.
Zeitreise 1, Nordrhein-Westfalen, Schülerbuch, Klasse 5/6. Stuttgart: Klett, 2011.
*Prisma Wahlpflicht 1 Naturwissenschaften aktiv, Differenzierende Ausgabe Klasse 6–10.
  Schülerbuch*. Stuttgart: Klett, 2016.
Schnittpunkt Mathematik, Differenzierende Ausgabe 5, Schülerbuch, Nordrhein-Westfalen.
  Stuttgart: Klett, 2013.

Theresa Birnbaum
Vom Fortbildungsinhalt zum Unterrichtshandeln – Kooperative Planung von Praxiserkundungsprojekten zum sprachsensiblen Fachunterricht

1 Zur Notwendigkeit von Sprachsensibilisierung in der Lehrerfortbildung[1]

Die Feststellung, dass ein jeglicher Fachunterricht ohne Sprache als Vermittlungsmittel und Erkenntnisgegenstand nicht auskommt und schulischer Erfolg in hohem Maße mit den Sprachkompetenzen der SchülerInnen in Zusammenhang steht, ist nicht neu (vgl. Überblick in Ahrenholz 2017). Internationale schulische Vergleichsstudien (z. B. PISA[2] und DESI) liefern seit gut 15 Jahren empirische Evidenzen dafür, dass SchülerInnen, denen die entsprechenden (bildungs-)sprachlichen Kompetenzen (z. B. im Leseverstehen) fehlen, auch in Bezug auf ihre fachlichen Leistungen schlechter abschneiden (vgl. u. a. Ahrenholz 2017: 1; Gogolin & Lange 2011: 108). Becker-Mrotzek et al. (2013: 7) charakterisieren ‚Bildungssprache' als spezifisches Sprachregister, „das typisch für den differenzierten Fachunterricht ist und dessen Beherrschung von Seiten der Institution Schule in der Regel einfach erwartet wird – oft ohne, dass dies explizit gemacht oder in seinen Implikationen ausformuliert wird".[3] Besonders für SchülerInnen mit Deutsch als Zweitsprache (DaZ) kann das bildungssprachliche Register eine Hürde beim Verstehen und Bearbeiten von Texten, Aufgabenstellungen oder

---

[1] Lesbarkeitshalber wird bei Komposita wie „Lehrerbildung" das generische Maskulinum verwendet. Dies schließt selbstverständlich alle anderen Genderformen mit ein.
[2] Beispielsweise benennt die PISA-Studie 2015 signifikante Disparitäten in den naturwissenschaftlichen Kompetenzen zwischen SchülerInnen mit und ohne Zuwanderungsgeschichte. Gleichzeitig seien „der sozio-ökonomische Status, die Kulturgüter und das Bildungsniveau der Eltern signifikante Prädiktoren der naturwissenschaftlichen Kompetenz" (vgl. Reiss et al. 2015: 337).
[3] Weitere begriffliche und empirische Annäherungen an das Konzept ‚Bildungssprache' finden sich u. a. bei Ahrenholz (2017) und Berendes et al. (2013).

beim Verfassen eigener konzeptionell schriftlicher Texte darstellen (vgl. Morek & Heller 2012: 67).

LehrerInnen aller Bildungsetappen stehen folglich vor der Aufgabe, ihre SchülerInnen beim sprachlichen Lernen in ihren Fächern bedarfsorientiert zu unterstützen sowie einen Beitrag zur Entwicklung bildungssprachlicher Kompetenzen zu leisten. Empirische Untersuchungen, wie Lehrerfortbildungen gestaltet sein müssen, um den Ansatz eines ‚sprachsensiblen Fachunterrichts' (siehe Kap. 2) nachhaltig in die Unterrichtspraxis zu integrieren, stehen bis dato noch aus.

Diese Frage ist Ausgangspunkt des Dissertationsprojektes *Reflexive Praxis als Teil von Professionalisierung – Zur Rolle und Konstituierung subjektiver Theorien von LehrerInnen im Verlauf eines Fortbildungsprojekts zum sprachsensiblen Fachunterricht*[4] (Birnbaum i. Vorb.)[5]. Den Forschungsrahmen bildet hier die Konzeption eines Fortbildungsprojektes zur Sprachsensibilisierung von Lehrkräften einer beruflichen Fachschule für Sozialpädagogik, die ErzieherInnen und sozialpädagogische AssistentInnen – viele mit Zweitsprache Deutsch – ausbilden. Ziel der Fortbildung (2014) war es, die sechs Sprach- und acht Fachlehrkräfte[6] für sprachliches Lernen im Fach zu sensibilisieren und ihnen Kompetenzen zur Gestaltung eines sprachsensiblen Fachunterrichts zu vermitteln. Ein wichtiges didaktisches Prinzip war hierbei, eine kooperative und reflexive Arbeitsweise anzuregen, indem die Lehrkräfte in Kleingruppen ausgewählte Fortbildungsinhalte und -methoden in Form sog. „Praxiserkundungsprojekte" (PEPs) (siehe Abschnitt 3; vgl. Mohr & Schart 2016) in ihrem Unterricht erproben.

Im vorliegenden Beitrag werden zunächst ausgewählte theoretische und didaktische Überlegungen zur Gestaltung von Lehrerfortbildungen zum sprachsensiblen Fachunterricht vorgestellt, um daran anschließend das Fortbildungsprojekt zu beschreiben. Schließlich werden Analysen zu Planungsgesprächen der PEPs in Kleingruppen vorgestellt, die zeigen, wie die LehrerInnen die Aufgabe zur Gestaltung einer sprachförderlichen Unterrichtseinheit kooperativ aushandeln. Ziel ist es, erste Schlussfolgerungen zu formulieren, welche Potentiale und Herausforderungen die disziplinenübergreifende Arbeit mit PEPs bergen kann.

---

4 Arbeitstitel.
5 Das Dissertationsprojekt wird von Bernt Ahrenholz an der Friedrich-Schiller-Universität Jena und Karen Schramm (Universität Wien) betreut.
6 Davon unterrichteten zum Zeitpunkt der Erhebung fünf Lehrkräfte das Fach ‚Sprache und Kommunikation' (Deutsch) und eine Lehrkraft das Fach ‚Englisch'. Die acht FachdidaktikerInnen unterrichten je nach Fächerkombination: ‚Erziehung und Bildung'; ‚Sozialpädagogisches Handeln'; ‚Gesellschaft, Organisation und Recht'; ‚Medien' und ‚Musik'.

2 Fortbildungen zum sprachsensiblen Fachunterricht gestalten – theoretische und didaktische Überlegungen

Innerhalb des Projektes PROMISE konnten Tajmel et al. (2009) aufzeigen, dass ein Großteil der zum Zeitpunkt der Erhebung praktizierenden Lehrkräfte im Studium keine Vorbereitung auf den Umgang mit sprachlicher und kultureller Heterogenität bzw. zur Sprachbildung im Unterricht erfahren hat und Lehrkräfte vielfach defizitorientierte Sichtweisen in Bezug auf die Leistungen von SchülerInnen mit DaZ zeigen. Eine solche unzureichende Vorbereitung in Aus- und Fortbildung kann in der Praxis zu gewissen Ressentiments gegenüber dem Thema führen, wie auch ein erster Blick in die Daten des vorgestellten Projektes (Birnbaum i. Vorb.) zeigt:

„zum beispiel (0.3) diese schülerin die da ganz rechts vorne [...] (sitzt) die ja (nun) wirklich °h schlechtes deutsch spricht <<fragend> ne> (.) also wo_s auch (1.7) wo_s immer (.) wo_s oft zur grenze des unverständlichen is <<fragend> ne> °hh (.) ähm (1.6) h° (0.3) ja wie gesagt ich (0.3) geh da einfach mit um und ich überhör das eigentlich ich übergehe eigentlich diese situation <<fragend> ne>" (Sabine vor der Fortbildung)

Fortbildungen zum sprachsensiblen Fachunterricht sollten Lehrkräfte daher dazu befähigen, bei ihrer Unterrichtsplanung sprachliche und fachliche Lernziele integrativ zu verbinden, ihren „Unterricht als Sprachlernsituation [zu] gestalten" sowie „Bildungs- bzw. Schulsprache bewusst [zu] verwenden" (Schmölzer-Eibinger et al. 2013: 11)[7]. Darüber hinaus sollten Lehrkräfte in den Fortbildungen dafür sensibilisiert werden, die Mehrsprachigkeit ihrer SchülerInnen als Ressourcen anzuerkennen sowie Möglichkeiten aufgezeigt bekommen, die Mehrsprachigkeit der SchülerInnen gezielt als Vermittlungsstrategie im Unterricht einzusetzen und zu fördern (vgl. z. B. Gogolin et al. 2005). Andererseits darf eine bedarfsorientierte Lehrerbildung an den Bedenken, Vorannahmen und Fragen der Lehrkräfte (siehe Zitat oben) nicht vorbeigehen. Sie muss vielmehr die subjektiven Sichtweisen der Lehrkräfte zum Ausgangspunkt für die gemeinsame Entwicklung von Praxiskonzepten und reflexives Handeln machen[8]. Dabei werden folgende Prinzipien für den Erfolg von Lehrerfortbildungen als konstitutiv erachtet (vgl. Birnbaum i. Vorb.).

---

[7] Die Autorinnen formulieren sieben didaktische Leitlinien für einen sprachaufmerksamen Fachunterricht (vgl. Schmölzer-Eibinger et al. 2013: 22ff.).
[8] Ansätze zur Lehreraus- und -fortbildung entwickeln Konzepte, wie dies gelingen kann (vgl. z. B. Legutke 2016; Caspari 2004).

Subjektorientierung

Lehrkräfte verfügen über einen breiten Wissens- und Erfahrungsschatz, der sich sowohl durch die eigene Lernbiographie als auch über die Berufsbiographie herausgebildet hat. Lehrerfortbildungen sollten hier ansetzen, indem sie Gelegenheiten schaffen, sich der eigenen subjektiven Theorien bewusst zu werden, neue Erfahrungen in praktischen Handlungskontexten zu sammeln und diese wiederum zum Ausgangspunkt für Reflexion und künftige Kompetenzentwicklung zu machen (vgl. u. a. Caspari 2004: 58).

Reflexive Praxis

Schöns (2009) Prinzip des *Reflective Practitioner* folgend, ist die Fähigkeit zur Reflexion über das eigene pädagogische Handeln Voraussetzung für die Entwicklung professioneller Lehrkompetenz. Lehrerfortbildungen sollten demzufolge Lehrkräfte dazu anregen, sich durch forschendes Lernen mit ihren individuellen handlungsleitenden Sichtweisen auseinanderzusetzen, im eigenen Unterricht unterrichtsrelevanten Fragestellungen nachzugehen und die hierbei gewonnenen Erkenntnisse in zukünftige Handlungspläne zu integrieren (vgl. Ansatz der Aktionsforschung nach Altrichter & Posch 2007; siehe auch Mohr & Schart 2016: 294ff.).

Dialogisches und kooperatives Lernen

LehrerInnen sind Teil einer *community of practice* (Lave & Wenger 1991), innerhalb derer sie gemeinsame Interessen, Aktivitäten und Diskussionen verfolgen und hierbei regelmäßig interagieren. Fortbildungen sollten daher den Dialog über gemeinsame Erfahrungen und Fragestellungen anregen und Möglichkeiten schaffen, kollaborativ neue Lehr- und Lernerfahrungen zu generieren und zu verarbeiten (vgl. Legutke 2016: 97). Methodische Ansätze hierfür sind bspw. das „Kollegiale Feedback" (vgl. Salzmann 2015) oder die gemeinsame Planung und Durchführung von Unterrichtseinheiten (vgl. Knorr 2015). Darüber hinaus ist auch der Dialog zwischen den Akteuren der pädagogischen Praxis sowie zwischen Bildungsforschung und -praxis konstitutiv für eine Weiterentwicklung beider Domänen (vgl. Aguado 2013: 34).

Im Folgenden wird das Fortbildungsprojekt zur Sprachsensibilisierung an der Fachschule für Sozialpädagogik vorgestellt. Der Schwerpunkt wird hier auf die Phase der Umsetzung der Fortbildungsinhalte in Form kollegialer Unterrichtsprojekte (PEPs) gelegt.

3 Das Fortbildungskonzept – Eine kollaborative Fortbildung zur *Sprachsensibilisierung in der Beruflichen Bildung*

Das Ziel der Fortbildung bestand darin, die Lehrkräfte für die sprachlichen Herausforderungen beim fachlichen Lernen im Kontext der Anforderungen und der Lernumgebung ihrer Fachschule für Sozialpädagogik zu sensibilisieren und ihnen Kompetenzen für die Gestaltung eines sprachaufmerksamen Fachunterrichts zu vermitteln. Die Konzeption und Durchführung der Fortbildung oblag der Forscherin[9] und einem an der Schule langjährig tätigen DaZ-Lehrer.

Die Fortbildung wurde im Sinne der oben genannten didaktischen Prinzipien einer reflexiven Praxis und einer kollegialen Zusammenarbeit konzipiert (vgl. Abb. 1). Dabei orientierte sie sich am zyklischen Vorgehen des für die Lehrerbildung entwickelten „ESRA-Modells"[10] (vgl. Legutke 1995: 8ff.; Ziebell 2006: 35; erweitert zum „PES/VRIAS-Modell"[11] durch Birnbaum, Kupke & Schramm 2016). Das hier verwendete Modell sah folgende Phasen vor: „Problemorientierung" an Fragestellungen aus der Praxis (vgl. Birnbaum et al. 2016: 157); Anknüpfen an (Lehr- und Lern-)Erfahrungen der Lehrkräfte; Selbsterfahrung sprachsensibler Ansätze und Methoden durch Unterrichtssimulation und Verfahren des Perspektivenwechsels (vgl. „Prinzip Seitenwechsel" nach Tajmel 2017); Reflexion der erlebten Lehr- und Lernerfahrungen; Abstraktion durch Theoriebildung („Input"-

---

[9] Im Sinne einer Verzahnung von Wissenschaft und Praxis (vgl. Aguado 2013: 34) wurde das Fortbildungsprojekt durch die Forscherin wissenschaftlich begleitet. Vor der Fortbildung wurden berufsbiographische Daten, subjektive Theorien, Erwartungen, Erfahrungen und unterrichtliche Routinen aller teilnehmenden Lehrkräfte in Form eines Fragebogens, durch Unterrichtshospitationen und Materialakquise sowie daran anschließende problemzentrierte Interviews erfasst. Des Weiteren wurden die Planungsgespräche zu den Praxiserkundungsprojekten (PEPs) sowie die Auswertung der kollegialen Hospitationen in den Kleingruppen videographiert und die Präsentationen der PEPs dokumentiert. Ein halbes Jahr nach der Fortbildung folgte ein weiteres Interview, mit dem Ziel, die subjektiven Sichtweisen der Lehrkräfte zum Transfer des Fortbildungsprojektes zu erheben.
[10] Die Abkürzung ESRA steht für die didaktischen Phasen der „Erfahrung–Simulation–Reflexion–Anwendung" (vgl. Legutke 1995: 8ff.; Ziebell 2006: 35).
[11] Das „ESRA-Modell" wurde im Projekt „Sprachsensibilisierung in der Beruflichen Qualifizierung" (SpraSiBeQ) empirisch erprobt und theoretisch zum „PES/VRIAS-Modell" weiterentwickelt, wobei das „V" für eine optionale Videofallarbeit steht (vgl. Birnbaum, Kupke & Schramm 2016). Die hier vorgestellte, bereits 2014 durchgeführte Fortbildung hatte die zusätzlichen Schritte Problemorientierung, Input und Sicherung bei der Konzeption bereits mit berücksichtigt, zu diesem Zeitpunkt allerdings noch nicht empirisch fundiert.

Phase, vgl. Birnbaum et al. 2016: 158) und schließlich Anwendung des theoretischen Wissens durch Übertragung in die Praxis (Konzeption von PEPs). Die hierbei gewonnenen Erfahrungen wurden dokumentiert und schließlich einer erneuten Reflexion unterzogen, die in einer Weiterentwicklung bzw. einem Transfer der neuen Lehransätze mündete („Sicherung", vgl. Birnbaum et al. 2016: 158).

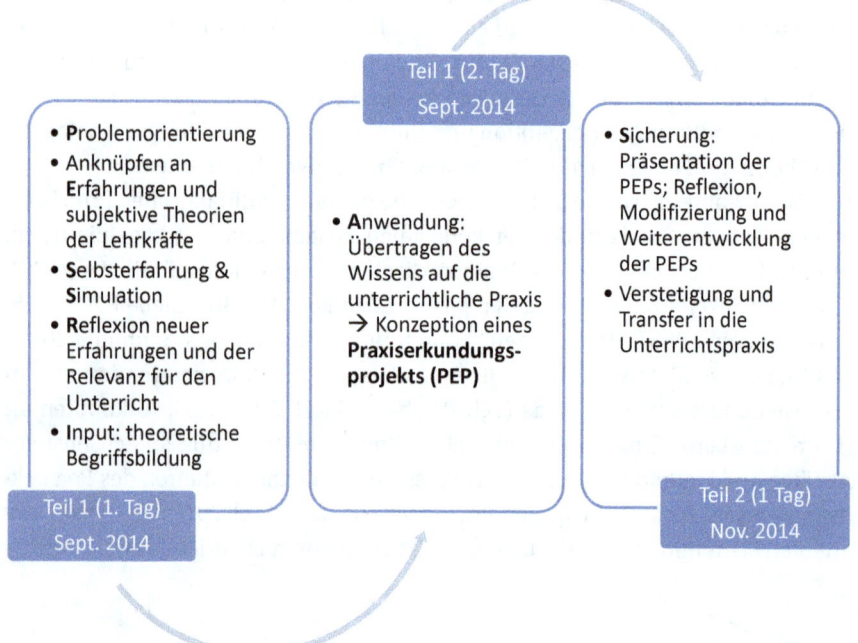

Abb. 1: Konzeption der Fortbildung „Sprachsensibilisierung in der beruflichen Bildung"

Die Fortbildung gliederte sich in zwei Teile (vgl. Abb. 1). Der erste bestand aus zwei von den TrainerInnen angeleiteten Fortbildungstagen (September 2014), die mit einer Anwendungsphase abschlossen, in der die LehrerInnen in Teams erste Ideen für ein Praxiserkundungsprojekt (PEP) sammelten. Ziel dieser PEPs war es, die in der Fortbildung besprochenen Ansätze sowie Methoden eines sprachsensiblen Fachunterrichts auf die Ziele und Inhalte des eigenen Unterrichts zu übertragen. Die Durchführung der PEPs folgte einem zyklischen Vorgehen (vgl. Mohr & Schart 2016: 301). Nachdem die Teams eine gemeinsame Fragestellung entwickelt und eine sprachsensible Unterrichtseinheit geplant hatten, wurde diese von mindestens einer Lehrkraft erprobt, während die KollegInnen entlang vorab entwickelter Beobachtungsschwerpunkte hospitierten. Auch die Dokumentation des Vorgehens sowie der Ergebnisse (z. B. in Form von Schülerbefragungen) war Teil des Erkundungsprozesses. Schließlich evaluierten die Lehrkräfte das Projekt in der Kleingruppe anhand von Leitfragen. In Teil 2 der Fortbildung (November 2014) präsentierten die Teams die im Unterricht erprobten PEPs im Plenum und diskutierten, welche Aspekte in die Unterrichtspraxis übertragbar wären und an welchen Stellen die methodisch/didaktische Planung sowie die konkrete Umsetzung im Unterricht ggf. noch modifiziert werden müsste. Die Lehrkräfte formierten sich während der Fortbildung zu jeweils fünf Kleingruppen, die sich auf Wunsch der Forscherin aus jeweils einer Deutschlehrkraft und ein bis zwei Fachlehrkräften zusammensetzen sollten.

Erste Ergebnisse aus der Analyse der Daten zu den Planungsgesprächen sowie den nachträglich geführten Interviews lassen den Schluss zu, dass die Lehrkräfte die Potentiale der kollegialen Teamarbeit erkennen und positiv einstufen. Die Daten zeigen aber auch, dass die Zusammenarbeit in Tridems und die Zusammensetzung aus Deutsch- und Fachlehrkräften auch problematische Aspekte barg und einer engen Begleitung durch die FortbilderInnen bedurfte (vgl. auch Mohr & Schart 2016: 302f.).

Beispielhaft sollen hier anhand ausgewählter Gesprächssequenzen aus den Planungsgesprächen zu den PEPs erste Ergebnisse zu den kooperativen Aushandlungsprozessen innerhalb der Kleingruppen vorgestellt werden.

4 Aushandlungsprozesse bei der Planung der Praxiserkundungsprojekte

Am Ende der beiden Fortbildungstage (Teil 1 der Fortbildung) hatten die Lehrkräfte insgesamt 45 Minuten Zeit, um sich in ihren Teams zunächst über die hier gewonnenen Erfahrungen auszutauschen und erste Ideen für die spätere konkrete Umsetzung ihres PEPs zusammenzutragen. Nach einem kurzen Brainstorming in Einzelarbeit sollten sich die Lehrkräfte zu den Fragen auf dem Arbeitsblatt austauschen, um somit einen Ansatzpunkt für die Entwicklung eines PEPs zu haben (vgl. Abb. 2). Diese erste Phase der Planungsgespräche der fünf Kleingruppen wurde mit einer Videokamera aufgezeichnet.

Im Folgenden interessiert die Frage, wie die LehrerInnen sich der Aufgabe einer ersten Ideensammlung kommunikativ und kooperativ genähert haben, welche Handlungs- und Rollenmuster sich dabei zeigen und welche Gesprächsthemen für sie von Bedeutung waren. Für die Analyse der dabei zum Tragen kommenden Gesprächspraktiken wurde ein gesprächsanalytischer Zugang gewählt (vgl. Deppermann 2008). Auf der Basis von „Gesprächsinventaren" (Deppermann 2008: 32), d. h. kommentierten Grobtranskripten der Planungsgespräche, wurden zunächst Vergleichspassagen ausgewählt, die interessante Aspekte in Hinblick

> **Planung eines Praxiserkundungsprojektes (PEP)**
>
> Ziel dieser letzten Fortbildungsphase ist es, dass Sie selbst Ideen für ein Praxiserkundungsprojekt (PEP) formulieren und in Ihrem Team einen Plan für die Durchführung eines PEPs aufstellen können. Dabei werden Sie durch die kollegiale Hospitation selbst zu ErforscherInnen Ihres Unterrichts.
>
> **Aufgabe:**
> **Erste Ideensammlung für das PEP**
> Erarbeiten Sie in Ihrer Zweier-/Dreiergruppe ein Praxiserkundungsprojekt (PEP), das eine/r aus Ihrer Gruppe in ihrem/seinem Fachunterricht durchführen möchte, während die anderen beiden eine kollegiale Hospitation durchführen und ihre Beobachtungen dokumentieren. Auch die Planung eines Teamteachings wäre möglich.
> Für eine erste Ideensammlung haben Sie in der Fortbildung 45 Minuten Zeit, die didaktisch-methodische Unterrichtsplanung sollte im Anschluss an die Fortbildung erfolgen.
>
> Gehen Sie folgendermaßen vor:
>
> 1. Machen Sie sich zunächst in Einzelarbeit 5 Minuten Gedanken zu folgenden Fragen:
> a) Welche neuen Erkenntnisse in Bezug auf einen sprachsensiblen Fachunterricht konnten Sie in den letzten zwei Tagen gewinnen?
> b) Was hat Sie überrascht?
> c) Welche/r Aspekt/e eines sprachsensiblen Unterrichts interessiert Sie besonders?
> d) Welchen Aspekten stehen Sie kritisch gegenüber? Wo stimmen Sie nicht zu?
> e) Was würden Sie gerne einmal im Fachunterricht ausprobieren?

Abb. 2: PEP-Aufgabe 1 „Ideensammlung"

auf die Forschungsfrage aufzeigen. Die so gefundenen Materialstellen wurden gemäß GAT2 Basistranskript (Selting et al. 2009) transkribiert und bildeten die Grundlage für eine sequenzielle Analyse, wobei am Einzelfall entwickelte Hypothesen durch Komparation an anderen Fällen überprüft wurden.

Beispiel (1) entstammt dem Gruppengespräch von *Gruppe 2*, die sich aus der Deutsch- und Kunstlehrerin Elisabeth[12], die gleichzeitig seit Kurzem die Funktion als Sprachberaterin der Schule innehat, und ihren beiden Fachkolleginnen Christina (‚Sozialpädagogisches Handeln'/‚Englisch') und Annett (‚Sozialpädagogisches Handeln'/‚Gesellschaft, Organisation und Recht') zusammensetzt.

Der Diskussionsverlauf folgt zunächst den auf dem Arbeitsblatt (vgl. Abb. 2) vorgesehenen Impulsfragen.

---

12 Die Namen der ForschungspartnerInnen wurden pseudonymisiert.

Beispiel (1): Gruppe 2 (Minute 00:00:57–00:02:01)

```
01  EL:  okay;
02       soll ich mal die ZEITwächterin machen?
03       es ist jetzt FÜNF nach drei;
04       soll habm wir ne viertelstunde zeit uns AUSzutauschen.
05  Kom: Die Lehrerinnen besprechen kurz, ob die Kamera schon läuft.
         ((lachen))
06  CH:  ja;
07       dann FANG doch mal an <<lachend>Elisabeth>;
08  EL:  ICH?
09       soll ANfangen;
10       na [gut ];
11  CH:     [oder] ach SORry;
12       °h hab ich [(jetzt so verSTANden;)]
13  EL:              [ nee nee-            ]
14       KÖNN_n wir gerne;
15                  warum NICH,
16       is ja EGAL;
17  CH:  mhm,
18  EL:  äm JA;
19       wir sollen uns AUStauschen-
20       bei a gehts ja um die neuen erKENNTnisse,
21       in bezug auf sprachsensiblen FACHunterricht,
22       und DA habe ich nochmal viel dazugelernt-
23       was so die voRAUSsetzungen angeht,
24       von den DAZ-schülerinnen,
25       das fand ich also wirklich !SEHR! (-) interessant;
26       äh so diesen perspekTIVwechsel auch,
27  AN:  mhm,
28  EL:  äm (-)°h ja dann (.) die THEmen-
29       AUFgabenstellungen auch nochmal kritischer durchdacht und-(-)
30       °hh STOLpersteine in texten;
31       also ich hab (äh) aus JEdem- (-)
32       °h nochmal was geLERNT;
33  AN:  mhm,
34  EL:  (-)würd ich für mich so SEhen;
35       und IH:R;
36  nn:  (-)
37  AN:  ja also im prinzip gehts mir geNAUso;
```

Die Deutschlehrerin eröffnet die Gesprächssequenz, indem sie anbietet, die Rolle der Zeitwächterin für die kommende Austauschphase zu übernehmen (Z. 2). Sie wird dabei kurz von ihrer Kollegin Christina unterbrochen, die sich vergewissert, ob die Kamera läuft, und schließlich die Gelegenheit nutzt, ihre Deutschkollegin zum ersten Redebeitrag zu ermuntern (Z. 7). Durch das betont fragende „ICH?" signalisiert Elisabeth, dass es keinesfalls selbstverständlich sei, dass sie beginne, was durch die Reaktion ihrer Kollegin „[oder] ach SORry;" (Z. 11) auch bestätigt wird. Gleichzeitig signalisiert Christina ihrer Kollegin durch den Einwurf „hab ich [(jetzt so verSTANden;)]" (Z. 12) aber auch, dass sie die Initiative zur Zeitwächterin auch als Wunsch, den ersten Redebeitrag zu übernehmen, gedeutet hat. Schließlich zeigt sich Elisabeth kooperativ und übernimmt den ersten inhaltlichen Redebeitrag zur *Frage a: „Welche neuen Erkenntnisse in Bezug auf einen sprachsensiblen Fachunterricht konnten Sie in den letzten zwei Tagen gewinnen?"* (Z. 20). Dabei kommentiert sie ihr Vorgehen metasprachlich, indem sie noch einmal betont, dass sie sich austauschen sollen und orientiert sich dabei an den Leitfragen auf dem Arbeitsblatt (vgl. Abb. 2) (Z. 20–21). Auf der inhaltlichen Ebene bleibt der Gesprächsbeitrag der Lehrkraft, die durch ihre Rolle als Sprachberaterin bereits Vorwissen zum sprachsensiblen Fachunterricht in die Fortbildung mitbringt, eher vage und schlagwortartig. Mit der Rahmung der Äußerung zu Beginn und am Ende ihres Turns – sie habe viel dazugelernt – präsentiert sie sich in der Kleingruppe nicht als die Expertin für Sprachbildung, die keine neuen Erkenntnisse gewinnen kann, sondern als gleichwertige Teampartnerin, die für ihre subjektive Einschätzung keine Allgemeingültigkeit beansprucht, wie in Z. 34 deutlich wird: „(-)würd ich für mich so SEhen;". Durch ihr Angebot auf die Uhrzeit zu achten und die Bereitschaft den ersten Redebeitrag zu liefern sowie die kommentierende Rede ihres sprachlichen Vorgehens, nimmt sie eine Moderatorenfunktion ein, die sich auch im weiteren Gesprächsverlauf immer wieder zeigt. Dabei agiert sie an mehreren Stellen gesprächsstrukturierend, z. B. in Min. 26.43: „aber SPRACHsen also die FRAge lautet ja- <<schnell gesprochen> formulieren sie gemeinsam EIN oder mehrere Fragen> (-) die genau angeben- WAS sie erkunden möchten. das ist ja quasi eine FORschungsfrage;". Auch die explizite Turnübergabe an die Kolleginnen „und IH:R;" (Z. 35) verdeutlicht dieses Vorgehen. Die Gesprächsstrategie der Deutschlehrerin Elisabeth (*Gruppe 2*) ist insofern erfolgreich, dass ihre Fachkollegin Annett der Gesprächsaufforderung folgt (Z. 37). Im Folgenden **Beispiel (2)** berichtet Annett von ihren Erkenntnissen.

Beispiel (2) Gruppe 2 (Minute 00:01:59–00:02:45)
```
37 AN:   ja also im prinzip gehts mir geNAUso;
38       aber was ff also auch schon beim LEsen am wochenende;
39       für mich GANZ neu war=
40       war nochmal so die bedeutung des SCHRIFTlichen arbeitens,
41 EL:   [ja;]
42 AN:   [das] mache ich nämlich relativ WENig=
43       muss ich ehrlich SAgen;
44       weil es immer so viel ZEIT kostet,
45       und [ähm- ]
46 EL:       [stimmt;]
```

```
47  AN:  °h gerade in den a: ef zet-klassen¹³ natürlich-
48       aber auch in den ef es-klassen¹⁴=
49       und die schüler sind auch oft nicht so motiVIERT zu [schreiben,]
50  EL:  [jaha;]
51  AN:  das ist auch tatsächlich immer so ein ANgang-
52       die daHIN zu kriegen=und °h ja da hab
53       (-) das bin ich dann auch manchmal so umGANgen;
54       muss ich ehrlich SAgen=
55       aber das ist mir nochmal so DEUTlich ((unv)) […]
56       ja das ist mir nochmal so DEUTlich geworden-
57       (-)((schnalzt)) dass ich da TATsächlich äm (.)
58       ja seQUENzen in meinen Unterricht einbauen muss-
59       wo ich sie auch tatsächlich was verSCHRIFTlichen lassen sollte;
60       dass das schon SINNvoll ist=
```

Die Ausführungen von Annett fallen ausführlicher und elaborierter aus als die ihrer Deutschkollegin. Dies zeigt zum einen die Länge des Turns von 1 Min. und 24 Sek. als auch der Grad an Reflexivität durch Ausdrücke wie „für mich GANZ neu war" (Z. 39) oder „das ist mir nochmal so DEUTlich geworden" (Z. 56). Gleichzeitig äußert die Lehrerin an mehreren Stellen selbstkritische Einsicht, was das eigene Handeln im Unterricht anbelangt („[das] mache ich nämlich relativ WENig= muss ich ehrlich sagen;" Z. 42/43) sowie Bedarf zur Weiterentwicklung („dass ich da TATsächlich äm (.) ja seQUENzen in meinen Unterricht einbauen muss – wo ich sie auch tatsächlich was verSCHRIFTlichen lassen sollte;", Z. 57–59). Die Deutschlehrerin Elisabeth bleibt während der Ausführungen der Fachkollegin ihrer moderierenden Rolle treu und ermuntert die Kollegin durch zustimmende Feedbacksignale „jaha" (Z. 50) und „stimmt" (Z. 46) dazu, ihre Ausführungen fortzuführen[15]. Durch den Gebrauch der Zustimmungspartikel *stimmt* beansprucht sie gleichzeitig eine gewisse Bewertungsautorität für sich, indem sie anzeigt, bereits über eigenes Vorwissen zum Gegenstand zu verfügen (vgl. dazu Studie von Betz 2015).

Im Ergebnis mündete die Zusammenarbeit der *Gruppe 2* darin, dass die Lehrerinnen gemeinsam ein PEP zum kooperativen Schreiben für Annetts Fachunter-

---

13 AFZ steht für „Ausbildung für Zuwanderinnen" (Bezeichnung wurde aufgrund ihres Wiedererkennungswertes von der Forscherin pseudonymisiert). Diese Klassen setzen sich ausschließlich aus Frauen mit Deutsch als Zweitsprache zusammen, die als Zuwanderinnen im Erwachsenenalter nach Deutschland kamen und i. d. R. auf dem zweiten Bildungsweg die Ausbildung zur Erzieherin absolvieren.
14 FS steht für die regulären Fachschulklassen, in denen SchülerInnen mit Erst- und Zweitsprache Deutsch zusammen lernen.
15 Im Vergleich zu ihren Fachkolleginnen ist das Rückmeldeverhalten durch Zustimmungspartikeln bei Elisabeth häufiger zu beobachten.

richt ‚Gesellschaft, Organisation und Recht' planten. Mit der Methode „Einen Text expandieren" (vgl. Leisen 2010: 155) sollten die DaZ-Schülerinnen dazu angeregt werden, einen komplexen Fachtext in kooperativer Schreibarbeit sprachlich zu expandieren (bspw. mit Hilfe von Erläuterungen und Beispielen) und damit für sich verständlicher zu machen. Im *Follow-Up*-Interview nach der Fortbildung (März 2015) bewerteten alle drei Kolleginnen die Umsetzung ihres PEPs als gelungen und die Zusammenarbeit als sehr fruchtbar.

Die Fachlehrerin Annett stellt vor allem als positiv heraus, dass das PEP an ihren tatsächlichen Unterrichtskontext anknüpfte und sie sich durch ihre Kolleginnen sowohl in der Vorbereitung als auch durch die Unterrichtsbeobachtung sowie im Nachgespräch unterstützt fühlte. Sie resümiert auch, dass die Stunde für die Schülerinnen hilfreich gewesen sei.

> „und dann ham wir passend zum text ne methode ausgewählt [...] es war wirklich ähm angedockt an den unterricht und °h hat die schüler eben auch weitergebracht für den unterricht und °h das fand ich sehr sehr gut" (Interview mit Annett nach der Fortbildung)

Gleichzeitig macht Annett im Interview deutlich, dass sie als durchführende Lehrkraft am Ende einen Mehraufwand trug.

Auch in *Gruppe 1* etabliert die Deutschlehrerin eine solche didaktische Gruppenleitung, allerdings hat sie größere Schwierigkeiten, mit den KollegInnen einen gemeinsamen Gesprächsfaden zu entwickeln. **Beispiel (3)** zeigt die Interaktion zwischen der Deutschlehrerin Verena und ihren FachkollegInnen für sozialwissenschaftliche Fächer, Alexander und Petra.

Beispiel (3): Gruppe 1 (Minute 09:32–09:56)

```
01  VE:  Ich [würd-]
02  AL:      [okay;]
03  VE:  [ganz gerne-]
04  AL:  [entschuldige.]
05  VE:  [auf-]
06  AL:  [ja.]
07  VE:  unser THEma,
             [(zurück) kommen?]
08  AL:      [gerne.          ]
09  VE:  und ZWAR sind wir ja-
10       (.) was interessiert sie besonders am asPEKT/
11       °h oder WElcher aspekt am sprachsensiblen unterricht;
12       (.)ne,
13       das (.) ä ihr wart ja jetzt beim (1) thema FACHarbeit;
14  AL:  hm_[hm,]
15  VE:     [das]KANN ja irgendwie was nachher-
16       °h [aber jetzt müssten]
17  AL:     [(ja Eben das)     ]
```

```
18   VE:   wir erstmal GUCKen(-)
19         <<Papier raschelt> ä was am SPRACH>sensiblen Unterricht-
20         uns besonders INteressiert.
```

In der vorliegenden Gesprächssequenz greift die Deutschlehrerin Verena in das Zwiegespräch ihrer FachkollegInnen ein, die vorher vom eigentlichen Thema sprachsensibler Fachunterricht abgeschweift sind und sich über das didaktische Vorgehen bei der Vorbereitung der Facharbeiten unterhalten haben. In Z. 1 erhebt sie sich durch die Unterbrechung zur *Chairperson*, die für das Kollektiv das Thema neu definiert, das den KollegInnen aufgrund der Aufgabenstellung bekannt sein sollte: „unser THEma" (Z. 7). Dabei zitiert sie ebenso wie Elisabeth in *Gruppe 2* die Aufgabenstellung auf dem Arbeitsblatt: „was am SPRACHsensiblen Unterricht – uns besonders INteressiert" (Z. 19) und stellt somit eine didaktische Aufgabe an das Team. Alexander behandelt ihren Eingriff in das Gespräch und den damit intendierte Themenwechsel als berechtigt, indem er eine Entschuldigung formuliert (Z. 4). Anders als in *Gruppe 2*, wo die Deutschlehrerin Elisabeth als erstes ihre Antwort auf die didaktische Frage formuliert, gibt Verena an dieser Stelle ihre Frage zunächst an die KollegInnen ab und hält sich mit der eigenen Antwort zurück. Ein Blick in den weiteren Gesprächsverlauf zeigt, dass Verena innerhalb ihrer Gruppe eine stark moderierende Funktion einnimmt und im Verlauf des Gespräches immer wieder durch Formulierungshilfen und Nachfragen unterstützend in das Gespräch eingreift und somit ebenfalls eine Art didaktische Leitung in ihrer Gruppe übernimmt, wie **Beispiel (4)** verdeutlicht.

Beispiel (4) Gruppe 1 (Minute 00:09:52–00:10:09)

```
19   VE:   <<Papier raschelt> ä was am SPRACH>sensiblen Unterricht-
20         uns besonders INteressiert.
21   nn:   (1,0)
22   VE    [ja.            ]
23   PE    [also (gibt_s)-]
24         verSTEHen.
25         v v ver ä wie überPRÜFe ich [eigentlich-]
26   VE:                               [ja_a?      ]
27   PE:   (-)grade in [den A: ef zet klassen-]
28   VE:               [das könn=wir aber sagen.
29                                mh_mh,]
30         nn: (1)
31   VE:   wie überPRÜFT man-
32   PE:   wie (.) äh (.)ob [TEXte ver]
33   VE:                    [verSTEhen,]
34   PE:   standen werden;
```

Die Sequenz in **Beispiel (4)** zeigt die Reaktion der Kollegin Petra auf die Aufforderung der Deutschlehrerin, sich mit der Frage auf dem Arbeitsblatt zu beschäftigen. Anders als bei der Kollegin Annett in *Gruppe 2* zeigt dieser Redebeitrag eine stark dispräferierte Struktur, die durch Abbrüche, Verzögerungen und Reparaturen gekennzeichnet ist. Petra hat an dieser Stelle große Schwierigkeiten, ihre Gedanken und Reflexionen zum Thema „sprachsensibler Fachunterricht" zu formulieren. Verena bemüht sich, durch Rezeptionssignale (Z. 22 und 26) und Wiederholung (Z. 31) die Kollegin zum Weitersprechen zu animieren, und begleitet Petras Ausführungen sowohl kommentierend bzw. bewertend („das könn=wir aber sagen.", Z. 28) als auch zusammenfassend „[VerSTEhen,]" (Z. 33)[16].

Der weitere Gesprächsverlauf zwischen diesen drei Lehrkräften zeigt viele Dissonanzen, was die Einigung auf ein gemeinsames Verständnis des Gegenstandes und eine Zielformulierung für die kooperativ zu planende Unterrichtseinheit betrifft. Die Gruppe löst diesen Konflikt schließlich, indem die Deutschlehrerin das PEP in ihrem Unterricht umsetzt und die beiden KollegInnen bei ihr hospitieren. Das anschließende Interview mit der Deutschlehrerin zeigt, dass sie mit dieser Lösung nicht zufrieden war[17]:

> „ich hab mich gar nich so vorgedrängelt dass ich das äh mache (.) äh weil ich dachte na ja °h es geht ja jetz auch um den °h (.) nichtdeutschunterricht vielleicht [sondern] [...] um [fachunterricht weil das hatten] [...] wir ja d also das war erstens das thema °h aber beide alexander und petra ham (1) doch sehr sich gewünscht dass ich das mache den unterricht" (Interview mit Verena nach der Fortbildung)

Im Interview mit der Deutschlehrkraft wird deutlich, dass mit der Durchführung des PEPs im eigenen Unterricht bei den Fachlehrkräften auch Ängste verbunden waren, der Aufgabenstellung nicht gerecht zu werden und damit einen möglichen Gesichtsverlust zu erfahren. Hier wurde die Anwesenheit der Deutschlehrkraft möglicherweise genutzt, um sich aus der Verantwortung der Sprachbildung zu ziehen, was die Deutschlehrerin im Endeffekt mitgetragen hat.

---

16 Aus Platzgründen muss an dieser Stelle auf weiterführende Interpretationen verzichtet werden.
17 Es gab keine explizite Vorgabe, dass das PEP nicht auch im Deutschunterricht stattfinden dürfe, auch wenn die Intention der Fortbildnerin war, dass die Deutschlehrkräfte eher eine unterstützende Funktion bei der Planung und Umsetzung der PEPs im Fachunterricht einnehmen.

5 Fazit und Ausblick: Praxiserkundungsprojekte als Chance kooperativer Zusammenarbeit in professionellen Lerngemeinschaften

Die hier vorgestellte Analyse der Ausschnitte aus den Planungsgesprächen hat gezeigt, dass die Deutschlehrkräfte in fast allen Gruppen – ohne dass dies der explizite Auftrag durch die Forscherin war[18] – eine moderierende oder didaktisch-leitende Funktion einnahmen. Die moderierende Haltung der Deutschlehrkräfte hat sich in mehreren Gruppen als fruchtbar für die Formulierung von Zielen, Inhalten und Methoden und eine selbstreflexive Sicht auf das Thema „Sprache im Fachunterricht" erwiesen. Die schriftliche Aufgabenstellung zum gemeinsamen Brainstorming und zur Formulierung des PEPs nahm innerhalb der Gruppenarbeit einen unterschiedlichen Stellenwert ein. Das Beispiel aus *Gruppe 2* zeigt deutlich, dass die Beantwortung der Fragen das Gespräch strukturierte und schließlich auch zu einer kollaborativ erarbeiteten Stunde führte. In *Gruppe 1* diente der Arbeitsauftrag der Deutschlehrerin als Argumentationsgrundlage, um die Gruppe wieder auf das Ziel zu fokussieren, auch wenn die Erarbeitung des PEPs am Ende in ihrer Verantwortung lag.

Die Gesprächsanalyse hat allerdings auch deutlich gemacht, dass die Zusammenarbeit in Teams aus Deutsch- und Fachlehrkräften nicht zwangsläufig dazu führt, dass die Erarbeitung eines sprachsensiblen PEPs gelingt und alle Lehrkräfte von der Gruppenarbeit profitieren. So zeigt das Beispiel aus *Gruppe 1*, dass die Erarbeitung des PEPs auch Rollenkonflikte mit sich brachte und die Fachlehrkräfte der Umsetzung im eigenen Unterricht skeptisch gegenüberstanden[19].

Für zukünftige Projekte sollte daher die Zusammenarbeit und der Dialog zwischen Sprach- und FachdidaktikerInnen bei der Erarbeitung sprachsensibler Unterrichtseinheiten ausgebaut werden. Auch wenn „Sprachsensibilisierung" ebenso ein Thema für die Deutschdidaktik[20] ist, wäre es wünschenswert, wenn in Zukunft der Fachunterricht noch stärker zum Experimentierfeld für PEPs wird,

---

18 Gleichzeitig hat die Vorgabe, dass in jedem Team eine Deutschlehrkraft mitwirken sollte, möglicherweise auch das Rollenverhalten der Lehrkräfte beeinflusst.
19 Nur in zwei von fünf Gruppen (*Gruppe 2* und *3*) haben sich die Fachlehrkräfte darauf eingelassen, das PEP in ihrem Fachunterricht durchzuführen. Als Begründung hierfür wurden u. a. auch organisatorische Aspekte genannt.
20 Bspw. erarbeitete die *Gruppe 5* ein sehr gelungenes sprachsensibles PEP im Deutschunterricht, bei der die Schülerinnen mit der Methode „Kugellager" (vgl. Leisen 2010: 92) in kooperativer Schreibarbeit eine Charakterisierung von Romanfiguren vornahmen und die Texte dabei mehrfach überarbeiteten.

wobei die SprachdidaktikerInnen eine unterstützende und moderierende Rolle einnehmen können. Von Relevanz ist ebenso die wissenschaftliche sowie praktische Prozessbegleitung der PEPs durch die FortbildnerInnen[21]. Dabei sollten Zielstellungen und Arbeitsaufträge schriftlich transparent gemacht sowie der Erarbeitungsprozess des PEPs tutoriell begleitet werden. Schließlich sind das kollegiale Gruppengespräch über die Umsetzung des PEPs sowie die Präsentation des kooperativ Erarbeiteten im zweiten Teil der Fortbildung (siehe Abb. 1) ein wichtiger Baustein für die Weiterarbeit und Verstetigung der Ideen.

Forschungsmethodisch kann die Erhebung von Gesprächen zur Unterrichtsplanung, -durchführung und -evaluation u. a. Aufschluss darüber geben, welche Themen in Bezug auf sprachsensiblen Fachunterricht für die Lehrkräfte in der Praxis relevant werden, wie sie sich diesen innerhalb von Kommunikations- und Aushandlungsprozessen nähern und welche Kooperationsstrategien dabei zum Tragen kommen (vgl. auch Mohr & Schart 2016: 317).

Der vorliegende Beitrag hat aufgezeigt, dass die kooperative Erarbeitung und Durchführung von PEPs durch Sprach- und FachdidaktikerInnen ein großes Potential zur Gestaltung eines sprachsensiblen Fachunterrichts bergen. Es wurde deutlich, dass die Lehrkräfte innerhalb kooperativer Lernsettings ihren unterschiedlichen Zugang zur Unterrichtsplanung teilen und durch forschendes Lernen zur Entwicklung von Ideen für einen sprachsensiblen Fachunterricht angeregt werden können. Dabei dienen wiederkehrende Phasen der Reflexion dazu, ihr Unterrichtshandeln sowie die Kooperation auf der Grundlage individueller sowie kollektiver Erfahrungen zu diskutieren und weiterzuentwickeln. Darüber hinaus bieten PEPs ein geeignetes Forschungsfeld zur weiteren Erforschung von Lehrerfortbildungsprozessen und Fragen der Professionalisierung (vgl. auch Knorr 2015; Mohr & Schart 2016).[22]

---

[21] Welche Potentiale eine enge Zusammenarbeit zwischen Akteuren aus Wissenschaft und Praxis bei der Begleitung von Schulentwicklungsprozessen bergen kann, erfuhr ich auch durch meine Arbeit im Projekt *EVA-Sek*, das Schulen drei Jahre lang zu Fragen der Integration von SeiteneinsteigerInnen ins deutsche Schulsystem in Form einer Prozessevaluation begleitete (vgl. Ahrenholz, Ohm & Ricart Brede 2017).
[22] Ich bedanke mich bei den kritischen Lesern Rolf Schmidt und Georgios Coussios sowie bei Britta Hövelbrinks und Tinghui Duan (Herausgeberteam) für die hilfreichen Anmerkungen zum Beitrag.

6 Literatur

Aguado, Karin (2013): Wie wirkt Unterricht? Potential und Grenzen der empirischen Untersuchung des Lehrens und Lernens von Fremdsprachen. In Hoshii, Makiko; Raindl, Marco & Schart, Michael (Hrsg.): *Lernprozesse verstehen. Empirische Forschungen zum Deutschunterricht an japanischen Universitäten*. München: Iudicium, 11–39.

Ahrenholz, Bernt (2017): Sprache in der Wissensvermittlung und Wissensaneignung im schulischen Fachunterricht. In Lütke, Beate; Peterson, Inga & Tajmel, Tanja (Hrsg.): *Fachintegrierte Sprachbildung: Forschung, Theoriebildung und Konzepte für die Unterrichtspraxis*. Berlin: de Gruyter, 1–31.

Ahrenholz, Bernt; Ohm, Udo & Ricart Brede, Julia (2017): Das Projekt „Formative Prozessevaluation in der Sekundarstufe. Seiteneinsteiger und Sprache im Fach" (EVA-Sek). In Fuchs, Isabel; Jeuk, Stefan & Knapp, Werner (Hrsg.): *Mehrsprachigkeit: Spracherwerb, Unterrichtsprozesse, Seiteneinstieg. Beiträge aus dem 14. Workshop Kinder und Jugendliche mit Migrationshintergrund*. Stuttgart: Fillibach bei Klett (Workshop Kinder mit Migrationshintergrund), 253–268.

Altrichter, Herbert & Posch, Peter (2007): *Lehrerinnen und Lehrer erforschen ihren Unterricht. Unterrichtsentwicklung und Unterrichtsevaluation durch Aktionsforschung*. 4., überarb. und erw. Aufl. Bad Heilbrunn: Klinkhardt.

Becker-Mrotzek, Michael; Schramm, Karen; Thürmann, Eike & Vollmer, Helmuth Johannes (2013): Einleitung. In Becker-Mrotzek, Michael; Schramm, Karen; Thürmann, Eike & Vollmer, Helmuth Johannes (Hrsg.): *Sprache im Fach. Sprachlichkeit und fachliches Lernen*. Münster: Waxmann (Fachdidaktische Forschungen), 7–13.

Berendes, Karin; Dragon, Nina; Weinert, Sabine; Heppt, Birgit & Stanat, Petra (2013): Hürde Bildungssprache? Eine Annäherung an das Konzept „Bildungssprache" unter Einbezug aktueller empirischer Forschungsergebnisse. In Redder, Angelika & Weinert, Sabine (Hrsg.): *Sprachförderung und Sprachdiagnostik: Interdisziplinäre Perspektiven*. Münster: Waxmann, 17–41.

Betz, Emma (2015): Indexing epistemic access through different confirmation formats: Uses of responsive *(das) stimmt* in German interaction. *Journal of Pragmatics* 87, 251–266.

Birnbaum, Theresa; Kupke, Juana & Schramm, Karen (2016): Das SERA/ESRA-LehrerInnenbildungsmodell revisited. Konzeption und Evaluation einer Weiterbildungsreihe zur Sprachsensibilisierung von Lehrpersonen in der beruflichen Qualifizierung. In Klippel, Friederike (Hrsg.): *Teaching languages – Sprachen lehren*. Münster: Waxmann (Münchener Arbeiten zur Fremdsprachen-Forschung, Band 30), 145–161.

Caspari, Daniela (2004): Über berufliches Selbstverständnis nachdenken – Entwicklung, Durchführung und Evaluation eines Bausteins für Lehrerfortbildungsveranstaltungen im Bereich Fremdsprachen. *Zeitschrift für Fremdsprachenforschung* 15/1, 55–78.

Deppermann, Arnulf (2008): *Gespräche analysieren. Eine Einführung*. 4. Aufl. Wiesbaden: VS Verlag für Sozialwissenschaften.

Gogolin, Ingrid; Krüger-Potratz, Marianne & Neumann, Ursula (2005): Migration, Mehrsprachigkeit und sprachliche Bildung. Ein Essay über ungehobene Schätze und gute Argumente für die Weiterentwicklung einer pädagogischen Utopie. In Gogolin, Ingrid; Krüger-Potratz, Marianne; Kuhs, Katharina; Neumann, Ursula & Wittek, Fritz (Hrsg.): *Migration und sprachliche Bildung*. Münster: Waxmann (Interkulturelle Bildungsforschung, Band 15), 1–12.

Gogolin, Ingrid & Lange, Imke (2011): Bildungssprache und Durchgängige Sprachbildung. In Fürstenau, Sara & Gomolla, Mechthild (Hrsg.): *Migration und schulischer Wandel.* Wiesbaden: Springer – VS Verlag für Sozialwissenschaften, 107–127.

Knorr, Petra (2015): *Kooperative Unterrichtsvorbereitung. Unterrichtsplanungsgespräche in der Ausbildung angehender Englischlehrender.* Tübingen: Narr Francke Attempto (Giessener Beiträge zur Fremdsprachendidaktik).

Lave, Jean & Wenger, Etienne (1991): *Situated Learning: Legitimate Periphertal Participation.* Cambridge, N. Y.: Cambridge University Press.

Legutke, Michael (1995): Einführung in das Handbuch für Spracharbeit. In Goethe Institut (Hrsg.): *Handbuch für Spracharbeit* Teil 6/1, 1–22.

Legutke, Michael (2016): Auf die Lehrerin, auf den Lehrer kommt es an. In Klippel, Friederike (Hrsg.): Teaching languages – Sprachen lehren. Münster: Waxmann (Münchener Arbeiten zur Fremdsprachen-Forschung, Band 30), 93–111.

Leisen, Josef (2010): *Handbuch Sprachförderung im Fach. Sprachsensibler Fachunterricht in der Praxis; Grundlagenwissen, Anregungen und Beispiele für die Unterstützung von sprachschwachen Lernern und Lernern mit Zuwanderungsgeschichte beim Sprechen, Lesen, Schreiben und Üben im Fach.* Bonn: Varus.

Mohr, Imke & Schart, Michael (2016): Praxiserkundungsprojekte und ihre Wirksamkeit in der Lehrerfort- und Weiterbildung. In Legutke, Michael K. & Schart, Michael (Hrsg.): *Fremdsprachendidaktische Professionsforschung: Brennpunkt Lehrerbildung.* Tübingen: Narr Francke Attempto (Giessener Beiträge zur Fremdsprachendidaktik), 291–322.

Morek, Miriam & Heller, Vivien (2012): Bildungssprache – Kommunikative, epistemische, soziale und interaktive Aspekte ihres Gebrauchs. *Zeitschrift für angewandte Linguistik* 57/1, 67–101.

Reiss, Kristina; Sälzer, Christine; Schiepe-Tiska, Anja; Klieme, Eckhard & Köller, Olaf (Hrsg.) (2016): *PISA 2015. Eine Studie zwischen Kontinuität und Innovation.* Münster: Waxmann.

Salzmann, Patrizia (2015): *Lernen durch kollegiales Feedback: Die Sicht von Lehrpersonen und Schulleitungen in der Berufsbildung.* Münster: Waxmann.

Schmölzer-Eibinger, Sabine; Dorner, Magdalena; Langer, Elisabeth & Helten-Pacher, Maria Rita (2013): *Sprachförderung im Fachunterricht in sprachlich heterogenen Klassen.* Stuttgart: Fillibach bei Klett.

Schön, Donald A. (2009): *The reflective practitioner. How professionals think in action.* Repr. Aldershot, Hants: Ashgate.

Selting, Margret; Auer, Peter; Barth-Weingarten, Dagmar; Bergman, Jörg et al. (2009): Gesprächsanalytisches Transkriptionssystem 2 (GAT 2). *Gesprächsforschung – Online-Zeitschrift zur verbalen Interaktion* 10, 353–402.

Tajmel, Tanja; Starl, Karl & Schön, Lutz-Helmut (2009): Detect the barriers and leave them behind – Science Education in Culturally and Linguistically Diverse Classrooms. In Tajmel, Tanja & Star, Karl (eds.): *Science Education Unlimited. Approaches to Equal Opportunities in Learning Science.* Münster: Waxmann, 67–84.

Tajmel, Tanja (2017): *Naturwissenschaftliche Bildung in der Migrationsgesellschaft: Grundzüge einer Reflexiven Physikdidaktik und kritisch-sprachbewussten Praxis.* Wiesbaden: Springer VS.

Ziebell, Barbara (2006): Leitlinie für erfolgreiche Lehrerfortbildung. In Becker-Mrotzek, Michael; Bredel, Ursula & Günther, Hartmut (Hrsg.): *Kölner Beiträge zur Sprachdidaktik. Mehrsprachigkeit macht Schule 4.* Köln: Gilles & Francke, 31–44.

Wege
in die Aufnahmegesellschaft

Diana Maak, Isabel Fuchs
ich will halt einfach, dass alles gut wird[1] – Eine bildungserfolgreiche Schülerin mit Migrationshintergrund erzählt[2]

1 Einleitung

Das Forschungsprojekt *Mehrsprachigkeit an Thüringer Schulen* (MaTS), das im Auftrag des Thüringischen Ministeriums für Bildung, Wissenschaft und Kultur unter Leitung von Bernt Ahrenholz von Dezember 2011 bis November 2012 durchgeführt worden ist, verfolgte das Ziel, einen vertieften Einblick in die Situation der SchülerInnen nicht-deutscher Herkunftssprache an Thüringer Schulen zu gewinnen (vgl. Fuchs, Maak & Ahrenholz 2014, Ahrenholz & Maak 2013, Ahrenholz et al. 2013, Maak, Ahrenholz & Zippel 2013, Ahrenholz, Hövelbrinks, Maak & Zippel 2013).

Im Rahmen des Forschungsprojekts wurde eine Fülle an Daten erhoben: sprachbiographische Fragebögen, Interviews mit SchulleiterInnen, LehrerInnen und SchülerInnen sowie Videographien von DaZ-Förderstunden. In der Hauptuntersuchung konnten – wie so oft in Forschungsprojekten – leider nicht alle Daten für die Auswertung berücksichtigt werden. Darunter ein Interview mit der Schülerin Alis[3], das sich den Autorinnen des Beitrags nachhaltig einprägte. Auf die Eingangsfrage der Interviewerin *dann wärs ähm als erstes schön wenn du mir n bisschen was zu DIR erzählen würdest* (Z. 1f.) spricht Alis, die zum Zeitpunkt des Interviews 15 Jahre alt ist, 52 Minuten lang ohne Unterbrechung; das gesamte Interview dauert fast zwei Stunden. Aufgrund des doch eher ungewöhnlichen Umfangs sowie aber vor allem aufgrund des ausgeprägt narrativen Charakters erscheint dieses Interview unter den bisher nicht ausgewerteten MaTS-Daten als besonders interessant. Da es darüber hinaus unseres Erachtens relevante Einblicke und Hinweise auf die (scheinbar?) gelungene Integration einer bildungserfolgreichen Schülerin mit Migrations-

---

[1] Z. 1944f., leicht normalisiert.
[2] Unser herzlicher Dank gilt Dr. Willy Viehöver, der uns als externer Experte durch seinen inspirierenden und analytischen Zugang zum Interviewmaterial und anregende Diskussionen bei der Datenanalyse unterstützt hat.
[3] Bei den in diesem Beitrag verwendeten Namen handelt es sich um Pseudonyme.

hintergrund sowie deren Identitätskonstruktion und -konstitution[4] liefert, soll das Interview im Rahmen des vorliegenden Beitrags analysiert werden.

Im Mittelpunkt der Analyse steht die Frage, ob die nach äußerlichen Kriterien gut in das deutsche Bildungssystem und die deutsche Gesellschaft integrierte Schülerin Alis sich selbst als Teil dieser begreift und welche Rolle ihre Lebens- bzw. Migrationsgeschichte bei dieser Positionierung spielt.[5]

Der Beitrag folgt dem chronologischen Forschungsprozess bei der Analyse des Interviews. So wurden verschiedene Analysezugänge erprobt und angewendet, um dem Erkenntnisinteresse gerecht zu werden, wobei jedes Analyseverfahren weitere Erkenntnisse zu Tage brachte. Anwendung fanden die Narrationsanalyse nach Schütze (Abschnitt 2), die Analyse der erzählerischen Ordnung der chronologischen Biographie Alis' (Abschnitt 3) und der Akteure sowie Akteurskonstellationen (Abschnitt 4) sowie die Untersuchung von Gruppen- und Zugehörigkeitskonstruktionen anhand der Betrachtung nominaler und pronominaler Selbst- und Gruppenreferenzen (Abschnitt 5). Die ersten beiden Analysezugänge fokussieren vornehmlich Alis selbst. Die beiden weiteren Zugangsweisen erweitern den Blick auf das (personelle) Umfeld von Alis und liefern zusätzliche Hinweise auf ihre Identiät(-skonstruktion) sowie Fremd- und Selbstpositionierungen. Da bewusst ein offener Zugang zu den Daten gewählt wurde, erfolgt die Thematisierung von relevanten Forschungserkenntnissen und Theorien nicht

---

4 Der Terminus *Identität* wird in vielen Disziplinen verwendet und facettenreich erforscht. Mit Vignoles, Schwartz und Luyckx verstehen wir Identität als die Antwort auf die Frage „Who are you?" und als „[...] simultaneously a personal, relational, and collective phenomenon; it is stable in some ways and fluid in others; and identity is formed and revised throughout the lifespans of individuals and the histories of social groups and categories, through an interplay of processes of self-discovery, personal construction, and social construction, some of which are relatively deliberate and explicit, whereas others are more automatic and implicit." (2011: 2; 8). Identitätskonstitution stellt in unserem Verständnis einen permanenten konstruktiven Prozess dar, der interaktiv verankert ist (vgl. auch Auer & Di Luzio 1986: 327, vgl. auch König 2014: 44). Ferner folgen wir McAdams und seiner Auffassung einer narrativen Identität: „Narrative identity is the internalized and evolving story of the self that a person constructs to make sense and meaning out of his or her life. The story is a selective reconstruction of the autobiographical past and a narrative anticipation of the imagined future that serves to explain, for the self and others, how the person came to be and where his or her life may be going." (2011: 99). Zwar geht McAdams davon aus, dass etwa im Alter von 20 Jahren begonnen wird, an der Geschichte des eigenen Lebens zu arbeiten, allerdings zeigen die Ausführungen im Beitrag, dass auch im Fall von Alis bereits entsprechende Funktionen der Narration vorliegen.

5 Zentrale Grundlagen bezüglich des Bildungsaufstiegs im Allgemeinen finden sich im Band von Gerhartz-Reiter (2017); Erkenntnisse zu Bildungserfolg im Kontext von Migration liefern die Beiträge in Matzner (2012) und erweitert um das Thema Adoleszenz der Band von King und Koller (2009) sowie die Studien von Tepecik (2011), Hummrich (2009) und Mannitz (2006).

vorab, sondern im Rahmen der Vorstellung und Diskussion der Ergebnisse. Dabei werden jeweils zunächst im ersten Teilkapitel Hinweise zur konkreten Vorgehensweise gegeben und im zweiten Teilkapitel die Ergebnisse präsentiert.

2 Narrationsanalyse nach Schütze

2.1 Methodisches Vorgehen

Biographieforschung rekonstruiert sowohl den tatsächlichen Lebenslauf von Personen als auch die damit verbundenen subjektiven Wahrnehmungen und Deutungen der Biographieträger bezogen auf ihre eigene Lebensgeschichte (Kleemann et al. 2009: 68, Schütze 1983: 284). Die Lebensgeschichte von Alis kann dabei (soziologisch) interessante Hinweise auf die Frage geben, welchen Einfluss Migrationserfahrungen und -geschichte auf die Identitätsentwicklung auch von verhältnismäßig jungen Menschen nehmen. Die Berücksichtigung ihrer Perspektive kann ferner wichtige Hinweise auf das Leben in der Aufnahmegesellschaft und damit Antworten auf Fragen sowie ggf. Gelingensbedingungen von Integration liefern.

Bei narrativen Interviews als Erhebungsform in der Biographieforschung handelt es sich um „[...] ein maximal-offenes Verfahren [...], bei dem der Befragte selbst den Gesprächsverlauf entfaltet und gestaltet, um dessen Handlungserleben und -begründungen rekonstruieren zu können" (Reinders 2005: 104). Zur Erforschung von Fragen zu Bildungserfolg im Kontext von Migration stellen narrative Interviews ein gängiges Verfahren dar (vgl. z.B. El-Mafaalani 2012 und Hummrich 2009). Das Interview mit Alis kann als eines mit stark narrativem Charakter angesehen werden, da die Befragte im Rahmen einer ersten Stegreiferzählung selbstständig den Gesprächsverlauf sowie die Themenwahl und deren Chronologie bestimmt und sich auch die Nachfragephase stark an den von ihr eingebrachten Themen orientiert. Dabei zeigt sich, dass Alis eigenständige Erzählungen in ihrer Zweitsprache Deutsch zu generieren vermag und diese auch strukturieren kann. Ferner verfügt sie über gute Ausdrucksfähigkeiten sowie eine hohe Mitteilungsmotivation – all dies ist für Jugendliche nicht selbstverständlich (Reinders 2005: 208).

Dementsprechend liegt auch ein narrationsanalytischer Zugang zu den Interviewdaten nahe.[6] Dieses methodische Vorgehen hat sich außerdem für die Aus-

---

[6] Das Vorgehen hat sich auch für die Analyse von Interviews mit Jugendlichen als sinnvoll erwiesen (vgl. exemplarisch die Arbeit von Rosenthal et al. 2006).

wertung von Interviews mit Menschen mit Migrationshintergrund in Bezug auf Aspekte der sprachlichen Konstruktion von Identität als ertragreich erwiesen (vgl. z. B. König 2014). Daher wurde das Interview zunächst vollständig transkribiert,[7] die Transkription kontrolliert, und im Anschluss wurden die ersten vier Phasen der Narrationsanalyse nach Schütze (Kleemann et al. 2009: 64ff., Hermanns 1992, Schütze 1983: 286ff.) – formale Textanalyse, strukturelle inhaltliche Beschreibung, analytische Abstraktion und Wissensanalyse – durchgeführt. Beide Autorinnen wendeten alle vier Schritte zunächst individuell auf das Datum an. Im Anschluss daran wurden im Rahmen von Datensitzungen die Ergebnisse aller Phasen verglichen und diskutiert. Dies erfolgte zunächst zu zweit und daran anschließend mit einem Experten. Im Fokus der Auswertung steht die Herausarbeitung dessen, welche Prozessstrukturen des Lebenslaufs nach Schütze für Alis' Narration überwiegen. Ziel ist es dabei, zu analysieren, ob die Biographieträgerin Lebensabschnitte in ihrer eigenen Wahrnehmung aktiv gestaltet oder reaktiv erduldet (Kleemann et al. 2009: 68f.). Schütze unterscheidet vier idealtypische Prozessstrukturen (Kleemann et al. 2009: 769ff.): Erstens das *institutionelle Ablaufmuster*, welches ein selbst gewähltes Hineinbegeben in einen institutionalisierten biographischen Ablauf und anschließendes Handeln entsprechend den institutionellen Vorgaben beinhaltet. Zweitens das *biographische Handlungsmuster*, welches durch selbst initiierte und gesteuerte Entwicklung jenseits institutionalisierter Vorgaben gekennzeichnet ist. Drittens handelt es sich bei der *Verlaufskurve* mit Schütze (1983: 288) um das „Prinzip des Getriebenwerdens durch sozialstrukturelle und äußerlich-schicksalhafte Bedingungen der Existenz", wobei Personen in Abläufe geraten, die durch äußere Existenzbedingungen den biographischen Ablauf bestimmen und das Subjekt selbst über keine bzw. kaum Kontrolle verfügt (Kleemann et al. 2009: 71). Schütze unterscheidet ferner negative Verlaufs- bzw. Fallkurven und positive Verlaufs- bzw. Steigkurven; erstere erleben Individuen als ausweglose Situationen, in denen ein aktives Gegensteuern nicht möglich ist, letztere als schicksalhafte Bedingungen, aus denen sich neue Handlungs- und Entwicklungsmöglichkeiten ergeben. Als vierte Struktur führt Schütze den *biographischen Wandlungsprozess* an, wobei es sich um Übergangsphasen handelt, in denen aufgrund von Veränderungen der Handlungsmöglichkeiten bzw. der Wahrnehmung dieser biographische Handlungsfähigkeit wiedererlangt wird.

---

[7] Die verwendete Transkriptionskonvention orientierte sich am GAT-Basistranskript (Selting et al. 2009). Auf die Markierung von Glottalverschlüssen wurde jedoch verzichtet. Das Transkriptionsverhältnis betrug ca. 1:11.

2.2 Ergebnisse

Für eine erste Orientierung wird Alis' Lebensgeschichte im Folgenden knapp vorgestellt. Alis ist zum Zeitpunkt des Interviews gerade 15 Jahre alt geworden. Sie ist nach eigenen Angaben in Russland geboren und im Alter von zwei Jahren zusammen mit ihrer Mutter nach Deutschland gekommen. Sie hat zunächst zehn Jahre in einem Asylheim gelebt. In diesem ist sie auch in den Kindergarten gegangen. Nach dem Besuch einer staatlichen Grundschule ging sie an eine Regelschule über, von der aus sie auf das Gymnasium wechselte, in welchem sie zum Zeitpunkt des Interviews die achte Klasse besucht. Ihr Vater war ihren Angaben zufolge zehn Jahre in Russland inhaftiert, bevor er vor einem Jahr nach Deutschland kam. Alis hatte in der Zeit seines Gefängnisaufenthaltes keinen Kontakt zu ihm. Ihre weitere Familie lebt in Armenien und Alis spricht auch Armenisch als Erstsprache.

Bezogen auf die vier idealtypischen Prozessstrukturen des Lebenslaufs kann die Biographie von Alis als Verlaufskurve beschrieben werden. Der Lebenslauf von Alis wird einerseits maßgeblich von ihrer Mutter bestimmt, die die Entscheidung zur Migration sowie zentrale Entscheidungen für Alis' Schullaufbahn trifft. Andererseits bestimmt der deutsche Staat bzw. seine Gesetzgebung nachhaltig die Rahmenbedingungen für die Lebenssituation Alis' und ihrer Mutter. So steht es ihnen aufgrund eines unsicheren Aufenthaltsstatus zehn Jahre lang nicht frei, das Asylheim zu verlassen und in eine Unterkunft ihrer Wahl zu ziehen. Nicht ganz eindeutig ist, inwiefern es sich um positive oder negative Verlaufskurven handelt. Die Eingriffe seitens der Mutter werden narrativ stets als positiv eingeschätzt, die Eingriffe seitens des Staates bzw. staatlicher Institutionen teilweise als positiv und teilweise als negativ eingeordnet. So kritisiert Alis sehr stark die Segregation im Asylheim, die sich durch den eigens für dieses und in diesem angelegten Kindergarten ergibt: *warum zu teufel baut man ein eigenes kindergarten in einem asylheim die kinder müssen unter deutschen kinder ko=kommen um die deutsche SPRAche auch besser zu lernen* (Z. 2168–2173). Dabei ergibt sich aus der mangelnden Förderung bzw. den fehlenden (Bildungs-)Möglichkeiten im Asylheim eine wahrgenommene Perspektivlosigkeit:

> weil jeder von uns auch wenn es so ähm scheint als hätten wir NICHTS sozusagen gehabt und auch als hätten wir sozusagen keine perspektive weil wir=weil man uns nicht so gefördert hat so wie=wir hatten halt keinen gitarrenunterricht bekommen; und KEINEN ähm klavierunterricht oder tanzunterricht bekommen; und so als wären wir total perspektivlos kams mir dann so vor (Z. 292–300).

Aufgrund ihres unsicheren Aufenthaltsstatus empfinden Alis und ihre Mutter eine Abhängigkeit vom Staat und seinen Institutionen, die zu grundlegender Verunsicherung und Angst führt:

> wir kriegen halt so bestimmte ausweise; die müssen wir immer für jahr für jahr verLÄN-
> GERN und das kostet glaub ich fünfzig vierzig EURO; und die immer zu verLÄNGERN und
> das is halt auch nich WENIG wenn man das so sieht (.) und ähm naja als wir halt in diesem=
> in dieser in dieser behörde waren; wurde meine mama halt so reingeschickt und ich hatte
> so=das is immer so das war immer so ein KALTES GEFÜHL und immer diese ANGST die
> immer auftrat und weil meine mutter auch immer so verZWEIFELT war weil wir hatten
> IMMER angst JEDER augenblick konnte es sein=weil wir=ich hab TAUSENDE freunde und
> verwandte gesehen die dann auf einmal NACHTS wurden die dann geweckt und gesagt,
> PACKT eure sachen ihr ihr wir jetzt zurück nach=in ihre heimat geschickt (.) und JEDE nacht
> bevor=bevor wir zum schlafen gegangen sind müssen wir halt immer mit dieser ANGST
> rechnen; is IMMERnoch so die können uns JEDER zeit immer noch in unsere heimat zurück
> schicken (.) wir ham nie diese sicherHEIT (.) obwohl ich nich denke dass die uns jetzt wieder
> <<fragend> zurück schicken> weil ich fühl mich jetzt irgendwie sicherer; weil wir jetzt auch
> ne wohnung haben und so (.) mama arbeitet jetzt auch und ich denke jetzt nicht dass die
> uns zurückschicken ABER MAMA denkt das immer noch; (Z. 771–798).

Alis wirkt hin- und hergerissen zwischen von ihr als eher negativ erlebten äußeren Zwängen bzw. Bedingungen und zahlreichen positiven Erlebnissen und Entwicklungen, die häufig durch einzelne unterstützende Personen zustande kommen, wie etwa durch einen Praktikanten im Asylheim. Er hat sich „bei den CHEFS" für die Kinder eingesetzt und erwirkt, dass sie eine Freizeitfahrt in eine Jugendherberge unternehmen können (Z. 267–279). Die folgende Äußerung illustriert, wie Alis ihre Dankbarkeit gegenüber hilfsbereiten deutschen Personen äußert:

> also ich mag deutschland SEHR !UND! es gibt ganz ganz viele nette leute hier? !UND! und
> und (-) ich bin darüber sehr sehr glücklich dass ich hier leBE (-) weil ich HIER meine
> zuKUNFT !HABE! und meine eltern sind auch ganz ganz glücklich dass sie hier LEBEN und
> die haben auch ganz ganz viele personen kennenGELERNT die ganz ganz NETT sind und
> immer HILFE angeboten haben (-) (Z. 1078–1086).

Solche Äußerungen könnten als ein Gegengewicht zu negativen Erlebnissen dienen. Sie könnten auch als Indikator für ihre noch immer existierende Angst vor einer Abschiebung gewertet werden. Sie scheint das Äußern ihrer Dankbarkeit als starkes Bedürfnis zu empfinden und somit auch zu vermitteln: ‚Seht her. Ich bin gut integriert, ich bin dankbar, ich bin keine Gefahr – es gibt keinen Grund, mich aus Deutschland auszuweisen.' Es sind hier also mindestens zwei Lesarten bzw. auch Funktionen solcher Aussagen denkbar. Einerseits handelt es sich um eine erlebte Ressourcenstärkung durch das Engagement Einzelner (positive Verlaufskurve) und andererseits könnte es sich um einen Effekt sozialer Erwünschtheit handeln, indem die positive Sicht auf das Zielland immer wieder besonders hervorgehoben wird.

Als Kind und Jugendliche mit begrenzten Handlungsmöglichkeiten war und ist Alis äußeren Einflüssen in der Regel ausgeliefert. Für Beteiligungen an Entscheidungen, die auf biographische Wandlungsprozesse im Sinne von Schütze schließen lassen würden, finden sich keine Belege in den Daten. Allerdings ist denkbar, dass sich Alis zum Zeitpunkt des Interviews in einem Wandlungsprozess befindet, da sie auf dem Gymnasium stärkere Autonomie hinsichtlich ihrer Biographiegestaltung sowie stärkere „Macht" bezogen auf ihre biographische Narration zu erlangen scheint. Einerseits ist es ihr am Gymnasium eher möglich, eigene Entscheidungen zu treffen, z. B. ob sie am DaZ-Förderunterricht teilnimmt oder nicht. Und andererseits scheint sie sich nun selbst in der Rolle der Erzählerin, deren Erzählung andere beeinflusst, zu erleben. Dies lässt sich unter anderem daran festmachen, dass Alis drei Wochen vor dem Interview auf einer Klassenfahrt war, im Rahmen derer sie sich ihren MitschülerInnen geöffnet und ihre Geschichte erzählt hat. Dabei gibt es eine Passung von Selbstdarstellung und Fremdwahrnehmung als immer gut gelauntes Mädchen:

> ähm als ich dann anastasia und ju:le und den anderen das halt erklärt hab warum wir halt so sind wie wir sind und so ja und danach ham die dann gesagt (.) die meinten dann halt so (.) das WUSSten wir auch garNICHT und die ham so (.) ich glaube wir ham SIE auch bisschen zum NACHdenk=denken angeregt weil Jana meinte zu mir dann so ähm naja (.) das is irgendwie=ihr seid immer so GLÜCKli:ch und wir wir haben alles und sind trotzdem immer so bockIG und so: und ähm meinte dann so ihr seid so GLÜCKlich und äh sch=s=sie hat es dann so=so=so anders gesehen (.) das ganze und ich denke auch dass sie das auch mehr zu schätzen gewusst geLERNT hat=also sie hat es mehr zu sch=schätzen gewusst nachDEM wir das erzählt haben wie WIR gelebt haben (.) was SIE jetzt hat (.) ich denke das auf jeden fall weil ähm wenn=wenn man das jetzt von den lehrern hört (.) ja in AFrika die KINdern den gehts doch auch schlecht (.) also schätzt das lieber was ihr hier habt (.) das nimmt keiner ernst (.) da hören die mal EINmal so hin und denken so (.) ham dann erstmal so mitgefühl mit den kindern in afrika (.) ja das stimmt doch schon (.) ja die afrikanischen kinder die hams ja voll schlecht dort (.) aber im ENDeffekt nach zwei minuten ham dies verGESSEN und da=aber wenn die=wenn die jetzt eine perSON die das wirklich erLEBT hat ihnen das=mitten ins gesicht schaut und das auch wirklich voller schmerzen dann auch sagt weil ich hab dann nur DIE sachen aufgezählt die wirklich nicht so SCHÖN waren (.) denn=dann haben die halt auch n anderes nen anderen BLICKwickel und ich denke (.) dadurch ham die das auch n bisschen mehr zu schätzen gewusst (Z. 2359–2393).[8]

Das Zitat belegt, dass für Alis die Erzählung ihrer Geschichte mit einer Art Bildungsauftrag sowie einem Gefühl der Macht zur Veränderung einhergeht, da sie davon ausgeht, dass ihre MitschülerInnen nun ihre eigenen Lebensbedingungen besser zu schätzen wüssten. Alis hat positive Reaktionen auf das Mitteilen ihrer Geschichte sowie (auch) ihrer Ängste und Probleme erfahren, da ihre MitschülerInnen verständnisvoll und interessiert reagiert haben. Es ist denkbar, dass ebendieses zum Interviewzeitpunkt noch nicht lang zurückliegende Erlebnis Auswir-

---

8 Auffällig ist, dass sich Alis hier mehrfach aus einer wir-Perspektive äußert, vgl. dazu auch Abschnitt 5.

kungen auf den Interviewverlauf gehabt hat. Auch das Interview selbst stellt möglicherweise einen Baustein mit Blick auf ihre Persönlichkeitskonstruktion dar, da es signalisiert ‚Du bist wichtig. Wir möchten deine Perspektive hören.' Alis' hohe Narrationsbereitschaft könnte folglich auch darin begründet liegen.[9]

Mittels der Narrationsanalyse nach Schütze konnten erste Systematisierungen mit Blick auf Alis' Lebensgeschichte erarbeitet werden. Dabei ist zu berücksichtigen, dass sich Alis zum Zeitpunkt des Interviews in einem jugendlichen Alter und somit in einem Identitätsbildungsprozess befindet,[10] im Rahmen dessen sie erst beginnt, ihre Lebensgeschichte als Geschichte zu erzählen. Um das Verhältnis von Erlebtem und Erzähltem zu untersuchen, halten wir eine Gegenüberstellung von erzählter und chronologischer Biographie für gewinnbringend.

3 Erzählte und chronologische Biographie von Alis

3.1 Methodisches Vorgehen

Um weiterführende Hinweise darauf zu erhalten, welche biographischen Ereignisse bzw. Themen in Alis' Narration (z. B. durch häufige Thematisierung) als relevant gesetzt werden, erfolgt in diesem Kapitel eine gegenüberstellende Analyse von erzählter und chronologischer Biographie. Dabei verstehen wir mit Viehöver (2012) „Erzählung" in diesem Beitrag „[...] als eine (zweckgerichtete) *kommunikative* Handlung [...], die, vermittelt über den narrativen »Text«, Beziehungen zwischen (sozialen) Akteuren und/oder (diskursiven) Feldern stiftet bzw. entfaltet." (Viehöver 2012: 66, Hervorhebungen im Original, Anm. der Verf.).

In Anlehnung an die Arbeiten Ricœrs sieht Viehöver (biographische Selbst-)Erzählungen somit als Geschichten, auf welche narrative Modelle angewendet werden können, um Anhaltspunkte zum Selbstverständnis des Erzählenden bzw. zu individueller oder kollektiver Identitätskonstitution zu erlangen, wobei diese

---

[9] Mit König (2014: 65) besteht in jeder Gesprächssituation und jedem Gesprächspartner gegenüber die Notwendigkeit zur Neukonstitution oder Erhaltung der Individualität und Identität. Das Interview gibt Alis also Gelegenheit zur Identitätskonstitution und zwingt sie gleichermaßen dazu.

[10] Die Identitätsfindung wird auch als zentrale Aufgabe in der Adoleszenz beschrieben (zum Beispiel in den Arbeiten von Erik Erikson, vgl. Erikson 2003) und im Kontext von Migration als „verdoppelte Transformationsanforderung gesehen (King & Koller 2009: 11, bezugnehmend auf King & Schwab 2000).

Ergebnisse stets als Interpretation zu betrachten seien (Viehöver 2012: 65f., 99, 113). Für die Erarbeitung von Interpretationsansätzen schlägt Viehöver verschiedene Analysefoki vor (Viehöver 2012: 68). Für den vorliegenden Beitrag haben wir aus diesen Vorschlägen die Gegenüberstellung der chronologischen Ereignisordnung und der Anordnung in der Erzählung sowie die Untersuchung des in der Geschichte „handelnden Personals" (vgl. Abschnitt 4) gewählt.

Bisher wurden lediglich einige Eckpunkte von Alis' Biographie geschildert. Um aufzuzeigen, wie Alis ihre Geschichte erzählt und wie sich ihr chronologischer Lebenslauf dazu verhält, wurde das Interview noch einmal diesbezüglich analysiert. Grundlage dafür boten die Ergebnisse der formalen Textanalyse und strukturellen inhaltlichen Beschreibung im Rahmen der Narrationsanalyse (vgl. Abschnitt 1), welche entsprechend verdichtet und systematisiert worden sind. Abbildung 1 (siehe S. 182) stellt die Chronologie von Alis' Lebenslauf der Chronologie ihrer Erzählung im Rahmen der Narration gegenüber. Nach 52 Minuten erfolgte im Interview der Übergang von der Stegreiferzählung zur Nachfragephase, im Rahmen derer Alis allerdings ebenfalls zum Teil sehr ausführliche narrative Passagen produziert.

3.2 Ergebnisse

Die Durchsicht des chronologischen Lebenslaufs zeigt zunächst, dass ihre Bildungslaufbahn und die damit verbundenen Bildungsinstitutionen zentrale Ordnungselemente für Alis darstellen. Als Wendepunkte markiert Alis den Verbleib in einer Grundschule mit geringem Ausländeranteil und den Wechsel von der Regelschule auf das Gymnasium.[11]

Die Chronologie der Erzählung weist starke Sprünge auf. Es wird deutlich, dass die Erzählung mehrmals zu dem von Alis als nicht-autonom empfundenen Heimleben mit seinem Belastungserleben zurückkehrt. Entsprechend stellt auch der Auszug von Mutter und Tochter in eine eigene Wohnung einen Wendepunkt dar. Außerdem bezieht sich Alis immer wieder auf die Lebenssituation vor der Migration nach Deutschland und damit vor ihrer eigenen bewussten Erinnerung. So rekonstruiert sie aus Aussagen der Mutter und des Vaters beispielsweise den Umzug ihrer Eltern von Armenien nach Russland. Ebenso wird die Beziehung zum Vater mehrfach angesprochen. Dies resultiert auch aus den Nachfragen, die

---

[11] Die Schule als Interviewort legt das Thema Bildungslaufbahn sicher auch nahe. Gleichzeitig sind die genannten Wendepunkte sicher für viele Jugendliche biographisch relevant und erzählenswert.

die Interviewerin im Anschluss an die Stegreiferzählung formuliert. Die Umstände für die Inhaftierung des Vaters bleiben ebenso unklar wie die Umstände der Freilassung und Wiedervereinigung der Familie nach zehn Jahren, in denen kein Kontakt zum Vater bestand.

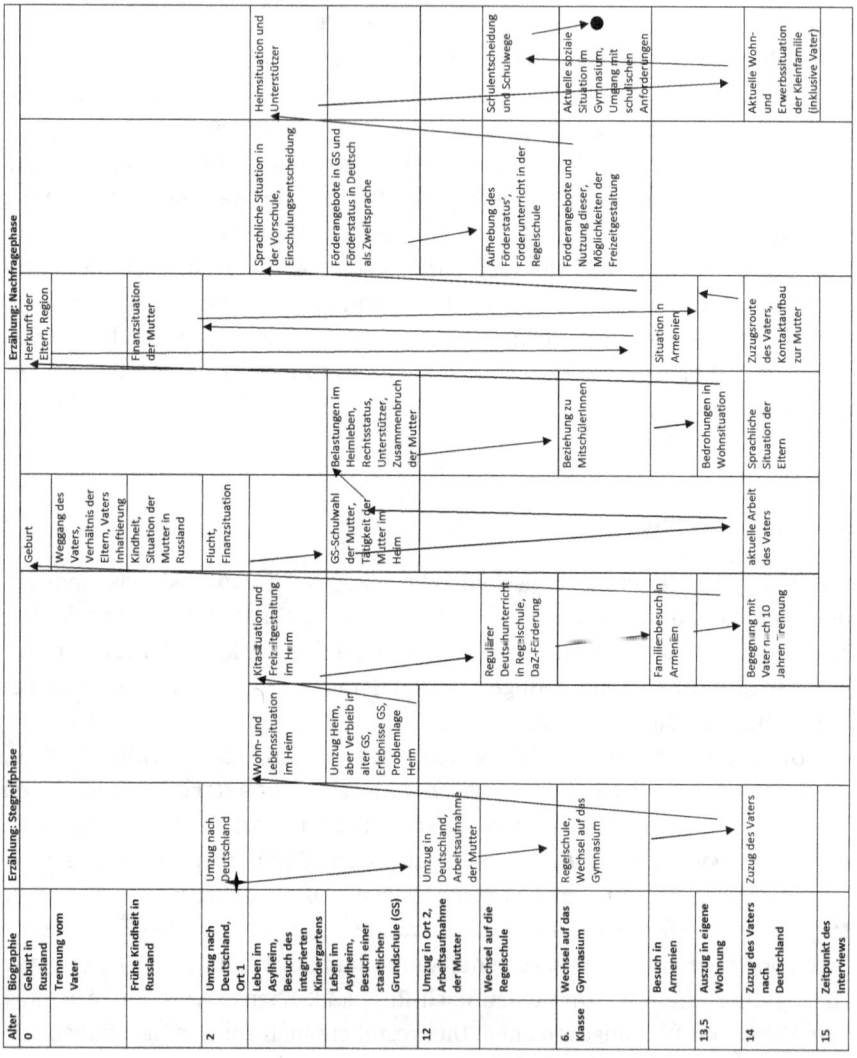

Abb. 1: Darstellung zu Alis' Lebensgeschichte – biographische und erzählerische Ordnung im Vergleich

4 Akteure der Geschichte

4.1 Methodisches Vorgehen

Für die Analyse von Narrationen relevant ist auch die Untersuchung des „Personal[s], das (typische) Handlungen ausführt und typische Rolle[n] einnimmt" (Viehöver 2012: 68). Nachfolgend wird das Personal unter dem Terminus *Akteur* untersucht. Darunter sind Personen oder auch Institutionen zu verstehen, die im Rahmen der erzählten Lebensgeschichte von Alis eingeführt werden. Sie können ferner Haupt- oder Nebenrollen einnehmen. In Hauptrollen werden im vorliegenden Beitrag solche Akteure gesehen, die besonders häufig in der Narration erwähnt werden, außerdem, z. B. durch Beschreibungen, näher charakterisiert werden und bzw. oder eine prominente Rolle einnehmen, indem sie in prägnanten Erzählpassagen auftreten.[12]

Um dem nachzugehen, erfolgte eine explorative Analyse mittels induktiver Kodierung direkt am Datenmaterial. So werden im Rahmen dieser Inhaltsanalyse die interessierenden Bedeutungsaspekte herausgefiltert (Früh 2011: 124) und verdichtet. Kodiert wurden alle Vorkommen von Einzelpersonen wie auch Personengruppen (z. B. die LehrerInnen), zu letzteren gehört auch die Nennung von Personengruppen im Allgemeinen (z. B. die Tanzgruppe). Ferner wurden Institutionen kodiert, da sich eine Schnittmenge zwischen Personen und Institution ergab. Als Datengrundlage diente ausschließlich die Stegreiferzählung, weil diese als unbeeinflusst angesehen werden kann und Alis hier die für sie persönlich wesentlichen Akteure einführt. Für die Interpretation der Ergebnisse werden ggf. auch Alis' Aussagen aus der Nachfragephase hinzugezogen, wenn diese relevant erscheinen.

4.2 Ergebnisse

Im Wesentlichen ergibt die Analyse vier relevante Kategorien, in diesem Fall Akteursgruppen bzw. -felder: erstens die Familie, zweitens Personen(-gruppen) im Asylheim, drittens Sonstige, hierunter z. B. LehrerInnen und Freunde, sowie viertens Nationalitäten-Gruppen, wobei konkret Deutsche und Ausländer unterschieden werden. Auf Letztere wird in Kapitel 5 noch näher eingegangen. Tab. 1 gibt einen Überblick über die vorgenommenen Kodierungen.

---

[12] Wir verfolgen keine systematische Zuordnung zu in der Erzähltextanalyse beschriebenen Rollenprofilen und Handlungstraditionen (vgl. z. B. das Aktantenmodell nach Greimas 1971). Als prägnante Erzählpassagen sind z. B. umfangreiche Erzählungen singulärer Ereignisse zu verstehen.

Tab. 1: Akteursfelder und Akteure in Alis' Narration

Akteursgruppe / Akteursfeld (Anzahl. Kodierungen gesamt)	Person/Gruppe	Subgruppe/spezifische Person der Gruppe	Anzahl Kodierungen (absolut)
Familie (83)	Unspezifisch Familie		3
	Meine Mama/meine Mutter		44
	Mein Vater		14
	Meine Eltern		11
	Die Leute in der Heimat/ Verwandte		8
	Meine Kinder		3
Asylheim (29)	Unspezifisch Asylheim		2
	Neue Leute/junge Männer		6
	Kinder/Schüler im Asylheim		6
	ErzieherInnen im Asylheimkindergarten		4
		Student/Praktikant	4
	Aufpasserin im Heim		2
	Tanzgruppe		2
	Familien im Asylheim		2
	Chefs im Asylheim		1
Sonstige (49)	Unspezifisch Sonstige		10
	LehrerInnen		9
	Behörde/Männer in Anzügen		7
	nette Person/nette Personen/Leute		7
	Freunde		7
	Brandstifter		3
	Helfer (ehemalige Asylanten)		2
	Bekannte		1
	Anwalt		1
	Nachbar, älterer Mann		1
	Personen, die zurückgeschickt werden		1
Gruppen von Nationalitäten (27)	Die (anderen) Deutschen		7
		Assifamilien/Hartz IV	4
	Die deutschen Kinder (MitschülerInnen)		11
	Die Ausländer		4
	Die ausländischen Kinder		1
Kodierungen Gesamt			188

Mit 83 Kodierungen stellt die Familie für Alis ein zentrales Akteursfeld dar. Die quantitativ mit Abstand wichtigste Hauptrolle spielt mit 44 Nennungen die Mutter von Alis. Auch der Vater (n=14 Kodierungen) sowie die Eltern als Einheit (n=11) nehmen wesentliche Rollen ein. Auffällig ist, dass auch bereits ihre zukünftigen Kinder von Alis thematisiert werden.

Aus Alis' Erzählungen geht ihre Mutter einerseits als starke, entscheidungsfähige Frau hervor, die die Schullaufbahn ihrer Tochter maßgeblich beeinflusst, da sie sich immer wieder den Vorschlägen von außen widersetzt und eigenständige Entscheidungen für ihre Tochter trifft. Alis gibt an, die Mutter habe sich auch ohne Zustimmung des Vaters für die Migration nach Deutschland entschieden. Sie ist mit dem Ziel, Geld zu verdienen und dann wieder in ihre Heimat zurückzukehren, nach Deutschland gekommen. Aus Alis' Sicht bildet das Glück der Tochter die entscheidende Handlungsmotivation der Mutter (*meine mutter hat ALLES für mich gemacht damit damit ich GLÜCKLICH bin. Z. 650–652*). In Deutschland angekommen setzen ihr aber die Rahmenbedingungen (Wohnen im Asylheim, fehlende Arbeitserlaubnis) zu, sodass ein zentrales Motiv der Narration andererseits das Leiden der Mutter darstellt. Mehrfach erwähnt Alis, dass es schwer oder schlimm für ihre Mutter war, die schließlich mit ihren Nerven am Ende ist: *da war es wirklich SO derMAßEN schlimm (.) dann hat meine mama dann halt auch gesagt hm ich WILL es halt nicht mehr und ich KANN es auch nicht mehr (Z. 895–898)*. Insgesamt zeigt sich, dass das Leiden der Mutter auch Auswirkungen auf Alis hat: *WEILS es waren ganz ganz viele NÄCHTE wo mama dann halt so SAß und immer geWEINT hat und immer und immer wieder und ähm naja das geht halt an einem nicht spurlos vorbei (Z. 883–887)*.

Wenn Alis von ihrem Vater spricht, dann stehen im Vordergrund der Narration dessen Abwesenheit sowie Aspekte des Lebenslaufs; so etwa, dass ihr Vater nach Russland geflüchtet sei, um die Familie zu ernähren. Er habe dann dort 10 Jahre unschuldig im Gefängnis gesessen und jetzt in Deutschland durch die Hilfe ihrer Mutter Arbeit in einer Küche gefunden. Eine weitere Charakterisierung ihres Vaters liefert Alis nicht, was im Gegensatz zu den vielfältigen Beschreibungen der Mutter steht. Im Rahmen der Nachfragephase erzählt Alis, dass die Situation für sie schwierig sei, dass sich ihr Vater aber sehr viel Mühe gebe, eine Beziehung zu ihr aufzubauen und sie ihn möge:

> sehr schwer (.) SEHR sehr schwer (.) ähm es fällt mir echt nicht leicht und fällt mir auch ganz schwer PAPA zu nennen; is ganz ganz schwer für mich; hm NA all=alle sagen so ja darfst deinem papa nicht die !SCHULD! dafür geben; !GEB! ich ja auch nicht weil irgendwie war es ja auch nicht seine schuld dass er dann auf einmal zehn jahre dann im KNAST saß (.) das war ja auch wirklich nicht seine schuld (.) und ähm (.) ja aber es is trotzdem immer noch schwe:r (.) [...] aber das fällt mir wirklich ganz ganz ganz schwer aber ich

> f=ich mag meinen papa ((lacht)) ich MAG ihn eigentlich ganz dolle (.) JA (.) also ich hab kein proBLEM mit ihn und er is auch ganz nett und verSUCHT auch die Kl= verLORENEN jahre irgendwie aufzuholen (.) und versucht immer so ganz= das BESTE daraus zu machen (Z. 1365–1390).

Alis hat an ihren Eltern gesehen, *wie wie es SCHIEF laufen kann (.) also wie es nicht halt= so günstig laufen kann (.)* (Z. 507–509) und möchte diese stolz machen und etwas zurückgeben, etwa indem sie sie finanziell unterstützt, wenn sie später selbst eine Arbeit hat. Auch in der Nachfragephase führt Alis dies noch einmal nachdrücklich aus – auch die damit verbundene Angst, ihre Eltern zu enttäuschen bzw. zu versagen:

> ich weiß nicht ich hab einfach angst (.) hm weil man hat auch SO ne LAST auf dem rücken ähm weil man will halt seine eltern nicht enttäuschen (-) ich=ich will das nicht das würde=das würde mir glaube ich das herz brechen (-) NOCH mehr als das meinen eltern wahrscheinlich brechen würde (.) SIE so enttäuscht zu sehen (.) nein das könnte ich nicht (-) deswegen hab ich angst zu versagen das is irgenwie ganz komisch (Z. 1927–1936).

Trotz der starken Verbundenheit oder vielleicht auch gerade aufgrund dieser macht Alis ihren Eltern eine Art Vorwurf, nämlich, dass diese denken, sie könnten „die ganzen Schmerzen" vor ihr verschweigen:

> mama dachte das geht alles an mir vorBEI so (.) ich würde es nicht mitbekommen (-) und hm keine ahnung (.) das denken halt ALLE eltern so (.) die versuchen auch alles HEIMLICH zu halten und den kindern das halt nicht so schwer zu machen aber (-) man HÖRT das natürlich vor allen dingen wenn man dann in n bestimmten alter kommt macht man sich dann SELBER sorgen und denkt so ja (-) oh GOTT MAN waRUM waRUM denn nur (.) (Z. 912–921).

Dieser Vorwurf wird nicht explizit als solcher von Alis formuliert, wie das Zitat belegt. Vielmehr fühlt sie sich auch hier in ihre Eltern bzw. in Eltern im Allgemeinen ein, die nur das Beste für ihre Kinder wollen. Gleichwohl könnte man hier dafür argumentieren, dass sie sich im Konflikt befindet zwischen der ihr zugewiesenen Rolle des geschützten und unwissenden Kindes und dem Fakt, dass ihr die Sorgen der Eltern dennoch präsent sind und sich auf sie übertragen.

Auch das Asylheim stellt ein zentrales Akteursfeld mit zahlreichen Nebenrollen dar. Prominent erscheinen zunächst die neuen Personen, die häufig in das Asylheim ziehen und mit denen Alis und ihre Mutter sich eine Wohnung teilen müssen. Dieser Verlust von Privatsphäre, der Alis und ihre Mutter sehr belastet hat, wird mehrmals thematisiert: *immer und immer wieder neue personen das war irgendwie als hätten wir überhaupt keine RECHte; total MENschenverachtend so n bisschen* (Z. 185–187). Eine wichtige Nebenrolle spielen neben einer Aufpasserin im Heim, mit der Alis' Mutter in einen ernsthaften Konflikt gerät und dem bereits vorgestellten Praktikanten, der sich für sie einsetzte, vor allem auch die (anderen) Kinder als wesentliche Bezugsgröße. Diese Kinder, und Alis als eines von ihnen, haben sich einen Eigenraum geschaffen, im Rahmen dessen Spielen und Erleben von Freude und Gemeinschaft möglich war:

> ja und im HEIM war das halt SO ähm wir uns dann halt das selber alles aufgebaut (.) wir hatten keinen spielplatz oder so gehabt wie die anderen kinder (.) es war halt nur so ne WIESE gewesen (.) und in diesen wiesen haben wir immer so ähm sozusagen HÄUSER gebaut mit so dreckigen tüchern=aber das hat so spaß gemacht (.) und jeder hat dann irgendetwas dann MITgenommen von zuhause= einer kekse einer hm etwas zum trinken=wir ham halt picknick gemacht und so (Z. 329–338).

Unter *Sonstige* ist eine Reihe von Nebenrollen vereint. Im Folgenden wird auf jene eingegangen, die häufig genannt worden sind. LehrerInnen werden – bis auf eine Ausnahme – ausschließlich als positiv, unterstützend und wertschätzend angesehen. Die Ausländerbehörde und daran geknüpft „die Männer in Anzügen", die Personen wieder in ihr Heimatland zurückschicken, in dieser sowie weiteren Behörden stellen Nebenrollen dar, die auf Alis einschüchternd gewirkt haben und mit der bereits thematisierten Angst vor Abschiebung verbunden sind. Eine weitere Gruppe von Personen sind „die netten Personen bzw. Leute", die ohne konkreten Bezug zu einer bestimmten Person oder Situation erwähnt werden: *aber es gab ganz ganz ganz ganz viele nette personen; GANZ viele nette* (Z. 188–189); meist im Anschluss an die Schilderung einer negativen Episode oder negativer Aspekte in Deutschland. Die Analyse zeigt auch, dass Freunde – abgesehen von den anderen Kindern im Asylheim – als relevante Akteursgruppe im Rahmen der Stegreiferzählung eher von nachgeordneter Bedeutung sind.

Zusammenfassend zeigt sich, dass die Mutter in der Erzählung in einer zentralen Hauptrolle auftritt, was aufgrund der spezifischen Migrationsgeschichte, der Abwesenheit des Vaters sowie sicher auch des Alters von Alis zum Interviewzeitpunkt folgerichtig erscheint. Fast alle anderen Personen nehmen im Vergleich zur Mutter Nebenrollen ein. Besonders prägend für Alis erweist sich das Asylheim als Schauplatz. Auf diesem treten in sich zum Teil auf Alis nachhaltig auswirkenden Einzelepisoden zahlreiche Figuren in Nebenrollen auf. Im Folgenden werden die Selbstverortung und Gruppenzugehörigkeiten von Alis mit Bezugnahme auf die soeben vorgestellten Akteure ihrer Narration mittels eines diskursanalytischen Zugangs näher analysiert.

5 Selbst- und Gruppenkonstruktion

5.1 Methodisches Vorgehen

Auer und Di Luzio (1986) analysieren Identitätskonstitution in der Migration mit dem Fokus auf ethnische Stereotypisierungen. Sie analysieren in ihrem Beitrag von 1986 ein Gespräch zwischen vier 13- bzw. 14-jährigen italienischen Jugendlichen und einem den vier Jungen gut bekannten italienischen Studenten. Im Rahmen ihrer Analyse kombinieren sie konversationsanalytisch-ethnomethodologische mit linguistischen Beschreibungsverfahren.[13] Für den vorliegenden Beitrag ist die Untersuchung einerseits aufgrund der theoretischen Zugänge interessant. Andererseits zeigen sich erstaunliche Parallelen in den Äußerungen der italienischen Jugendlichen und von Alis belegen.

Mit Auer und Di Luzio (1986: 327f.) wird davon ausgegangen, dass soziale Identität sich aus einem Wechselspiel der Zuordnung einer Person zu *membership categories*[14] (Sacks 1972) sowie der persönlichen Interpretation dieses Kategorienrepertoires und individuellen Übernahmen von deren Typisierungen formt. Im Sinne eines interaktiven Aushandlungsprozesses entstehen dabei kompatibilitätsstiftende Interpretationen durch den Einzelnen. Mit Rückgriff auf dieses Konstrukt analysieren wir am vorliegenden Datum pronominale und nominale Selbst- und Gruppenreferenzen. So lassen sich anhand der Analyse der *ich*- und *wir*-Referenzen[15] bzw. des pronominalen Sprachgebrauchs im Interviewtranskript Rückschlüsse auf (Selbst-)Zuordnungen Alis' ziehen. Daher wurden alle Vorkommen von *ich, wir, uns, Deutsche* und *Ausländer*[16] im Transkript identifiziert und

---

[13] Nähere Erläuterungen zur konkreten Analyse geben die Autoren leider nicht.
[14] Solche Kategorien bzw. Kategorieninventare sind in der Gesellschaft vorhanden bzw. gesellschaftlich bestimmt (z. B. Inventar Lebensalter: Kind vs. Erwachsener). Die Möglichkeiten des Individuums hinsichtlich der eigenen Identitätskonstruktion sind durch diese auch begrenzt. Dabei handelt es sich um ein Wechselspiel von Fremdzuweisung und Eigenübernahme bestimmter Typisierungen (Auer & Di Luzio 1986: 328).
[15] Eine erste grobe Analyse der *die*-Referenzen zeigt, dass *die* in vielfältigen Kontexten Verwendung findet und sich auf zahlreiche verschiedene Personen oder Personengruppen bezieht, z. B. die Lehrer, die Eltern, die Praktikanten, die ganzen Ausländer, die anderen Deutschen. Teilweise dient *die* auch der Markierung von unspezifischen, also nicht näher bestimmten, *Anderen*. Es ergeben sich hierbei keine neuen Erkenntnisse, die nicht bereits im Rahmen der Akteursanalyse aufgedeckt worden sind.
[16] Gezählt wurden alle *ausländ** Vorkommen, so dass bspw. auch der Ausdruck *ausländische Personen* berücksichtigt werden konnte. Bei der Suche nach *deutsch** wurden alle Verweise, die sich auf die deutsche Sprache beziehen (z. B. Aussagen zur Zweitsprachkompetenz), von der Analyse ausgeschlossen.

die Fundstellen isoliert. Die Vorkommen wurden anschließend thematisch geordnet und inhaltlich verdichtet.

5.2 Ergebnisse

Tabelle 2 stellt die Ergebnisse zunächst im Überblick dar. Insgesamt wurden 1081 Referenzvorkommen ermittelt und analysiert.

Tab. 2: Überblick über analysierte Referenzen im Interviewtranskript zu Alis' Erzählung

Untersuchte Referenzen	Vorkommen absolut	Funktion
ich	666	Schilderung der erlebten Lebensgeschichte und der Gefühls- und Gedankenwelt; Selbstcharakterisierung und Selbstpositionierung gegenüber Anderen
wir	205	Zugehörigkeit zu Personengruppen, Abgrenzung von anderen Personengruppen
uns	130	
Deutsche	51	Relevante Gruppe für die Selbst- und Fremdpositionierung
Ausländer	29	Relevante Gruppe für die Selbst- und Fremdpositionierung
Gesamt	1081	

Mit der direkten Selbstreferenz des Pronomens *ich* geht die Schilderung der erlebten Lebensgeschichte und der Gefühls- und Gedankenwelt ebenso einher wie eine Selbstcharakterisierung und in Bezug auf andere Personen und Gruppen auch eine Selbstpositionierung. Die Nutzung der Pronomen *wir* und *uns* verweist auf die von Alis empfundene Zugehörigkeit zu Personengruppen. Es spiegeln sich hier verschiedene soziale Zugehörigkeiten wider, die Alis zum Teil gleichzeitig innehat oder innehatte. Die Ergebnisse werden im Folgenden vertiefend dargestellt.

Ich-Analyse
Die Analyse der *ich*-Vorkommen weist darauf hin, dass für die Selbstpositionierung Alis' die Unterscheidung von Deutschen und Ausländern eine zentrale Rolle spielt. Ihre hybride Identität verhandelt sie im Interview zunächst unsicher: *ich bin zwar seit mein zweiten lebensjahr hier in DEUTSCHland aber so richtig mit deutschen hatte ich NICHT kontakt* (Z.195–197). Fremdzuschreibungen und Zugehörigkeitsfragen, die von außen an sie herangetragen werden, diskutiert sie folgendermaßen:

ich mag das auch nicht wenn die mich dann so ABSTEMPELN (.) weil das war ganz komisch als ich in ARMENIEN war meinten die zu mir du bist doch ne DEUTSCHE geh doch zurück in dein !LAND! und wenn ich hier in deutschland bin sagen die ja du bist ja armenerin geh doch zurück in dein !LAND! (.) so und (-) man weiß irgendwie nicht wo man sich halt so richtig heim=heimatlich fühlt weil HIER is man irgendwie ausländerin obwohl man= obwohl ich jetzt hier so MERKE ähm dass man wirklich von VIELEN personen richtig freundlich aufgenommen wird und auch nicht mehr so schief angeguckt wird wie fr=beispielsweise vor fünf jahren (.) (Z. 482–495).

In Deutschland erfolgt die Fremdzuschreibung als Ausländerin, in Armenien die Fremdzuschreibung als Deutsche. Alis selbst bezeichnet Deutschland im weiteren Verlauf als ihre Heimat (Z. 499–501) und gibt an, bei einem Armenienbesuch bemerkt zu haben, dass sie sich von den *Leuten* dort unterscheidet: *die DENKEN auch ganz anders als ich denke weil ich hab ja ähm so äh die DEUTSCHE denkweise geLERNT (.) immer dieses pünktliche aufTRETEN und halt diese typischen deutschen MERKMALE* (Z. 471–475). Auch ihr Vater habe ihr diese „deutsche Denkweise" attestiert. Obwohl deckungsgleich mit ihrer Selbsteinschätzung, hinterfragt sie seine Zuschreibung in der Interviewsituation auch kritisch: *und er meinte auch dass <<lachend> ich total wie ne DEUTSCHE denke> und so (.) wo ich dann denke was bedeutet überhaupt DEUTSCHES denken so (.)* (Z. 477–481). Im Interviewverlauf beschreibt sie sich selbst mehrfach und ganz eindeutig als Ausländerin[17]: *ich war in meiner alten schule in der grundschule halt die einzigste ausländerin* (Z. 98f.). Mit dieser Positionierung geht auch eine Differenzbetonung einher; z. B. verbindet sie damit die – zumindest gesellschaftliche – Erwartung, keine sehr guten schulischen Leistungen erbringen zu können, wenn sie sagt *und ähm (-) dass ich als ausländerin dann auf einmal ein notendurchschnitt von EINS komma drei eins komma zwei auf der regelschule habe is doch irgendwie schon (-) n bisschen alarmierend finde ich* (Z. 424–427). Interessant ist hierbei, dass sie sich zwar als Ausländerin darstellt, den von ihr selbst implizierten typischen Eigenschaften der Gruppe (schlechte Schulleistungen) aber nicht entspricht und entsprechend ‚trotzdem' eine gute Schülerin ist. Die Selbstpositionierung und Hervorhebung insbesondere von Differenzen zwischen Deutschen und Ausländern findet sich auch in der Analyse der *wir*-Vorkommen wieder und konstituiert maßgeblich ihr (‚Besonders'- bzw. ‚Anders'-) Sein.

Alis definiert sich jedoch auch jenseits der nationalen Zugehörigkeiten und Statusgruppen. Ihre Rolle im Heim beschreibt sie als einzigartig: *ich war halt die tänzerin in unserem heim* (Z. 308f). In Hinblick auf die Aufgabe der schulischen

---

17 Im Rahmen der Datenerhebung an der Schule von Alis bearbeitete sie auch einen sprachbiographischen Fragebogen (für umfassende Erläuterungen vgl. Ahrenholz & Maak 2013). Sie gab bei der Frage nach ihrer Staatsangehörigkeit „Das weiß ich nicht." an.

und gesellschaftlichen Integration beschreibt sie sich als integrationswillig (Z. 25–28), aber hilfsbedürftig und von Versagensangst geplagt (Z. 52–64).

Wir-Analyse

Anknüpfend an die Analyse der *ich*-Vorkommen wird zunächst auf die Gegenüberstellung von *die Deutschen* und *wir Ausländer* eingegangen. Auf gesellschaftlicher Ebene handelt es sich um eine Abgrenzung Alis' von ‚allen Deutschen', auf Kleingruppenebene um eine Abgrenzung insbesondere von (deutschen) MitschülerInnen:

> also ich wollte sa:gen dass vielleicht klingt das jetzt n bisschen bescheuert wenn ich immer sage JA die DEUtschen (.) aber ich weiß nicht wie ich das SONST sagen so:ll (.) und ähm (-) ich mag die deutschen auch sehr (.) auch v=viele deutsche ham ja das gefühl dass wir ausländer ja die deutschen nich mögen (.) das STIMMT nicht (.) wir mögen die toTAL (.) bei manchen sachen stimmen wir halt mit dem charakter=beispielsweise mei=UNsere ähm schüler halt am wochenende dann eine DRAUFmachen gehen und RAUchen und TRINken im ((ort 6)) das verSTEHEN wir halt nich weil hm ich meine die wollen halt auch so schnell erWACHsen werden hab ich das gefühl (.) und deswegen stimmen wir halt nicht mit denen bei solchen sachen überein und das sagen wir de=ihnen direkt ins gesicht (.) UND aber wir sagen das VIEL HÄRter ((lacht)) also die sagen dann hm da=das KNALLhart ins gesicht was wir von dieser sache denken (.) und ähm natürlich reagieren auch manche ziemlich angereizt (.) ach ja ihr seid ja die ENGel und so (.) un=naja aber das is uns halt nich so wichtig aber da=das was uns wichtig is is halt ähm (.) wir HAM nichts gegen deutsche (.) und beispielsweise ich und Hanna JEder der probleme hat kann zu uns kommen (.) wir WERden ihn auch hilf=helfen (.) wenn er was nicht verstanden hat Hanna wirds hundertprozentig erklären und ich auch wenn ichs verstanden habe ((lacht)) (.) also wir sind wir we=wir sind wirklich HILFSbereit (.) [...] ich kann jetzt nicht für alle ausländer reden (.) manche denken natürlich ANders (Z. 2646–2679).[18]

Alis' Verhalten scheint in der *peergroup* bzw. insbesondere von deutschen MitschülerInnen weniger positiv gesehen zu werden, wenn Alis und ihre Freundin ironisch als „Engel" bezeichnet werden. Auffällig ist, dass sie in diesem Zusammenhang jedoch auch ihren Sprachgebrauch reflektiert und die gemachten Verallgemeinerungen teilweise zurücknimmt.

---

[18] Hinsichtlich dieses Zitats könnte diskutiert werden, ob Alis sich hier gegenüber der Interviewerin sozial erwünscht äußert, was z. B. den Umgang mit Alkohol angeht. Allerdings wurde Alis nicht danach gefragt, sondern führt das Thema selbst ein. Zudem ist das Rauchen und Alkohol trinken in Deutschland sicher nicht so massiv tabubesetzt wie etwa der Konsum harter Drogen. Ferner erzählt sie im weiteren Verlauf des Interviews sehr offen, dass sie eine Zeit lang ein Messer getragen hat, um sich selbst zu schützen. Unseres Erachtens kann soziale Erwünschtheit in Form von bewussten Fehlinformationen in diesem Fall also eher ausgeschlossen werden, wenngleich Alis hier ganz offensichtlich die Strategie verfolgt, sich selbst möglichst positiv darzustellen.

> [...] ich merk das so allgeMEIN an den ausländischen kindern die hier auf gymnasium gehen da=dass die sich exTREM viel mühe geben (.) natürlich deutschen natürlich auch aber was mir so (--) aber es is irgendwie ANdere anstrengung [...] (--) die DEUtschen die HAM (3.00) WIR ham noch mehr ein bisschen noch MEHR den WILLen aus (.) das so ri=den richtigen weg zu gehen (Z. 2544–2560).

Alis grenzt sich und Hanna hier gegen Verhaltensweisen der deutschen MitschülerInnen ab und definiert damit gleichzeitig ihre Andersartigkeit, wobei sie sich gesellschaftlich gesehen positiv, weil den Regeln folgend, verhält. Diese Positionierungen und Selbstzuschreibungen sind auch in der Forschungsliteratur bereits beschrieben:

> Fleiß, Bescheidenheit, Hilfsbereitschaft der eigenen ethnischen Gruppe stehen Verwöhnung, Faulheit und Bequemlichkeit der deutschen Kameraden gegenüber. Zu den Eltern sind die Deutschen frech und rücksichtslos: ihr Verhalten ist durch mangelnden Respekt gekennzeichnet – eine Folge der zu libertären Erziehung. Dagegen stehen Pflichtbewußtsein, Disziplin und Respekt vor den Eltern auf der italienischen Seite. (Auer & Di Luzio 1986: 335).

Dieses Fazit zur Selbst- und Fremdcharakterisierung von vier italienischstämmigen Jugendlichen durch Auer und Di Luzio weist erstaunliche Parallelen zur Darstellung von Alis auf. Auer und Di Luzio (1986: 335) stellen dabei fest, dass es in ihrem Fall zu einem „paradoxalen Ergebnis" kommt, da die positiven Eigenschaften, die sich die Jugendlichen zuschreiben, nicht zu den (bundes-)deutschen Stereotypen von ‚den Italienern' passen wollen. Auch Alis präsentiert im Rahmen ihrer Ethno-Theorie (Auer & Di Luzio 1986: 330)[19] Eigenschaften von Ausländern bzw. ausländischen Kindern/SchülerInnen, die nicht in jedem Fall zu gängigen Stereotypisierungen passen. Allerdings löst sie solche Widersprüche, indem sie für bestimmte Stereotype (Ausländer sind aggressiv, Ausländer wollen nicht arbeiten) entweder Einschränkungen, Erläuterungen und Entschuldigungen ergänzt (manchmal sind Ausländer aggressiv und dafür gibt es dann verständliche Gründe) oder sie generell zurückweist:

> wir sind hier geKOMMEN um (.) zu ARbeiten und um hier= ich meine wir wollen= wir sind keine schmarotzer sag ma s so (.) wir WOLLEN nich hier rumsitzen und (.) die müssen uns FÖRdern damit wir auch irgendetwas aus uns WERDEN (Z. 2182–2187).

---

19 Der Begriff wird hier im Sinne von Sturtevant (1964, zitiert in Psathas 1980: 263) als „Wissens- und Erkenntnissystem" einer gegebenen Kultur verstanden. Es handelt sich um Alltagsklassifikationen, wobei eine Gesellschaft ihre Objektwelt und sich selbst als soziales Universum ordnet. Alis entwickelt eine Ethno-Theorie der Deutschen und eine Ethno-Theorie der Ausländer, die jeweils durch bestimmte ethnische Stereotypisierungen gekennzeichnet sind.

Alis begibt sich hier in die Rolle einer Sprecherin für die Gruppe der Menschen mit Zuwanderungserfahrung und besonders der „ausländischen" Jugendlichen. Alis scheint auch eine Art Mittlerfunktion zwischen den Gruppen zu übernehmen. Sie betätigt sich als Informantin für ihre „deutschen" MitschülerInnen und wird stellenweise sogar zu einer Art Verteidigerin gegen (ausländerfeindliche) Anklagen. Im Interview erfolgt dies ganz konkret durch die Erklärung der anderen Perspektive, also durch einen Einblick darin, wie es Menschen mit Zuwanderungsgeschichte geht, wobei hier das *wir* teilweise durch *man* ersetzt wird, und somit eine größere Distanzierung und Verallgemeinerung erfolgt:

> und ähm es gibt TAUsende von leuten die hier in deutschland leben mit dem GLEIchem schicksal wie wir die so etwas erlebt haben und ähm da=das hinterlässt halt SPUren (.) man is natürlich NACHdenklicher (.) man is auch natürlich auch teil=teilweise man fühlt sich ganz ganz leicht ANgegriffen und schnell angegriffen (.) und man versucht natürlich w=jeder der uns KENNT weiß natürlich dass wir immer glücklich sind (.) JEder person CHANcen geben und ähm mit jedem auch NETT sind und immer versuchen höflich zu der person zu sein (.) bei anderen ausländerkindern merkt man das natürlich deutlicher die agressivität ähm weil die dann damit halt nicht so richtig UMzugehen wissen (.) mit das was sie erLEBT haben und danach sagen die halt dann halt irgendwie (.) s=fangen die an sich zu PRÜgeln und wissen halt nicht was sie mit ihren gefühlen machen=erledigen können (.) ich und Hanna wissen die halt n bisschen besser einzusetzen weil (.) wir versuchen das natürlich auch sie erzählt auch MIR und ich erzähls auch IHR (.) das auch (.) erzählen tut auch manchmal ganz gut (.) ja (-) ja (Z. 2441–2464).

Damit geht auch eine Art Erziehungsfunktion einher, etwa wenn Alis, wie bereits erläutert, ihren MitschülerInnen ihre Perspektive erzählt und dadurch zum Um- bzw. Nachdenken beitragen möchte.

Ein weiterer ganz zentraler *wir*-Referenztypus bezieht sich auf Familie – unter anderem auch auf die Personen der Familie, die in Armenien leben. Im engsten Sinn handelt es sich hierbei um die Partnerschaft zwischen Alis und ihrer Mutter, deren besonders enge Symbiose bereits durch die vorangegangenen Analysen belegt wurde, von folgender Aussage aber noch einmal bezeugt wird: *wir hatten halt keine Arbeitserlaubnis* (Z. 15). In einem weiteren engen Sinn bezieht sich die *wir*-Referenz neben Alis und ihrer Mutter auch auf ihren Vater. Alis ist Teil dieser Gruppe, fühlt den Eltern als Eigengruppe gegenüber jedoch auch eine große Verpflichtung:

> ich will halt meinen eltern auch was ZURÜCKgeben geben damit die nich denken so wir sind UMSONST nach deutschland gekommen (-) und unsere tochter is sowieso=aus der is SOWIESO nichts geworden SO (.)(Z. 512–516).

Sie geht davon aus, dass ausländische Kinder wie sie selbst ihren Eltern näher verbunden sind:

> is auch die SACHe wa=was mir auffällt ist dass die ausländischen KINder immer viel viel näher an den ELtern stehen (.) immer alles für die=für die das halt zu schätzen wissen was die eltern alles für=die p=ihnen halt AUFgegeben haben (.) (Z. 2396–2401).

Auch in der Nachfragephase betont Alis mit Hilfe eines Fallbeispiels noch einmal das Verpflichtungsgefühl, das Kinder migrierter Eltern empfinden: *weil wir verPFLICHtet dazu sind (-) egAL welche person ich frage (.) auch Amir oder so die sagen alle zu mir ähm naja die machen das für ihre eltern [...] die deutschen bei denen is ja beispielsweise alles schon GUT (.) obwohl natürlich ham die auch den willen natürlich irgendwie den willen aus ihrem leben irgendetwas zu MACHen oder=und so (.) aber wir ham natürlich den druck bisschen=unser druck is n bisschen höher* (Z. 2565–2583).

Die Gegenüberstellung des chronologischen Lebenslaufs und der erzählten Biographie im Rahmen des Interviews hat bereits aufgezeigt, dass Alis in ihrer biographischen Narration insbesondere zum Heimaufenthalt mehrfach zurückkehrt. Bezüglich der *wir*-Referenzen im Interview sind auch die Kinder im Asylheim, bzw. die dortige Tanzgruppe als relevante Bezugsgruppen zu nennen. Die im Asylheim geschlossenen Freundschaften scheinen Alis dabei ganz wesentlichen Halt in dieser Zeit gegeben zu haben. Dies zeigt sich z. B. in folgender Äußerung: *auch wenn=das war so=auch wenn wir nichts hatten wir hatten halt unsere FREUNDschaft und so auch wenn das komisch klingt (.)* (Z. 353–356). Teilweise bleibt jedoch unklar, ob die ausländische Schülergruppe oder (Teil)gruppe der Kinder aus dem Asylheim in Schulkontext (Förderunterricht in Regelschule) gemeint sind. Alis bezieht sich dementsprechend ferner mittels *wir* auf sich und andere SchülerInnen. Zum einen auf alle SchülerInnen ihrer Klasse bzw. Klassenstufe (Z. 46–48: *wenn wir unser abitur schreiben fragt keiner nach ((hörbares einatmen)) was wir alles geha:bt haben oder nicht*), zum anderen aber auch ausschließlich auf ausländische MitschülerInnen:

> als wir in der jugendHERBERGE warn hm merk ich auch so dass die das auch eigentlich HÖREN wollen (.) dass das die auch be!SCHÄFTIGT! warum warum warum wir halt von unserem LAND halt auch hier her gekommen sind (.) und sie hören sich das halt auch gerne!AN! so (-) eigentlich so (--) ja und dann hab ich so die ganze zeit darüber erZÄHLT ich!HANNA! meine freundin (--) und es war halt ganz ganz to=also ICH mag es halt wenn die deutschen auch so INERESSIERT sind da= das zu HÖREN weil (-) manche wollen sich natürlich FREUNDE also ENGE freunde wollen sich halt auch in unsere situation her=hereinversetzen (Z. 938–950).

In diesem Zitat zeigt sich erneut die Abgrenzung aufgrund der eigenen Migrationsgeschichte sowie die von Alis als positiv erlebte Rolle der Erzählerin mit interessierten ZuhörerInnen. Dabei definiert sie eine Teilgruppe der MitschülerInnen als enge Freunde, da sie sich bemühen, sich in Alis hineinzuversetzen.

Schließlich besteht ein weiterer *wir*-Referenztypus in Bezug auf – in der Regel besonders enge – Freundinnen (Tanja, Jessica, Hanna), die Alis' *peergroup* darstellen. Mit Hanna verbindet Alis neben einer ähnlichen familiären Situation auch das gemeinsame Lernen und die Distanzierung von den deutschen MitschülerInnen zugeschriebenem jugendlichen Verhalten.

6 Schlussfolgerungen

Die Analyse des Interviews mit Alis im vorliegenden Beitrag zeigt, dass ihre Migrationsgeschichte eine zentrale Rolle im Rahmen ihrer biographischen Erzählung einnimmt. Alis besucht das Gymnasium, hat gute Noten und Freunde. Sie verhält sich nach ihrer Auffassung regelkonform (raucht und trinkt nicht) und fühlt sich ihren Eltern gegenüber verpflichtet, etwas aus sich zu machen. Sie hat mit 13 ihrer 15 Lebensjahre den größten Teil ihres Lebens in Deutschland verbracht, ist gerne in Deutschland und möchte hier bleiben. Als Berufswünsche gibt sie z. B. Polizistin oder Anwältin an. Alis beschreibt sich als hilfsbereit und stets gut gelaunt. Sowohl Alis' eigene Darstellungen als auch die Angaben aus Lehrkraftinterviews sowie Unterrichtsbeobachtungen, die von den Autorinnen im Rahmen des MaTS-Projekts erhoben werden konnten, stützen die These, dass Alis als bildungserfolgreiche sowie sozial gut integrierte Schülerin mit Migrationshintergrund zu beschreiben ist.

Andererseits wird deutlich, dass Alis zum Interviewzeitpunkt bereits seit 13 Jahren in Angst vor Abschiebung und Unsicherheit lebt. Ihr gut gelauntes Wesen stellt dementsprechend wohl auch eine Tarnung dar. Alis nimmt durchgängig die Selbstbezeichnung als Ausländerin vor und konstruiert ihre Identität vor allem durch die Abgrenzung zu deutschen MitschülerInnen bzw. zu Deutschen im Allgemeinen. Sie stellt hohe Ansprüche an sich und leidet unter Versagensängsten; Erfolg und Glücklichsein liegen für Alis nicht im Hier und Jetzt, sondern in der – noch ungewissen – Zukunft. So formuliert Alis den Wunsch, dass *halt einfach, dass alles gut wird* (Z. 1945). Sie hat auch äußerst konkrete Vorstellungen davon, was sie dafür tun kann: einen guten Schulabschluss und einen guten Beruf erreichen, mit dem ihre Eltern zufrieden sind, sowie für den Erhalt von Freundschaften und den Aufbau einer Familie sorgen:

((lacht)) ähm (-) alles gut is wenn=wenn ich alles hinter mir HAB (.) also die SCHULE ei=einigermaßen gut hinter mir habe äh hinter mich gebracht HÄTTE (-) egal (.) nicht auf meine grammatik achten <<fragend> ok> ((lacht)) und äh und danach n einigermaßen guten bu:ruf ERlernt habe und meine eltern (-) dann zuFRIEDEN sind und ich meine

> beste freundin nich verLIERE das passiert immer OFT wenn ich immer so höre von anderen menschen (.) ja nach der schule ham wir uns NIE wieder mal gesehen (.) finde ich immer ganz schlimm (.) oh gott (.) ja dass ich immer noch kontakt zu meinen FREUNden habe also zu Hanna zu meinen RICHTIGEN (.) Hanna Jessica und Tanja und ähm (.) dass ich irgendwann mal ne familie gründe und (.) halt das so und meine eltern (.) ich weiß nicht (.) die LIEGEN mir halt so extrem krass am herzen so (--) ich will halt dass die auch mal irgendwann einmal das GLÜCK haben glücklich zu sein (--) und das hatten sie halt nicht (Z. 2058–2078).

Sicher handelt es sich dabei um realistische Wünsche für die Zukunft. Bedenklich erscheint allerdings die Tatsache, dass Alis meint, erst dann glücklich zu sein, wenn all dies erreicht ist. Aus ihrer Sicht ist eben noch nicht alles gut, sondern muss es erst werden. Erneut sorgt sich Alis hier um ihre Eltern und deren Lebensglück.

Anders als in der Untersuchung von Auer und Di Luzio zeigt sich im vorliegenden Interview, dass Alis die Kategorie „nationale Herkunft" nicht relevant setzt. Unklar ist, ob sie bewusst ihre Herkunft verschweigt (vgl. Brizić 2007), keine Angaben dazu machen kann oder die nationale Herkunft für sie wenig Relevanz besitzt. Erklärbar wäre dies in ihrem Fall eventuell auch durch die Zuwanderung im frühen Kindesalter verbunden mit wenigen Informationen zur Herkunft durch die Eltern. Alis scheint entsprechend unklar zu sein, welcher Nationalität sie sich zuordnen sollte bzw. könnte.[20] Ihre Identität konstruiert Alis eher anhand der Zugehörigkeit zu einer *Peergroup*, für die sie die Selbstbezeichnung „Ausländerkinder" wählt.[21] Die Gruppenzugehörigkeit richtet sich also nicht nach dem Kriterium „gemeinsames Herkunftsland" oder „gemeinsame Herkunftssprache", sondern „gemeinsame Zuwanderungsgeschichte" bzw. „geteiltes Aus- und Abgrenzungserleben".[22] Gruppenzugehörig-

---

[20] Im Interview vermittelt Alis' Kenntnisstand den Eindruck, dass die Eltern uneinheitliche und uneindeutige Angaben zu ihrer Herkunft machen. Denkbar wäre auch, dass eine bewusste Informationsstrategie der Eltern vorliegt. Einige Angaben Alis' lassen es z. B. möglich erscheinen, dass die Eltern in ihrem Herkunftsland einer Minderheit angehörten.

[21] Die Hinwendung zu *Peers* kann dabei als adoleszenztypisch bewertet werden. So lösen *Peers* spätestens zwischen 13 und 14 Jahren die Eltern als wichtigste Ratgeber ab (Fend 2003: 293).

[22] Der geschützte Raum der Gruppe ermöglicht es nach Fend (2003: 309) den einzelnen Mitgliedern, über die geteilten Werte und Merkmale eine „provisorische Identität" einzunehmen. In diesem Sinne kann die kollektive Identität der Gruppe auch als „dritter Raum" dienen, solange die persönliche (hybride) Identität noch ausgehandelt wird (vgl. zum Zusammenhang von Selbstverortung und [kollektiver] hybrider Identität auch Fürstenau und Niedrig 2007, die für zwei Fallbeispiele junger Bildungsaufsteigerinnen in transnationalen Kontexten Wir-Konstruktionen auf Basis „der Identifikation mit anderen Jugendlichen in transnationalen und uneindeutigen Lebenslagen" (Fürstenau & Niedrig 2007: 259) zeigen).

keit und -bezeichnung geht hier mit der Positionierung zu Verhaltensweisen und Werten einher. Alis schreibt ihrer *Peergroup* der „Ausländerkinder" ein besonders hohes Verantwortungsgefühl den eigenen Eltern gegenüber zu. Dies deckt sich mit den Einschätzungen anderer SchülerInnen mit Migrationsgeschichte, die im Rahmen des MaTS-Projekts interviewt wurden. Sie sehen sich in einer Art Bringschuld, selbst das erfolgreiche Leben zu führen, welches ihren Eltern versagt war, durch die Migration der Eltern aber für die SchülerInnen selbst erst zu einer realen Möglichkeit geworden ist. Die eigene Migrationsgeschichte wird so zum Antrieb und Motor für Erfolgsstreben, aber auch zu einer Last. Die Kinder und Jugendlichen verspüren den Druck, die Migrationsentscheidung der Eltern im Nachhinein durch ihren Bildungserfolg im Zielland Deutschland zu legitimieren. Bildungsaufstiegsprozesse im Kontext von Migration werden häufig als Fortsetzung des (durch die Eltern nicht beendeten) familialen Aufstiegsprojekts (Tepecik 2011, Hummrich 2009, Zölch et al. 2009) i.d.R. unter Berücksichtigung der Wünsche, Einstellungen und Ängste der Eltern (Pott 2009) gesehen. Während wir vor allem den damit einhergehenden Druck fokussieren, sieht z.B. Hummrich (2009, 2003) darin eine wesentliche Ursache für Bildungserfolg.

Dieser empfundene Lebensauftrag, die in den Familien tradierten Migrations- und Lebensgeschichten sowie als ausgrenzend und benachteiligend erlebte gesellschaftliche Verhältnisse und Lebensbedingungen scheinen wiederum zur Verbundenheit mit anderen zugewanderten Kindern und Jugendlichen beizutragen. So wird einerseits das *wir*-Gefühl dieser Gruppe gestärkt, andererseits ergibt sich daraus u. U. auch – wie im Fall von Alis – eine Abgrenzung von ‚den' Deutschen.

Alis Erzählung zeigt aus unserer Sicht exemplarisch, wie eine Jugendliche mit Migrationsgeschichte ihre Identität durch Selbstzuschreibungen und Gruppenzuordnungen verhandelt sowie durch die Erzählung ihrer Lebensgeschichte konsolidiert. Das Datum offenbart jedoch nicht, in welchem Ausmaß Alis Zuschreibungen und Zuordnungen durch Dritte erfahren und übernommen hat. Die Wechselwirkung zwischen Selbst- und Fremdzuschreibung, Selbst- und Fremdzuordnung bleibt also unklar. Die kritische Reflexion des eigenen Sprachgebrauchs und der damit verbundenen Zuschreibungen und Zuordnungen ist somit – besonders auch im professionellen Kontext, z. B. der Schule – Aufgabe aller Individuen in einer (Aufnahme-)Gesellschaft.

7 Literatur

Ahrenholz, Bernt; Hövelbrinks, Britta; Maak, Diana & Zippel, Wolfgang (2013): ‚Mehrsprachigkeit an Thüringer Schulen' (MaTS) – Ergebnisse einer Fragebogenerhebung zu Mehrsprachigkeit an Erfurter Schulen. In Dirim, İnci & Oomen-Welke, Ingelore (Hrsg.): *Mehrsprachigkeit in der Klasse. wahrnehmen – aufgreifen – fördern*. Stuttgart: Fillibach, 43–58.

Ahrenholz, Bernt & Maak, Diana (2013): *Zur Situation von SchülerInnen nicht-deutscher Herkunftssprache in Thüringen unter besonderer Berücksichtigung von Seiteneinsteigern*. Abschlussbericht zum Projekt „Mehrsprachigkeit an Thüringer Schulen (MaTS)", durchgeführt im Auftrage des TMBWK. 2. bearb. Aufl. http://www.dazportal.de/images/Berichte/bm_band_01_mats_bericht_20130618_final.pdf *(24.10.2017)*.

Auer, Peter & Di Luzio, Aldo (1986): Konversationsanalyse. Identitätskonstitution in der Migration: konversationsanalytische und linguistische Aspekte ethnischer Stereotypisierung. In Grewendorf, Günther & von Stechow, Armin (Hrsg.): *Linguistische Berichte 104*. Opladen: Westdeutscher Verlag, 327–338.

Brizić, Katharina (2007): *Das geheime Leben der Sprachen: Gesprochene und verschwiegene Sprachen und ihr Einfluss auf den Spracherwerb in der Migration*. Münster: Waxmann (Internationale Hochschulschriften, Band 465).

Erikson, Erik Homburger (2003): *Jugend und Krise. Die Psychodynamik im sozialen Wandel*. Berlin: Klett-Cotta.

El-Mafaalani, Aladin (2012): *BildungsaufsteigerInnen aus benachteiligten Milieus. Habitustransformation und soziale Mobilität bei Einheimischen und Türkeistämmigen*. Wiesbaden: VS Verlag für Sozialwissenschaften.

Fend, Helmut (2003[3]): *Entwicklungspsychologie des Jugendalters*. Wiesbaden: VS Verlag für Sozialwissenschaften.

Früh, Werner (2011): *Inhaltsanalyse. Theorie und Praxis*. Konstanz: UVK-Verlagsgesellschaft.

Fuchs, Isabel; Maak, Diana & Ahrenholz, Bernt (2014): Die Erstsprache(n) als Ressource beim Spracherwerb von SeiteneinsteigerInnen. In Lütke, Beate & Petersen, Inger (Hrsg.): *Deutsch als Zweitsprache – erwerben, lernen und lehren. Beiträge aus dem 9. Workshop „Kinder mit Migrationshintergrund"*. Stuttgart: Fillibach bei Klett, 71–92.

Fürstenau, Sara & Niedrig, Heike (2007): Hybride Identitäten? Selbstverortungen jugendlicher TransmigrantInnen. *Diskurs Kindheits- und Jugendforschung* 2/3, 247–262.

Gerhartz-Reiter, Sabine (2017): *Erklärungsmuster für Bildungsaufstieg und Bildungsausstieg. Wie Bildungskarrieren gelingen*. Wiesbaden: VS Verlag für Sozialwissenschaften.

Greimas, Algirdas J. (1971): *Strukturale Semantik*. Braunschweig: Vieweg.

Hermanns, Harry (1992): Die Auswertung narrativer Interviews: Ein Beispiel für qualitative Verfahren. In Hoffmeyer-Zlotnik, Jürgen H. P. (Hrsg.): *Analyse verbaler Daten: Über den Umgang mit qualitativen Daten*. Opladen: Westdeutscher Verlag, 110–141.

Hummrich, Merle (2009): *Bildungserfolg und Migration. Biografien junger Frauen in der Einwanderungsgesellschaft*. 2., überarbeitete Auflage. Wiesbaden: VS Verlag für Sozialwissenschaften.

Hummrich, Merle (2003): Generationsbeziehungen bildungserfolgreicher Migrantinnen. In Badawia, Tarek; Hamburger, Franz & Hummrich, Merle (Hrsg.): *Wider die Ethnisierung einer Generation. Beiträge zur qualitativen Migrationsforschung*. Frankfurt/M.: IKO Verlag für Interkulturelle Kommunikation, 268–281.

King, Vera & Koller, Hans-Christoph (2009): *Adoleszenz – Migration – Bildung. Bildungsprozesse Jugendlicher und junger Erwachsener mit Migrationshintergrund*. Wiesbaden: VS Verlag für Sozialwissenschaften.

King, Vera & Schwab, Angelika (2000): Flucht und Asylsuche als Entwicklungsbedingungen der Adoleszenz. In King, Vera & Müller, Burkhard (Hrsg.): *Adoleszenz und pädagogische Praxis*. Freiburg: Lambertus, 209–232.

Kleemann, Frank; Krähnke, Uwe & Matuschek, Ingo (2009): Narrationsanalyse. In: Kleemann, Frank; Krähnke, Uwe & Matuschek, Ingo (Hrsg.): *Interpretative Sozialforschung. Eine Einführung in die Praxis des Interpretierens*. 2. Auflage. Wiesbaden: Springer VS, 64–111.

König, Katharina (2014): *Spracheinstellungen und Identitätskonstruktion. Eine gesprächsanalytische Untersuchung sprachbiographischer Interviews mit Deutsch-Vietnamesen*. Berlin: de Gruyter.

Maak, Diana; Zippel, Wolfgang & Ahrenholz, Bernt (2013): ‚Manche fragen wahren schwer aber sonst war es okey' – Methodische Aspekte der Befragung von GrundschülerInnen am Beispiel des Projekts ‚Mehrsprachigkeit an Thüringer Schulen (MaTS)'. In Decker-Ernst, Yvonne & Oomen-Welke, Ingelore (Hrsg.): *Deutsch als Zweitsprache: Beiträge zur durchgängigen Sprachbildung*. Stuttgart: Fillibach, 95–118.

Mannitz, Sabine (2006): *Die verkannte Integration. Eine Langzeitstudie unter Heranwachsenden aus Immigrantenfamilien*. Bielefeld: transcript.

Matzner, Michael (2012) (Hrsg.): *Handbuch Migration und Bildung*. Weinheim und Basel: Beltz.

McAdams, Dan P. (2011): Narrative Identity. In: Schwartz, Seth J.; Luyckx, Koen & Vignoles, Vivian L. (eds.): *Handbook of Identity Theory and Research*. Volume 1. New York: Springer, 99–115.

Pott, Andreas (2009): Tochter und Studentin – Beobachtungen zum Bildungsaufstieg in der zweiten türkischen Migrantengeneration. In King, Vera & Koller, Hans-Christoph (Hrsg.): *Adoleszenz – Migration – Bildung. Bildungsprozesse Jugendlicher und junger Erwachsener mit Migrationshintergrund*. Wiesbaden: VS Verlag für Sozialwissenschaften, 47–68.

Psathas, George (1980): Ethnotheorie, Ethnomethodologie und Phänomenologie. In Arbeitsgruppe Bielefelder Soziologen (Hrsg.): *Alltagswissen, Interaktion und Gesellschaftliche Wirklichkeit*. Wiesbaden: VS Verlag für Sozialwissenschaften (WV studium, Band 54/55), 263–284.

Reinders, Heinz (2005): *Qualitative Interviews mit Jugendlichen führen – Ein Leitfaden*. München: Oldenbourg.

Rosenthal, Gabriele; Köttig, Michaela; Witte, Nicole & Blezinger, Anne (Hrsg.) (2006): *Biographisch-narrative Gespräche mit Jugendlichen: Chancen für das Selbst- und Fremdverstehen*. Opladen: Budrich.

Sachs, Harvey (1972): On the analyzability of stories by children. In Gumperz, John & Hymes, Dell (eds.): *Directions in Sociolinguistics*. New York: Wiley-Blackwell, 329–345.

Schütze, Fritz (1983): Biographieforschung und narratives Interview. Neue Praxis 13/3, 283–293.

Selting, Margret; Auer, Peter; Barth-Weingarten, Dagmar; Bergmann, Jörg R.; Bergmann, Pia; Birkner, Karin; Couper-Kuhlen, Elizabeth; Deppermann, Arnulf; Gilles, Peter; Günthner, Susanne; Hartung, Martin & Kern, Friederike (2009): Gesprächsanalytisches Transkriptionssystem 2 (GAT 2). *Gesprächsforschung – Online-Zeitschrift zur verbalen Interaktion* 10, 353–402.

Tepecik, Ebru (2011): *Bildungserfolge mit Migrationshintergrund. Biographien bildungserfolgreicher MigrantInnen türkischer Herkunft*. Wiesbaden: VS Verlag für Sozialwissenschaften.

Viehöver, Willy (2012): „Menschen lesbarer machen": Narration, Diskurs, Referenz. In Arnold, Markus; Dressel, Gert & Viehöver, Willy (Hrsg.): *Erzählungen im Öffentlichen. Über die Wirkung narrativer Diskurse*. Berlin: Springer, 65–132.

Vignoles, Vivian L.; Schwartz, Seth J. & Luyckx, Koen (2011): Introduction: Toward an Integrative View of Identiy. In Schwartz, Seth J.; Luyckx, Koen & Vignoles, Vivian L. (eds.): *Handbook of Identity Theory and Research*. New York: Springer, 1–27.

Zölch, Janina; King, Vera; Koller, Hans-Christoph; Carnicer, Javier & Subow, Elvin (2009): Bildungsaufstieg als Migrationsprojekt. Fallstudie aus einem Forschungsprojekt zu Bildungskarrieren und adoleszenten Ablösungsprozessen bei männlichen Jugendlichen aus türkischen Migrantenfamilien In King, Vera & Koller, Hans-Christoph (Hrsg.): *Adoleszenz – Migration – Bildung. Bildungsprozesse Jugendlicher und junger Erwachsener mit Migrationshintergrund*. Wiesbaden: VS Verlag für Sozialwissenschaften, 67–84.

Simone Schiedermair
Erzählen. Flucht erzählen in Romanen von Shumona Sinha, Sherko Fatah und Julya Rabinowich

Im linken Drittel im hinteren Bereich ist ein Loch im Bühnenboden. Eine hautfarben gekleidete Person mit einer Maske steigt aus diesem Loch, stellt sich vor das Loch, erzählt eine Fluchtgeschichte. Eine Dolmetscherin steht rechts neben der Person, auch in hautfarbener Kleidung, aber ohne Maske, blickt ins Publikum, gibt die Geschichte weiter in das rechte Drittel der Bühne, in dessen vorderem Bereich eine weitere Person sitzt, ebenfalls hautfarben gekleidet, ebenfalls ohne Maske, der Entscheider, der mit Nachfragen und schließlich mit den Worten „anerkannt" oder „abgelehnt" reagiert. Eine zweite Person steigt aus dem Loch, eine dritte, eine vierte... immer schneller folgen sie aufeinander, fast gleichzeitig kommen sie, quellen sie aus dem Loch. Die Geschichten gerinnen zu Stichwörtern; die Geflüchteten, die Dolmetscherin und der Entscheider verwandeln sich in eine bühnenfüllende Maschine; das Erzählen, Übersetzen, Nachfragen, Antworten und Entscheiden wird zu einem automatisierten Ablauf. Immer schneller und zunehmend unabhängig von dem Erzählten, Übersetzten und von den Antworten auf die Nachfragen ruft der Entscheider „abgelehnt", „abgelehnt", „abgelehnt". Immer mehr Personen strömen aus dem Loch auf die Bühne und das Bedrückende der Szene überträgt sich unmittelbar auf das Publikum im Zuschauerraum des Thalia-Theaters in der Gausstraße in Hamburg-Altona. Dort wird diese Adaption des Romans „Erschlagt die Armen" von Shumona Sinha präsentiert, in dem die französisch-bengalische Autorin das Erzählen als ein nicht-enden-wollendes bzw. nicht-enden-könnendes Erzählen vor-, dar- und ausstellt, d. h. die unendliche Menge an Geschichten und die Unmöglichkeit, diesen Geschichten zu entkommen.

1 Erzählen und Flucht

Im Zuge der großen Flucht- und Migrationsbewegungen im beginnenden 21. Jahrhundert, die auch nach Europa und in den deutschsprachigen Raum verlaufen, nimmt ein Aspekt des Erzählens signifikant an Relevanz zu, der im

Bereich Deutsch als Fremd- und Zweitsprache noch wenig Beachtung gefunden hat[1], bezieht er sich doch auf ein Erzählen, das stattfindet bevor man sich mit der deutschen Sprache beschäftigt, also ein Erzählen, das nicht auf den Spracherwerb bezogen ist und damit ein Verständnis des Faches voraussetzt, das über die Beschäftigung mit Sprachlehr- und -lernprozessen im engeren Sinn von sprachlichen Strukturen hinausgeht: Das Erzählen von Flucht bzw. Fluchtgeschichten. Das Erzählen hat hier eine existentielle Dimension; zunächst ganz konkret, wenn es im Kontext eines Asylantrags erfolgt. Sein Gelingen oder Misslingen entscheidet über die Zukunft der Erzählenden: Ein Leben in Kriegsgebieten, unter Verfolgung aus politischen oder anderen Gründen, in Armut einerseits, ein Leben in einem Aufnahmeland, das die Grundlagen für ein Leben in Frieden und auch materieller Sicherheit bietet, andererseits. Die Anerkennung des Asylantrags hängt wesentlich davon ab, ob das Erzählte überzeugt. Das Erzählen wird so zum entscheidenden Moment im Verfahren.

Im Kontext von Flucht und Migration hat das Erzählen noch in einer zweiten Hinsicht eine existentielle Dimension, nämlich als Erzählen von Flucht bzw. Fluchtgeschichten nicht im institutionellen Zusammenhang eines Asylantragsverfahrens, sondern im privaten und persönlichen Zusammenhang sozialer Zugehörigkeit und individueller Selbstvergewisserung. Wie kann man Erfahrungen und Erlebnisse so erzählen, dass sie kompatibel sind mit der neuen – und auch alten[2] – sozialen Umgebung? Wie kann man sie so erzählen, dass sie sich auf der Ebene des Selbstbildes in die eigene Biographie integrieren lassen? Wie können die oft traumatisierenden Erlebnisse und Erfahrungen der Vergangenheit so erzählt werden, dass Vergangenheiten Zukunftsoptionen nicht behindern oder zerstören, dass ein Umgang mit den individuellen Erlebnissen und Erfahrungen gefunden wird, der eine Zukunft ermöglicht? Wie bewerkstelligen Individuen das Erzählen, das eine prominente Form der Präsenz von Vergangenem darstellt, in dem spezifischen Fall des Erzählens von Flucht, von einer Vergangenheit, deren Präsenz potentiell die Gegenwart

---

1 Einen Überblick über das Erzählen als Kategorie in der bisherigen Forschung des Faches Deutsch als Fremd- und Zweitsprache hat jüngst Renate Riedner (2017) vorgelegt. Wie sie aufzeigt (siehe besonders Riedner 2017: 60–68), ist das Gros der Arbeiten im Bereich Deutsch als Fremd- und Zweitsprache auf die mündliche und schriftliche Erzählkompetenz von Kindern und Jugendlichen im schulischen Bereich ausgerichtet. Siehe hierzu etwa Bernt Ahrenholz (2006, 2007).
2 Siehe die Kontaktarbeit zu denen, die man in der Heimat zurückgelassen hat, v. a. zu Familienmitgliedern.

und Zukunft bedroht, deren – wenn auch nur erinnerte und erzählte – Präsenz also vielleicht gar nicht erwünscht ist?

Diese vielfältigen und komplexen Dimensionen des Erzählens von Flucht werden in den einschlägigen Texten der Gegenwartsliteratur ausgelotet.[3] So wird in diesen Texten auch die Universalität des Erzählens verhandelt, seine zentrale Bedeutung für die kollektive und individuelle Selbstverständigung, wie es die anthropologisch ausgerichtete Literaturwissenschaft in den letzten Jahren ausgearbeitet hat. Zentral sind hier die Ausführungen von Albrecht Koschorke in seinem 2012 erschienenen Band „Wahrheit und Erfindung. Grundzüge einer allgemeinen Erzähltheorie", in dem er einleitend vom „homo narrans" spricht (Koschorke 2012: 9) und zur sozialen Bedeutung des Erzählens, das sich nicht auf bestimmte Zusammenhänge – etwa die Kunst bzw. das literarische Erzählen im engeren Sinn – begrenzen lässt, weiter ausführt:

> Das Erzählen hat sich nicht ins Reich der schönen Künste einsperren lassen. Der Drang, die Welt erzählerisch zu modellieren, hält sich nicht an die Grenzziehung zwischen gesellschaftlichen Funktionssystemen. Das betrifft alle Ebenen – von den Alltagsgeschichten über wissenschaftliche Theorien bis hin zu den *master narratives*, in denen sich Gesellschaften als ganze wiedererkennen [kursiv i. O.; S. Sch.]. (Koschorke 2012: 19)

So kommt er mit der folgenden pointierten Formulierung zu der für die vorliegenden Überlegungen relevanten Schlussfolgerung: „Wo immer sozial Bedeutsames verhandelt wird, ist das Erzählen im Spiel" (Koschorke 2012: 19), also auch in den verschiedenen Zusammenhängen von Flucht. Wie man mit dem Erzählen als Scharnier zwischen dem alten und dem potentiell neuen Leben umgeht, wird in Texten der Gegenwartsliteratur reflektiert. Dies möchte ich in meinem kleinen Beitrag anhand von drei Texten nachvollziehen.[4]

Die übergreifende Perspektive zum Zusammenhang von Literatur und Migration und deren Bedeutung im Fach Deutsch als Fremd- und Zweitsprache hat Michael Ewert in seinem gleichnamigen Artikel „Literatur und Migration" (2017) aufgezeigt. Wie Ewert ausführt, setzt sich „Literatur [...] seit jeher mit Migration, Flucht und Vertreibung auseinander" (Ewert 2017: 42) und kann gerade deshalb eine wichtige Rolle in „lehr- und unterrichtspraktischen Zusammenhängen

---

[3] Zu den Bedingungen und Herausforderungen des Erzählens von Flucht siehe auch den Beitrag „Niemandsbuchten und Schutzbefohlene. Flucht-Räume und Flüchtlingsfiguren in der deutschsprachigen Gegenwartsliteratur" (2017) von Thomas Hardtke, Johannes Kleine, Charlton Payne.
[4] Dabei greife ich nicht nur auf deutschsprachige Texte zurück, endet doch auch das in den Texten verhandelte Phänomen nicht an nationalen Grenzen. Vgl. dazu auch die Ausführungen von Gabriele Dürbeck (2017: 40ff.) zur „Herausbildung einer postkolonialen Germanistik".

spielen" (Ewert 2017: 42). Aber nicht nur da, sondern auch und vor allem „für die Gesellschaft als Ganze [sieht er] einen Gewinn [darin], die Gegenwart aus der Migrationsperspektive zu betrachten" (Ewert 2017: 45): „Mit der Lektüre immer wieder neuer und anderer Erzählungen treten aus den Migrationsprozessen individuelle Einzelschicksale hervor. Migrantinnen und Migranten werden Mitmenschen" (Ewert 2017: 44f.).

2 Shumona Sinha: *Erschlagt die Armen* (2011)

Das, was Ewert durch das literarische Erzählen gewährleistet sieht, die Perspektive auf einzelne Lebensgeschichten und damit ein Erzählen, das Individualität ermöglicht, wird in Shumona Sinhas Text als ein umkämpftes Privileg sichtbar. So kann die Literatur beides, ein Erzählen, das Individuen hervortreten lässt, und ein Erzählen, das die jedem Erzählen inhärenten Strategien des Auswählens und der Komplexitätsreduktion in einem an die Grenzen des zulässigen gehenden Ausmaß nutzt. Bei Sinha geht es um dieses zweite Erzählen, das Erzählen von Flucht in den Ämtern, das individuelle Schicksale auf wenige Stichwörter reduziert. In der oben beschriebenen Theaterszene, die auf einer Adaption von Sinhas Romans beruht, verlieren die Geflüchteten ihre individuellen Gesichter und individuellen Schicksale. In der deutschen Übersetzung[5] von Sinhas Prosa hört sich das so an:

> Männer gaben sich die Klinke in die Hand. Ihre Gesichter und Körper waren nicht mehr voneinander zu unterscheiden. Sie verschmolzen zu einem riesigen, düsteren Klumpen. (Sinha 2016: 32)

Die Beobachtungen und Reflexionen des Romans werden aus der Sicht einer Ich-Erzählerin präsentiert, einer vor Jahren nach Paris migrierten Frau aus dem indischen Bengalen, die in einer Asylbehörde als Dolmetscherin arbeitet; sie ist also dafür verantwortlich, dass die Geschichten von den Antragstellenden zu denen transferiert werden, die entscheiden, Geschichten, die sich ähnln, die kaum unterscheidbar sind:

> Die Erzählungen [...] waren einander ähnlich. Immer dasselbe, abgesehen von einigen Details, Daten, Namen, Akzenten und Narben. Es war, als würden hunderte Männer ein und

---

[5] Der Roman ist ursprünglich auf Französisch geschrieben; die 2016 erschienene deutsche Fassung wurde im gleichen Jahr mit dem Internationalen Literaturpreis ausgezeichnet, der vom Haus der Kulturen der Welt in Berlin für Erstübersetzungen von herausragenden Texten der internationalen Gegenwartsliteratur verliehen wird.

dieselbe Geschichte erzählen und als wäre die Mythologie zur Wahrheit geworden. Ein einziges Märchen und vielfältige Verbrechen: Vergewaltigungen, Morde, Übergriffe, politische und religiöse Verfolgung. (Sinha 2016: 9)

Es sind Geschichten, die die Dolmetscherin aus „zerhackten, zerstückelten, hingespuckten, herausgeschleuderten Sätzen" (Sinha 2016: 9) zusammensetzt, damit sie in der Aufnahmesprache zusammenhängende Gebilde werden und überzeugen können, also Asyl ermöglichen.

Das Publikum in Hamburg wird in der oben beschriebenen Szene bereits das zweite Mal an dem Theaterabend mit den nicht-enden-wollenden und -könnenden Geschichten und den nicht-enden-wollenden und -könnenden Nachfragen so konfrontiert, dass die einzelnen Personen, die erzählen, nicht mehr unterschieden werden können. Denn vor Beginn der Vorstellung im Theaterraum werden im Foyer des Theaters Videomitschnitte gezeigt, die in Großaufnahme die Gesichter von Personen zeigen, die auf Fragen antworten, die aus dem Off gestellt werden. Auf zwei großen Bildschirmen, angebracht an zwei gegenüberliegenden Wänden über den Köpfen des Publikums, das an Bistrotischen sitzt, wird das gezeigt, was man in deutschen Asylverfahren die „Anhörung" nennt, der wichtigste Teil für die Antragstellenden in ihrem Verfahren, ein Frage-Antwort-Spiel, das Fragenden und Antwortenden Konzentration und Geduld abfordert. Beim ersten, beim zweiten, beim dritten und vielleicht auch noch bei einigen weiteren verfolgt man im Theaterfoyer interessiert die Fragen und Antworten, dann wird es schwierig, die einzelnen Personen und die einzelnen Geschichten zu unterscheiden, dann beginnen die Personen zu verschwimmen, und man beginnt die Fragenden zu bewundern, die im immer gleichen Tonfall ohne erkennbare Emotionalität ihre Fragen und Nachfragen stellen:

1. Gehören Sie zu einer bestimmten Volksgruppe? 2. Verfügen Sie über Personalpapiere wie z. B. einen Pass, Passersatz oder einen Personalausweis [...]? 3. Aus welchen Gründen können Sie keine Personalpapiere vorlegen? 4. Nennen Sie mir bitte Ihre letzte offizielle Anschrift im Heimatland. Haben Sie sich dort bis zur Ausreise aufgehalten? Wenn nein, wo? Haben Sie dort alleine gewohnt? Wem gehörte die Wohnung? 5. Wann haben Sie Ihr Heimatland verlassen? Was hat die Reise gekostet und wie wurde diese finanziert? Haben Sie Reisedokumente? Wurde in einem anderen Land Asyl beantragt oder sind Sie erkennungsdienstlich erfasst worden? Mit wem sind Sie eingereist? 6. Wann sind Sie in Deutschland eingereist? [...] 8. Nennen Sie bitte Namen, Vornamen und Anschrift ihrer Eltern! [...] 10. Wie lauten die Personalien Ihres Großvaters väterlicherseits? 11. Welche Schule(n)/Universität(en) haben Sie besucht? 12. Welchen Beruf haben Sie erlernt? Bei welchem Arbeitgeber haben Sie zuletzt gearbeitet? Hatten Sie ein Geschäft? [...] 17. Sind Sie auf dem Weg nach Deutschland/in Deutschland Personen bekannt geworden, die Sie als Unterstützer/Mitglieder von extremistischen terroristischen einschätzen [...]? Bitte nennen Sie insb. mögliche Bezüge nach Deutschland.
Dem Antragsteller wird erklärt, dass er nun zu seinem Verfolgungsschicksal und zu den Gründen für seinen Asylantrag angehört wird. Er wird aufgefordert, die Tatsachen vorzutra-

gen, die seine Furcht vor Verfolgung oder die Gefahr eines ihm drohenden ernsthaften Schadens begründen [...]. Was ist Ihnen persönlich vor der Ausreise aus [Heimatland des Antragstellers] passiert?[6]

Wie Sinhas Text und die dazugehörige Theateradaption deutlich machen, ist die Befragungs- bzw. Anhörungssituation, die durch diese Fragen vorbereitet und strukturiert wird, weit komplexer als es die Liste der Fragen vermuten lässt. Wie groß die Herausforderungen für alle Beteiligten sind, die alleine die Vielfalt an verwendeten Sprachen und die unterschiedlichen Lebenswirklichkeiten bedeuten, wird aus der Perspektive der Dolmetscherin, die Sinha für ihren Text wählt, besonders deutlich, wie etwa in den folgenden zwei Textpassagen, die ich abschließend zur Besprechung dieses Romans zitieren möchte:

> Es war das Jahr der Dreieckskonstellationen. Zwischen ihm und mir, ihm und ihr, ihr und mir, zwischen uns: Bittsteller, Entscheider und Übersetzer. Er, der um Hilfe bettelte, sie, die Entscheidungen traf, ich, die ich den Bindestrich zwischen beide setzte. [...] Der Entscheider sprach seine Sprache, die Sprache der verglasten Büros. Der Antragsteller sprach seine flehende Sprache, die Illegalen-Sprache, die Ghetto-Sprache. Und ich nahm seine Sätze, übersetzte und servierte sie heiß. [...] Die Wörter in meiner Muttersprache lagen mir beim Sprechen sperrig im Mund [...]. Sie waren eine klägliche, schwankende Hängebrücke zwischen den Antragstellern und mir. [...] Wir hatten eine gemeinsame Sprache, unsere Sprache, aber es war, als schrie ich aus dem neunten Stock zu einem Passanten auf dem Gehsteig hinunter, zu einem zusammengekauerten, in seinen Lumpen verborgenen Bettler. (Sinha 2016: 20)

> Natürlich glaubte man ihren Geschichten fast nie. Sie wurden mit der Route und dem Pass gekauft und würden mit vielen anderen über die Jahre angehäuften Geschichten vergilben und zerbröseln. (Sinha 2016: 33)

3 Sherko Fatah: *Das dunkle Schiff* (2008)

Während bei Sinha die Auseinandersetzung mit dem Erzählen in seiner existentiellen Dimension auf den institutionellen Kontext des Asylantragsverfahrens begrenzt ist, bearbeitet Sherko Fatah in seinem 2008 erschienenen Roman *Das dunkle Schiff* beide Dimensionen des Erzählens von Fluchtgeschichten, die institutionelle, die Fluchtgeschichte im Kontext des Antragsverfahrens, und die nicht-institutionelle, die Fluchtgeschichte im Kontext der Zugehörigkeit zur neuen sozi-

---

[6] Die Fragen sind aus einem Protokoll zitiert, das zu einer Anhörung im August 2016 gehört. Genauere Angaben können hier nicht gemacht werden. Listen mit den Fragen, die bei einer Anhörung gestellt werden, lassen sich auch im Internet finden.

alen Umgebung und im Kontext des eigenen Umgangs mit dem Erlebten, i. e. der individuellen Selbstvergewisserung. Der Roman handelt von Kerim, einem jungen Mann aus dem Nordirak, der von islamistischen Glaubenskriegern entführt wird, einige Zeit mit ihnen verbringt und an ihren Gewalttaten teilnimmt, sich dann aber von der Gruppe trennt. Um der Gefahr der Rache zu entkommen, muss er das Land verlassen und macht sich auf den Fluchtweg nach Deutschland.

Über das erste Erzählen, das Erzählen im Kontext der Anhörung, berichtet der Roman Ähnliches wie Sinhas Text. Bei der Vorbereitung der Flucht aus einer Kleinstadt im Nordirak zu dem bereits vor vielen Jahren migrierten Bruder des verstorbenen Vaters in Berlin wird dem Erzählen von der Flucht, der „Geschichte" bereits große Aufmerksamkeit geschenkt. Heißt es bei Sinha lapidar, die „Geschichten [...] wurden mit der Route und dem Pass gekauft", beschreibt Fatah dagegen ausführlich, wie Kerim von Nasir, mit dessen Hilfe er seine Flucht plant, intensiv auf die Anhörung vorbereitet wird, er beschreibt dies als einen Punkt der Fluchtvorbereitungen, der von hoher Relevanz ist (siehe dazu Fatah 2010: 174). Dabei wird klar, dass es bei der Ausarbeitung der Geschichte nicht unbedingt um die wirkliche Gefahr geht, die Kerim droht, sondern um eine Gefahr, die in Deutschland vermittelbar, also glaubhaft erzählbar und nachvollziehbar ist. Erzählen wird hier als ein „Modellieren von Welt" sichtbar, wie es in dem obigen Zitat von Koschorke formuliert wird. In Fatahs Text wird verhandelt, wie es als anthropologische Konstante in den unterschiedlichsten Zusammenhängen von Bedeutung ist, wie in den unterschiedlichen Zusammenhängen, institutionellen wie nicht-institutionellen, die Kriterien für ein gelingendes Erzählen jeweils andere sind. So ist für Kerim zunächst nicht zu verstehen, warum es notwendig ist, eine Geschichte zu erfinden, die zeigt, in welcher Gefahr man ist, anstatt von der Gefahr zu erzählen, in der man sich tatsächlich befindet. Die Notwendigkeit für dieses Vorgehen erklärt ihm Nasir wie folgt:

> ‚Du bist wirklich in Gefahr nach dem, was du berichtest. Aber wir können deine Geschichte so nicht erzählen, denn dann würden sie dich sofort zurückschicken. Wie wäre es, wenn du sagst, dass man dich aus religiösen Gründen verfolgt und dein Vater von den Islamisten umgebracht worden ist? Du brauchst nicht so entsetzt zu schauen. Es ist nur eine Geschichte, ein Märchen, und dein Vater wäre ganz sicher damit einverstanden.' Zweifelnd willigte Kerim ein. Von nun an war diese Darstellung ständiges Thema zwischen ihnen. Nasir wurde nicht müde, sie ihm in allen Einzelheiten darzulegen und ihn daran zu erinnern, dass sie ihm möglicherweise sein neues Leben sichern würde. (Fatah 2010: 175)

Differenziert verhandelt der Roman insbesondere, welche Herausforderungen das Erzählen in Situationen außerhalb der institutionellen Befragungen mit sich bringt, wobei hier nicht erwähnt wird, welche Version Kerim erzählt, die von Nasir für die Anhörung erdachte und von ihm eingeübte oder die von ihm erlebte.

So schildert der Roman Kerims Erzählen in verschiedenen privaten Zusammenhängen in Berlin, etwa in der Familie und im Freundes- und Bekanntenkreis seines Onkels (Fatah 2010: 272). Auch hier erzählt Kerim seine Fluchtgeschichte sehr oft, ja so oft, dass er sie schließlich nicht mehr wahrnimmt bzw. mit den vermeintlichen Augen und Ohren der Zuhörenden, etwa als er sie den beiden Töchtern von Mohammed erzählt, einem Bekannten seines Onkels:

> Er fragte sich, wen sie in ihm, dem gerade angekommenen Flüchtling sahen, und kam zu dem Schluss, etwas gewissermaßen Überlebtes darzustellen: Seine Fluchtgeschichte, die ihr Vater ihnen übersetzen musste und noch mit lebendiger Anteilnahme verfolgte, konnte für sie nur noch ein Märchen sein. (Fatah 2010: 273)

Nach vielmaligem Erzählen in den unterschiedlichsten Umgebungen, auf den Ämtern und im Umfeld seines Onkels, wird dem Erzähler Kerim das Erzählen der eigenen Bedrohung und Gefahr zur unwirklichen Wahrheit, zum Märchen, eine Gattungsbezeichnung, die auch Sinha nutzt, um den schwebenden Zustand zwischen „Wahrheit und Erfindung" (siehe Koschorkes Titel) zu benennen, mit dem sich die spezifische Wirkung der Fluchtgeschichten beschreiben lässt, der in allen hier erwähnten Texten verhandelt wird. Der Schwebezustand, den Koschorke für das Erzählen allgemein ausmacht, bekommt in den Fluchtgeschichten eine existentielle Dimension:

> Wer [...] vom *homo narrans* spricht, denkt den Menschen in seinem Vermögen, zur Wirklichkeit, in der er lebt, sowohl ja als auch nein sagen zu können; moralisch gewendet, zu lügen; oder genauer, in der Fähigkeit, die Differenz zwischen real und irreal, wahr und falsch auszusetzen, aufzuheben, mit ihr zu spielen. (Koschorke 2012: 12)

Trotz der Dramatik des Erlebten – Kerim erzählt von mehreren Situationen, in denen er in Todesgefahr war, und das oft über einen längeren Zeitraum hinweg – wird es für Kerim im Laufe der Zeit mühevoll, seine Fluchtgeschichte zu erzählen, etwa als er sie dem Sohn seines Onkels, seinem Cousin Hussein, erzählt:

> Hussein saß mit übereinandergeschlagenen Beinen da, drehte seine Marlboro-Schachtel in der Hand und blickte zu Kerim. Der erzählte wieder einmal die Geschichte seiner Flucht, und alles, worauf er achten musste, war, die geschilderten Einzelheiten nicht herunterzuleiern. (Fatah 2010: 369)

Das Erzählen stößt an seine Grenzen, es stellt sich die Frage, ob das Erlebte, hier: das auf der Flucht Erlebte, überhaupt – mit welcher Geschichte, in welcher Sprache, für welche Zuhörenden auch immer – vermittelbar ist.

Auch sieht sich Kerim zunehmend damit konfrontiert, dass trotz technischer Möglichkeiten und seinem Zugang zu entsprechenden Kommunikationsmitteln die Kommunikation mit seiner im Irak zurückgebliebenen Familie – die Mutter und die Brüder – die große Kluft zwischen seinem Leben vor und nach der Flucht, zwischen seinem Leben im Irak und in Deutschland nicht überbrücken kann. Die Telefonate mit seiner Familie in der Heimat werden ihm mit der Zeit lästig, das Erzählen gelingt nicht. Die veränderte Situation, in der Kerim erzählt, die geographische Entfernung wie die neuen Lebenszusammenhänge erschweren ein gelingendes Erzählen:

> Mit dem neuen Handy hätte er seine Mutter, seine Brüder oder Shirin theoretisch jeden Tag, zu jeder Stunde anrufen können. Zu seiner Überraschung jedoch verspürte er immer weniger das Bedürfnis danach. Schon die wöchentlichen Anrufe vom Telefon seines Onkels begannen ihm Mühe zu bereiten, die Gespräche wurden schwerfälliger. Einfache Dinge waren umständlich zu erklären, was er erlebt hatte, musste er in kurzen Sätzen beschreiben, so dass es immer nichtssagend blieb. [...] Es wäre, als riefe er immer lauter hinüber und könnte dabei immer weniger sagen. (Fatah 2010: 318)

Noch eine weitere Dimension des Erzählens als individuelle Selbstverständigung verhandelt der Roman, die oben bereits erwähnte Frage, wie sich das Erlebte in die eigene Biographie einfügen lässt ohne Zukunftsperspektiven zu verstellen. Kerims Onkel rät ihm, sich von der Vergangenheit zu trennen, sie nicht mehr zu erzählen und damit ihren Einfluss zu minimieren. Er plädiert für das Vergessen, nicht für das Erinnern: „Du hast für dein Alter viel erlebt. Aber was immer du von dort mitgebracht hast, was immer du noch auf dem Schiff bei dir hattest, du musst es jetzt vergessen und etwas Neues beginnen." (Fatah 2010: 356) Und fünf Seiten weiter noch eindrücklicher mit der Metapher der geschlossenen Zimmertür: „Behalte es für dich, schließe es irgendwo in dir ein, mach eine Zimmertür zu." (Fatah 2010: 361)

Kerim antwortet seinem Onkel zweimal, dass er nichts mitgebracht habe, aber die Erzählweise des Romans macht deutlich, dass sich der Vorschlag des Onkels, das Vergangene zu vergessen, nicht umsetzen lässt, und sie macht auch deutlich, dass Kerim nur dem Onkel zuliebe antwortet, dass er nichts mitgebracht habe. In diesem Gespräch mit seinem Onkel sagt Kerim zweimal „ich habe nichts mitgebracht" (S. 356 und 361), dazwischen folgen wir als Lesende einer Erinnerung Kerims aus seiner Zeit bei den Gotteskriegern in den nordirakischen Bergen. Ausführlich wird berichtet, wie Kerim das Selbstmordattentat seines Freundes Hamid erlebt hat, was er beobachtet hat, was er dabei gedacht hat. Er war in unmittelbarer Nähe dabei, hatte von der Gruppe die Aufgabe bekommen, das Geschehen mit einer Kamera aufzuzeichnen:

> Ich habe nichts mitgebracht, erwiderte Kerim mit schwacher Stimme.
> Er starrte in die Richtung seines Onkels. Vor seinen Augen entstand klar und deutlich die Straße nach Diyala, dort wo sie auf dem Marktplatz endete. (Fatah 2010: 356)

Nun folgt auf 4 Seiten die Erinnerung Kerims an das Selbstmordattentat. Direkt im Anschluss daran heißt es noch einmal:

> ‚Ich habe nichts mitgebracht', sagte Kerim und stellte das leere Teeglas ab, seine Hände zitterten. (Fatah 2010: 361)

Wo im raschen Verfahren des Alltagsgeschehens und eines Gesprächs am Küchentisch eine solche Stimme geschwächt, zum Schweigen gebracht wird, kann der literarische Text mit seinen spezifischen Verfahren der Auswahl, Fokussierung, Unterbrechung zeitlicher Abfolgen, Rückblenden auf Vergangenes, die Aufmerksamkeit so lenken, dass gerade solche Prozesse wahrgenommen werden können.

4 Julya Rabinowich: *Dazwischen: Ich* (2016)

Die Bedeutung des Erzählens bearbeitet auch Julya Rabinowich in ihrem Roman *Dazwischen: Ich*. Im Mittelpunkt steht die 15-jährige Madina, sie ist mit ihrer Familie geflüchtet. In Form von Madinas Tagebuch erzählt der Roman vom Alltag in dem neuen Land. Das Warten auf den Bescheid, ob der Asylantrag erfolgreich war, die Enge in der Unterkunft, die Vergangenheit, die immer wieder in die Gegenwart hineinreicht. Das Leben in der Schule. Die Frage danach, was erzählt werden soll und kann und was man besser nicht oder nicht jetzt erzählt, zieht sich durch den ganzen Roman. Ich möchte hier jedoch nur eine Stelle herausgreifen, die einen Aspekt einbringt, der in den bisher besprochenen Texten nicht in dieser Deutlichkeit vorkommt, eine kurze Szene aus dem Geschichtsunterricht:

> In Geschichte nehmen wir jetzt den zweiten Weltkrieg durch. Die Bilder kommen mir wie die Echos aus meiner eigenen Vergangenheit vor. Hier haben sich Menschen auch abgeschlachtet, es ist nur länger her als bei uns. Die Lehrerin [...] zeigt uns Fotos von Soldaten, von Gefangenen, von Leichenbergen und von Gehängten. [...] Ich melde mich und sage: ‚Ich habe auch erlebt, wie man Menschen tötet. Bei uns zu Hause.' [Die Lehrerin] schaut komisch und räuspert sich und sagt: ‚Das tut mir sehr leid'. [...] Und ich fange wieder an. Diesmal unterbricht sie mich und sagt: ‚Das gehört jetzt nicht zum Lehrstoff.' (Rabinowich 2016: 129f.)

Auch hier wird sichtbar, dass sich das Erzählen nicht an „die Grenzziehungen zwischen gesellschaftlichen Funktionssystemen" (siehe das obige Zitat von Koschorke) hält. Der etablierte Geschichtsunterricht und seine Kollektiverzählung allerdings sind offenbar derart festgelegt ist, dass es nicht möglich ist, dynamische Erfahrungen aus der Gegenwart dazu in Bezug zu setzen.

Literarische Texte können solche komplexen institutionellen Zusammenhänge darstellen, wie in solchen Kontexten erzählt wird und welche Funktionen bzw. welches Potential dieses Erzählen hat. Im Seminar mit internationalen Studierenden haben diese eben diese Textpassage, in der das Erzählen unterbunden und verboten wird, als zentrale Stelle des Romans ausgemacht. Für Studierende, die sich auf eine Lehramtstätigkeit an Schulen in Deutschland vorbereiten, war die Frage wichtig, wie man auf so eine Situation reagieren sollte. Ist ein Erzählen von Fluchtgeschichten in einer schulischen Unterrichtssituation möglich?

Die aktive, reflektierende Auseinandersetzung mit dem Erzählen in literarischen Texten macht es – wie auch in der Arbeit mit den Studierenden deutlich wurde – möglich, zu entdecken, was es heißen könnte, den Menschen als „homo narrans" zu verstehen. Nicht zuletzt daraus ergibt sich die in vielfacher Hinsicht hohe Relevanz des Erzählens für das Fach Deutsch als Fremd- und Zweitsprache.

5 Literatur

Ahrenholz, Bernt (2006): Zur Entwicklung mündlicher Sprachkompetenzen bei Schülerinnen und Schülern mit Migrationshintergrund. In Ahrenholz, Bernt & Apeltauer, Ernst (Hrsg.): *Zweitspracherwerb und curriculare Dimensionen. Empirische Untersuchungen zum Deutschlernen in Kindergarten und Grundschule.* Tübingen: Stauffenburg, 91–109.

Ahrenholz, Bernt (2007): Wortstellung in mündlichen Erzählungen von Kindern mit Migrationshintergrund. In Ahrenholz, Bernt (Hrsg.): *Kinder mit Migrationshintergrund – Spracherwerb und Fördermöglichkeiten.* Freiburg/Br.: Fillibach, 221–240.

Dürbeck, Gabriele (2017): Deutsche und internationale Germanistik. In Göttsche, Dirk; Dunker, Axel & Dürbeck, Gabriele (Hrsg.): *Handbuch Postkolonialismus und Kultur.* Stuttgart: Metzler, 38–53.

Ewert, Michael (2017): Literatur und Migration. Mehr- und transkulturelle Literatur in deutscher Sprache – ein Laboratorium transnationaler Realitäten. In Schiedermair, Simone (Hrsg.): *Literaturvermittlung. Texte, Konzepte, Praxen in Deutsch als Fremdsprache und den Fachdidaktiken Deutsch, Englisch, Französisch.* München: Iudicium, 41–57.

Fatah, Sherko (2010[6], ED 2008): *Das dunkle Schiff.* München: btb.

Hardtke, Thomas; Kleine, Johannes & Payne, Charlton (2017): *Niemandsbuchten und Schutzbefohlene. Flucht-Räume und Flüchtlingsfiguren in der deutschsprachigen Gegenwartsliteratur.* Göttingen: V & R unipress, 9–20.

Korschorke, Albrecht (2012): *Wahrheit und Erfindung. Grundlagen einer Allgemeinen Erzähltheorie.* Frankfurt/M.: Fischer.

Rabinowich, Julya (2016): *Dazwischen: Ich.* München: Hanser.

Riedner, Renate (2017): Narrativität und literarisches Erzählen im Fremdsprachenunterricht. In Schiedermair, Simone (Hrsg.): *Literaturvermittlung. Texte, Konzepte, Praxen in Deutsch als Fremdsprache und den Fachdidaktiken Deutsch, Englisch, Französisch.* München: Iudicium, 58–76.

Sinha, Shumona (2016[6]; dte. ED 2015, frz. Orig. 2011): *Erschlagt die Armen.* Hamburg: Nautilus.

Ruth Eßer, Nimet Tan

„Wir geben uns zur Begrüßung die Hand"... Wirklich? Und was machen die „anderen" zur Begrüßung? –

Zur Relevanz von Körper-Sprache-Bewusstsein in Integrationskursen

Einleitung

„Wir geben uns zur Begrüßung die Hand". So konstatierte unlängst der deutsche ehemalige Innenminister Thomas de Maizière (2017a, vgl. de Maizière 2017b) in der Bildzeitung in seinen 10 Thesen zur deutschen Leitkultur. In seinem Beitrag listet er zehn Aspekte auf, die jeweils ein bis zwei Absätze umfassen. Unter Punkt 1 heißt es: „Wir legen Wert auf einige soziale Gewohnheiten […] Wir sagen unseren Namen. Wir geben uns zur Begrüßung die Hand. Bei Demonstrationen haben wir ein Vermummungsverbot." Der Punkt schließt mit den Worten: „Wir zeigen unser Gesicht. Wir sind nicht Burka."

Eins fällt bei de Maizières Punkten zweifellos auf: Es geht in vielen seiner Punkte um den Körper und seine Relevanz für die Interaktion. Darum, was „man" mit dem Körper tut („man gibt die Hand", „man zeigt sein Gesicht") oder „was man" eben nicht tut oder tun darf.

Aber ist das wirklich so? Geben „wir" uns alle zur Begrüßung immer die Hand und sagen unseren Namen? Wer ist „wir"? Was machen die „anderen" zur Begrüßung? Und hat Kultur etwas damit zu tun?

In unserem Beitrag wollen wir erste Antworten versuchen und der Frage nachgehen, wie Körper – Sprache – Kultur – Integrationskurse zusammenhängen und wie mehr Bewusstsein für diese Zusammenhänge die Integrationskurse – sowie den DaZ-Unterricht im Allgemeinen – und damit letztendlich die Integration befördern kann.

Unsere Gliederung:
1. Was haben Körper und Sprache miteinander zu tun und was ist Körpersprache[1]?
2. Was haben Körper, Körpersprache und Kultur miteinander zu tun? Und wie kultur„spezifisch" ist Körpersprache?
3. Was bezwecken Integrationskurse, was ist das Besondere an ihnen und wie gehen sie mit dem Körper und Körpersprache um bzw. um-gehen sie sie?
4. Wie kann mehr Körpersprache und Körper-Sprache-Bewusstsein (Körpersprache-Bewusstsein) in den DaZ-Unterricht und in Integrationskurse implementiert werden?
5. Schlussfazit und Ausblick

Wer sich – wie wir – theoretisch und/oder unterrichtspraktisch mit den Themen Körper und Körpersprache beschäftigt, erntet bisweilen leider immer noch fragende Blicke (auch das ist übrigens Körpersprache!). Parallel und synchron dazu gibt es bis auf wenige – wie z. B. Apeltauer (1986, 1996, 1997, 2000) – kaum Körpersprach-DaZ-ForscherInnen oder -verfechterInnen und ergo zu wenige empirische Körpersprach-DaZ-bezogene Studien bzw. Publikationen[2], Didaktisierungsvorschläge oder curriculare Hinweise. Dies verwundert angesichts der großen aktuellen (sprachen)politischen Herausforderungen.

1 Was haben Körper und Sprache miteinander zu tun und was ist Körpersprache?

„Es gibt kein Sprechen, kein Hören, keine Aktion, keine Reaktion, keine Interaktion, kein Lernen und Lehren, keine interkulturelle Begegnung ohne körperliche Beteiligung. Auf der Sprache produzierenden Ebene (Sprechorgane), auf der rezeptiven bzw. perzeptionellen Ebene (Auge, Ohr, Haut), auf der kognitiven Ebene (Gehirn), auf der affektiven Ebene (Herz, Bauch, Seele) und auf der handelnden Ebene (Bewegungen des Körpers und seiner Teile) – immer ist der Körper des Menschen empfangendes, teilnehmendes und ausführendes Medium, Ausgangspunkt und Agens." (Eßer 2007: 321)

---

[1] Wir verwenden hier aus folgenden Gründen ganz bewusst den Begriff ‚Körpersprache' anstelle des häufiger verwendeten „nonverbalen Verhaltens": 1. „weil [...] er den Träger angibt [...] und somit als Zeichenform: die Leiblichkeit" und 2. „weil er [...] den ‚Sprach'-Begriff als System-Begriff einbezieht" und somit die Kommunikativität und 3. „weil er – kulturhistorisch [...] argumentiert – die älteste Bezeichnung für das Gemeinte ist" (Kalverkämper 1995: 143).
[2] Mittlerweile finden sich allerdings im Fachlexikon Deutsch als Fremd- und Zweitsprache (Barkowski & Krumm 2010) Einträge zu ‚Körpersprache' und ihren Elementen wie ‚Mimik', ‚Gestik' etc. Eine Rechercheanfrage beim IFS (Institut für Fremdsprachenforschung in Marburg) zum Begriffspaar ‚Körpersprache – Integrationskurse' erbrachte Mitte 2017 ganze 8 (!) Hinweise.

Als Weiterführung von Watzlawicks berühmtem Axiom aus dem Jahr 1974, wonach es unmöglich sei, *nicht* zu kommunizieren, formuliert Kalverkämper (1995: 143, unsere Hervorhebung): „Es ist unmöglich, nicht *mit dem Körper* kommunikativ zu wirken."

„KS [Körpersprache] kann ganz allgemein beschrieben werden als eine Komponente zwischenmenschlichen Verhaltens, die menschliche Beziehungen – ohne Sprache, bewusst und unbewusst – etabliert, aufrechterhält und steuert" (Eßer 2007: 322).[3] Körpersprache umfasst Körperbewegungen, Gesten, Mienen, Haltungen und Handlungen sowie die Position im Raum und der KommunikationspartnerInnen zueinander. Durch die Haltung von Gesamtkörper, von Kopf, Armen und Beinen, durch den Ausdruck der Augen, der Mundwinkel oder der Hände lassen Menschen – teils bewusst, zum großen Teil aber unbewusst – eine Menge über ihre Gedanken, ihre Gefühle, Ängste und Wünsche erkennen. Auch Tonfall, Sprechlautstärke und *Nicht*-Sprechen können partiell mit zur Körpersprache gerechnet werden. In einem sehr weiten Sinne gehören sogar Eigenschaften wie Körperfülle, Kleidung, Stimme und Frisur zu den extraverbalen Informationsquellen (vgl. Eßer 2007, Payer 2006, Poyatos 2002).

Die Übersicht in Abbildung 1 (siehe S. 216, nach Rosenbusch & Schober 2004: 5), an der wir uns orientieren, macht – allerdings ohne explizit die extraverbalen Elemente miteinzubeziehen – die konstitutiven Bestandteile einer Kommunikationshandlung und die Rolle der Körpersprache in ihr deutlich.

Die Körpersprache – in der Abbildung von uns grau unterlegt und von Rosenbusch & Schober als nonvokale nonverbale Kommunikation bezeichnet – gliedert sich wiederum in folgende Teilbereiche:
- Mimik
- Gestik
- Proxemik (Verhalten im Raum und zueinander)
- taktiles Verhalten
- Olfaktorik
- Blickverhalten
- Körperhaltung
- Körperbewegung.

Insgesamt ist hierbei aber immer zu bedenken, dass körpersprachliches Verhalten sich aus vielen körperlichen Einzelbewegungen zusammensetzt, also eine komplexe Kombination aus Mimik, Gestik, Proxemik, Blick, Körperhaltung und

---

3 Für eine noch detailliertere – und im Rahmen dieses Artikels nicht mögliche – Erörterung und Beschreibung von Körpersprache in ihren Komponenten und Funktionen siehe z. B. Han (2004), Kühn (2002), Poyatos (2002).

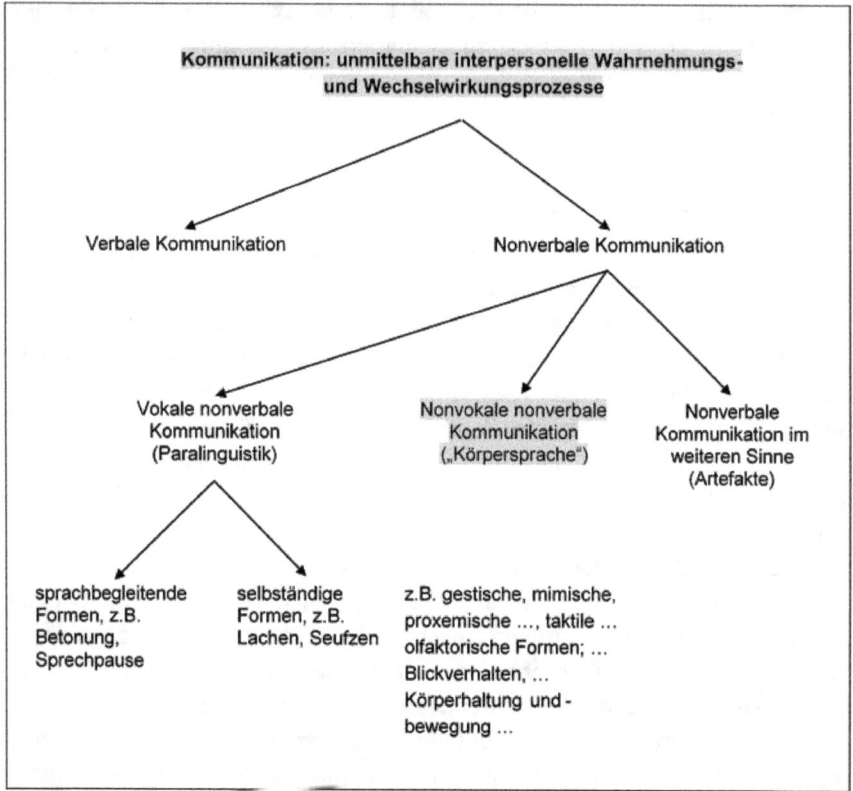

Abb. 1: Unmittelbare interpersonelle Wahrnehmungs- und Wechselwirkungsprozesse der Kommunikation (nach nach Rosenbusch & Schober 2004: 5; unsere Hervorhebung)

-bewegung darstellt. Nach Kalverkämper (1995: 145ff.) sind für deskriptive und analytische Zwecke drei Anschauungsgrößen zu unterscheiden:
1. *der körperliche Ausdrucksträger* (Segmentation des Körpers in Teile, z. B. Stirn, Mund etc.)
2. *der körperliche Ausdruck* (Verhalten, Ausdrucksrepertoire als Erscheinungsbild, z. B. mit den Fingern auf den Tisch trommeln, die Arme auseinanderbreiten, die Stirn in Falten legen)
3. *die Ausdrucksbedeutung* (z. B. Freude, Wut), wobei zu unterscheiden ist zwischen dem
    - Produzenten, der den Ausdruck seines Körpers einsetzt, und dem
    - Rezipienten, der diesen Ausdruck und sein Zusammenspiel mit anderen Ausdrucksformen wahrnimmt und deutet.

Aber: „Die häufig vorhandene Mehrdeutigkeit nonverbaler Signale macht es schwierig, sie valide, d. h. so zu interpretieren, daß unsere Deutung auch tatsächlich dem vermuteten psychischen Zustand bei der anderen Person entspricht. [...] Wir bieten dem Interaktionspartner mit dem Verhalten eine Interpretationsmöglichkeit an, ohne daß wir darauf, wie in der Sprache, festgelegt werden könnten." (Ellgring 2000: 9).

In jeder Kommunikationshandlung wirken grundsätzlich vier Kommunikationsebenen zusammen: die verbale (Wörter), die paraverbale (Lautstärke, Lachen, Stimmlage etc.), die nonverbale (Mimik, Gestik, Körperhaltung etc.) und die extraverbale (Zeit, Ort, Kontexte etc.). Interaktive Bedeutungskonstitution entsteht allerdings *erst* durch ein Zusammenwirken dieser vier Ebenen und ist auch nur durch *einen Einbezug aller vier Ebenen* angemessen zu beschreiben und zu analysieren (vgl. auch Oksaar 1988: 18).

Um dieses verbal-nonverbale Zusammenspiel anhand der Eingangssituation zu illustrieren: Wir *sagen zwar* unseren Namen UND *geben uns* zur Begrüßung *die Hand*. Mensch (in Deutschland) tut das in der Regel aber nur in *formellen* Kontexten und ab einem gewissen Alter. Andere Kulturen[4] küssen sich die Wangen oder die Hand, umarmen sich, verbeugen sich oder machen zur Begrüßung etwas ganz anderes – ganz nach spezifischer Situation (formell/informell, bekannt/unbekannt, einzelne/r/Gruppe) und Alters- oder Geschlechterkonstellation (jung/alt, Mann/Mann, Frau/Frau, Mann/Frau). Allerdings scheint es eine Grundkonstituente menschlicher Interaktion zu sein, sich – bei/m ersten, weiteren oder wahrscheinlich jedem Kontakt – auf „irgendeine" Art verbal und/oder nonverbal zu begrüßen.

Welche Funktionen hat Körpersprache und wie hängt sie mit Sprache zusammen?

Körpersprache – bewusst und unbewusst realisiert – hat vielfältige Funktionen (vgl. zu den allgemeinen Funktionen und denen der einzelnen Elemente Ellgring 2000):

Autonome Funktionen:

Die *eigene* Körpersprache dient der Darstellung von Emotionen und kognitiver Prozesse sowie zur Verdeutlichung der eigenen Identität (autoexpressiv). Die Körpersprache eines anderen dient als Grundlage für die Einschätzung seines Befindens, seiner kognitiven Prozesse und seines Status (informativ).

---

4 Siehe zu einem Definitionsversuch von ‚Kultur' und zur Kulturspezifik von Körpersprache Abschnitt 2.

Interaktionale Funktion:
Die Interaktion zwischen InteraktionspartnerInnen wird zu einem großen Teil durch Körpersprache etabliert, aufrechterhalten und gesteuert. (Kontaktaufnahme, zur Sympathie- und Antipathiebekundung, beim Signalisieren von Interesse und Zuwendung bzw. Desinteresse und Ablehnung, für das Geben von Feedback, bei der Organisation von Sprecherwechsel, Rederecht, Themenvermeidung etc.).

Kommunikative Funktionen[5]:
Körpersprache kann gesprochene Sprache sprachbegleitend modifizieren (abschwächen, unterstreichen, ergänzen, widerlegen). Und sie kann – bei großer räumlicher Distanz oder wenn sprachliche Kommunikationsmöglichkeiten fehlen – gesprochene Sprache komplett ersetzen.

Zu den Funktionen der *einzelnen* körpersprachlichen *Elemente* (vgl. Ellgring 2000):

Mimik:
Mimik ist eng mit der Darstellung von Emotionen verknüpft. Sie modelliert Informationen und gewichtet sie – viel feiner und schneller, als dies durch Sprache möglich ist. Sie vermittelt dem Partner Feedbacksignale (Lächeln, Kopfschütteln etc.) und steuert so die Interaktion.

Blickverhalten[6]:

> „Beobachten wir zwei Personen im Gespräch, so finden wir, daß sie abwechselnd den Partner anblicken und wieder wegblicken, daß sie sich manchmal wechselseitig anblicken, manchmal auch gar nicht. Was steuert nun dieses Verhalten und gibt es eine wechselseitige Beeinflussung?" (Ellgring 2000: 30)

Das Blickverhalten ist enger an kognitive Prozesse gekoppelt. Kognitive Prozesse lösen eine Blickabwendung aus. Das Blickverhalten gibt Aufschluss über die momentane Kapazität oder Bereitschaft zur Informationsaufnahme. Insofern zeigt sie auch die Bereitschaft zur Kommunikation an. Es reguliert in der Regel – zusammen mit der Mimik und Oberkörperhaltung – „stillschweigend" den Sprecherwechsel (i. d. R. zugewandter Blick = Sprechwunsch bzw. Sprechafforde-

---

5 Das Bedürfnis nach nonverbaler Modellierung oder auch nach Substitution von Sprache wird z. B. deutlich am intensiven Einsatz von Emoticons bei SMS- und WhatsApp-Nachrichten.
6 Vgl. dazu – und besonders zur Kulturspezifik des Blickverhaltens im DaF-Unterricht in Irland – auch Eßer (2002).

rung) mit. Die Verteilung des Blickverhaltens signalisiert außerdem Status und Macht. Die Intensität des Blickverhaltens signalisiert den Grad der Nähe und Unmittelbarkeit zwischen InteraktionspartnerInnen.

Gestik:
Die Gestik ist der Teilbereich nonverbalen Verhaltens, der besonders eng mit der Sprache verknüpft ist. Bewegungen der Hände befördern die Sprachproduktion in erheblichem Maße und hängen immanent mit ihr zusammen (vgl. McNeill 2000).

Körperorientierung und interpersonelle Distanz:
Mit unserer Körperhaltung und dem räumlichen Abstand zueinander vermitteln wir ebenfalls viel von dem, was unter dem Beziehungsaspekt in der sozialen Interaktion verstanden wird: Intimität, Zuneigung, Status und Macht. Änderungen in der Körperhaltung markieren i. d. R. Gesprächsabschnitte und Sprecherwechsel. Durch Körperkontakt oder Körperkontaktabbruch können Intimität, Zuneigung, Abneigung und Status ausgedrückt bzw. wahrgenommen werden.

Zwischenfazit

Körpersprache hat sehr viele Dimensionen und Funktionen und läuft über mehr Kanäle ab als gesprochene Sprache. In der Face-to-face-Interaktion liefert sie eben nicht nur vage Informationen über den „Kontext", die „Beziehungsebene" oder über „Bedeutungsnuancierungen", sondern sie stellt ein essentielles Hilfssystem dar, auf das InteraktionsteilnehmerInnen zur Erreichung ihrer kommunikativen Ziele beim Sprechen und Zuhören i. d. R. unbewusst zurückgreifen, aber auch bewusst zurückgreifen sollten. Bei Diskrepanz zwischen dem sprachlich Geäußerten und dem körpersprachlich implizit Gezeigten bestimmt in der Regel die Körpersprache den Tenor der Botschaft (vgl. als erste Untersuchung dazu Mehrabian 1972).

Allerdings ist Körpersprache in weiten Teilen kulturell geprägt. Dass das so ist, wie es sich zeigt und warum ein Bewusstsein dafür so wichtig ist, beschreibt der folgende Abschnitt.

2 Was haben Körper, Körpersprache und Kultur miteinander zu tun? Wie kultur„spezifisch" ist Körpersprache?

Eine fundierte Auseinandersetzung mit dem Kulturbegriff kann im Rahmen dieses Artikels nicht erfolgen (vgl. dazu u. a. Barkowski & Eßer 2005 und Eßer 2006). Wir legen folgende theoretische Kurzdefinition zugrunde: ‚Kultur' ist ein abstrakter Begriff für die ganz spezifische Art und Weise, wie die Menschen einer gesellschaftlichen Gruppe leben, d. h. wie sie ihre Lebenswelt jeweils organisieren (– und wie sie dies auch körpersprachlich ausdrücken).

Der Umgang mit dem Körper, sein Einsatz und ein Bewusstsein für die Sprache des Körpers werden „genauso wie die Verbalsprache in einem jahrelangen Prozess der individuellen Sozialisation wie allgemeinen Enkulturation erworben" (Eßer 2007: 325) Wie dies geschieht, beschreibt die französische Ethnologin Raymonde Carroll (1987: 3) sehr eindrucksvoll:

> Meine Kultur ist die Logik, mit deren Hilfe ich die Welt ordne. Diese Logik habe ich nach und nach erlernt vom Augenblick meiner Geburt an, und zwar durch die Gesten, die Worte und die Zuwendung derer, die mich umgaben; durch ihren Blickkontakt, den Ton ihrer Stimmen; durch die Geräusche, die Farben, die Gerüche, den Körperkontakt; durch die Art und Weise wie ich erzogen wurde, belohnt, bestraft, gehalten, berührt, gewaschen, gefüttert ... Ich lernte diese Logik zu atmen und zu vergessen, dass ich sie erlernt hatte. Ich fand sie natürlich. (eigene Übersetzung)[7]

Was an Körpersprache ist jedoch universell und was kulturell modelliert (im Sinne der obigen Definition)? Dass die sieben Grundemotionen Freude, Trauer, Wut, Ekel, Überraschung, Angst und Schmerz in ihrem Kern kulturübergreifend gleich ausgedrückt werden, darüber besteht weitgehend Einigkeit (vgl. z. B. Kalverkämper 1995: 159). Gleichzeitig gibt es auch viele Belege für kulturell geprägte Differenzen im körpersprachlichen Verhalten[8]. Diese Unterschiede sind zu finden:

- „im Grad der Nonverbalität (d. h. wie körpersprachlich expressiv oder nichtexpressiv ist eine Kultur?)

---

[7] Krumm (2003) hat dazu den interessanten Beitrag ‚Mein Bauch ist italienisch. Kinder sprechen über Sprachen' darüber verfasst, wie und wo Kinder Sprachen in ihrem Körper verorten.
[8] Vgl. zur Kulturspezifik von Körpersprache und zur Relevanz von Körpersprache in der interkulturellen Begegnung die theoretischen Arbeiten von Poyatos (2002), die eher systematisierenden Arbeiten von Apeltauer (1986, 1996, 1997, 2000), Han (2004), den Sammelband von Wolfgang (1997) oder zu spezifischen interkulturellen Konstellationen (Argyle 2013), um nur einige zu nennen.

- bei den Inhalten (d. h. welche Inhalte (z. B. Trauer oder Sympathiebekundung) werden vorwiegend körpersprachlich, eher verbal oder in Kombination beider ausgedrückt?)
- nach welchen Gebrauchsregeln Körpersprache eingesetzt werden darf (d. h. in welcher Situation, wem gegenüber, wie und wozu darf in einer Kultur Körpersprache eingesetzt werden?)
- im Auftreten und in der Bedeutung von körpersprachlichen Elementen (d. h. gibt es in einer Kultur andere oder fehlende Gestik, Mimik, anderes oder fehlendes Blickverhalten, taktiles Verhalten, Raumverhalten oder in anderer Kombination oder hat körpersprachliches Verhalten zwar dieselbe Form, aber eine andere Bedeutung?)" (Eßer 2007: 326).[9]

Nach Oksaar (1988) sind alle Kulturen vergleichbar strukturiert und bestehen aus ‚Kultureme' genannten Einheiten (z. B. Umgang mit Gästen, Tischsitten, Geschenke etc.). Auch die Begrüßung stellt ein solches Kulturem dar. Kultureme werden von Oksaar definiert als – in jeder Kultur auftretende – Grundeinheiten, die miteinander in mehrfachen, aber geregelten Beziehungen stehen. Diese Kultureme werden durch besondere – und für verschiedene Kulturen jeweils unterschiedliche – Arten und Weisen, die sogenannten ‚Behavioreme' realisiert. Diese können ihrerseits sowohl verbal, nonverbal, extraverbal als auch parasprachlich gestaltet werden (s. Abbildung 2).

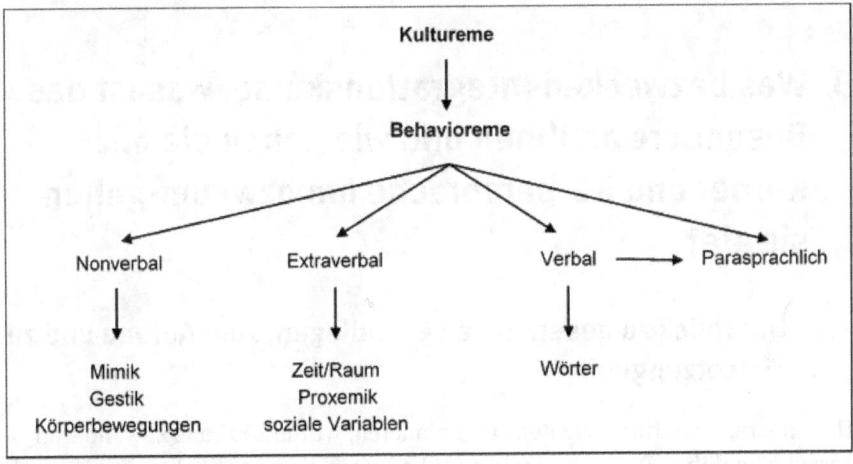

Abb. 2: Strukturen von ‚Kultur" (nach Oksaar 1988: 28)

---

9 Hinzu kommen *intra*kulturelle Unterschiede im körpersprachlichen Verhalten von und zwischen Männern und Frauen, Erwachsenen und Kindern, Statushöheren und Statusuntergebenen, Älteren und Jüngeren.

Durch diese Unterschiedlichkeit der Behavioreme – und hier des körpersprachlichen Mitanteils – kann es leicht zu Missverständnissen und psychischen Reaktionen auf beiden Seiten kommen: zu Ablehnung, Befremden, Verwirrung, Unverständnis, Faszination etc., denn Körpersprache wirkt vielfach tiefgehender, da zumeist zunächst unbewusst:

> Wenn [...] [ein Ausländer] sprachliche Fehler macht, seine Aussprache vielleicht Auffälligkeiten aufweist, hat sein Gesprächspartner u. U. Schwierigkeiten, ihn zu verstehen [...] Doch sein außersprachliches Verhalten und seine Körpersprache haben sehr viel weiter reichende Wirkungen. Sie können die Ursache dafür sein, dass man ihn als unhöflich und aufdringlich, als arrogant oder unzuverlässig einschätzt. (Heyd 1997: 54)

Zwischenfazit

Körpersprache und ihr Zusammenspiel mit der Verbalsprache ist immer auch kulturell geprägt, was leicht zu vielfältigen und ernsthaften Missverständnissen, Fehleinschätzungen und Kommunikationsblockaden führen kann. Je komplexer, heterogener und sprach-ungeübter die KommunikationspartnerInnen, desto dringender die Vermittlung angemessener Kommunikations- und Interaktionsmöglichkeiten und eines Körper-Sprache-Bewusstseins.

3 Was bezwecken Integrationskurse, was ist das Besondere an ihnen und wie gehen sie mit Körper und Körpersprache um bzw. um-gehen sie sie?

3.1 Überblick zu gesetzlichen Grundlagen, zum Aufbau und zu Zielsetzungen

Um Integrationsschwierigkeiten zu minimieren, wurde 2005 das Zuwanderungsgesetz eingeführt. Der Aufenthalt und die Integration von Nichtdeutschen soll mit 15 Artikeln des Zuwanderungsgesetzes geregelt werden. Der erste Artikel, das sogenannte Aufenthaltsgesetz, ist dabei als Kernstück zu betrachten, weil er sich auf den Aufenthalt, die Erwerbstätigkeit und die Integration von Ausländern konzentriert[10]. „Integration als Gegenwarts- und Zukunftsaufgabe" wurde 2005 mit dem im Zuwanderungsgesetz enthaltenen Aufenthaltsgesetz zum ersten Mal in der Migrationsgeschichte Deutschlands rechtskräftig vorgeschrieben. Der Fokus der Integrationsmaßnahmen liegt auf dem Spracherwerb, weshalb vor allem ausländische Migrantengruppen Integrationskurse besuchen müssen. Dazu zählen beispielsweise Migrantengruppen, die seit langem in Deutschland leben und kein Deutsch gelernt haben, sowie Ehegattennachzügler aus dem nichteuropäischen Raum. Auch Spätaussiedler und ihre Ehegatten haben einen gesetzlichen Anspruch auf die Integrationskurse, im Gegensatz zu EU-Bürgern[11], die darauf keinen gesetzlichen Anspruch haben. Allerdings kann das Bundesamt für Migration und Flüchtlinge, das Amt, das für die Integrationskurse verantwortlich ist, sie zum Integrationskurs zulassen, wenn es freie Kursplätze gibt[12]. Seit 2016 mit der Einführung des Integrationsgesetzes dürfen auch AsylbewerberInnen und Geduldete an den Integrationskursen teilnehmen[13].

Das langfristige Ziel der Integrationskurse ist es, „den Ausländern die Sprache, Rechtsordnung, die Kultur und die Geschichte in Deutschland erfolgreich zu vermitteln", so dass diese Migrantengruppen „mit den Lebensverhältnissen im Bundesgebiet soweit vertraut werden, dass sie ohne Hilfe und Vermittlung Dritter in allen Angelegenheiten des täglichen Lebens selbstständig handeln können" (Zuwanderungsgesetz § 43 Absatz 2).

3.2 Aufbau

Dementsprechend besteht jeder allgemeine Integrationskurs aus einem Sprachkurs und einem Orientierungskurs. Im Sprachkurs werden in durchschnittlich 600 Stunden wichtige Themen aus dem alltäglichen Leben behandelt, wie z. B. ‚Arbeit und Beruf', ‚Einkaufen und Konsum', ‚Gesundheit und Freizeit'. Der Orientierungskurs schließt sich an den Sprachkurs an; er hat einen Umfang von 100 Stunden und behandelt Themen wie Politik, Geschichte, Rechte und Pflichten in Deutschland. Das Ziel dabei ist die Erreichung des B1-Sprachniveaus. Neben dem allgemeinen Integrationskurs gibt es noch spezielle Integrationskurse, wie z. B. „Integrationskurse für Frauen", „Integrationskurse für Eltern" und „Integrationskurse mit Alphabetisierung". Die Dauer des Sprachkurses kann mit dem Besuch

---

10 Vgl. Integration im Aufenthaltsgesetz, 2017
11 Vgl. BAMF: Anspruch auf Teilnahme/Spätaussiedler, 2017.
12 Vgl. BAMF: Anspruch auf Teilnahme/EU-Bürger, 2017.
13 Vgl. BAMF: Integrationskurse für Asylsuchende und Geduldete, 2017.

eines der speziellen Kurse von 600 bis auf 1000 Stunden erhöht werden. Alle Kurse enden mit dem Deutsch-Test für ZuwandererInnen zur Erreichung des B1-Sprachniveaus. Der *allgemeine* Integrationskurs ist die am häufigsten besuchte Kursart, weshalb wir uns auf diesen konzentrieren.

Spezifika der Teilnehmenden und Heterogenität
Empirische Forschungen wie z. B. das „Integrationspanel. Ergebnisse einer Längsschnittstudie zur Wirksamkeit und Nachhaltigkeit in den Integrationskursen" (Schuller, Lochner & Rother 2011), die vom Bundesamt für Migration und Flüchtlinge durchgeführt wurden, zeigen, dass die KursteilnehmerInnen hinsichtlich ihres Alters, Herkunftslandes, ihrer Erstsprache, Fremdsprachenkenntnisse und schulischer Vorerfahrungen stark voneinander abweichen. Diese Vielfalt der Teilnehmenden ist eine Besonderheit, die den Unterrichtsprozess verkompliziert und den Körperspracheneinsatz im Sinne von Erleichterung der Kommunikation oder Vermeidung von kulturbedingten Missverständnissen umso wichtiger macht.

Die Integrationskursgeschäftsstatistik 2016 zeigt, dass der Bereich der Integrationskurse in Bewegung ist und stark von äußeren Rahmenbedingungen beeinflusst wird, wodurch sich auch die Merkmale der Heterogenität ändern. So stammten laut dem Integrationspanel von 2011 die meisten Kursteilnehmenden aus der Türkei, aus Russland und Ost-/Südostasien. Die Integrationskursstatistik 2016 zeigt, dass Syrien (114.253)[14] aktuell das Hauptherkunftsland der TeilnehmerInnen ist. Gefolgt wird es von Irak (17.991), Eritrea (13.825), Rumänien, Polen, Iran (8.443), Bulgarien. Mittlerweile nimmt die Türkei in der Statistik nicht mehr den ersten Rang ein. Russland taucht gar nicht auf. Bei den EU-Mitgliedstaaten belegt Rumänien mit 10.142 TeilnehmerInnen die Spitzenposition. Polen übernimmt mit 8.962 die zweite, Bulgarien mit 8.353 die dritte und Italien mit 4.508 die vierte Position. Die nächsten Ränge belegen Kroatien (3.256) und Griechenland (3.181).

Entsprechend der verschiedenen Herkunftshintergründe sind auch sprachliche und damit einhergehende kulturelle Lernervoraussetzungen vielfältig, weshalb die Lehrkräfte nicht mit einer gemeinsamen Ausgangssprache rechnen können. Nach der Integrationskursstatistik sind Arabisch, Persisch, Tigrinya und Amharisch aktuell die meistgesprochenen Erstsprachen in den Integrationskursen. Dazu kommen noch Polnisch, Bulgarisch, Italienisch, Griechisch und Türkisch.

---

14 In den Klammern sind die absoluten Teilnehmerzahlen zu finden, die wir der Geschäftsstatistik entnommen haben.

Die Heterogenität in Bezug auf die schulische Vorbildung zeigt, dass es für LehrerInnen auch schwierig ist, beispielsweise Englisch als Brückensprache einzusetzen: Zum Teil gibt es Teilnehmer, die nie zur Schule gegangen sind und nie lesen oder schreiben gelernt haben (vgl. Tan 2017: 111). Andere haben ihre Schulpflicht erfüllt, brauchen aber ebenfalls einen Alphabetisierungskurs, um die lateinische Schrift noch vor Beginn des allgemeinen Integrationskurses zu lernen. Zum Teil haben sie in der Grundschule die Erstsprache auch in lateinischer Schrift erworben, aber da der Schulbesuch lange zurückliegt, wurde viel von dem Gelernten vergessen. Andere Fremdsprachen außer Deutsch wurden oft noch nicht gelernt. Auf der einen Seite gibt es die Gruppe dieser wenig lerngewohnten Lerner. Auf der anderen Seite sitzen in den Integrationskursen mittlerweile auch Akademiker, Universitätsabsolventen und Studenten mit viel Sprachlernerfahrung (ebd.).

Tabelle 1 fasst die oben ausgeführten Merkmale der Heterogenität zusammen.

Tab. 1: Zusammensetzung der allgemeinen Integrationskurse, Merkmale von Heterogenität

Herkunftsländer aus Europa	Herkunftsländer Nicht-Europa	meistgesprochene Sprachen	Schulische Vorbildung
Rumänien	Syrien	Arabisch	alphabetisiert
Polen	Irak	Persisch	nicht-alphabetisiert
Bulgarien	Eritrea	Tigrinya	Zweitschriftlernende
Italien	Iran	Amharisch	wenig Kenntnisse in weiteren Fremdsprachen
Kroatien	Türkei		
Griechenland			z. T. wenig Schulbesuch
			z. T. akademische Sprachlernerfahrungen

3.3 Wie gehen Integrationskurse mit Körpersprache um bzw. wie um-gehen sie sie?

Seit dem 01.01.2005 gelten gesetzliche Regelungen zur sprachlichen Integration von Zuwanderinnen und Zuwanderern, die sich dauerhaft, d. h. mehr als ein Jahr, im Bundesgebiet aufhalten. Das Bundesministerium des Innern (BMI) hat in diesem Zusammenhang im Herbst 2006 das Goethe-Institut mit der Entwicklung eines Rahmencurriculums, das maximal mögliche Lernziele und -inhalte für die Integrationskurse vorgibt und als Grundlage zur Erstellung von Kursmodellen und Stoffverteilungsplänen dient (vgl. Goethe Institut 2017), beauftragt. Dieses Rahmencurriculum wird ständig aktualisiert. In der Fassung vom 21.03.2017 spielen weder Körpersprache noch Körpersprache-Bewusstsein eine wesentliche Rolle.

Auf 173 Seiten taucht der Begriff ‚Körpersprache' nur einmal auf unter „Realisierung von Gefühlen, Haltungen und Meinungen":

> Ist sensibilisiert für Signale der Körpersprache zur Unterstützung des Gefühlsausdrucks im Zielland. (BAMF: Rahmencurriculum 2017: 39)

Allerdings ist unter dem Punkt „Gestaltung sozialer Kontakte" dann doch folgendes Lernziel zu finden (mit dem paraverbalen Element ‚Lautstärke' und einigen weiteren nonverbalen Elementen:

> Ist sensibilisiert für potenzielle Unterschiede und Gemeinsamkeiten zwischen Herkunftsland und Zielland hinsichtlich nonverbaler und paraverbaler Signale in der Kommunikation, z. B. Blickkontakt, körperliche Nähe, Händeschütteln, Distanzverhalten, Lautstärke. (BAMF: Rahmencurriculum 2017: 53).

oder

> Weiß um die Bedeutung von Mimik und Gestik beim Sprachenlernen. (BAMF: Rahmencurriculum 2017: 62)

Für Integrationskurs-Lehrwerke gibt es unseres Wissens bislang keine systematischen Untersuchungen zum Vorkommen von und zum Umgang mit Körpersprache. Walther (2017) hat in ihrer BA-Arbeit das Lehrwerk *60 Stunden Deutschland* ausschnittsweise im Hinblick auf a) den Einbezug von Körpersprache in verwendeten Bildern, b) eine *explizite* oder *implizite* Behandlung von Körpersprache und c) Sprechanlässe zu Körpersprache ansatzweise analysiert und dabei festgestellt, dass Körpersprache in Form von Abbildungen zwar vorkommt, aber nur *indirekt* thematisiert wird (vgl. Walther 2017: 41). Körpersprache-Bewusstsein wird nicht gezielt vermittelt oder geschult.

Zwischenfazit

Die Heterogenität (sprachlich, kulturell, Lernerfahrung, Lebenserfahrung) der TeilnehmerInnen ist sehr groß und sie bewirkt, dass die Unterrichtskommunikation auf allen Ebenen vielschichtiger und die interkulturellen Begegnungssituationen für Teilnehmende und Lehrende komplexer und anspruchsvoller werden. Konträr dazu finden Körpersprache und KörperspracheB allerdings noch nicht die ihnen zustehende und nötige Berücksichtigung – weder curricular oder in den eingesetzten Lehrmaterialien noch in empfohlenen Unterrichtsverfahren.

4 Wie kann mehr Körpersprache und Körper-Sprache-Bewusstsein in den DaZ-Unterricht und in Integrationskurse implementiert werden?

In jedem Unterricht (vgl. Heidemann 2012) und besonders im Fremdsprachenunterricht tauchen nonverbale Elemente auf (vgl. hierzu auch Allen 1999, Eßer 2007, Kleppin 1989, Rosenbusch 2004 und Storch 2001). Da die Sprache und der Lernstoff noch nicht beherrscht werden, greifen Lehrkraft und Lernende sowohl bewusst als auch unbewusst – quasi „instinktiv" – verstärkt auf nonverbale Signale zurück (vgl. dazu exemplarisch Eßer 2007). Das wiederum bedeutet: Jede verbale und nonverbale Handlung wird von Lernern bzw. Lehrern im Unterricht wahrgenommen und gedeutet – und leider vielfach auch untereinander und beidseitig missverstanden oder überhaupt nicht verstanden.

Mittels Körpersprache wird sowohl bei der Lehrkraft als auch beim Lerner viel von sich selber ausgedrückt. Unsicherheit, Geduld, Ungeduld, Zuneigung, Abneigung, Angespanntheit oder Langeweile etc. Auch die sog. „funktionslosen Gesten" (Übersprungshandlungen, Körperpflege, Selbstkontakte) haben Aussagekraft und können ablenkend bzw. irritierend sein.

Darüber hinaus erfüllt Körpersprache vielfältige überaus nützliche Funktionen im Unterricht. Mit ihrer Hilfe kann die Lehrkraft, aber auch der/die einzelne Lernende eine Interaktion mit einzelnen KommunikationspartnerInnen oder der ganzen Gruppe initiieren, aufrechterhalten, beenden und auch „nähren".

Körpersprache unterstützt *lehrerseitig* sehr effektiv die Inhaltsvermittlung (z. B. bei Grammatik, Syntax, Phonetik oder Semantisierung), Sie hilft „bei der Steuerung des Unterrichtsprozesses (z. B. wortloses Ermuntern, Drannehmen, Korrigieren, Loben, Disziplinieren) und *lernerseitig* bei der Signalisierung von Unverständnis, Partizipationswillen oder -ablehnung, bei der Förderung der Sprachproduktion (besseres In-Gang-Kommen beim Sprechen), bei der Kompensation von mangelndem inhaltlichen oder sprachlichen Wissen und zur Unterstützung des Behaltens und Lernens" (Eßer 2007: 329).

Parallel dazu ist Körpersprache-Bewusstsein wichtiges *Lernziel*: Die LernerInnen sollten lernen, Körpersprache bewusst wahrzunehmen, zu beschreiben, zu deuten und zu erkennen, was die/der Gesprächspartner/in alles mittels Körpersprache versucht mitauszudrücken und warum sie selber auf bestimmte Art und Weise darauf reagieren. Das beinhaltet auch das Wissen darum, dass Körpersprache – auch die eigene (!) – ggf. kulturell verschieden ist und dadurch zu massiven Missverständnissen führen kann.

Wie kann man sich als Lehrende/r nun die vielen Vorteile von Körpersprache und Körpersprache-Bewusstsein zunutze machen und sie in den DaZ-Unterricht implementieren?

Erste konkrete methodisch-didaktische Anregungen und Umsetzungen dazu könnten sein:
- Körpersprache als eigenständiges und kulturell bedingtes Kommunikationsmittel und ihre Funktionen *explizit* im Unterricht *thematisieren* und in Integrationskurs-Lehrmaterialien integrieren;
- Körpersprachliche Sehfertigkeit trainieren → Beobachtungsaufgaben geben und evtl. nachspielen lassen, die Körpersprache in Bildern und Videos analysieren, Bilder mit Sprache versehen lassen;
- Bedeutsamkeit von Körpersprache bewusst machen: → Gespräch führen lassen mit verbundenen Augen, Video nur mit Ton abspielen lassen, beides vergleichen
- Beschreibbarkeit von Körpersprache vermitteln: → mit relevanten Redemitteln ausstatten, Körpersprache in idiomatischen Wendungen zusammenstellen und mit Lernerkultur vergleichen lassen (auch mit Hilfe von Axtell 1994).

Zwischenfazit

Körpersprache und Körpersprache-Bewusstheit sind für den DaZ-Unterricht und für Integrationskurse extrem wichtig: als Lern- und Lehrziel sowie zur Lehr und Lernunterstützung.

5 Schlussfazit und Ausblick

In unseren Ausführungen sollte Folgendes deutlich geworden sein: Körpersprache und Körpersprache-Bewusstheit verfügen vermutlich über immense – bislang „vergeudete" – Potentiale. Dadurch können sie u. E. gerade auf Seiten der so *heterogenen* Integrationskurs-Teilnehmenden vermutlich fast beiläufig zu effektiverem Spracherwerb und damit zu leichterer und gelungenerer Integration und Alltagsbewältigung beitragen. Und genau dies ist ja das Hauptanliegen gleichnamiger Kurse.

Den präsupponierten positiven Einfluss von Körpersprache und Körpersprache-Bewusstheit im und für den DaZ-Unterricht in Integrationskursen auch empirisch zu überprüfen und diese/n in die DaZ-Lehrerausbildung zu implementieren, ist demnach ein spannendes Forschungsdesiderat und curriculares Anliegen.

6 Literatur

Apeltauer, Ernst (1986): Kultur, nonverbale Kommunikation und Zweitspracherwerb. In Rosenbusch, Heinz & Schober, Otto (Hrsg.) (1986): *Körpersprache in der schulischen Erziehung*. Baltmannsweiler: Schneider, 134–169.
Apeltauer, Ernst (1996): *Körpersprache in der interkulturellen Kommunikation*. Flensburger Papiere zur Mehrsprachigkeit und Kulturenvielfalt im Unterricht. Flensburg: Universität.
Apeltauer, Ernst (1997): Zur Bedeutung der Körpersprache für die interkulturelle Kommunikation. In Knapp-Potthoff, Annelie & Liedke, Martina (Hrsg.): *Aspekte interkultureller Kommunikationsfähigkeit*. München: Iudicium, 17–39.
Apeltauer, Ernst (2000): Nonverbale Aspekte interkultureller Kommunikation. In Rosenbusch, Heinz & Schober, Otto (Hrsg.) (2000): *Körpersprache in der schulischen Erziehung*. Baltmannsweiler: Schneider Hohengehren, 100–165.
Allen, Linda Quinn (1999): Functions of nonverbal communication in teaching and learning a foreign language. *French Review* 72/3, 469–480.
Argyle, Michael (2013): *Körpersprache und Kommunikation. Nonverbaler Ausdruck und soziale Interaktion*. Paderborn: Junfermann.
Axtell, Roger E. (1994): *Reden mit Händen und Füssen: Körpersprache in aller Welt*. München: Droemer Knaur.
BAMF: *Anspruch auf Teilnahme: Spätaussiedler, 2017*. http://www.bamf.de/DE/Willkommen/DeutschLernen/Integrationskurse/TeilnahmeKosten/Spaetaussiedler/spaetaussiedler-node.html *(27.10.2017)*.
BAMF: *Anspruch auf Teilnahme: EU-Bürger 2017*. http://www.bamf.de/DE/Willkommen/DeutschLernen/Integrationskurse/TeilnahmeKosten/EUBuerger/eubuerger-node.html *(27.10.2017)*.
BAMF: *Integrationskurse für Asylsuchende und Geduldete 2017*. http://www.bamf.de/DE/Willkommen/DeutschLernen/IntegrationskurseAsylbewerber/integrationskurseasylbewerber-node.html *(29.10.2017)*.
BAMF: *Rahmencurriculum 2017*. http://www.bamf.de/SharedDocs/Anlagen/DE/Downloads/Infothek/Integrationskurse/Kurstraeger/KonzepteLeitfaeden/rahmencurriculum-integrationskurs.pdf?__blob=publicationFile *(29.10.2017)*.
BAMF: *Bericht zur Integrationskursgeschäftsstatistik für das Jahr 2016*. https://www.bamf.de/SharedDocs/Anlagen/DE/Downloads/Infothek/Statistik/Integration/2016/2016-integrationskursgeschaeftsstatistik-gesamt_bund.pdf?__blob=publicationFile *(28.10.2017)*.
Barkowski, Hans & Eßer, Ruth (2005): Wie buchstabiert man K-u-l-t-u-r? Überlegungen zu einem Kulturbegriff für Anliegen der Sprachlehr- und -lernforschung. In Duxa, Susanne; Hu, Adelheid & Schmenk, Barbara (Hrsg.): *Grenzen überschreiten. Menschen, Sprachen, Kulturen. Festschrift für Inge Christine Schwerdtfeger zum 60. Geburtstag*. Tübingen: Narr, 87–99.
Barkowski, Hans & Krumm, Hans-Jürgen (Hrsg.) (2010): *Fachlexikon Deutsch als Fremd- und Zweitsprache*. Tübingen: UTB.
Bundeszentrale für politische Bildung: *Integration im Aufenthaltsgesetz, 2017*. http://www.bpb.de/gesellschaft/migration/dossier-migration/56351/zuwanderungsgesetz-2005?p=all *(27.10.2017)*.
Carroll, Raymonde (1987): *Evidences invisibles*. Paris: Éditions du Seuil.

De Maizière, Thomas (2017a): *De Maizière stellt zehn Thesen zur deutschen Leitkultur auf.* http://www.bild.de/news/aktuelles/news/de-maiziere-stellt-zehn-thesen-zur-deutschen-51527078.bild.html *(29.10.2017).*
De Maizière, Thomas (2017b): „Wir sind nicht Burka": Innenminister will deutsche Leitkultur. http://www.zeit.de/politik/deutschland/2017-04/thomas-demaiziere-innenminister-leitkultur/ *(29.10.2017).*
Ellgring, Heiner (2000): Nonverbale Kommunikation. Einführung und Überblick. In Rosenbusch, Heinz & Schober, Otto (Hrsg.) (2000): *Körpersprache in der schulischen Erziehung.* Baltmannsweiler: Schneider Hohengehren, 9–53.
Eßer, Ruth (2002): „Ein Blick sagt mehr als 1000 Worte ... Wenn man ihn zu deuten vermag". In Barkowski, Hans & Faistauer, Renate (Hrsg.): *... in Sachen DaF. Unterrichtsforschung, Sprachenpolitik, Mehrsprachigkeit, Interkulturelles Lehren und Lernen. Festschrift für H.-J. Krumm zum 60. Geburtstag.* Baltmannsweiler: Schneider Hohengehren, 375–386.
Eßer, Ruth (2006): „Die deutschen Lehrer reden weniger und fragen mehr ..." Zur Relevanz des Kulturfaktors im DaF-Unterricht. *Zeitschrift für Interkulturellen Fremdsprachenunterricht* [Online], 11/3. http://tujournals.ulb.tu-darmstadt.de/index.php/zif/article/view/394/382 *(28.05.2017).*
Eßer, Ruth (2007): Körpersprache in Babylon. In Eßer, Ruth & Krumm, Hans-Jürgen (Hrsg.): *Bausteine für Babylon. Sprache, Kultur, Unterricht... Festschrift zum 60. Geburtstag von Hans Barkowski.* München: Iudicium, 320–333.
Goethe Institut (2017): *Rahmencurriculum für Integrationskurse Deutsch als Zweitsprache.* http://www.bamf.de/SharedDocs/Anlagen/DE/Downloads/Infothek/Integrationskurse/Kurstraeger/KonzepteLeitfaeden/rahmencurriculum-integrationskurs.pdf;jsessionid=6C9275932EA23B5007DA5012B413DF1C.1_cid359?__blob=publicationFile *(31.10.2017).*
Han, Suk-Geoung (2004): *Ausdrucksformen und Funktionen nonverbaler Kommunikation in interkulturellen Begegnungssituationen. Eine empirische Analyse deutsch-koreanischer Kommunikation.* Frankfurt/M.: Lang.
Heidemann, Rudolf (2012): *Körpersprache im Unterricht. Ein Ratgeber für Lehrende.* 10. Auflage. Wiebelsheim: Quelle & Meyer.
Heyd, Gertraude (1997): Körpersprache – das vernachlässigte Kulturem. In Heyd, Gertraude: *Aufbauwissen für den Fremdsprachenunterricht (DaF).* Tübingen: Narr Francke Attempto, 62–67.
Kalverkämper, Hartwig (1998): *Interkulturelle Vermittlung von Körpersprache: Semiotische Erweiterungsangebote an DaF.* Abstract zur FaDaF-Tagung in Jena 1998.
Kleppin, Karin (1989): Selbst wenn der Ton mal ausfällt, versteht man immer noch viel. Oder: Die Bedeutung der Erforschung non-verbalen Verhaltens im FSU. In Kleinschmidt, Eberhard (Hrsg.): *FSU zwischen Sprachenpolitik und Praxis.* Tübingen: Narr, 100–111.
Krumm, Hans-Jürgen (2003): „Mein Bauch ist italienisch ..." Kinder sprechen über Sprachen. *Zeitschrift für Interkulturellen Fremdsprachenunterricht* [Online] 8/2–3. http://www.ualberta.ca/~german/ejournal/Krumm.pdf *(27.05.2017).*
Kühn, Christine (2002): *Körper – Sprache. Elemente einer sprachwissenschaftlichen Explikation non-verbaler Kommunikation.* Frankfurt/M.: Lang.
McNeill, David (2000): *Language and Gesture.* Cambridge: Cambridge University Press.
Mehrabian, Albert (1972): *Nonverbal Communication.* New Brunswick: Aldine.
Oksaar, Els (1988): *Kulturemtheorie. Ein Beitrag zur Sprachverwendungsforschung.* Göttingen: Vandenhoeck & Ruprecht (Berichte aus den Sitzungen der Joachim-Jungius-Gesellschaft der Wissenschaften e. V. Hamburg, 6/3 1988).

Payer, Margarethe: *Internationale Kommunikationskulturen – 4. Nonverbale Kommunikation.* http://www.payer.de/kommkulturen/kultur04.htm *(27.05.2017).*

Poyatos, Fernando (Hrsg.) (2002): *Cross-cultural perspectives in nonverbal communication.* Toronto: Hogrefe.

Rosenbusch, Heinz & Schober, Otto (Hrsg.) (2004): *Körpersprache in der schulischen Erziehung.* Baltmannsweiler: Schneider Hohengehren.

Rosenbusch, Heinz (2004): Nonverbale Kommunikation im Unterricht – Die stille Sprache im Klassenzimmer. In Rosenbusch, Heinz & Schober, Otto (Hrsg.): *Körpersprache und Pädagogik.* Baltmannsweiler: Schneider Hohengehren, 138–176.

Schuller, Karin; Lochner, Susanne & Rother, Nina (2001): *Das Integrationspanel. Ergebnisse einer Längsschnittstudie zur Wirksamkeit und Nachhaltigkeit in den Integrationskursen.* http://www.bamf.de/SharedDocs/Anlagen/DE/Publikationen/Forschungsberichte/fb11-integrationspanel.pdf?__blob=publicationFile *(15.12.2017).*

Storch, Günther (2001): *Deutsch als Fremdsprache – Eine Didaktik.* München: Fink.

Tan, Nimet (2017): *Wirksamkeit und Nachhaltigkeit vorintegrativer Spracharbeit. Deutsch lehren und lernen in den türkischen Vorintegrationskursen.* „[=Anfangs] kam einem so vor, als sei es eine extra Last auf den Schultern. Im Nachhinein ... versteht man erst, dass das Erreichen des A1-Niveaus die Ohren des Kamels waren". München: Iudicium.

Walther, Marlen (2017): *Relevanz der Körpersprache in Orientierungskursen.* Unveröffentlichte Bachelorarbeit an der Friedrich-Schiller-Universität Jena.

Wolfgang, Aaron (ed.) (1997[2]): *Nonverbal behaviour: perspectives, applications, intercultural insights.* Seattle: Hogrefe & Huber.

Zuwanderungsgesetz. https://www.gesetze-im-internet.de/aufenthg_2004/BJNR195010004.html *(27.10.2017).*

Methodische Herausforderungen bei der Erforschung von Deutsch als Zweitsprache

Ingelore Oomen-Welke
Mehrsprachigkeit in Jugendbegegnungen
Beobachtungen – Überlegungen zur Begleitforschung

Die Erforschung des Zweitspracherwerbs und der Mehrsprachigkeit hat Bernt Ahrenholz zu seinem beruflichen Lebensthema gemacht, auch das Jugendalter. Deswegen sei ihm dieser Bericht aus dem Feld organisierter Jugendbegegnungen gewidmet, in dem die Sprachen eine Hauptrolle spielen.

1 Internationale Jugendbegegnungen – Zur Einführung

Mehrsprachigkeit ist gelebte Praxis in internationalen Jugendbegegnungen, die von Partnerschulen, von Sport-, Musik-, kirchlichen und anderen Vereinen, sozialen und politischen Verbänden, durch Städtepartnerschaften, von Parteien u. a. realisiert und mit öffentlichen Mitteln unterstützt wird. Internationale Jugendbegegnungen gibt es von der Grundschule an, sie können bi-, tri- oder multilateral durchgeführt werden, als einmalige Veranstaltung oder als Folge von Treffen, mit identischen oder wechselnden Teilnehmenden (TN) und Betreuenden; üblicherweise überschreiten sie neben Länder- auch Sprachgrenzen. Viele TN sprechen mehrere Sprachen durch Familie, Migration und/oder schulische Bildung. Mehrsprachigkeitserfahrungen können sich als stärkend oder problematisch erweisen. Hilfreich sind Helfer (Adjuvanten), die die Sprachlernenden unterstützend begleiten.[1] Helferfunktion kommt in internationalen Jugendgruppen vor allem den Betreuenden zu.

Zwischen den Gruppen wie auch gruppenintern gibt es beträchtliche Heterogenität: Die TN und ihre Betreuenden bringen ihre Erfahrungen und Einstellungen in die Begegnung mit; neue Einstellungen, neue kulturelle und sprachliche Praxen werden hier erworben. Das beobachte ich seit 40 Jahren in Städtepartnerschaften, in Jugendbegegnungen z. B. des Deutsch-Französischen Jugendwerks DFJW sowie in Intensivseminaren Studierender (Erasmus, Tempus), an denen ich beteiligt war und bin. Der Verlauf der Begegnungen über Grenzen kann folgenreich für langfristiges Denken und Handeln der TN und des Betreuungspersonals

---
[1] Der Begriff ist von Franceschini (2001) übernommen.

sein, für ihre Beziehung zu anderen und für Sprach- und Berufsentscheidungen. Aus diesem Grund lohnt ein Blick auf sprachliche und soziale Erfahrungen in Begegnungen von Jugendlichen aus verschiedenen Ländern; es sollte einen positiven Gewinn geben.

2 Fragestellung: Sprachengebrauch und Sprachensensibilisierung in internationalen Jugendbegegnungen

Sprachen sind eine wichtige Grundlage der Verständigung, daher will das „Deutsch-Französische Jugendwerk DFJW / Office franco-allemand pour la jeunesse OFAJ" Jugendliche für Sprachen bzw. Mehrsprachigkeit sensibilisieren. Wir wissen zu wenig darüber, wie die sprachliche Kommunikation und das Sprachenrepertoire der TN in den Begegnungen genutzt werden und ob bzw. wie Sprachen, die nicht zu den europäischen Prestigesprachen gehören, überhaupt *zur Sprache kommen*. Dabei geht es nicht nur um die Sprachen Deutsch, Französisch und evtl. Englisch, sondern um die gelebten, also gesprochenen und die „verschwiegenen" Sprachen[2] der Jugendlichen: um Jugendliche in den heterogenen Gesellschaften und daher sowohl um privilegierte Jugendliche als auch um solche, die als sozial- und bildungsbenachteiligt[3] angesehen werden. Das Forschungsinteresse des Projekts richtet sich auf das Ausmaß und den Gebrauch mehrsprachiger Repertoires bei den Begegnungen, auf die Implikationen dabei sowie auf die kommunikative Kraft der Sprachen. Allen Sprachen kommt Prestige zu, die Sprecher werden geachtet und wertgeschätzt, auch die Einsprachigen. In unserem Kontext sollen geeignete Settings und Methoden entwickelt werden, die vorhandene Mehrsprachigkeit nicht als Hindernis, sondern als Antrieb verstehen, um sich anderen zu öffnen und mit anderen Personen, Sprachen und Kulturen in Dialog zu treten. Differente Erfahrungen sollten als Gewinn gesehen werden.

Was zunächst als Feldbeobachtung konzipiert wurde, wandelte sich in den Begegnungen für uns zur Teilhabe an der Interaktion, zur kooperativen oder partizipativen Aktions- oder Handlungsforschung bzw. Praxisforschung,[4] weil die

---

2 Vgl. Brižić (2007): „Gesprochene und verschwiegene Sprachen".
3 Die EU-Kommission nennt sie am 29.04.2016 JAMO (jeune(s) avec moins d'opportunités), vgl. https://www.service-public.fr/particuliers/glossaire/R1111 *(08.10.2017)*.
4 Einführungen für verschiedene Adressatengruppen u. a. von v. Unger (2014), Klammer (2005), IMB (2013); Kuckartz (2014); zu Forschung zwischen Wissenschafts- und Praxissystem

Beobachtenden von den Jugendlichen vielfach adressiert und einbezogen wurden, auch als Helfer und Ratgeber. Ohnehin hält Holzbrecher (2007: 120) den „neutralen Blick" des Beobachters für eine Fiktion und verlangt, „sich selbst als Beobachter mitzureflektieren", da kontrollierte Subjektivität als Gütekriterium qualitativer Forschung gilt (vgl. Steinke 2007). King & Müller (2013: 19) stellen zudem fest, dass z. B. in Frankreich und Deutschland ähnliche Forschungsfragen gestellt werden, die Autoren erkennen jedoch unterschiedliche Länderdiskurse z. B. bzgl. Migration, sodass für Forschung an internationalen Begegnungen ein anschlussfähiges „geteiltes Repertoire" von Fragestellungen und methodischen Zugängen erst zu entwickeln sei als eine „Kultur gemeinsamen grenzüberschreitenden Forschens". Wir, eine deutsch-französische Gruppe von Sprachdidaktiker*innen, die im Auftrag des DFJW den Sprachengebrauch in Jugendbegegnungen untersuchen, haben diesen Versuch unternommen. Dabei wird gleichzeitig das Eigene bewusst vertieft und zeigt sich in seiner Beziehung zum anderen. Soweit das große Ziel der Beobachtung von Sprachen und Sprechenden in den Begegnungen.

Die erste Aufgabe der Forschergruppe und daher auch meine war es, durch Beobachtung ein Bild des Sprachengebrauchs in verschiedenen Begegnungen zu gewinnen und evtl. Sprachsensibilität und sensibilisierende Elemente zu finden. Davon handelt dieser Bericht. Im zweiten Schritt wurden (und werden) kommunikative Situationen gefilmt, deren Sprachengebrauch gegenwärtig analysiert wird. Sprachsensible Einheiten darin sollen drittens als Material für die Ausbildung und Schulung von Moderatoren/animateurs[5] für Jugendbegegnungen verfügbar gemacht werden. Sie sind nicht als Musterbeispiele, sondern als Ausschnitte aus der natürlichen Gruppenrealität anzusehen, die als Reflexionsanstoß dient, selbst wenn Filmszenen nur die Oberfläche sichtbar machen. Die künftigen Moderatoren füllen solche Szenen mit ihren Erfahrungen und Assoziationen und denken sie weiter, bestenfalls entwickeln sie daraus Anstöße für eigene Sensibilität und eigenes Moderationshandeln. Nicht gewünscht sind in der Fortbildung mittels Videoszenen z. B. Urteile über die in den Szenen Handelnden, zumal der Gesamtkontext vage bleibt. Dass bei alldem auch die Wahrnehmung, also die erforschende Beobachtung und die Reflexion der beobachtenden Forschenden sich weiterentwickelt, darf nicht verwundern.

---

vgl. Cendon (2015), Altrichter & Posch (2006; 2007); Soukoup-Altrichter & Altrichter (2012); Mayr (2004).

5 Moderatoren, frz. ‹animateurs›: Im Dt. sind ‹Animateure› *Agenten leichter Unterhaltung*, vgl. dt. ‹animieren›, während ‹animer› im Frz. als *beleben, beseelen, eine Diskussion leiten, moderieren* bedeutet. Verschiedene Konzepte stehen hinter internationalen Wörtern derselben Herkunft.

3 Konstellationen in internationalen Jugendbegegnungen

Austausch- und Begegnungsprogramme berücksichtigen die teils individuellen, teils gruppenbezogenen Variationen durch die Größe einer Gruppe aus einem Land oder einer Institution, damit nicht ein oder zwei junge Menschen als repräsentativ für ein Land, seine Bräuche und Sitten und vielleicht sogar für seine problematische Geschichte angesehen werden.

Jugendbegegnungen können bi-, tri- oder multilateral zusammengesetzt sein, je nach den Partnerschaften und Zielen der verschiedenen Träger, z. B. (Hoch-) Schulen, Handwerkskammern o. Ä., Kriegsgräberfürsorge usw. bis Sportverbände und politische Verbände. Viele Träger von Begegnungen werden mit öffentlichen Mitteln unterstützt, z. B. vom DFJW, von der EU. Ich habe mittlerweile binationale Gruppen aus Deutschland und Frankreich, Deutschland und USA, Deutschland und Türkei, Deutschland und Ungarn begleitet oder beobachtet sowie trinationale und Mehrländer- Gruppen mit bis zu sechs Partnern aus Albanien, Deutschland, Frankreich, Griechenland, Italien, Irland, Niederlanden, Österreich, Polen, Portugal, Schweiz, Senegal, Spanien, Ungarn, USA, Tunesien. Im Folgenden versuche ich zunächst, für eine grobe Orientierung geraffte Bemerkungen zu Standard-Organisationsformen von Jugendbegegnungen sowie zu Alter, Vorbildung und Manifestation der Einstellungen von TN. Ein Blick wird dem Begleitpersonal zugewandt, das die Planung und die angeleiteten Aktivitäten verantwortet.

3.1 Häufige Organisationsformen

Sprachlernbegegnungen können eine oder mehrere Zielsprachen betreffen, etwa Englisch in Brighton oder Spanisch in Barcelona (!) oder Salamanca, jeweils für Jugendliche aus aller Welt. Daneben bestehen Partnersprachgruppen, z. B. von GÜZ, für deutsche und französische Sekundarstufenjugendliche,[6] die täglich einen Anteil Unterricht in der Ziel-Partnersprache Deutsch oder Französisch haben sowie gemeinsamen zweisprachigen Unterricht und gemeinsame Freizeitaktivitäten. Die Betreuenden / Animateurs sind in der Regel Studierende (nicht unbedingt Sprachen studierend) mit Zusatzqualifikation. Die Jugendlichen, die

---

6 GÜZ: Gesellschaft für übernationale Zusammenarbeit; https://www.guez-dokumente.org/jugendreisen/ *(08.10.2017).*

sich in der Regel zuvor nicht kennen, werden dem jeweiligen Unterricht nach Niveau der Fremdsprache zugeteilt.

Begegnungen im **Rahmen institutioneller Kooperation**, z. B. von berufsbildenden Einrichtungen (Handwerkskammern) oder technischen oder berufsbildenden Gymnasien, sozialpädagogischen Seminaren o. a., die bi-, tri- oder multilateral durchgeführt werden. Jugendliche derselben Institution kennen sich meist zuvor. TN aus den beteiligten Institutionen und Ländern sind nicht auf ein Alter und Milieu festzulegen. Oft fehlt zwischen den Gruppen eine Vehikularsprache,[7] was hohe Anforderungen an die Sprachmediation stellt. In Abschnitt 4 wird von einer institutionellen Begegnung berichtet, in der die TN nicht nur keine gemeinsame Sprache fanden, sondern auch in Alter und Bildung extrem unterschiedlich waren.

Thematische Begegnungen wählen Jugendliche oft nicht wegen einer Sprache, sondern primär wegen eines Themas oder eines Projekts, das in ihrer Einrichtung oder in ihrem Interessenbereich eine Rolle spielt oder ihnen anderweitig vorgeschlagen wurde (Kunst- oder Umweltprojekte; Kriegsgräberfürsorge; Restaurierung von Eisenbahnwagen für Wohnsitzlose, Weinlese usw.). Hier finden sich TN aus mehreren Ländern zusammen, mit Interesse an Arbeit und Thema und an den Perspektiven der anderen. Möglich sind Kombinationen aus Themen- und Sprachinteressen. Meist kennen die TN sich vorher nicht.

3.2 Alter und Vorbildung

Das Alter spielt eine Rolle, u. a. weil in manchen Begegnungen die Mehrzahl der TN minderjährig ist und diese vieles nur eingeschränkt entscheiden dürfen (z. B. gefilmt oder interviewt zu werden).

Sprachlernbegegnungen werden oft von Sekundarstufen-Jugendlichen zur Verbesserung ihrer schulischen Fremdsprachenkenntnisse genutzt. Betreuende und Jugendliche kennen sich zuvor oft nicht, auch nicht die Jugendlichen untereinander. Viele Begegnungen für 13–18-jährige teilen Untergruppen nach Alter und Sprachstand ein, z. B. per Einstufungstest, um das Lernangebot anzupassen. Das Alter ist ein Indikator für die schon genutzte Lernzeit der Schulfremdsprache und damit für das Niveau. Günstig sind die zwei Sprachen, an denen alle TN Interesse und Kenntnisse haben. Die Kosten für die TN betragen um 12–1400 € für zweieinhalb Wochen; das kann eine Barriere sein.

---

[7] Das ist eine gemeinsame Sprache als Vehikel / Hilfsmittel, eine „Mittlersprache" zur Verständigung; s. Maak & Ricart Brede (2018).

Thematische Begegnungen ähneln den Sprachbegegnungen darin, dass sich die Gruppe erst in der Begegnung zusammensetzt, aber ihre Verständigungssprachen erst finden muss. Die TN aus mehreren Ländern und Kontexten kommen für ein Projekt zusammen. Auch Sportbegegnungen von Partnervereinen können thematisch sein, s. u. eine Hiphop-Begegnung unterschiedlichen Niveaus aus zwei Ländern. Hier kannten sich Jugendliche und Betreuende der Gruppen aus heimischen Verbänden; es liegt eine Mischform zwischen thematisch und institutionell vor.

Bei **institutionell** organisierten Begegnungen aus zwei bis vier Institutionen sind meist Anfangskenntnisse des Ausbildungsfachs, oft aber nur geringe Kenntnisse in der Partnersprache vorhanden; nicht immer gibt es eine gemeinsame Sprache, doch evtl. haben TN Kenntnisse in den Sprachen ihrer Familiensozialisation und können diese mit anderen Partnern nutzen (Spanisch, Türkisch, arabische Regionalsprachen o. a.). Fast alle haben Englisch gelernt, das reicht aber nicht aus. Daher bedarf die direkte Kommunikation zwischen den TN manchmal der Unterstützung durch Simultanübersetzung, Sprachmittlung und Gruppenmethodik. Bearbeitet werden allgemeine Lebensfragen und ein gemeinsames Thema. Die Kosten werden möglichst gering gehalten, Förderung wird eingeworben.

Das Alter hat vielfach Einfluss auf die Interessen. In Sprachbegegnungen wird oft eine Altersspanne vorgegeben, in thematischen Begegnungen klappt das nicht immer. Bei institutionellen Begegnungen haben die Betreuer Einfluss auf die Wahl von Thema und Altersstufe. Ältere TN hatten oft mehr Interesse am selbständigen Arbeiten. Das gilt jedoch nicht durchgängig.

Unterschiede in Alter und Vorbildung können hinderlich sein, gemeinsame Interessen zu entwickeln. Bei einer trinationalen institutionellen Begegnung zum Thema „Umwelt" setzten sich die marokkanische Gruppe aus Studierenden, die deutsche Gruppe aus SchülerInnen eines Aufbaugymnasiums und die französische Gruppe aus Vorstadtjungen mit unvollständiger Schullaufbahn zusammen. Diese alters- und bildungsvariante Konstellation brauchte viel betreuende Unterstützung, weil die Jugendlichen kaum von selbst zusammenfanden.

3.3 Einstellungen und Verhalten im Zusammenleben

Auf Fragen, wie das Zusammenleben gelinge, antworteten Jugendliche aller Begegnungen, dass sie Pünktlichkeit, Sauberkeit, Umweltbewusstsein und Zuverlässigkeit außerordentlich schätzen. Kleidung sei nicht so wichtig.

Pünktlichkeit betrifft Seminaranfänge, Verabredungen etc. Sie wurde nicht oft, und wenn, dann aus gegebenem Anlass heftig zur Sprache gebracht. Es gab

Konflikte in Gruppen, wenn immer dieselben TN zu spät kamen oder bei Aktivitäten ganz fehlten. Eine klare Länderspezifik ließ sich nicht feststellen.

Mit der **Sauberkeit** der Schlafräume und des Essensbereichs gab es kaum Probleme. Einmal hatten neu Angekommene nachts den Lichtschalter der Toilettenräume nicht gefunden und Spuren hinterließen. Die Empörung ließ sich mit Intervention der Leitung beilegen. – Die Ausstattung der Sanitärräume war i. A. ausreichend.

Umweltbewusstsein und -schonung war in einer Begegnung das Arbeitsthema: der sorgsame Umgang mit Wasser, Nahrung und Abfall. Alle Gruppen befürworteten umweltschonende Verhaltensweisen. Die Empfehlungen zum Löschen des elektrischen Lichts, zur Dauer des Duschens, zum Energiesparen, zur Abfallbeseitigung usw. wurden gruppenintern und zwischen den Gruppen in der Alltagspraxis gegenseitig kontrolliert und, bei Anlass, moniert.

Kaum Kritik gab es an **Speisen** und Mahlzeiten, da meist eine gute Auswahl angeboten und auch die VegetarierInnen bedacht wurden. Die Jugendlichen kontrollierten sich gegenseitig, nicht zu viel auf die Teller zu laden und möglichst wenige Reste übrig zu lassen. Brotreste nach den Mahlzeiten führten in Deutschland einmal zur Auseinandersetzung: Auf die Kritik der Leitung hin beschwerten sich die südländischen TN, es gebe keinen Brotkorb, man nicht wisse, wohin mit den Resten.

Ausgrenzung konnte ich nicht direkt beobachten. Bei den institutionellen Gruppen sah ich weniger übergreifende und mehr interne Kontakte als bei den thematischen und den Sprachlerngruppen, wenn man von den wenigen Paarannäherungen absieht. Doch einzelne Jugendliche und einmal eine ganze Gruppe fühlten sich in Einzelfällen ausgegrenzt. Letzteres wurde von den tunesischsprachigen Jugendlichen thematisiert, ihre Begleitenden übersetzten ins Französische: Sie seien nicht integriert, obwohl sie sich große Mühe gäben dazuzugehören. Denn: Sie hatten beim Aufenthalt der Partner in ihrem Land diese sehr gastlich aufgenommen, bewirtet und bekamen wenig zurück. Auch hier spielt die fehlende direkte Kommunikation mangels Vehikularsprache[8] eine Rolle.

Die **Arbeitsweisen** waren durchweg vom Programm bestimmt und von den Moderatoren geleitet. Es dominierten Gruppenarbeit (Stoffsammlung, Strukturierung, plastisch-bildliche Darstellung zum Thema) und Präsentation, daneben gab es Spiel und Sport sowie kleine Erkundungen und Exkursionen. Einmal monierte die Gruppe der französischen Jungen, sie befänden sich zu viel in geschlossenen Räumen und hielten dies nicht länger aus. Dieselben Jungen fragten mich täglich, warum ich so viel aufschriebe und wie man überhaupt viel schreiben könne.

---

8 S. Fußnote 10.

3.4 Konstellationen der begleitenden Teams

Die begleitenden Teams der Begegnungen, die wir beobachteten, waren unterschiedlich erfahren in der Betreuung von Jugendbegegnungen und setzten sich je nach Organisationsform zusammen:

- Bei **institutionellen Begegnungen** begleitete Personal der jeweiligen Institution eine Jugendgruppe; es waren Lehrpersonen oder Ausbildende, die die Jugendlichen und sich bereits untereinander kannten. Überwiegend waren sie 45 bis 58 Jahre alt; bei Sportbegegnungen waren jüngere Trainer dabei und manchmal eine Mutter. Hinzu kamen von Seiten der Träger oft ausgebildete ModeratorInnen und ggf. professionelle Übersetzerinnen, sie waren 30 bis 40 Jahre alt. Manchmal gab es ein Simultan-Übersetzungssystem mit Kopfhörern und Übersetzerkabine, was die Indirektheit der Kommunikation und, so schien mir, dadurch den Abstand zwischen den Gruppen verstärkte. ModeratorInnen und Begleitpersonal operierten durchweg getrennt: Die ModeratorInnen sicherten den Ablauf der Aktionen, die Lehrpersonen unterstützten „ihre" Jugendlichen. Die Beziehung dieser Erwachsenen zueinander schien sich mir in den Beziehungen der Jugendlichen zu spiegeln: wenige spontane gruppenüberschreitende Beziehungen bei allgemeiner Freundlichkeit. (In früheren trinationalen institutionellen Gruppen ohne externe Moderatoren war das anders, dort war das Begleitpersonal untereinander in enger Verbindung und auch mit den Gruppen.)
- Bei den **Sprachlernbegegnungen** bestand das Team meist aus Studierenden, nicht unbedingt aus Sprachstudierenden, sondern auch der Medizin, Politik, Technik... Sie waren sämtlich unter 30, teils unter 25 Jahren und hatten alle eine Moderatorenschulung absolviert. Zuständig waren sie morgens für Unterricht in der Partnersprache, für Freizeitaktivitäten nachmittags und abends, für den geordneten Ablauf der Mahlzeiten, für soziale und Erziehungsaufgaben und das Einhalten der Regeln „nicht rauchen, kein Alkohol, kein Sex, nur zu dritt (oder mehr) das Begegnungsareal verlassen, nur die beiden Partnersprachen sprechen". Da sie sich zuvor nicht oder nur flüchtig kannten, erforderten ihre Lehr-, Betreuungs- und Organisations-Aufgaben viel Energie und Abstimmungsbedarf.
- Bei den **thematischen Begegnungen** gab es jüngere und ältere „Teamer", die über ihre Arbeit bzw. Aufgabe Autorität hatten, und meist keine externe Moderation. Das Interesse an sinnvoller Arbeit oder am Gruppensport hatte die Jugendlichen zusammengebracht, die jetzt gemeinsame Aktionen nutzten. Schon die Anwesenheit älterer TN (um oder über 20 Jahre alt) unterstützte den Ablauf sinnvoll, so dass disziplinarische Maßnahmen selten waren.

- In den Begegnungen und den Teams hatte auch meine **Beobachtungsrolle** ein jeweils anderes Gesicht: Ich selbst hielt mich im Hintergrund, wurde in Sprachlernbegegnungen vom Team kaum beachtet, wohl weil man vollbeschäftigt war, manchmal kam ich am Rande mit einzelnen Teamern ins Gespräch. Umso näher kamen mir die Jugendlichen, die mich u. a. bei den Mahlzeiten an ihren Tisch baten, witzelten, von sich erzählten und mich zu meinem Leben und meinen Beobachtungen hier befragten. – In einer institutionell-trinationalen Begegnung zogen mich die deutschen Betreuenden vom Eintreffen an als Kollegin in ihre Gruppe. – In thematischen Begegnungen wurde mir eine Mitbetreuerrolle quasi auferlegt, weil die anderen Betreuenden und Jugendlichen keine Unterschiede machten und ich für sie dazugehörte. Es mag eine Mischung aus Begegnungstyp, Alter und X sein, das die Rolle der Beobachter bestimmt.

4 Sprachengebrauch und Sprachsensibilisierung

Bei Sprachbegegnungen stehen die Sprachen unbestreitbar im Mittelpunkt und sind Ziel; bei institutionellen und thematischen Begegnungen ist das gemeinsame Thema das Ziel, während die Sprachen eher Instrument sind, doch wird auch hier Gebrauch mehrerer Sprachen angestrebt (OFAJ / DFJW 2009; 2011; 2013). Das wirkt sich auf verschiedenen Ebenen aus. Ich skizziere Beispiele aus den Begegnungstypen.

4.1 Optimierung der Partnersprache in einer Sprachbegegnung

Die Jugendlichen der Sprachbegegnung hatten zwei gemeinsame Sprachen auf unterschiedlichem Niveau. Ihnen war bewusst, dass der Aufenthalt der Optimierung ihrer Partnersprache diente. Sie erschienen in den ersten Tagen pünktlich zum Unterricht, folgten den sprachlichen Anforderungen, notierten sich Wortschatz und wandten die Partnersprache möglichst an, dazu waren sie vom Team aufgefordert worden. Es ergab sich die skurrile Situation, dass auch der/die Angesprochene die Partnersprache wählte. Dieses Hin und Her wurde nicht lange durchgehalten, oft blieben die Jugendlichen bei der Sprache des Anfangsturns. Einige verstummten nach dem zweiten Turn. Alle duzten sich / *tout le monde se tutoyait*, Team und TN.

Gemischte informelle Interaktionen der Sprachgruppen entstanden in freien Momenten: Auf dem Vorplatz des zentralen Hauses gab es Korb (Ring mit Netz) und Ball. Dort trafen sich die Jugendlichen zwanglos und warfen; wer vorbeiging, wurde aufgefordert mitzuspielen, angefeuert und gerufen wurde in beiden Sprachen. Ganz offensichtlich war dies ein integrierendes Moment, weil das Engagement immer wieder mehrere verband, die sich in ihrer oder der Partnersprache emotional ausdrückten, meist kurz. So wurde der verbale Einstiegskontakt hergestellt.

Englisch war unerwünscht (eine Teamerin: *On leur dit de ne pas parler anglais.*), ich habe Englisch nur als kurze Einwürfe gehört: *How to say – it's funny., Oh my god!, Why not?.*

Bei Erklärungen und Anweisungen traten die Moderatoren / Animateure / Teamer zu zweit auf; jeder Teamer sprach durchgehend „seine/ihre" Sprache, sodass dieser Input einmal „muttersprachlich" war und zielsprachlich gedoppelt wurde. Die Teamer beherrschten auch die Partnersprache sehr gut. Im Umgang mit den Jugendlichen sprachen sie mit normaler bzw. wenig verzögerter **Geschwindigkeit**, nie rasch und undeutlich. Das wirkte weder auf Deutsch noch auf Französisch künstlich.

Fehlerkorrekturen in der Partnersprache erfolgten in formellen Situationen, nicht bei spontanen Interaktionen. Die „Korrektur" wurde als freundlicher Hinweis gerahmt, als korrekte Wiederholung (*Tu veux dire que...? Meinst du...?*). Selten gab es eine Erklärung, nie einen sprachsystematischen Zusammenhang, vielleicht weil sich die AnimateurInnen dafür nicht kompetent fühlten.

Es blieb nicht aus, dass Einzelne des Teams im **Unterricht** in der Partnersprache **Themen** behandelten, für die sie nicht vorgebildet waren und die die Jugendlichen bereits in der Schule fachlich bearbeitet hatten. Die sanft korrigierenden Beiträge der Jugendlichen, vorgetragen möglichst in Frageform mit Höflichkeitsmarkern (*Pardon, tu dis que... est-ce peut-être que...? – Est-ce possible que...? – Y-a-t-il aussi...?*) wurden, soweit ich dabei war, von den Unterrichtenden zurückgewiesen (*mais non, c'est comme je vous dis:* ...). Daraus ergaben sich keine manifesten Konflikte, die Jugendlichen insistierten nicht. Den sprachlichen Input an Wortschatz und Wendungen zum Sachthema hatten sie ja erhalten!

In Stationen angeboten wurde ein Anteil **Landeskunde** für beide Sprachgruppen: Die Region des Aufenthalts: Städte, Flüsse, Gebirge, Tiere, Pflanzen, Spezialitäten der Küche, Weine, der regionale Sport, die Sprache der Region. Eine Station „französische Regionalsprache" zielte auf Sprachsensibilisierung und Sprachwissen: Die Ausdrücke für *bonjour, tu vas bien, s'il vous plaît, pardon, salut, à demain* standen in Französisch und französischer Regionalsprache auf Karten, die einander zugeordnet werden sollten. – Ein Text in der Regionalsprache wurde in kurzen Abschnitten vom Tonträger abgehört und auf einem Blatt, das die Regionalsprache und zudem die französische Übersetzung enthielt, verfolgt. Die TN markierten mit Stiften, bis wohin der Text jeweils gelesen war. Danach entschlüsselten sie einzeln oder kooperativ den Text, so gut sie konnten, mithilfe der französischen Übersetzung und der Wortähnlichkeiten. Entdeckungen, wo die Übersetzung ins Französische nicht wörtlich war oder die Reihenfolge anders als im Quelltext, wurden bejubelt. Offenbar machte diese Sprachsensibilisierung detektivischen Spaß.

Einige Jugendliche berichteten mir, warum sie hier seien und wie sie **von diesem Sprachaufenthalt erfahren** hätten. Die meisten waren durch bildungsbewusste Eltern und Lehrpersonen aufmerksam gemacht worden (*Mon prof me l'a dit. – Meine Mutter ist Französischlehrerin und kennt das hier.*); einige hatten selbst im Internet nach Sprachbegegnungen gesucht. Die mit mir sprachen, erklärten sich für die Partnersprache motiviert; einige machten einen solchen Aufenthalt zum zweiten oder dritten Mal und fanden ihn *megageil* und *top*. Auch ich wurde von den Jugendlichen nach meinen Sprachen und meinem Leben befragt.

4.2 Eine institutionelle trinationale Begegnung

Dies war die zweite Begegnungswoche nach einem längeren Abstand zur ersten. Die Begegnung hatte nicht den Sprachausbau zum deklarierten Ziel, sondern „Umweltschonung", wiewohl Sprachen hier eine schwierige Rolle spielten. Die Hauptschwierigkeit war dem Team bewusst: Die drei Gruppen mit tunesischem Arabisch, Französisch und Deutsch hatten keine gemeinsame Sprache und waren heterogen in Alter und Interessen. Zwar konnte sich das Team auf Französisch verständigen, nicht aber die Jugendlichen: In deutschen Aufbaugymnasien ist Französisch nicht Pflicht, die schwarzen JAMOs[9] aus der Banlieue einer Millionenstadt sprachen ausschließlich jugendliches Französisch, die tunesischen Studierenden entgegen meiner Erwartung gar nicht Französisch.[10] Weitgehend ohne Sprache hatte sich ein Pärchen gefunden: deutsche Schülerin und tunesischer Student beim Händchenhalten während der Arbeitszeit. Ein TN der deutschen

---

9 Die Europäische Kommission bezeichnet diese Jugendlichen als JAMO (jeunes avec moins d'opportunités) https://www.service-public.fr/particuliers/glossaire/R1111, vgl. FN 1.
10 In vielen Ländern Afrikas sind Französisch bzw. Englisch noch immer die oder eine Staatssprache und Schulsprache. Algerien und Tunesien haben als Staatssprachen Hocharabisch bzw. aus Territorial- und Berbersprachen gebildete Sprachen. Französisch wird als inoffizielle Arbeitssprache benutzt. vgl. Kurzinfo auf Wikipedia https://de.wikipedia.org/wiki/Tunesien#Sprache, https://de.wikipedia.org/wiki/Algerien#Sprachen, https://de.wikipedia.org/wiki/Marokko#Sprache *(17.04.2017)*. Dagegen erklärten mir in Deutschland lebende Animateure aus Tunesien, dort lernten alle Schüler Französisch.

Gruppe aus einer ostarabischen Familie genierte sich, er könne das Hocharabische nicht verstehen; daher gab er sich nicht als Sprecher des Arabischen zu erkennen. Hier zeigt sich „Konfliktzweisprachigkeit"; Brižić (2007) führt den Begriff der „verschwiegenen Sprache(n)" ein. Dies hätte Anlass sein können, einen Programmteil „Unsere Sprachen – Meine Sprachen" (und evtl. „Wissenswertes über Sprachen, Sprachvariation, Sprachenrechte") ins Programm aufzunehmen, was aber den Betreuenden fachlich nicht nahelag und nicht in den Sinn kam.[11] Den Sprachen Gewicht zu geben stärkt jedoch auch ihre Sprecher; Nichtbeachtung bewirkt das Gegenteil.

Die Programmleitung des Trägers war darauf vorbereitet, ohne gemeinsame Sprache auszukommen, und hatte einen Wochenplan mit Piktogrammen aufgehängt, der über die Tagesabläufe informierte. Piktogramme, Uhrzeit und die Aktivitäten Sport, Gruppenarbeit, Plenarsitzung, Spiel, Kunst, Exkursion, Ankunft und Abreise wurden nach meinem Eindruck verstanden.

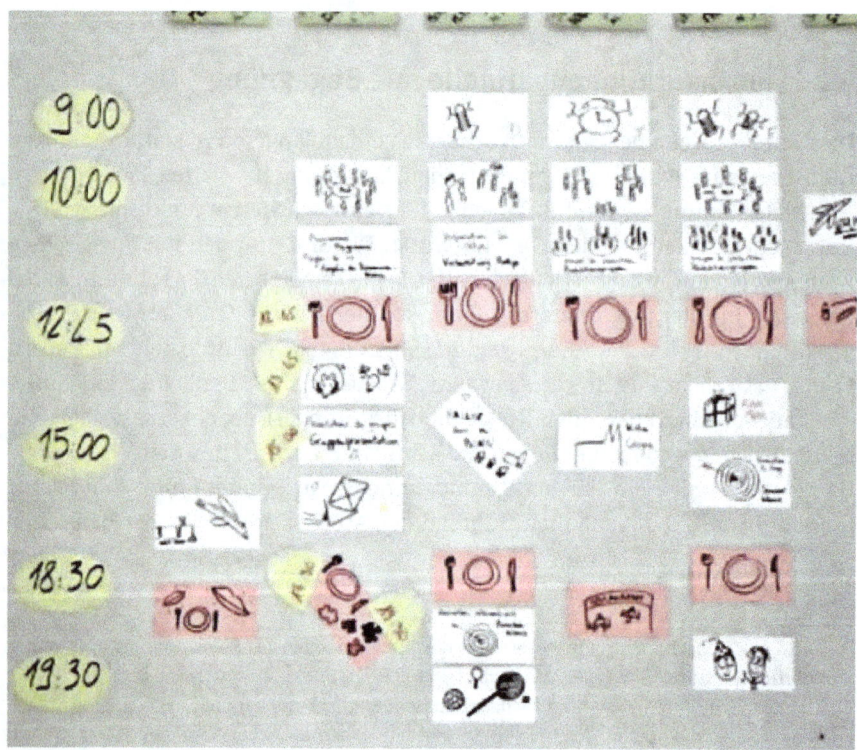

Abb. 1: Wochenplan

---

11 Vgl. z. B. Oomen-Welke & Rösch (2013: 193–200).

Während der Plenarteile gab es professionelle Übersetzung per Kopfhörer Französisch – Deutsch; anschließend übersetzten die tunesschen Begleiter für ihre Gruppe aus dem und ins Französische. Das machte das die Kommunikation langsam, recht schwerfällig, unpersönlich und auch anfällig für Missverständnisse.

Es gab **eigene Aktivitäten zu Sprachsensibilisierung bzw. Sprachanimation**, z. B.
- Namensspiele, die dem Kennen der Namen dienen und deren Aussprache üben sollten. Einige Namen waren vergessen oder neu zu lernen. Anfangs genierten sich die Jugendlichen, schließlich machten immer mehr TN mit. Erwünschter Effekt war wachsende Kontaktbereitschaft, sobald man lachend in Verbindung getreten war. Unerwartet tauchte ein **Problem** auf, als die Animateurin vorschlug, eine Schlange nach alphabetischer Ordnung der Vornamen zu bilden. Sie sagte einleitend: *Vous connaissez l'alphabet? – C'est quoi – l'alfabet*, fragten die französischen Jungen mehrmals und insistierend. Von Vorstadtjugendlichen haben manche geringe Schul- und Schrifterfahrung,[12] so war ihnen das Wort *Alphabet* fremd. Die tunesischen TN, Studierende, fragten nicht danach. Die „Vornamen"-Schlange brachte dann Bewegung und Fragen: *ton prénom? – Welcher Buchstabe?*.... Das Spiel wurde später wiederholt, es wurde ein Kreis nach Maßgabe der Vornamen gebildet.
- Sprachsensibilisierung mit JA-NEIN: Im Raum standen die TN um eine Pinnwand. Der Leiter als Animateur fragte die Sprachgruppen, was JA und NEIN in ihrer Sprache heiße, ließ es anschreiben und vorsprechen, s. Abb. 2. Dann bewegten sich alle TN im Raum und sagten voller Überzeugung, mit Verve und mit Mimik und Gestik *JA – OUI – LÈ*!! In der zweiten Phase sagten sie vehement *NEIN – NON – EY*!! Das Spiel wurde ausdrucksstark und emotional gestaltet, in allen drei Sprachen.

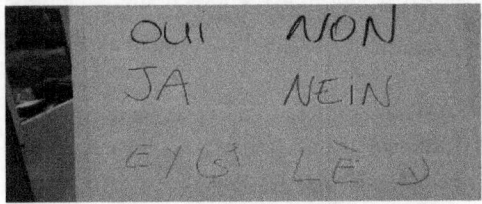

OUI NON
JA NEIN
EY مَعَن LÈ ال

Abb. 2: Ja – Nein in Französisch, Deutsch, Tunesisch

---

12 Terzian & Ben Hamouda (2013: S. 41): „keine positive Erfahrung" mit der schulischen Integration, „dass die Schule bei der Integration ausländischer Kinder in einigen Vorstädten [...] gescheitert ist." Das hänge mit der französischen Kolonialgeschichte zusammen.

- Bei den Gruppenvorträgen zum Thema „Umweltschutz – Protégeons notre planète!" zeigten die drei Gruppen mitgebrachtes Bildmaterial und mithilfe der Betreuenden dreisprachig aktualisierte Grafiken in der erklärten Absicht, dass das doppelte System von Anschauung und zweimal übersetzten Äußerungen wirken sollte.

Später erstellten die Jugendlichen in den gemischten Arbeitsgruppen gemeinsam Plakate mit Grafiken und beschrifteten sie dreifach bzw. vierfach, wenn sie die arabische Schrift (von rechts nach links), die ihnen wichtig war, noch wegen der Aussprache mit lateinischen Graphemen schrieben (von links nach rechts). Sie brauchten allerdings neben Wörterbüchern auch die Betreuer für die passenden Ausdrücke und Schriftzeichen.

> Liberté pour tous!
>
> حرية للجميع
>
> alhurriat liljamie
>
> Freiheit für alle!

Abb. 3: Text des Plakats „Freiheit für alle"

5 Ergebnisse und Perspektiven

In internationalen Jugendbegegnungen wollen Jugendliche über alle Heterogenität hinweg Kooperationsmöglichkeiten, Respekt und Freundschaft finden, manche auch Sprachen lernen. Einige Begegnungen wurden als Beispiele in der Wahrnehmung der Beobachterin vorgestellt. Oft kam Verständigung zustande, manchmal langsam oder nicht. Neben geschulten Teams scheinen geteilte Sprachen und Sprachkompetenz, Gruppenfestigkeit und Methoden eine Rolle zu spielen.

5.1 Sprache(n) und Sprachverwendung

In der Sprachbegegnung setzten sich die Sprachgruppen aus Einzeljugendlichen zusammen, die sich zuvor nicht kannten. Sie mischten sich, weil sie zwei gemeinsame Sprachen hatten, weil das gemeinsame Ziel des Lernens der Partnersprache sie verband und dies nicht ohne SprachpartnerIn sinnvoll war. – In der trinationalen Gruppe verfehlten dagegen die vielen gruppenintegrierenden Animationen m. E. die Ausbildung gemeinsamer Interessen, da ein direkter Austausch nicht stattfand; ständige Sprachmittlung brachte den Jugendlichen Schwere und Trägheit statt Spaß. Ein Faktor war dabei möglicherweise der Umstand, dass die externe Leitung an der Begegnung zuvor in Tunesien nicht teilgenommen hatte und evtl. auch nicht nahe genug an den TN war, der andere die Übersetzung Deutsch – Französisch, die die tunesische Sprache aussparte.

5.2 Dauer der Begegnung

Persönlicher Kontakt braucht Zeit; Begegnungen brauchen eine gewisse Anlaufzeit zum Kennenlernen. Bei den Sprachbegegnungen ist fast drei Wochen Zeit vorhanden. In der institutionellen trinationalen Begegnung standen für drei unterschiedliche Gruppen neben den Reisetagen Montag und Samstag nur vier gemeinsame Arbeitstage (Dienstag bis Freitag) dafür zur Verfügung, zu kurz, selbst bei drei Treffen in langen Abständen.

5.3 Gruppenfestigkeit

Ohne gruppenübergreifende Sprache sind positive Kontakterfahrungen schwierig: Eine Gruppe schließt sich ab oder wird / fühlt sich ausgeschlossen. Neue Beziehungen über Gruppengrenzen hinweg zu knüpfen und sich an neue kulturelle und sprachliche Praxen zu wagen braucht viel Zeit; Zeit steht jedoch nur abgemessen zur Verfügung. Moderation und Animation können dabei hilfreich sein.

5.4 Methoden

Hilfreich sein können ebenso thematische Arbeit bzw. Projektarbeit.

Es kann an Tandem-Konzepte angeknüpft werden, da mit Tandem-Paaren und Tandem-Gruppen ein praktikabler Erfahrungsschatz vorliegt.[13] Dreier-Tandems aus trinationalen Gruppen wären denkbar.

Holzbrechers (2016) Konzept für internationale Begegnungen ist die Fotografie als Medium: Bewegung in Räumen, Herstellung von Öffentlichkeit, Appell, persönliche und kollektive Identitätskonstruktion, Wahrnehmung anderer usw. Fotografie kann Erlebtes festhalten und Bedeutsames bewahren, harmonische

---

13 S. Holstein & Oomen-Welke (2006); Böcker u. a. (2017).

und konflikthafte Situationen dokumentieren und auch Selbstausdruck sein. Fotografie kann sprachlichen Austausch auslösen und/oder ergänzen und hilft, Situationen und die Begegnung zu reflektieren. In internationalen Jugendbegegnungen löst sie vielleicht einige Sprach- und Integrationsprobleme und wäre auch ein Medium, das JAMO einbeziehen kann.

5.5 Kurz- oder langfristige Folgen

Eine Art Schlussfrage kann Aufschluss über die Wirksamkeit geben: „Was nehme ich mit, was wünsche ich mir?" Man nimmt an, dass TN der Sprachbegegnung einen Gewinn erreichen, der sich kurzfristig in Abbau von Sprachblockaden und langfristig in besseren Sprachnoten auswirkt, vielleicht auch in Sympathie und Kooperationsfreude; bei Wiederholung kann sich eine dauerhafte positive Einstellung entwickeln. In der thematischen trinationalen Begegnung gab es trotz gelegentlich aufscheinender Gemeinsamkeit überwiegend den Rückzug auf die eigene Gruppe. Zweifellos wurde Sympathie erworben, die sich jedoch mangels Austauschmöglichkeiten hier nicht entwickelte.

5.6 Zum Schluss

Beobachtung ist ein Element, das fremd ins System kommt. Was ein/e BeobachterIn konstatiert, kann der Gruppe gespiegelt werden. Die dadurch erzeugte Bewegung kann als ungemütlich erlebt werden. Wenn ein gemeinsames Interesse an Optimierungsbedarf entsteht, Wege und Methoden für Austausch und Verstehen zu finden, kann Praxisforschung zu Weiterentwicklungen von Begegnungen beitragen. Sprachmittlung und Sprachteilhabe sollten stärker in Begegnungskonzepte integriert werden. Im Austausch der Beteiligten liegt ein Schritt partizipativer Praxis und Annäherung an das Begegnungsziel. – Diese Beobachtungen könnten darüberhinaus Anregung sein, über die Befindlichkeit von Kindern und Jugendlichen verschiedener sozialer Erfahrungen und Sprachen in Schulklassen neu nachzudenken, denn einige der hier beschriebenen Faktoren gelten auch dort.

6 Literatur

Altrichter, Herbert & Posch, Peter (2007[4]): *Lehrerinnen und Lehrer erforschen ihren Unterricht. Unterrichtsentwicklung und Unterrichtsevaluation durch Aktionsforschung.* Bad Heilbrunn: Klinkhardt.

Böcker, Jessica; Ciekanski, Maud; Cravageot, Marie; Jardin, Anne; Kleppin, Karin & Lipp, Kai-Uwe (2017): *Kompetenzentwicklung durch das Lernen im Tandem: Akteure, Ressourcen, Ausbildung. Eine deutsch-französische Studie.* Paris / Berlin: OFAJ / DFJW.

Brižić, Katharina (2007): *Das geheime Leben der Sprachen. Gesprochene und verschwiegene Sprachen und ihr Einfluss auf den Spracherwerb in der Migration.* Münster: Waxmann.

Cendon, Eva (2015): *Praxisforschung. Thematischer Bericht der wiss. Begleitung des Bund-Länder-Wettbewerbs „Aufstieg durch Bildung: offene Hochschulen".* Berlin: BMBF.

DFJW / OFAJ (Hrsg.) (2009): *Sprachanimation in deutsch-französischen Jugendbegegnungen – L'animation linguistique dans les rencontres franco-allemandes de jeunes.* Paris & Berlin: o. Vlg., 2013[3].

Dirim, İnci & Oomen-Welke, Ingelore (Hrsg.) (2013): *Mehrsprachigkeit in der Klasse wahrnehmen – aufgreifen – fördern.* Stuttgart: Fillibach bei Klett.

Franceschini, Rita (2002): Sprachbiographien: Erzählungen über Mehrsprachigkeit und deren Erkenntnisinteresse für die Spracherwerbsforschung und die Neurobiologie der Mehrsprachigkeit. *VALS-ASLA: Bulletin suisse de linguistique appliquée 76,* 19–33.

Holstein, Silke & Oomen-Welke, Ingelore (2006): *Sprachen-Tandem für Paare, Kurse, Schulklassen.* Freiburg/Br.: Fillibach.

Holzbrecher, Alfred (2007): Partizipative Evaluation. In Weigand & Hess (Hrsg.), 120–129.

Holzbrecher, Alfred (2016): Bildungsmedium Fotografie. Schüleraustausch als interkulturelles Projekt im Fremdsprachenunterricht. In Michler, Christine & Reimann, Daniel (Hrsg.): *Sehverstehen im Fremdsprachenunterricht.* Tübingen: Narr, 228–243.

IMB Institut für Medien und Bildungstechnologie der Uni Augsburg (2013): *Qualitative Sozialforschung.* Von Frederic Adler, Carolin Dehne, Karsten Ehms, Alexander Florian, Axel Gerstenberger, Silke Heiss, Cornelia Liebig, Rüdiger Keller, Norbert Kober, Gabi Reinmann & Simone Steinruck. http://imb-uni-augsburg.de/ (23.04.2016); [das IMB ist überführt in das Institut für Medien, Wissen und Kommunikation (imwk) sowie das Medienlabor der Philosophisch-Sozialwissenschaftlichen Fakultät].

King, Vera & Müller, Burkhard (Hrsg.) (2013): *Lebensgeschichten junger Frauen und Männer mit Migrationshintergrund in Deutschland und Frankreich. Interkulturelle Analyse eines deutsch-französischen Jugendforschungsprojekts.* Münster: Waxman (OFAJ / DFJW Dialoge / Dialogues, Band 3).

Klammer, Bernd (2005): *Empirische Sozialforschung. Eine Einführung für Kommunikationswissenschaftler und Journalisten.* Konstanz: UVK Verlagsgesellschaft.

Kuckartz, Udo (2012): *Qualitative Inhaltsanalyse. Methoden, Praxis, Computerunterstützung.* Weinheim: Beltz.

Kuckartz, Udo (2014): *Mixed Methods. Methodologie, Forschungsdesigns und Analyseverfahren.* Wiesbaden: Springer.

Maak, Diana & Ricart Brede, Julia (Hrsg.) (erscheint voraussichtl. 2018): *DaZ und Mehrsprachigkeit in Ausbildung und Unterricht.* Münster: Waxmann (Mehrsprachigkeit, Band 41).

Mayr, Werner (2004): *Wie soll ich forschen? – Ein Plädoyer für Aktionsforschungsprojekte im Rahmen der Lehrer/innenbildung.* https://www.ph-freiburg.de/fileadmin/dateien/zentral/

zwh/hochschuldidaktik/service/materialien/forschend_lernen/Mayr_2004-Wiesollichforschen.pdf *(24.04.2017)*.
OFAJ / DFJW (Hrsg.) (2009) s. DFJW / OFAJ (2009)
Oomen-Welke, Ingelore & Rösch, Heidi (2013): Wissen über Sprache erwerben – Sprachengebrauch reflektieren und respektieren. In Dirim & Oomen-Welke (Hrsg.), 179–219.
Soukup-Altrichter, Katharina & Altrichter, Herbert (2012): Praxisforschung und Professionalisierung von Lehrpersonen in der Ausbildung. *Beiträge zur Lehrerbildung* 30/2, 238–251.
Steinke, Ines (2007): Gütekriterien qualitativer Forschung. In Flick, Uwe; von Kardoff, Ernst & Steinke, Ines (Hrsg.): *Qualitative Forschung. Ein Handbuch*. Reinbek bei Hamburg: Rowohlt.
Terzian, Anna & Ben Hamoud, Anissa (2013): Die Stimme der Interviewten: wie deutsche und französische Jugendliche und junge Erwachsene Integration wahrnehmen und erleben. In King & Müller (Hrsg.), 40–48.
Unger, Hella von (2014): *Partizipative Forschung. Einführung in die Forschungspraxis*. Wiesbaden: Springer Fachmedien.
Weigand, Gabriele & Hess, Remi (Hrsg.) (2007): *Teilnehmende Beobachtung in interkulturellen Situationen*. Frankfurt/M.: Campus.

Julia Ricart Brede
‚Stadt Land Fluss', ‚Mastermind' und ‚Scotland Yard': das Spiel mit den Daten

Zur Bedeutung von Metadaten und deren Gebrauch in empirischen Forschungsprojekten

1 Einleitung

Während meiner Zeit als wissenschaftliche Mitarbeiterin an der Friedrich-Schiller-Universität Jena durfte ich bei Bernt Ahrenholz an verschiedenen Forschungsprojekten mitarbeiten. Neben Erfahrungen durch den Umgang mit vielfältigen Forschungsmethoden (bspw. mit schriftlichen Befragungen, aber auch mit korpusbasierten Analysen) nehme ich aus dieser Zeit als empirisches Handwerkszeug die kontrollierte Inbezugsetzung der einzelnen Datentypen und das immer wiederkehrende Innehalten bei der Datenauswertung mit, um voreilige Interpretationen zu vermeiden. Es geht einerseits darum, das Feld möglichst umfassend abzubilden, andererseits jedoch auch darum, die erhobenen Daten immer wieder neu zu betrachten und miteinander zu kombinieren – sozusagen kontrolliert und wohlüberlegt mit ihnen zu *spielen*.

Diesen bildlichen Ausdruck aufgreifend möchte ich nachfolgend erläutern, was die Arbeit mit Daten aus empirischen Forschungsprojekten mit den bekannten Gemeinschafsspielen ‚Stadt Land Fluss', ‚Mastermind' und ‚Scotland Yard' gemein hat. Exemplifiziert an einem Projekt, das im Projektverbund „Fachunterricht und Deutsch als Zweitsprache" (vgl. auch Abschnitt 2) angesiedelt ist, werde ich in diesem Zusammenhang aufzeigen, welche Bedeutung die detaillierte Erfassung von sog. Hintergrundinformationen bzw. Metadaten in empirischen Forschungsprojekten auch für die Interpretation der Daten hat, sofern sie – so das Plädoyer des Beitrags – auch für ebendiese genutzt werden.

2 Das „Fach-DaZ"-Projekt und das Teilkorpus der Versuchsprotokolle

Die Vermittlung fachlichen Wissens erfolgt in der Schule in Bezug auf den Inhalt wie auf die Sprache dem jeweiligen Alter angepasst. Das Register, das der Wissensvermittlung und -aneignung dient, existiert also nicht als solches, sondern in Abhängigkeit von einer pädagogischen Steuerung. Sprachliche Wissensbestände werden so fachbezogen wie fachübergreifend im Laufe der Schulzeit aufgebaut und in den folgenden Klassen jeweils explizit oder implizit vorausgesetzt. Neben altersbedingter Variation gibt es vermutlich auch schulartenspezifische Variation hinsichtlich der sprachlichen Formen und Strukturen. Auch diesbezüglich gibt es kaum umfassendes empirisch fundiertes Wissen. (Ahrenholz 2012: 89)

Diesem Desiderat nachzukommen ist Ziel des Projektverbundes „Fachunterricht und Deutsch als Zweitsprache" (kurz: Fach-DaZ). Um den Sprachgebrauch verschiedener Klassenstufen und Fächer zu analysieren, präsentiert Ahrenholz (2012) ein breit angelegtes Forschungsdesign (vgl. auch Abb. 1). Augenfällig an diesem ist insbesondere seine schachtelartige Gliederung in „aufeinander beziehbare Korpora" (Ahrenholz 2012: 89): Mit Blick auf den schulischen Fachunterricht soll sprachlicher Input (bspw. von Lehrkräften, aber auch aus Schulbuchtexten) ebenso berücksichtigt werden wie sprachlicher Output (bspw. in Form von Schüleräußerungen); des Weiteren werden schriftliche Produktionen (z. B. in Form

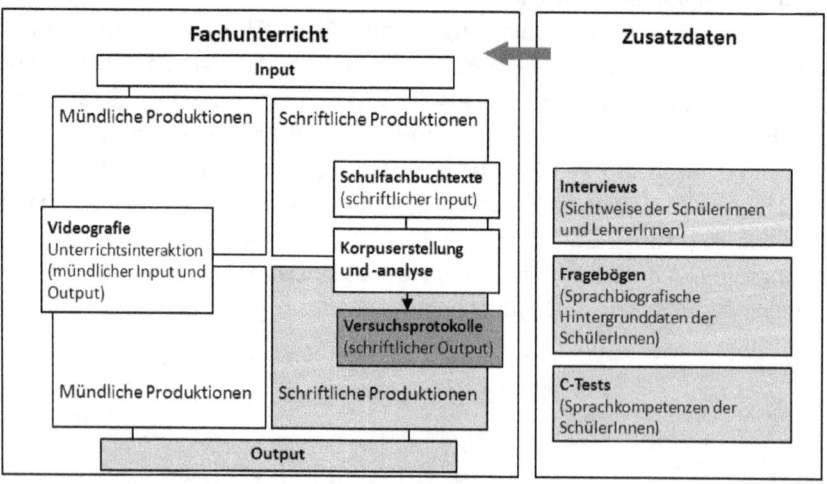

Abb. 1: Forschungsdesign für den Projektverbund „Fachunterricht und Deutsch als Zweitsprache" (Abb. aus Ahrenholz 2012: 89, Schraffierungen: JRB)

von Schülertexten oder Schulbuchtexten) ebenso mitbedacht wie mündliche Produktionen (d. h. Äußerungen von SchülerInnen oder LehrerInnen). Die Daten aus dem Fachunterricht werden durch Zusatzdaten zu Sprachkompetenzen und sprachbiographischen Hintergründen der SchülerInnen sowie über Interviewdaten zu den jeweiligen Sichtweisen der LehrerInnen und SchülerInnen ergänzt. Über triangulative Verfahren sollen die verschiedenen Teilkorpora aufeinander bezogen werden (vgl. Ahrenholz 2012: 89).

Auch mein von Bernt Ahrenholz betreutes Habilitationsprojekt ist im Fach-DaZ-Projektkontext angesiedelt. In diesem analysiere ich Versuchsprotokolle von AchtklässlerInnen und damit schriftlichen Output von SchülerInnen aus dem Fachunterricht Biologie (vgl. auch den schraffierten Bereich im linken Teil von Abb. 1). Über tonlose Kurzfilme wurden den SchülerInnen aus acht Schulklassen hierzu zwei Versuche (zur Funktionsweise der Zwerchfellatmung sowie zum Sauerstoffverbrauch bei der Atmung) gezeigt, zu denen sie jeweils eine Beobachtung und eine Auswertung verfassen sollten (für weitere Informationen zur Projektanlage vgl. Ricart Brede 2012b).

Aufgrund der Einbindung in den Fach-DaZ-Projektkontext stehen für die Analyse des Textkorpus außerdem folgende Zusatzdaten bereit (vgl. hierzu ebenfalls Abb. 1): Von allen SchülerInnen liegen C-Test-Ergebnisse und damit Informationen zu ihren lese- und schreibbezogenen Sprachkompetenzen im Deutschen vor; ferner liegen über Fragebogendaten von allen SchülerInnen sprachbiographische Hintergrundinformationen vor. Eine weitere Ergänzung erfährt das Textkorpus über die mit den zugehörigen Lehrkräften geführten Interviews, in denen diese u. a. zur Rolle des Protokollierens in ihrem Biologieunterricht, zu ihrem Biologieunterricht im Allgemeinen sowie zu ihrer Schülerschaft befragt wurden.

3 ‚Stadt, Land, Fluss': die relevanten Variablen bestimmen

Das insgesamt aus 332 Versuchsprotokollen bestehende Textkorpus meines Habilitationsprojektes habe ich vornehmlich mit Blick auf die Verwendung ausgewählter sprachlicher Mittel, aber auch unter inhaltlich-fachlichen Gesichtspunkten untersucht (eine Teilanalyse zum Passivgebrauch findet sich in Ricart Brede 2012a, für eine Teilanalyse zum Konnektorengebrauch vgl. Ricart Brede 2014a und für eine erste inhaltliche Analyse der Versuchsprotokolle vgl. Ricart Brede 2014c).

Die zu den sprachbiographischen Hintergründen der SchülerInnen vorliegenden Zusatzdaten wurden dabei als Metadaten für die Auswertung genutzt, bspw. um mittels einer mehrfaktoriellen Varianzanalyse signifikante Gruppenunterschiede zwischen SchülerInnen verschiedener Erstsprachen beim Gebrauch von Vorgangspassiva aufzudecken. So verwenden jene SchülerInnen, in deren Erstsprache(n) die Bildung des Passivs synthetisch – und damit nicht wie im Deutschen analytisch (d. h. im Rückgriff auf ein Hilfsverb) – erfolgt, das Vorgangspassiv in ihren Versuchsprotokollen signifikant seltener als die übrigen SchülerInnen (vgl. Ricart Brede 2012a: 275ff.), möglicherweise weil der Lernaufwand für diese sprachlichen Konstruktionen für sie ein größerer ist.

Dieses Teilergebnis macht deutlich, dass eine bloße Unterscheidung in ‚SchülerInnen mit Deutsch als Erstsprache' auf der einen Seite und ‚SchülerInnen mit Deutsch als Zweitsprache' auf der anderen Seite bei Weitem zu kurz greifen würde, um das Korpus adäquat zu analysieren. Neben der in diesem Fall bedeutsamen Frage, welche Erstsprache(n) die SchülerInnen haben, können in anderen Belangen auch das Alter zu Erwerbsbeginn oder die Kontaktdauer mit dem Deutschen relevante Metavariablen für die Analyse sein. Die sprachbiographischen Hintergründe der ProbandInnen gilt es demzufolge jeweils möglichst genau zu erfassen und ebenso detailliert auch bei der Analyse zu berücksichtigen.

Die Festlegung der zu erfassenden Metadaten kann mit den Vorbereitungen für das Spiel ‚Stadt Land Fluss' verglichen werden (vgl. auch Abb. 2): Bevor mit dem Spiel begonnen wird, muss auch hier bestimmt werden, welches die Kategorien (wie Stadt, Land, Gewässer, Beruf etc.) sein sollen, die im Spiel zu bedienen sind. Der Kreativität sind dabei keine Grenzen gesetzt. Neben den bereits genannten ‚klassischen' Kategorien (die in der Forschungspraxis mit Variablen wie ‚Geschlecht' oder ‚Alter' der ProbandInnen verglichen werden können), können auch Kategorien wie ‚Getränk', ‚Sportart' oder ‚Filmtitel' auf das Spielblatt aufgenommen werden. Wichtig ist allerdings, dass die ausgewählten Kategorien für die MitspielerInnen passend bzw. machbar sind: Eine Person, die selten Filme schaut, wird sich vermutlich schwer(er) damit tun, Filmtitel zu benennen. Übertragen auf die Forschungspraxis müssen die Kategorien dem Forschungsgegenstand angemessen sein und der Beantwortung der Forschungsfragen dienen. Um falsche Schlüsse zu vermeiden, ist es ferner von Bedeutung, dass alle für die Untersuchung relevanten Kategorien berücksichtigt und denn auch erfasst werden. Kann eine Kategorie im Forschungskontext nicht erfasst werden, ist dies entsprechend zu vermerken und bei der Datenauswertung zu berücksichtigen. Vergleichbar ist dies mit jener ‚Stadt Land Fluss'-Spielregel, dass eine Spielrunde erst dann beendet werden darf, wenn ein Spieler/eine Spielerin sämtliche Felder ausgefüllt bzw. alle Kategorien bedient hat; bei der Punkteermittlung werden leere Felder ‚geahndet', indem diese für die gegnerische Spielseite besonders viele Punkte einbringen können.

Stadt Land Fluss							
	Geschlecht	Alter	Erst-sprache(n)	Zweit-sprache(n)	Fremd-sprache(n)	Geburts-land	Ggf. Alter zu Erwerbsbeginn bzgl. Dtsch.
Schüler 01082	m	13;4	Kurdisch	Deutsch	Englisch	Türkei	1;2

Abb. 2: ‚Stadt Land Fluss': Festlegung der zu erfassenden Metadaten vor der Datenerhebung

4 ‚Mastermind': die Beziehung zwischen Variablen aufdecken

Zurück zu den Fach-DaZ-Daten: Neben der typologischen Struktur der Erstsprache deckt die bereits erwähnte Varianzanalyse auch für die Schulklassenzugehörigkeit einen starken Effekt in Bezug auf die Passivnutzung auf (vgl. Ricart Brede 2012a: 277). Eine mögliche Interpretation hierfür ist die Rückführung auf (fehlende) Instruktion und damit auf die Frage, inwiefern die jeweiligen Lehrkräfte von ihren SchülerInnen generell einfordern, Versuchsprotokolle passivisch zu formulieren und inwiefern dies im Unterricht thematisiert und geübt wurde.

Doch lohnt sich zur Interpretation des Schulklasseneffektes auch der Rückbezug auf weitere Metadaten. So könnte es sich bei dem Klasseneffekt auch insofern um einen Sekundäreffekt halten, als sich die verschiedenen Erstsprachen keinesfalls gleichmäßig auf die Klassen verteilen: Tab. 1 zeigt exemplarisch für zwei Klassen die Erstsprachen der SchülerInnen, die (auch) eine andere Erstsprache als Deutsch haben. Die Übersicht zeigt, dass die Klasse 01081 lediglich von drei SchülerInnen besucht wird, deren Erstsprachen entweder Albanisch oder Türkisch und damit solche Sprachen sind, die kein analytisches Passiv kennen. Im Unterschied dazu sind in Klasse 02081 neben Deutsch ausschließlich Arabisch und Türkisch und damit solche Erstsprachen präsent, in denen Passiva synthetisch gebildet werden: Im Arabischen erfolgt die Passivbildung über eine Vokalveränderung; im Türkischen wird das Passiv über das Suffix ‚n' angezeigt (für weitere Erläuterungen hierzu vgl. bspw. Keenan 1986: insbes. 252, 271, auch Ricart Brede 2012a).

Tab. 1: Erstsprachen der SchülerInnen in den Klassen 01081 und 02081 (außer Deutsch) und deren Struktur mit Blick auf Passiva

Klasse	Schülercode	DaZ oder Bilingual?	Erstsprache(n) (außer Deutsch)	Struktur der Sprache mit Blick auf Passiva
01081	01081S03	DaZ	Türkisch	Synthetisch
	01081S07	DaZ	Kurdisch	Analytisch
	01081S09	Bilingual	Italienisch	Analytisch
	01081S10	Bilingual	Rumänisch	Analytisch
	01081S12	Bilingual	Italienisch	Analytisch
	01081S14	Bilingual	Italienisch	Analytisch
	01081S15	DaZ	Russisch	Analytisch und synthetisch
	01081S18	DaZ	Serbisch	Analytisch und synthetisch
	01081S21	DaZ	Italienisch	Analytisch
	01081S23	DaZ	Türkisch	Synthetisch
	01081S29	DaZ	Albanisch	Synthetisch
	01081S99	Bilingual	Türkisch	Synthetisch
02081	02081S02	Bilingual	Arabisch	Synthetisch
	02081S03	Bilingual	Arabisch	Synthetisch
	02081S04	DaZ	Arabisch	Synthetisch
	02081S05	DaZ	Türkisch	Synthetisch
	02081S06	Bilingual	Türkisch	Synthetisch
	02081S07	Bilingual	Türkisch	Synthetisch
	02081S08	Bilingual	Türkisch	Synthetisch
	02081S09	Bilingual	Türkisch	Synthetisch
	02081S10	Bilingual	Türkisch	Synthetisch
	02081S11	Bilingual	Türkisch	Synthetisch
	02081S12	Bilingual	Arabisch	Synthetisch
	02081S13	DaZ	Arabisch	Synthetisch
	02081S14	Bilingual	Türkisch	Synthetisch
	02081S17	Bilingual	Türkisch	Synthetisch

Die beiden Variablen „Art der Erstsprache mit Blick auf die Struktur von Passiva" und „Schulklassenzugehörigkeit" korrelieren demnach ungewollt miteinander. Ob und wie die beiden identifizierten Effekte zusammenhängen, d. h. ob der Klasseneffekt den Effekt der erstsprachlichen Struktur bedingt oder umgekehrt oder ob beide Effekte unabhängig voneinander bestehen, kann anhand der Varianzanalyse nicht entschieden werden.

Der in diesem Kapitel beschriebene Schritt der Datenanalyse ähnelt dem Spielprinzip von ‚Mastermind' (vgl. auch Abb. 3): Bei dem Brettspiel geht es darum, den von einem Spieler ausgedachten vierstelligen Farbcode möglichst rasch und vollständig herauszufinden. Beim ersten Spielzug rät der Gegenspieler blind, indem er aus den sechs zur Verfügung stehenden Farben eine ebenfalls vierstellige Farbkombination generiert; im weiteren Spielverlauf nutzt er hierfür die Rückmeldungen des Codierers, der ihm nach jedem Spielzug über Stifte (vgl. die vier kleinen Steckplätze am Rand der vom Ratenden jeweils gewählten Kombination in Abb. 3) die Anzahl der Treffer für Farbe und Position anzeigt. In Abb. 3 steht ein grauer Stift als Rückmeldung für eine richtig gewählte Farbe (a, b, c, d, e oder f) und ein schwarzer Stift als Rückmeldung für eine in Farbe und Position richtig besetzte Lücke.

Was hat dieser Spielablauf nun mit empirischen Forschungsprojekten zu tun? Auch in empirischen Forschungsprojekten geht es darum, herauszufinden, welche der erhobenen Metadaten bzw. Variablen (in Abb. 3 dargestellt als a, b, c, d, e und f) für den Forschungsgegenstand relevant sind. Die Variablen der Forschungsprojekte entsprechen dabei den Farben im Spiel; die vom Codierer ausgedachte Farbkombination entspricht dem Forschungsgegenstand, den es korrekt und möglichst umfassend und vollständig zu ergründen gilt. Rückmeldungen über die ‚gelandeten Farbtreffer' erhalten Forschende über (inferenz-)statistische Verfahren wie Regressions-, Varianz- oder Faktorenanalysen, indem diese Signifikanzwerte und Effektstärken bereitstellen. Die Entscheidung darüber, welche Variablen (bzw. Farben) in die Analyse (bzw. in die nächste Spielrunde) einbezogen werden, müssen sie jedoch selbst treffen. Bleiben relevante Variablen unberücksichtigt, kann der Forschungsgegenstand nie gänzlich ‚enthüllt' werden. Doch selbst wenn alle signifikanten Variablen identifiziert sind, ist deren Zusammenhang (bzw. deren Anordnung) noch nicht geklärt und es bedarf eines genauen, differenzierten Abwägens, um diese aufzudecken und zum Ziel zu gelangen.

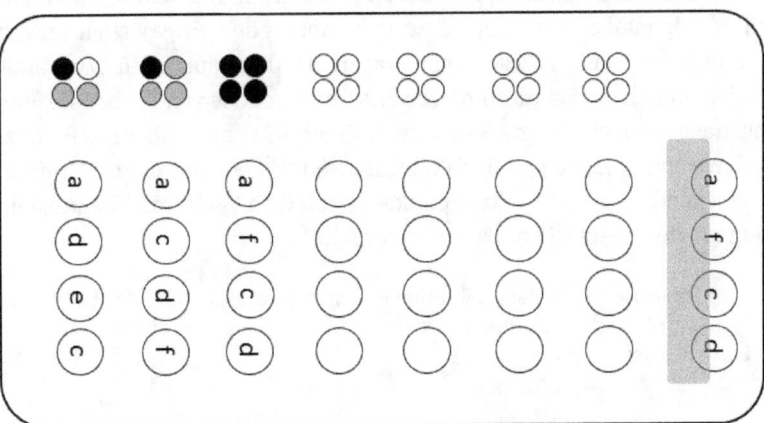

Abb. 3: ‚Mastermind': Signifikanz und Zusammenhang der einzelnen Variablen

5 ‚Scotland Yard': den Daten auf den Grund gehen und Interpretationen hinterfragen

Für die bereits präsentierte Teilanalyse meines Habilitationsprojektes sind die sprachbiographischen Hintergrundinformationen der SchülerInnen Conditio sine qua non. Doch wie valide sind derartige Selbstaussagen von SchülerInnen? Im Abschlussbericht zur MaTS-Studie[1], in der die sprachbiographischen Hintergründe von Kindern und Jugendlichen mit Deutsch als Zweitsprache an Thüringer Schulen u. a. mittels Fragebögen erfasst wurden, weisen Ahrenholz & Maak (2013) auf mögliche Probleme hin, die sich bei derartigen Befragungen „aufgrund des kindlichen [bzw. jugendlichen] Sprachverständnisses und -gebrauchs [...] ergeben" (Ahrenholz & Maak 2013: 87) und führen hierunter auch Probleme der Messäquivalenz an.

Um die Selbstaussagen der SchülerInnen zu validieren, wurden im Fach-DaZ-Projekt auch die zugehörigen Fachlehrkräfte befragt. Die Biologielehrerin der Klasse 02081 bestätigt zu Beginn des Gesprächs (ab 00.42 min) die von den SchülerInnen (neben dem Deutschen) benannten Erstsprachen:

> L also der GRÖßte anteil ist äh TÜRkischer herkunft- dann ham wir noch als ZWEITgrößte gruppe; migrantengruppe; das is so zeh:n prozent sagen wir ma (0.5) ähm araBISCH(.) stämmig und der rest ist so geMISCHT; [...] also gemischt sind PO:lisch und weiß nich asiatisch so was; ja'[2]

Im weiteren Verlauf des Gesprächs (ab 27.46 min) kommt die Lehrkraft jedoch von sich aus nochmals auf die sprachlichen Hintergrüde der SchülerInnen zu sprechen. Sie thematisiert in diesem Zusammenhang den eingesetzten Fragebogen und problematisiert an diesem jene Fragen, die den häuslichen bzw. familiären Sprachgebrauch der SchülerInnen zu erfassen versuchen (z. B. über die Entscheidungsfrage „Sprecht ihr zu Hause auch Deutsch?" sowie über die Ergänzungsfrage „Welche Sprache sprichst du zu Hause meistens mit deiner Mutter?", die entsprechend auch für die Kommunikation mit dem Vater und für die Kommunikation mit den Geschwistern gestellt wurde).

> L   zu hause wird in der regel N:UR türkisch geredet; also es=is SO SELTEN; famlien (.) wo die NICHT NUR türkisch reden.
> DM   hm_hm

---

1 „MaTS" steht als Abkürzung für „Mehrsprachigkeit an Thüringer Schulen".
2 Für diesen Interviewauszug und für weitere Interviewauszüge gilt: L steht für Lehrkraft; DM (Diana Maak) und JRB (Julia Ricart Brede) sind die Kürzel der beiden Interviewerinnen. Die Transkriptionen folgen den GAT-2-Konventionen.

L	und das ham sie vielleicht vorhin bei der fr- äh: beantwortu- also bei diesen FRAgebögen ne' wir sprechen MANCHmal auch deutsch.
DM	hm_hm
JRB	hm_hm
L	ja' da WUSSten die nicht was die- ich SAge ihnen bei diesem MANCHmal deutsch; das sind mal so drei fünf worte DEUtsch die mal am tag falln; dis- dis mein=n die mit manchmal deutsch.
DM	hm
JRB	hm:
L	die unterHALTEN sich nicht DEUTSCH mit ihren kindern. (.) die eltern.
JRB	hm_hm
L	ja' aber da kann man äh wirklich SICHer sein.

Mit der lehrerseitigen Einschätzung, dass die SchülerInnen schneller zu dem Wort „manchmal" – gemeint ist hier vermutlich das in der oben angeführten Frage vorkommende „meistens" – tendierten als von den Erhebenden gewollt, steht die Messäquivalenz der Schüleraussagen in Frage. Zum Problem kann dies werden, sobald die Selbstaussagen der SchülerInnen in Analysen (z. B. bei inferenzstatistischen Berechnungen) als relevante Variablen berücksichtigt werden.

Im Folgenden möchte ich zunächst weitere Ergebnisse der Korpusanalyse präsentieren, bevor ich im Anschluss daran auf die Lehrkräfte-Interviews zurückkomme, in denen die Fachlehrkräfte auch zu ihrem Biologieunterricht und zur Rolle des Protokollierens in diesem befragt wurden.

Auffallend ist in den Versuchsprotokollen, dass die SchülerInnen diese in 130 Fällen und damit zu knapp 40 % über einleitende Formulierungen wie „Also ich sehe ..." oder „Ich habe beobachtet, dass ..." beginnen (vgl. Ricart Brede 2014b: 146). Durch derartige ‚Rahmungen' setzen sich die SchreiberInnen zum Versuchsgeschehen in Bezug und machen sich als Beobachtende explizit. „Dies steht der Idee von Versuchsprotokollen geradezu diametral gegenüber, deren Funktion u. a. darin besteht, eine Iteration des Versuchs zu ermöglichen, wozu von irrelevanten Situationsvariablen (und damit auch vom/von der Beobachtenden als Person) zu abstrahieren ist" (Ricart Brede 2014c: 182). Signifikante Unterschiede dahingehend, dass tendenziell eher SchülerInnen mit Deutsch als Zweitsprache oder bilinguale SchülerInnen ihren Beobachtungen eine derartige Rahmung und In-Bezug-Setzung der eigenen Perspektive zum Versuchsgeschehen voranstellen, zeigen sich dabei, wie über eine Kreuztabellierung und die Berechnung von Chi-Quadrat geprüft wurde, nicht. Stattdessen deckt ein Chi-Quadrat-Test diesbezüglich jedoch abermals einen starken Schulklasseneffekt auf (χ^2= 73,109, df= 14, p= .000, in Ergänzung: Cramer-V= .677, p= .000). Ein Blick auf die in Tab. 2 aufgeführten Daten zeigt deutlich, dass SchülerInnen aus den Klassen 01081 und 03081 ihre Versuchsprotokolle im Allgemeinen nur sehr selten mit einer einleitenden Rahmung beginnen, wohingegen 74 % aller SchülerInnen aus Klasse 03082 sogar den Weg in beide Versuchsprotokolle über derartige Formulierungen finden und auch in Klasse 02081 verzichten lediglich 12 % der SchülerInnen in beiden Protokollen auf eine derartige Rahmung.

Tab. 2: Schulklassenunterschiede im Gebrauch einer einleitenden Rahmung in den Versuchsprotokollen

Klasse	Rahmung bzw. Beobachterpositionierung		
	in keinem Protokoll vorhanden	in einem Protokoll vorhanden	in beiden Protokolle vorhanden
01081 (n=30)	87 % (n=26)	10 % (n=3)	3 % (n=1)
02081 (n=17)	12 % (n=2)	59 % (n=10)	29 % (n=5)
03081 (n=19)	74 % (n=14)	11 % (n=2)	16 % (n=3)
03082 (n=19)	16 % (n=3)	11 % (n=2)	74 % (n=14)
03083 (n=24)	21 % (n=5)	38 % (n=9)	42 % (n=10)
03084 (n=18)	44 % (n=8)	50 % (n=9)	6 % (n=1)
03085 (n=22)	45 % (n=10)	32 % (n=7)	23 % (n=5)
03086 (n=13)	62 % (n=8)	23 % (n=3)	15 % (n=2)

Um den aufgefundenen Klasseneffekten genauer nachzuspüren, wurden in einem nächsten Schritt die Interviews mit den zugehörigen Fachlehrkräften und damit weitere Zusatzdaten in die Analyse einbezogen. Exemplarisch werden im Folgenden die Lehrkräfte-Interviews zu den beiden Klassen 01081 und 02081 gegenübergestellt.[3] Grund hierfür ist zum einen, dass sich die Versuchsprotokolle dieser beider Schulklassen mit Blick auf die Nutzung rahmender Einleitungen signifikant voneinander unterscheiden; zum anderen können diese beiden

---

[3] Die beiden Schulklassen sind an zwei verschiedenen Schulen verortet. Da die beiden Schulen in unterschiedlichen Bundesländern verortet sind, können die Schulformen der beiden Schulen (wegen der unterschiedlichen Ländertraditionen) nicht direkt miteinander verglichen werden.

Klassen bezüglich ihrer Vorerfahrungen beim Schreiben von Versuchsprotokollen als „Extremfälle" bezeichnet werden, d. h. die SchülerInnen dieser beider Klassen unterscheiden sich – wie die nachstehenden Interviewdaten zeigen – mit Blick auf ihre Erfahrungen maximal voneinander (wohingegen die übrigen Klassen eine Art Mittelstellung einnehmen).

Biologie hat an der Schule, die Klasse 01081 besucht, seinen Platz im NWA-Unterricht (Kurzform für „naturwissenschaftliches Arbeiten"), was der noch junge, eigentlich für das Fach Physik (nicht aber für die Fächer Biologie und Chemie) ausgebildete Lehrer der Klasse 01081 begrüßt: „NWA isch tOLL, der AUFbau (.) isch RICHtig, dass ma die äh: kinder naturwissenschaftlich arbeiten lässt und des nicht mehr separiert in die verschiedenschten bereiche." (01.27–01.37 min) Selbstständiges Forschen bezeichnet der Lehrer dabei in einer Weise als Schwerpunkt und durchgängiges Prinzip der Schule, wie er es bislang noch nie an einer anderen Schule erlebt habe: „es wird SEHR viel WERT gelegt auf (.) s FORschen. [...] dass die schüler SELBST erforschen und sich SELBSCHT (.) erklären können ja warum ischn des so." (02.16–02.24 min) Insgesamt schätzt der Lehrer den Anteil des Experimentierens im NWA-Unterricht auf 30 bis 40 Prozent der Unterrichtszeit. „und experiment heißt IMmer protokoll dazu. [...] da gibts NIE experiment ohne." (13.23–13.25 min) Insofern begännen die SchülerInnen mit dem Protokollieren im NWA-Unterricht praktisch mit dem Schuleintritt: „f:ünfte klasse; zweite stunde; gehts los mit protokollen. [...] definiTIV; oder sag=n wir dritte stunde (2.0) SOFORT". (12.37–12.46 min) Hilfreich sei dabei für die SchülerInnen sicherlich, dass die Protokolle bei allen KollegInnen gleich aufgebaut seien bzw. dass es dafür einen Konsens gäbe: „n miniMALkonsens zwar; manche sagen dis- der kaschten muss genau zehn auf zehn sein; da sag ich- naja isch doch mir (.) egal ob dis bild jetz zehn auf zehn oder fünf auf fünf isch; hauptsach ich kann was erkenn=n und die hams ordentlich beSCHIRFtet. also solche SAchen werdn dann SCHON unterschieden". (12.52–13.07 min) Die bereits vorhandene Erfahrung beim Anfertigen von Protokollen ist für Klasse 01081 demzufolge sehr groß – und dennoch hadert der Lehrer mit der Protokollierleistung der SchülerInnnen: „ihr werdet sehn wenn=ihr (.) wenn ihr die protokolle lest- SATZbau teilweise ganz KRIMInell [...] auch äh: (2.0) die=AUSdrucksweise; wörter falsch äh- falsch benutzt; also da sind scho:n GRO:ße lücken da. (1.0) ich würd UNSre schule auch nicht als realschule in DEM sinn sehn, sondern als ne gute hauptschule. [...] vom niveau her;" (05.00–05.20 min).

Die SchülerInnen der Klasse 02081 können mit Blick auf das Protokollieren auf keinerlei Erfahrungen zurückblicken: „so begriffe wie protoKOLL (0.5) ja' ham se vielleicht schon mal gehört; ich hab ihn=n- beim deutschunterricht nehm ich das WENN überHAUPT am ENde dieses schuljahres z- (.) weils=was anspruchsvolles ist" (08.04–08.16 min), sagt die fachfremd Biologie unterrichtende Deutschlehrerin, die seit 20 Jahren an der Schule ist. Die Vorerfahrung für die gestellte Schreibaufgabe bezeichnet die Lehrerin daher insgesamt als „GANZ wenig; also ähm äh also praktisch protokoll eben GAR nich und was dieses thema anbelangt miniMAL' und so=n begriff wie AUSwertung dass is ihn=n dann VÖLLIG unklar; [...] selbst wenn sie den beGRIFF (0.5) sprachlich (.) verstehen wissen sie nicht was sie da mach- was das HEIßt- was sie da- dass sie ne SCHLUSSfolgerung daraus ziehen solln;" (12.13–12.38 min). Das Niveau der Klasse bzw. allgemein der SchülerInnen beurteilt die Lehrerin als äußerst leistungsschwach. Erläuternd fügt sie hinzu, dass sie in der Klasse häufig mit bunten Bilderbüchern für die Grundschule (statt mit dem Schulbuch) arbeite. Sie fügt hinzu: „ich habs [...] in kEIN=M FACH geschafft [...] auch nur EINmal den rahm=nplan den lehrplan den normaln einzuhalten; es GEHT NICHT; [...] bei unsern schülern GEHT es nicht;" (07.52–08.03 min). Entsprechend beurteilt sie die mit der gestellten Schreibaufgabe verbundenen Anforderungen für die SchülerInnen als überfordernd: „HEUte wars gradezu klassisch; weil s- die warn SOWAS von überfordert; ich glaub es wird sie UMhaun der REIHE nach; was sie da lesen oder=nich lesen;" (07.12–07.21 min).

Die Einblicke in die beiden Interviews legen große Unterschiede mit Blick auf die Vorerfahrungen offen: Klasse 01081 verfügt über sehr umfangreiche Erfahrungen beim Anfertigen von Protokollen, wohingegen Klasse 02081 mit dem Protokollieren in keiner Weise vertraut ist. Setzt man diese Hintergrundinformationen mit den Ergebnissen der Korpusanalyse (bspw. mit den aufgedeckten Klasseneffekten bzgl. der einleitenden Textrahmungen) in Beziehung, so lässt sich vermuten, „dass der Einfluss instruktiver Merkmale auf bestimmte Aspekte der Textproduktion weitaus weitreichender [... ist] als bislang angenommen." (Ricart Brede 2014c: 183)

Gleichzeitig spiegeln sich in beiden Interviews die klasseninternen Bezugssysteme wieder: Obwohl sich die Textproduktionen der beiden Klassen (und dass nicht nur mit Blick auf den Gebrauch der Rahmungen) deutlich voneinander unterscheiden, sprechen beide Lehrkräfte von schwachen Leistungen ihrer SchülerInnen und vermuten entsprechend erschrockene bzw. sogar entsetzte Reaktionen bei den LeserInnen („es wird sie UMhaun der REIHE nach; was sie da lesen oder=nich lesen;").

Die Ausführungen dieses Teilkapitels sollten verdeutlichen, wie wichtig es ist, Interpretationen stets ausreichend zu hinterfragen und mit ergänzenden Hintergrundinformationen zu unterfüttern. Diesen Grundsatz haben empirische Forschungsprojekte mit dem Spiel ‚Scotland Yard' gemein. In besagtem Brettspiel fährt der flüchtige Verbrecher ‚Mister X' mit Taxi, Bus, U-Bahn und Fähre quer durch London, während die übrigen MitspielerInnen als Detektive kooperieren und versuchen, den Standort von Mister X aufzudecken. Auch in Forschungsprojekten wirken die verschiedenen Datensätze (wie Korpus-, Fragebogen- und Interviewdaten) – ähnlich wie die MitspielerInnen in ‚Scotland Yard' – zusammen, um den erforschten Sachverhalt zu ergründen und zu erklären. Werden nicht alle Daten genauestens ‚unter die Lupe genommen' und ‚detektivisch hinterfragt', kann es zu Fehlinterpretationen kommen. Im Spiel legt Mister X die falschen Fährten selbst; im wahren Leben bzw. in empirischen Forschungsprojekten können ‚falsche Fährten' aus Datenlücken oder aus methodischen Schwierigkeiten resultieren. Im obigen Beispiel wurde bspw. durch das Lehrerinterview deutlich, dass einige Selbstaussagen der SchülerInnen lediglich vorbehaltlich für gültig befunden werden können. Auch für den mit Blick auf die Textrahmung bestehenden Klasseneffekt kann erst dann eine Erklärung gefunden werden, wenn die Lehrkräfte-Interviews hinzugezogen werden – allerdings muss diese selbst dann als vorläufig angesehen werden.

6 ‚Memory'®: zwei Wünsche zum Schluss

Forschungsdesigns im Kontext empirischer Zweit- und Fremdspracherwerbsforschung sind mittlerweile häufig beeindruckend umfassend angelegt: Um der Forschungsfrage nachzugehen wird beobachtet, videographiert und getestet, zudem werden Interviews geführt und Fragebögen eingesetzt, um die Hintergründe von ProbandInnen und Lehr-Lern-Szenarien zu erfassen. Zu jedem Erhebungsschritt wird außerdem ein Erhebungsprotokoll angefertigt, in dem Ablauf und Besonderheiten der Datenerhebung dokumentiert werden.

Ausgewertet und in der Ergebnisdarstellung berichtet werden in den Projekten demgegenüber nach wie vor häufig ausschließlich die ‚harten' Fakten, die Kernfrage betreffend. Metadaten und Hintergrundinformationen werden, wenn überhaupt, meist vor allem für die vorausgehende Stichprobenbeschreibung bzw. für das methodische Kapitel genutzt, wo ihnen ein adäquater Platz zugewiesen scheint. Vereinzelt werden Metadaten ferner zur Gruppenbildung bei inferenzstatistischen Analysen genutzt. Doch selbst wenn ein Merkmal (wie das Alter zu Erwerbsbeginn) auf dieser Ebene signifikante Unterschiede zu Tage fördert, wird den Ursachen dafür selten weiter nachgegangen, indem bspw. die Erhebungsprotokolle zu Rate gezogen und/oder die geführten Interviews kodiert und mit den Daten trianguliert werden.

Vor diesem Hintergrund möchte ich meinen Beitrag an dieser Stelle gerne mit zwei Wünschen bzw. Merksätzen für empirische Forschungsprojekte beschließen, die sich spieltechnisch in Form zweier ‚Memory'®-Kartenpärchen veranschaulichen lassen (vgl. Abb. 4). So habe ich mit meinem Beitrag Folgendes zu zeigen versucht:

- Bevor ein Forschungsprojekt durchgeführt wird, gilt es genau zu überlegen, welche Metadaten es hierfür zu erheben und zu berücksichtigen gilt. Fehlen *relevante Metadaten*, können Sachverhalte und Zusammenhänge nicht adäquat aufgedeckt und erklärt werden. *Irrelevante Metadaten* hingegen belasten das Feld (wie bspw. den Unterricht oder Lehrkräfte) im Zuge der Datenerhebung unnötig. Die Erhebung solcher (Meta-)Daten, die nicht notwendig sind, sollte daher unbedingt vermieden werden.
- Metadaten spielen eine wichtige Rolle für die *Stichprobenbeschreibung*, sollten allerdings nicht nur dort, sondern insbesondere auch bei *Datenauswertung* Berücksichtigung finden. Hierzu können vielfältige Formen der Triangulation genutzt werden (vgl. hierfür z. B. Aguado 2014, auch Johnson/ Onwuegbuzie 2004).

Relevante Metadaten erfassen	Irrelevante Metadaten vermeiden	Metadaten für Stichprobenbeschreibung nutzen	Metadaten für Datenauswertung nutzen

Abb. 4: ‚Memory'®-Spielkarten als Merksätze für empirische Forschungsprojekte

Das ‚Memory'®-Spiel habe ich zur Veranschaulichung der Wünsche bzw. Merksätze – nebenbei bemerkt – auch deshalb ausgewählt, weil es ebenfalls in den 1950er Jahren ‚geboren' wurde. Neben den für alle empirischen Forschungsprojekte formulierten Merksätzen wünsche ich außerdem (auch weiterhin) stets Freude beim detektivischen Spiel mit den Daten.

7 Literatur

Aguado, Karin (2014): Triangulation. In Settinieri, Julia; Demirkaya, Sevilen; Feldmeier, Alexis; Gültekin-Karkoç, Nazan & Riemer, Claudia (Hrsg.): *Empirische Forschungsmethoden für Deutsch als Fremd- und Zweitsprache. Eine Einführung.* Paderborn: Schöningh/UTB, 47–56.

Ahrenholz, Bernt (2012): Sprache im Fach untersuchen. In Röhner, Charlotte & Hövelbrinks, Britta (Hrsg.): *Fachbezogene Sprachförderung in Deutsch als Zweitsprache. Theoretische Konzepte und empirische Befunde zum Erwerb bildungssprachlicher Kompetenzen.* Weinheim: Juventa Beltz, 87–98.

Ahrenholz, Bernt & Maak, Diana (2013): Zur Situation von SchülerInnen nicht-deutscher Herkunftssprache in Thüringen unter besonderer Berücksichtigung von Seiteneinsteigern. Abschlussbericht zum Projekt „Mehrsprachigkeit an Thüringer Schulen (MaTS)", durchgeführt im Auftrag des TMBWK. 2. Aufl. https://www.deutsche-digitale-bibliothek.de/binary/RELGUJX3HZDGDRZKKFWZI2OULBHMMONH/full/1.pdf *(19.02.2017).*

Johnson, R. Burke & Onwuegbuzie, Anthony J. (2004): Mixed Methods Research: A Research Paradigm Whose Time Has Come. *Educational Researcher* 33/7, 14–26.

Keenan, Edward L. (1986): Passive in the world's languages. In Shopen, Timothy (Hrsg.): Language typology and syntactic description. 2. Aufl. Cambridge u. a.: Cambridge University Press, 243–281.

Ricart Brede, Julia (2012a): Passivkonstruktionen in Versuchsprotokollen aus dem Fachunterricht Biologie der Sekundarstufe I. Ein Vergleich von lehrerseitigen Erwartungen und schülerseitigen Realisierungen unter besonderer Berücksichtigung der jeweiligen Erstsprachen. In Jeuk, Stefan & Schäfer, Joachim (Hrsg.): *Deutsch als Zweitsprache in Kindertageseinrichtungen und Schulen. Aneignung, Förderung, Unterricht. Beiträge aus dem 7. Workshop „Kinder mit Migrationshintergund", 2011.* Freiburg/Br.: Fillibach, 265–284.

Ricart Brede, Julia (2012b): „Wenn man luft reinpustet, geht es schneller aus. Warum???". Ein empirisches Forschungsprojekt zu schriftlichen Produktionen von DaZ- und DaM-SchülerInnen im Fachunterricht Biologie. In Ahrenholz, Bernt & Knapp, Werner (Hrsg.): *Sprachstand erheben – Spracherwerb erforschen.* Stuttgart, 225–240.

Ricart Brede, Julia (2014a): „Da wo das Gummiabschluss runter gezogen war, dadurch wurden die Luftballongs größer". Zum Konnektorengebrauch in Versuchsprotokollen von Schülern mit Deutsch als Erst- und Zweitsprache. In Ahrenholz, Bernt & Grommes, Patrick (Hrsg.): *Zweitspracherwerb im Jugendalter.* Berlin: de Gruyter (DaZ-Forschung, Band 4), 59–76.

Ricart Brede, Julia (2014b): „Ich habe beobachtet, dass ..." Der Weg in schülerseitige Versuchsprotokolle und damit einhergehende Perspektivierungen. In Lütke, Beate & Petersen, Inger (Hrsg.): *Deutsch als Zweitsprache: Lehrkompetenzen, Sprachförderkonzepte und Zweitspracherwerb. Beiträge aus dem 9. Workshop „Kinder mit Migrationshintergrund".* Stuttgart: Fillibach bei Klett, 143–156.

Ricart Brede, Julia (2014c): Zur Didaktik des Versuchsprotokolls als Aufgabe eines sprachsensiblen Fachunterrichts und eines fachsensiblen Sprach(förder)unterrichts. In Klages, Hana & Pagonis, Giulio (Hrsg.): *Linguistisch fundierte Sprachförderung und Sprachdidaktik: Grundlagen, Konzepte, Desiderate.* Berlin: de Gruyter (DaZ-Forschung, Band 7), 173–191.

Jessica Neumann, Tinghui Duan
Lesbarkeitsformeln zur Messung sprachlicher Komplexität in Schulbuchtexten

1 Einleitung

Für die empirische Analyse von Schulbuchtexten als schriftsprachlichem Input für SchülerInnen wird im Rahmen des Projekts „Fachunterricht und Deutsch als Zweitsprache" (vgl. Ahrenholz 2013) ein Schulbuchtextkorpus aufgebaut. Hintergrund dieses Anliegens ist u. a. die Frage, ob und inwiefern die sprachliche Komplexität von Schulbuchtexten SchülerInnen vor allem mit Deutsch als Zweitsprache (DaZ) beim fachlichen Lernen Schwierigkeiten bereitet. Exemplarische Analysen von Schulbuchauszügen und Arbeitsblättern (z. B. Redder 2012, Ahrenholz 2017, Schmellentin et al. 2017) zeigen, dass sich Verständnisschwierigkeiten bei der Rezeption von Schulbuchtexten aufgrund der verwendeten sprachlichen Mittel und syntaktischen Strukturen (Fachwortschatz, Attribuierungen, Nominalisierungen, paratraktische und hypotaktische Satzstrukturen etc.) ergeben können, auch wenn der mitunter hohe Abstraktionsgrad und die komplexe Sachlogik der Texte nicht außer Acht gelassen werden darf. Möchte man die sprachliche Komplexität von Schulbuchtexten in größeren Korpora erfassen, muss zunächst der Komplexitätsbegriff eingegrenzt werden. Weiterhin müssen geeignete Instrumente für die Komplexitätsmessung gefunden werden. Für letzteres könnten sich statistische Messmethoden aus der Lesbarkeitsforschung (Readability Research) als geeignet erweisen, die seit den 1920er Jahren vornehmlich für die englische Sprache entwickelt werden und Textmerkmale auf verschiedenen linguistischen Ebenen berücksichtigen. Die Schulbuchforschung im deutschsprachigen Raum nimmt diese methodische Herangehensweise durchaus schon länger zur Kenntnis, auch wenn festgestellt werden musste, dass die Formeln für das Englische nicht direkt auf das Deutsche mit seinen morphosyntaktischen und lexikalischen Spezifika übertragbar sind (vgl. z. B. Mihm 1973, Obermayer 2013). In der DaF-/DaZ-Forschung wurde sich bisher u. W. nur punktuell mit Maßen zur Ermittlung von Textschwierigkeit auseinandergesetzt (vgl. Nebe 1990, Oomen-Welke 2017).

In unserem Beitrag wird ausgehend von einer Diskussion zum Begriff der Komplexität der Zusammenhang von sprachlicher Komplexität und Textverständlichkeit bzw. Lesbarkeit herausgearbeitet. Nach einem historischen Abriss der Entwicklung von Lesbarkeitsformeln werden aktuelle Tendenzen zur Messung der Textverständlichkeit aufgezeigt. Dabei werden u. a. die Vogel/Washburne-Formel (Vogel & Washburne 1928), die Flesch-Formel (Flesch 1948), das Korrelationsgewichtungsmaß (KWM, Briest 1974), die Handformel von Dickes & Steiwer (1977), der Verständlichkeitsindex von Amstad (1978), die Wiener Sachtextformeln von Bamberger/Vanecek (1984) und der Readability Checker DeLite (vor der Brück, Helbig & Leveling 2008) einbezogen und deren Brauchbarkeit für die Messung von sprachlicher Komplexität in Schulbuchtexten hinterfragt.

2 Komplexität und Verständlichkeit

Der Begriff *Komplexität* scheint bislang sehr unterschiedlich gefasst worden zu sein, wird aber zumeist als relationale Größe betrachtet, die gemeinhin mit einem „Mehr-an" (Pohl 2017: 253) verbunden wird. Dies ermöglicht eine Operationalisierung, die sich die Lesbarkeitsforschung zunutze macht, um Verständlichkeit von Texten zu messen.

2.1 Zum Komplexitätsbegriff

Die Diskussionen zum Komplexitätsbegriff sind mit neueren Tagungen und Veröffentlichungen innerhalb der Linguistik (z. B. Hennig 2015, 2017), der Schulbuchforschung (z. B. Obermayer 2013), der DaZ-Forschung (z. B. Grießhaber i. d. Bd.) oder auch der Computerlinguistik (z. B. Hancke, Vajjala & Meurers 2012) wieder sehr aktuell geworden, wobei hier jeweils unterschiedliche Perspektiven auf Komplexität eingenommen werden. Einen Überblick zur Auslegung des Begriffs in der linguistischen Literatur liefern u. a. Fischer (2017) und Zeman (2017) im Band *Linguistische Komplexität – ein Phantom?* (hrsg. von Hennig). Die Herausgeberin selbst schreibt einleitend:

> Wie auch andere Grundbegriffe [...] weist der Begriff der Komplexität offenbar eine produktive Unschärfe auf, die einerseits zu einer breiten Anwendung führt, andererseits aber auch immer wieder erneut Klärungsbedarf evoziert. (Hennig 2017: 7)

Für die Beschreibung von Schulbuchtexten ist sicherlich weniger die Frage von Bedeutung, inwiefern unterschiedliche einzelsprachliche Systeme ähnlich oder gleich komplex sind, was in der Literatur unter dem sogenannten „Äquikomplexitätsaxiom" diskutiert wird (ALEC-„All languages are equally complex" bei

Deutscher 2009: 243, zitiert nach Hennig 2015: 163[1]). Der Komplexitätsbegriff bezieht sich in diesem Kontext auf komplette Systeme einzelner Sprachen und umfasst sowohl die Regularitäten als auch die Ressourcen einer Sprache (bspw. Morpheme, Phoneme).

Im Bereich der linguistischen Schulbuchforschung interessiert zunächst eher die bottom-up-Perspektive („bottom-up approximation" bei Deutscher 2009: 249) zur Beschreibung des besonderen sprachlichen Registers der Schulbuchtexte und -textsorten. Im Zentrum einer solchen Betrachtung steht die empirische Beschreibung sprachlicher Phänomene im Produkt Schulbuchtext (vgl. z. B. Ahrenholz, Hövelbrinks & Neumann 2017, Ahrenholz & Maak 2012) – zunächst unabhängig von der Rezeption durch eine/n NutzerIn oder mehrere bestimmte NutzerInnen. Diese Herangehensweise kann mit dem Konzept der *Beobachterkomplexität* bzw. *absoluten Komplexität* bei Fischer (2017: 22) in Verbindung gebracht werden, bei dem sprachliche Gegenstände theoriegeleitet aber relativ unabhängig vom Betrachter beschrieben werden. Diese absolute Komplexität kann auf verschiedenen sprachlichen Ebenen (Syntax, Morphologie, Phonetik/Phonologie, Semantik, Lexik, Pragmatik) analysiert werden. Sie schließt dann aber sowohl die grammatische Komplexität, die am Beschreibungsaufwand durch grammatische Kategorien gemessen wird, wie auch die strukturelle Komplexität als Aufwand zur Beschreibung der Struktur eines konkreten Äußerungsausdrucks (vgl. Fischer 2007: 361, zitiert nach Hennig 2015: 169) mit ein. Insofern wird der grammatische bzw. strukturelle Beschreibungsumfang (z. B. Anzahl der Morpheme, hierarchische Struktur von Phrasen) als objektives Maß für Komplexität angesetzt. Um die sprachliche Komplexität von Texten zu erfassen, müsste darüber hinaus noch das Zusammenwirken der einzelnen Komplexitätsgrößen bedacht werden.

Für die Schulbuchverstehensforschung reicht eine solche Beschreibung offensichtlich noch nicht aus. Es gilt die top-down-Sicht mit einzubeziehen, um Fragen zu Rezeptionsprozessen (und damit verbunden kognitive und psycholinguistische Fragestellungen zur Verarbeitung) und Textverständlichkeit bzw. Textschwierigkeit zu beleuchten. In Bezug auf Komplexität wird in diesem Zusammenhang der Begriff der *relativen Komplexität* (*Benutzerkomplexität*) gebraucht (vgl. Fischer 2017: 22). Der Komplexitätsgrad kann hier je nach LeserIn unterschiedlich eingeschätzt werden. Es fungieren vor allem der Rezeptionsaufwand und die Verstehensschwierigkeiten der RezipientInnen als Indikatoren für eine höhere Komplexität (vgl. Dahl 2004: 39, zitiert nach Fischer 2017: 27). Um den

---

[1] Hennig (2015) liefert eine Diskussion zu diesem Begriffsverständnis und verweist auf einschlägige Literatur wie Sampson, Gil & Trudgill (2009).

stark relativen, individuellen Charakter der Benutzerkomplexität für Analysen zu umgehen, werden durchschnittliche LeserInnen bzw. eine Lesergruppe angenommen (vgl. Kusters 2008, zitiert nach Fischer 2017: 27). Diese „usuelle" Komplexität könne durchaus von der durch LinguistInnen analysierbaren absoluten Komplexität abweichen (vgl. dazu auch den Beitrag von Imo/Lanwer 2017), ein Umstand, der mitunter ausgeblendet wird, wenn von absoluten Komplexitätsbeschreibungen direkt auf Textschwierigkeit geschlussfolgert wird (s. Abschnitt 3).

2.2 Zum Zusammenhang von Textverständlichkeit, Textverständnis, Lesbarkeit und Komplexität

Gemeinhin werden Texte mit hoher Komplexität als weniger verständlich beschrieben, so dass dementsprechend eine hohe Komplexität auch zu einem geringeren Textverständnis führen kann. Insofern scheinen die Konzepte von Textverständlichkeit, Textverständnis und Komplexität aufeinander bezogen werden zu können, auch wenn sie doch nicht dasselbe umfassen. Der Begriff *Textverständnis* bezieht sich nach Groeben (1982: 18) auf die kognitive Fähigkeit, den kognitiven Prozess, aber auch auf das Produkt des Textverstehens. Verständnis könne nur unter Einbezug von LeserInnen und Text gefasst werden (vgl. Groeben 1982: 18). Es geht um das „Verständnis eines Textes durch den Leser". Um zu diesem Verständnis zu gelangen, werden in erster Linie Anpassungs- und Veränderungsmöglichkeiten bei den LeserInnen selbst gesehen. Hierunter zählen z.B. individuelle Anpassungen durch kognitive Aktivierung, Aufmerksamkeit und Interesse, aber auch die leserseitige kognitive Sinnkonstruktion des Textes. Im unterrichtlichen Kontext können entsprechende Leseranpassungen durch didaktische Pfade der Vorwissensaktivierung und Entwicklung von Lesestrategien erreicht werden. Zur Testung des Textverständnisses werden bspw. Cloze-Tests, Lesetests oder Multiple-Choice-Tests durchgeführt.

Textverständlichkeit begreift Groeben (1982: 148ff. und 188) ebenso als zweistelligen Relationsbegriff, der den Zusammenhang zwischen materiellen Textmerkmalen und Rezeptionsprozess des Lesers berücksichtigt. Die Verständlichkeitsforschung fokussiert hier jedoch die Anpassung eines Textes an eine/n durchschnittliche/n LeserIn, deren/dessen Verständnis als gegeben vorausgesetzt wird. „Gefragt wird danach, welches Textverständnis verschiedene Texte bzw. Textmerkmale im Durchschnitt ermöglichen" (Groeben 1982: 148). Forschungsmethodisch wird die Qualität eines Textes anhand von Daten zum Textverständnis gemessen. Die Textverständnisdaten werden dann wiederum auf konkrete Texte zurückbezogen. Diese Auffassung von Verständlichkeit bildet damit die Schnittstelle zwischen absoluter Komplexität und Benutzerkomplexität bei Fischer und kann als durchschnittliche relative Komplexität beschrieben werden.

Der Begriff der *Lesbarkeit* beinhaltet bei Groeben (1982) ausschließlich Merkmale der sprachlichen Oberfläche, während der Begriff bei Vanecek (1995) auch noch weitere Merkmale wie Leichtigkeit und Flüssigkeit des Lesens mit umfasst. Ebenso setzen auch Bryant et al. (2017: 283) Lesbarkeit mit „Textverständlichkeit beim Lesen" gleich und beschreiben leserbezogene sowie auch textbezogene Merkmale als Einflussfaktoren auf Lesbarkeit. Insofern werden in neueren Veröffentlichungen Lesbarkeit und Verständlichkeit nahezu gleichgesetzt. *Leserlichkeit* als Vorstufe der Lesbarkeit bezieht sich hingegen auf graphische und typographische Merkmale der gedruckten Texte und wird bei Groeben in Anlehnung an Bamberger et al. (1972: 113) nicht zur Lesbarkeit gezählt, während Vanecek (1995: 202) sie unter Lesbarkeit subsumiert.

Soll Textkomplexität gemessen werden, ist also immer zu hinterfragen, aus welcher Perspektive (Beobachter- bzw. Nutzerperspektive) diese erfasst werden soll und welche Faktoren mit einbezogen werden müssen. Je nachdem können die Maße sehr unterschiedlich ausfallen.

3 Lesbarkeitsformeln zur Messung von Textverständlichkeit

Im Rahmen der Lesbarkeitsforschung (engl. *Readability Research*) in den USA wurden zahlreiche Formeln entwickelt, die vor allem textinhärente, scheinbar objektive Merkmale wie bspw. die Anzahl bestimmter Wortartenkategorien, Satzlänge und Wortlänge[2] hinzuziehen und damit die absolute Komplexität messen. Ihre Anwendung finden sie noch heute in der Einschätzung von englischen Lesetexten nach ihrem Schwierigkeitsgrad, um Empfehlungen für LeserInnen unterschiedlichen Alters auszusprechen. Auch im deutschsprachigen Raum wird schon länger der Frage nachgegangen, ob Textverständlichkeit messbar ist. Schon Reiners stellt in seiner Stilfibel aus dem Jahr 1951 ein Raster zur Bestimmung der Verständlichkeit vor, das seine Empfehlungen zum richtigen Schreiben untermauern soll. Seitdem wurden verschiedene Formeln aufgestellt, um Aussagen zur Verständlichkeit von literarischen Texten, Informationstexten aber auch Lehrbuchtexten zu treffen (vgl. z. B. Fucks 1955, Briest 1974, Bamberger & Vanecek 1984).

---

2 Während die Satzlänge meistens anhand der Anzahl der Wörter gemessen wird, wird die Wortlänge unterschiedlich — mittels Silben-, Morphem- oder Buchstabenanzahl — erfasst.

3.1 Zum Prototyp einer Lesbarkeitsformel

Als Prototyp der meisten nachfolgend vorgestellten Lesbarkeitsformeln gilt die von Vogel und Washburne (1928) entwickelte Formel in Form einer regressiven Gleichung mit mehreren sprachlichen Variablen (vgl. Carrell 1987: 22). Diese Formel sollte dazu dienen, die sprachliche Schwierigkeit von schulischen Lesebüchern zu messen, um altersgerechte Lesematerialien für SchülerInnen auswählen zu können. Außerdem sollte sie SchulbuchautorInnen helfen, sprachlich zielgruppengerechte Texte zu schreiben (vgl. Vogel & Washburne 1928: 373).

Die Entwicklung der Vogel-Washburne-Formel durchlief mehrere Schritte (vgl. Vogel & Washburne 1928: 373ff.):

1. Eine Liste von 700 englischsprachigen Büchern wurde auf der Grundlage einer Befragung von 36.750 Kindern mit unterschiedlichen Lesefertigkeiten zusammengestellt. Die Kinder sollten angeben, welche Bücher sie im vorherigen Jahr gelesen hatten. Die Lesefertigkeiten der befragten Kinder wurden mittels eines Tests (Stanford Achievement Test) beurteilt. Unter der Annahme, dass Kinder mit höherer Lesekompetenz schwierigere Bücher lesen, dienten die Testergebnisse als Indikator für den Schwierigkeitsgrad der zu untersuchenden Bücher. Dieser wurde anhand des durchschnittlichen Testwertes aller Kinder, die das Buch gelesen hatten, festgelegt.
2. Von den 700 Büchern wurden 152 ausgewählt, die Grundlage für die Schwierigkeitseinstufung weiterer Bücher sein sollten. Diese 152 Bücher setzen sich je hälftig aus den beliebtesten Büchern je Schwierigkeitsstufe und aus der Menge derjenigen Bücher zusammen, die bei den Jungen und Mädchen mit durchschnittlichen Lesefertigkeiten gleichermaßen beliebt waren. Insofern sollte diese Auswahl repräsentativ sein.
3. Die 152 ausgewählten Bücher wurden von 20 freiwilligen Lehrpersonen in Hinblick auf die folgenden sechs Merkmalsgruppen analysiert:
   1) Wortschatzschwierigkeit (vocabulary difficulty)
   2) Satzstruktur (sentence structure)
   3) Verteilung der Wortarten (part of speech occurring)
   4) Struktur der Textabschnitte (paragraph construction)
   5) Allgemeine Struktur (general structure)
   6) Physikalische Gestaltung (physical makeup)

   Während in den Gruppen 1) bis 5) Merkmale der Lesbarkeit im Sinne von Groeben (1982) erfasst sind, gehören die Merkmale der Gruppe 6) (Gewicht des Buches, Schriftgröße, Zeilenabstand usw.) zur Leserlichkeit (s. Abschnitt 2.2).
4. Es wurde geprüft, ob die Merkmale mit den Schwierigkeitsgraden korrelieren. 19 Merkmale, die eine deutliche Korrelation zeigten, wurden für weitere

Untersuchungen ausgewählt. Da es sehr zeitaufwendig ist, bei der Anwendung der Formel alle 19 Merkmale einzubeziehen, wurden schließlich vier Merkmale als Variablen ausgewählt, deren Kombination die stärkste Vorhersagekraft haben sollte. Diese sind: Anzahl der verschiedenen Wörter (types) in einer Stichprobe von 1.000 Wörtern (X_2), Anzahl der Präpositionen in dieser 1.000-Wörter-Stichprobe (X_3), Anzahl der nicht in *Thorndikes list*[3] enthaltenen Wörter (types) in dieser 1.000-Wörter-Stichprobe (X_4), und Anzahl der einfachen Sätze in einer Stichprobe von 75 Sätzen (X_5).
5. Durch eine Regressionsanalyse wurden die Gewichtungen der vier Variablen bestimmt. Daraus wurde die Lesbarkeitsformel hergeleitet:

$$X_1 = .085X_2 + .101X_3 + .604X_4 + .411X_5 + 17.43$$

X_1 auf der linken Seite ist der vorhergesagte Wert im Stanford Achievement Test bzw. der Schwierigkeitsgrad eines Buches. Die Formel sagt aus, dass ein Buch mit den Variablenwerten X_2, X_3, X_4, X_5 für ein Kind mit einer Testnote von X_1 geeignet sei. Mithilfe dieser Formel könnten auch KinderbuchautorInnen überprüfen, ob ihre Bücher sprachlich zielgruppengerecht verfasst sind und den Text gegebenenfalls anpassen[4].

Die oben dargestellten Schritte lassen sich in drei grobe Entwicklungsphasen einteilen:

Phase I: Auswahl des Maßstabs (Schritt 1 und 2)
Phase II: Ermittlung der linguistischen Merkmale (Schritt 3) und Auswahl der Variablen für die Formel (Schritt 3 und 4)
Phase III: Bestimmung der Lesbarkeitsformel durch mathematisches Verfahren (Schritt 5)

Seit den 1920er Jahren wurden zahlreiche Lesbarkeitsformeln entwickelt, u. a. der Reading Ease Index (Flesch 1948, auch als Flesch-Formel bekannt), der New Reading Ease Index (Farr, Jenkins & Paterson 1951), die New Dale-Chall-Formel (Chall & Dale 1995). Schon in den 1970er Jahren existierten mehrere hundert Lesbarkeitsformeln (vgl. Klare 1976: 131). Auch wenn diese Formeln grundsätzlich auf dem beschriebenen Entwicklungsverfahren beruhen, unterscheiden sie sich doch mitunter deutlich in der Auswahl des Maßstabs (Phase I) und der Auswahl der Variablen (Phase II). Als Maßstäbe dienen u. a. Lesetestergebnisse, Expertenurteile und Ergebnisse psycholinguistischer Experimente (z. B. mittels Eyetracking zur Messung der Lesegeschwindigkeit).

---

3 Thorndikes Wortliste enthält 10.000 Wörter, die damals als einfache Wörter im Englischen galten (vgl. Thorndike 1921).
4 Anhand der Gleichung kann allerdings noch nicht unbedingt geschlussfolgert werden, welche dieser Oberflächenvariablen angepasst werden müssten und ob der Text dadurch inhaltlich auch verständlich bleibt.

3.2 Zur Kritik an Lesbarkeitsformeln

Die Validität der Lesbarkeitsformeln wird bereits seit ihrer Entwicklung hinterfragt. Eine umfassende Studie dazu legt Klare (1976) vor. Er vergleicht 36 empirische Studien[5], in denen verschiedene Lesbarkeitsformeln auf ihre Validität hin überprüft wurden. Von diesen 36 Studien liefert nur ungefähr die Hälfte (19) ein positives Ergebnis. Die anderen zeigen teilweise differente (6) und teilweise negative (11) Ergebnisse. Interessanterweise wurden die zuletzt genannten elf Studien, in denen die untersuchten Formeln als invalide bewertet wurden, nicht veröffentlicht. Insgesamt wurden auch nur neun der 36 Studien publiziert, darunter sechs mit positivem und drei mit gemischtem Ergebnis. Dass die negativen Evaluationen nicht veröffentlicht wurden, kann vermutlich darauf zurückgeführt werden, dass das Bedürfnis nach anwendbaren Messinstrumenten so groß war, dass man deren Schwäche ignorierte. Auf der anderen Seite wird aber auch vor dem blinden Einsatz von Lesbarkeitsformeln gewarnt: „Relying on the formulas either to gauge the book's readability or a child's reading level could be worse than useless" (Bruce, Rubin & Starr 1981). Die meisten Kritikpunkte beziehen sich auf folgende drei Aspekte:

1. Die als Maßstab festgelegten Ergebnisse (Phase I, s. Abschnitt 3.1) seien kein valides Kriterium (vgl. Stevens 1980; Bruce, Rubin & Starr 1981; Carrell 1987: 25ff.).
2. Lesbarkeitsformeln messen die Textverständlichkeit nur indirekt anhand von sprachlichen Oberflächenmerkmalen; sie könnten allerdings keine Aussagen zur konzeptuellen Schwierigkeit und Textorganisation liefern (vgl. Lorge 1949: 91; Danielson 1987: 185).
3. Leserbezogene Faktoren seien nicht genügend berücksichtigt (vgl. Carrell 1987: 32).

Zu 1: Die als Maßstab dienenden Werte werden oft willkürlich bzw. nicht ausreichend empirisch begründet festgelegt. Zu hinterfragen sind nicht nur Lesetestergebnisse, sondern auch Expertenurteile und Ergebnisse psycholinguistischer Experimente. Wenn z. B. der Schwierigkeitsgrad nach der Lesegeschwindigkeit bestimmt wird, stellt sich die Frage, ob ein schnelleres Lesetempo tatsächlich ein zuverlässiges Indiz für einen geringeren Schwierigkeitsgrad ist, oder ob die ProbandInnen nicht auch unterschiedliche Lesestrategien verfolgen und damit die Unterschiede beim Lesen erklärt werden könnten.

Zu 2: Eine wichtige Variable in vielen Lesbarkeitsformeln ist die Satzlänge. Doch längere Sätze sind nicht unbedingt unverständlicher. Ein langer, aber kohä-

---

5 Die meisten sind Dissertationen (vgl. Klare 1976: 133).

renter Satz mit Konjunktionen kann durchaus verständlicher sein als ein einfacher kurzer, aber inhaltlich stark komprimierter Satz (vgl. Danielson 1987: 184, Carrell 1987: 30). Die Satzlänge sowie andere Variablen sind daher nur indirekte Indikatoren für die ausschlaggebenderen Merkmale wie inhaltliche Dichte, Textkohärenz, rhetorische Struktur usw. (vgl. Carrell 1987: 30ff.). Um diese Textmerkmale zu messen, sind Erkenntnisse aus der psycholinguistischen Forschung (vgl. z. B. Kintsch & van Dijk 1978) und der Lesepsychologie (Groeben 1982) erforderlich.

Zu 3: Zu leserbezogenen Faktoren gehören u. a. kognitive Fähigkeit, persönliche Interessen, Sprachkompetenz und Hintergrundwissen, die Groeben (1982) unter dem Konzept des Textverständnisses subsumiert. Eine Formel, die für eine Zielgruppe und eine Textsorte valide ist, ist nicht zwangsläufig für eine andere Zielgruppe oder eine andere Textsorte gültig (vgl. Bruce, Rubin & Starr 1981). Außerdem sollten kulturbezogene Unterschiede nicht ignoriert werden. Denn wie Carrell (1987: 32) andeutet: „This [das Ignorieren leserbezogener Faktoren] can be devastating in second or foreign language reading, particularly if the reader and text come from different cultural backgrounds."

3.3 Lesbarkeitsformeln für das Deutsche

Während für das Englische schon in den 1920er Jahren Lesbarkeitsformeln auf empirischer Grundlage entwickelt wurden (s. Abschnitt 3.1), entstanden für das Deutsche erst in den 1950er Jahren die ersten Messverfahren zur groben Abschätzung von Textverständlichkeit (Reiners 1951, Fucks 1955), und diese gehen laut Briest (vgl. Briest 1974: 546) möglicherweise auf die Flesch-Formel zurück.[6] Obwohl Flesch keine Lesbarkeitsformel für das Deutsche entwickelte, lässt sich sein Einfluss auf die Lesbarkeitsforschung im deutschsprachigen Raum kaum verkennen. Die Flesch-Formel wurde z. B. von Mihm (1973) und Amstad (1978) an die deutsche Sprache angepasst, um jeweils die Verständlichkeit von deutschsprachigen Schulbuchtexten und Zeitungstexten zu messen. Bei Amstad (1978) wurden allerdings die Regressionskoeffizienten nicht neu berechnet, sondern lediglich intuitiv für das Deutsche angeglichen, wodurch die Zuverlässigkeit der Formeln in Frage gestellt werden kann (vgl. Fey 1990: 154). Mihm (1973) verwendet sogar die Reading-Ease-Formel unverändert, nimmt aber auf Grundlage neuer Berechnungen eine Anpassung der Bewertungsskalierung für deutsche Texte vor.

---

6 Rudolf Flesch wurde 1911 in Wien geboren und emigrierte 1938 in die USA, wo er später mit der bekannten Flesch-Formel (1948) einen wichtigen Beitrag zur Readability Research in den USA leistete, vgl. https://de.wikipedia.org/wiki/Rudolf Flesch (13.11.2017).

Die erste uns bekannte Lesbarkeitsformel für das Deutsche, die empirisch fundiert aufgestellt wurde, ist das Korrelationsgewichtungsmaß (KWM) von Briest (1974). Seine Entwicklung durchlief ebenso die drei oben beschriebenen Phasen (s. Abschnitt 3.1). Als Maßstab (Phase I) dienten die Verständlichkeitswerte von 160 Sätzen aus Nachrichtentexten, die von 200 MitarbeiterInnen des Rundfunks gelesen und bewertet wurden. In der zweiten Phase wurden nach Untersuchung von mehr als 30 sprachlichen Merkmalen sieben Variablen ausgewählt: Wörter pro Satz (Satzlänge), Anzahl der Satzglieder, Anzahl der Fremdwörter, Anzahl der Abstrakta, Anzahl der substantivischen Attribute, Anzahl der Wörter im Satzrahmen (Länge des Satzrahmens) und Verbintensität (Anzahl der Verben geteilt durch Gesamtwortzahl). Diese Variablen wurden dann in der dritten Phase durch mathematische Regressionsverfahren gewichtet (vgl. Briest 1974: 551).

Etwas später entwickelten Dickes & Steiwer (1977) in Luxemburg drei Lesbarkeitsformeln. Als empirische Grundlage dienten 60 deutschsprachige Texte (aus Erzählungen, Romanen und Novellen), die jeweils ca. 200 Wörter umfassten. Diese Texte wurden nach dem Cloze-Verfahren 715 dreizehnjährigen Kindern vorgelegt. Jeder Text wurde von ca. 60 Kindern gelesen. In der zweiten Entwicklungsphase wurden insgesamt 38 Textmerkmale untersucht. Schließlich wurden acht Variablen für eine exakte Formel, sechs für eine Computer-Formel und drei für eine Handformel ausgewählt. Zwar erreicht die exakte Formel die höchste Validität von 0,91, aber auch die Handformel mit einer Validität von 0,87 könne zur schnellen Einschätzung von Textverständlichkeit eingesetzt werden. Die drei Variablen der Handformel sind: Wortlänge, Satzlänge und Type/Token-Relation (vgl. Dickes & Steiwer 1977).

Nach Dickes & Steiwer (1977) wurden im deutschsprachigen Raum weitere Lesbarkeitsformeln entwickelt. Baumann (1982) stellt Formeln auf, die die *begriffliche/lexikalische Schwierigkeit* und *syntaktische Kompliziertheit* von Schulbuchtexten separat messen. Bei der Bestimmung der begrifflichen/lexikalischen Schwierigkeit wird jedes im Text enthaltende Wort einem von drei Bekanntheitsgraden zugeordnet. Die gesamte begriffliche/lexikalische Schwierigkeit des Textes ergibt sich sodann aus dem proportionalen Verhältnis der drei Bekanntheitsgrade zueinander. Bei der Erfassung der syntaktischen Kompliziertheit werden Satzlänge und Abschnittslänge berücksichtigt. Eine Anwendung der Formel in der Schulbuchforschung findet sich zuletzt bei Iluk (2014).

Bamberger & Vanecek (1984) formulieren auf der Basis einer umfangreichen Untersuchung von 240 Sach- und Lehrbüchern sowie wissenschaftlichen Artikeln die sogenannten Wiener Sachtextformeln. Dabei werden Merkmale wie Satzlänge in Wörtern, Wortlänge in Silben, Anzahl der Mehrsilber, Anzahl der Einsilber, Anzahl der seltenen Wörter und Anzahl der langen Wörter berücksichtigt (vgl. Bamberger & Vanecek 1984: 83).

Vor der Brück, Helbig & Leveling (2008) nutzen den von ihnen programmierten Readability Checker (DeLite), um Internettexte, vor allem Regierungsdokumente, auf ihre Verständlichkeit hin zu prüfen. Für dessen Entwicklung wurde ein Korpus mit 500 Onlinetexten (6.135 Sätze) aufgebaut, deren Verständlichkeit mit Hilfe von Leserurteilen ermittelt wurde. Daran waren 315 meist gebildete ProbandInnen unterschiedlicher Berufsgruppen beteiligt. In der zweiten Phase kristallisierten sich insgesamt 48 sprachliche Indikatoren auf morphologischer, lexikalischer, syntaktischer, semantischer und diskursiver Ebene heraus, die in der dritten Phase durch Verfahren maschinellen Lernens gewichtet wurden. DeLite unterscheidet sich von anderen Lesbarkeitsformeln vor allem dadurch, dass es viele tiefensemantische Merkmale berücksichtigt. Basierend auf einem mit Hilfe einer NLP-Technologie (Natural Language Processing) aufgebauten semantischen Netzwerk wurde z. B. ermittelt, ob ein semantisches Konzept an verschiedenen Textstellen mit dem gleichen Ausdruck oder mit unterschiedlichen Synonymen bezeichnet wird. Des Weiteren wurde z. B. auf diskursiver Ebene berechnet, wie groß die referenzielle Distanz zwischen verweisenden Wörtern und deren Bezugselementen ist (vgl. vor der Brück & Hartrumpf 2007, vor der Brück, Helbig & Leveling 2008). Eine weitere Besonderheit von DeLite ist, dass zum Gesamtmesswert für einen Text nach automatischer Analyse auch schwer zu verstehende Textstellen markiert und Verbesserungsvorschläge dafür gegeben werden[7].

3.4 Zur Brauchbarkeit von Lesbarkeitsformeln in der Schulbuchforschung

Wenn man die vorhandenen Lesbarkeitsformeln zur Ermittlung der sprachlichen Komplexität von Schulbuchtexten einsetzen möchte, stellt sich zunächst die Frage, welche dieser Formeln dafür geeignet sind, zumal die meisten Lesbarkeitsformeln zu einem bestimmten Zweck – d. h. für bestimmte Textsorten und beschränkte Zielgruppen – entwickelt wurden. Um diese Frage zu beantworten, ist es notwendig, die vorhandenen Formeln auf ihre Validität hin zu prüfen und zu vergleichen. Leider existieren u. W. bisher nur wenige Untersuchungen dazu.

Fey (1990) vergleicht vier für deutsche Texte eingesetzte Lesbarkeitsformeln[8] und schlussfolgert, dass die Verständlichkeit deutschsprachiger Texte für Schü-

---

[7] DeLite wird seit der Auflösung des Lehrstuhls *Intelligent Information and Communication Systems* an der FernUniversität Hagen nicht weiterentwickelt.
[8] Diese sind: Reading Ease (RE) von Flesch (1948); New Reading Ease Index (NREI) von Farr/Jenkins/Paterson (1951); Verständlichkeitsindex (VI) von Amstad (1978) und geschätzter mittle-

lerInnen am besten mit der Handformel von Dickes & Steiwer (1977) eingeschätzt werden könne (vgl. Fey 1990: 157). Die Aussagekraft von Feys Einschätzung ist jedoch fraglich, da seine Evaluation auf den gleichen Verständlichkeitswerten basiert, die auch von Dickes & Steiwer (1977) zur Entwicklung der Handformel verwendet wurden.

Oomen-Welke (2017) vergleicht anhand von neun kurzen Sachtexten (für die Grundschule) den Verständlichkeitsindex von Amstad (1978) mit der vierten Wiener Sachtextformel (Bamberger & Vanecek 1984). Die Texte können hinsichtlich ihrer Schwierigkeit von beiden Formeln auf ähnliche Weise eingestuft werden. Oomen-Welke gleicht die Maße des Weiteren mit einem wesentlich einfacheren Messverfahren ab: sie ermittelt die durchschnittliche Wortlänge der Texte mit Hilfe der statistischen Auszählung von Zeichen und Wörtern in Microsoft Word. Erstaunlicherweise korreliert diese Variable sowohl mit den Ergebnissen der beiden Lesbarkeitsformeln als auch mit der eigenen Einschätzung der Autorin. Obwohl sie den Einsatz von Lesbarkeitsformeln für sinnvoll hält, stellt ihre Analyse den Entwicklungsaufwand komplexerer Formeln doch in Frage.

Während Oomen-Welke die Wortlänge als möglichen Indikator für die Verständlichkeit von Schulbuchtexten erachtet, zeigen sich bei Bryant et al. (2017) dazu noch *ung*-Nominalisierungen und die Satzlänge als signifikante Indikatoren für Komplexitätszuwachs. Bei anderen von ihnen untersuchten Maßen oder Kategorien (Relativsätze, Passiv, adversativen und konzessive Konnektoren) konnten in Bezug auf die Frage des Komplexitätszuwachses in Schulbüchern der Sekundarstufe I[9] über die Schulklassen hinweg keine signifikanten Veränderungen festgestellt werden. Ob die analysierten Schulbuchtexte für die SchülerInnen der jeweiligen Klassenstufe geeignet sind – die Frage der Verständlichkeit –, konnte mit dieser Untersuchung leider nicht gezeigt werden, da Leserurteile oder andere Maßstäbe nicht einbezogen wurden. Angesichts der Forschungslage ist eine empirische Untersuchung zur Validität der vorhandenen Lesbarkeitsformeln für die Textsorte Schulbuchtext wünschenswert, insbesondere unter Einbezug der Zielgruppe SchülerInnen mit Deutsch als L1 oder L2.

---

rer Clozewert (GMCW), Handformel von Dickes & Steiwer (1977). Während die ersten zwei Formeln für das Englische entwickelt wurden und der VI von Amstad eine modifizierte Version der ursprünglich für das Englische entwickelten Flesch-Formel ist, wurde die Handformel von Dickes & Steiwer genuin für das Deutsche entwickelt.

9 Untersucht wurden 2.928 Geographietexte der Sekundarstufe I (Gymnasium und Hauptschule) für die Klassen 5 bis 10 aus vier verschiedenen Verlagen.

4 Fazit und Ausblick

Einfache Maße wie die Wort- und Satzlänge erfassen Oberflächenmerkmale von Texten und erlauben z. B. den Vergleich von Schulbuchtexten unterschiedlicher Fächer, Schulstufen und Schularten. Diese Werte geben die absolute strukturelle und grammatische Textkomplexität auf bestimmten sprachlichen Ebenen wieder, lassen jedoch nicht zwingend Aussagen zum Textverständnis der RezipientInnen zu. Deshalb werden in den Formeln, die im Rahmen der Readability Research entwickelt wurden und werden, als Maßstab bspw. Leserurteile oder Lesekompetenzergebnisse mit einbezogen. Da die vorerst für die Einschätzung von englischen Lesetexten aufgestellten Formeln nur bedingt auf das Deutsche übertragbar sind (Bamberger & Vanecek 1984: 79), wurden inzwischen einige Lesbarkeitsformeln für das Deutsche entwickelt. Diese finden im Bereich der Schulbuchforschung zur Untersuchung der Verständlichkeit von Schulbuchtexten allerdings bisher nur wenig Anwendung. Um vorhandene Lesbarkeitsformeln für die Ermittlung der sprachlichen Komplexität in Schulbuchtexten brauchbar zu machen, ist es nicht nur sinnvoll, sondern auch notwendig, die Validität der vorhandenen Lesbarkeitsformeln an einem großen Schulbuchtextkorpus zu überprüfen und Beurteilungen, Lesetestergebnisse o. ä. von SchülerInnen und insbesondere von denjenigen mit Deutsch als Zweitsprache einzubeziehen. Die Komplexitätswerte von Texten sollten mit deren Verständniswerten verglichen werden und Korrelationen in eine Regressionsformel einbezogen werden. Die so berechneten Verständlichkeitswerte könnten LehrbuchautorInnen, -verlagen und auch LehrerInnen eine Orientierung geben, um Texte für bestimmte Lerngruppen zu schreiben bzw. auszuwählen. Den Verständnisproblemen einzelner SchülerInnen müsste darüber hinaus sowohl durch Didaktisierung der Texte als auch spontan im Unterrichtsgeschehen begegnet werden.

5 Literatur

Ahrenholz, Bernt (2013): Sprache im Fachunterricht untersuchen. In Röhner, Charlotte & Hövelbrinks, Britta (Hrsg.): *Fachbezogene Sprachförderung in Deutsch als Zweitsprache. Theoretische Konzepte und empirische Befunde zum Erwerb bildungssprachlicher Kompetenzen*. Weinheim: Beltz Juventa, 87–98.

Ahrenholz, Bernt (2017): Sprache in der Wissensvermittlung und Wissensaneignung im schulischen Fachunterricht. In Lütke, Beate; Petersen, Inger & Tajmel, Tanja (Hrsg.): *Fachintegrierte Sprachbildung: Forschung, Theoriebildung und Konzepte für die Unterrichtspraxis*. Berlin: de Gruyter, 1–31.

Ahrenholz, Bernt; Hövelbrinks, Britta & Neumann, Jessica (2017): Verben und Verbhaltiges in Schulbuchtexten der Sekundarstufe 1 (Biologie und Geographie). In Ahrenholz, Bernt;

Hövelbrinks, Britta & Schmellentin, Claudia (Hrsg.): *Fachunterricht und Sprache in schulischen Lehr-/Lernprozessen*. Tübingen: Narr Francke Attempto, 15–36.

Ahrenholz, Bernt & Maak, Diana (2012): Sprachliche Anforderungen im Fachunterricht. Eine Skizze mit Beispielanalysen zum Passivgebrauch in Biologie. In Roll, Heike & Schilling, Andrea (Hrsg.): *Mehrsprachiges Handeln im Fokus von Linguistik und Didaktik*. Duisburg: UVRR Universitätsverlag Rhein Ruhr, 135–152.

Amstad, Toni (1978): *Wie verständlich sind unsere Zeitungen?* Zürich: Studenten-Schreib-Service.

Bamberger, Richard et al. (1972): Leseforschung *international gesehen*. Mimeoskript. Wien: Internationales Institut für Jugendliteratur und Leseforschung.

Bamberger, Richard & Vanecek, Erich (1984): *Lesen-Verstehen-Lernen-Schreiben. Die Schwierigkeitsstufen von Texten in deutscher Sprache*. Wien: Jugend und Volk.

Baumann, Manfred (1982): *Lernen aus Texten und Lehrtextgestaltung*. Berlin: Volk und Wissen.

Briest, Wolfgang (1974): Kann man Verständlichkeit messen? *Zeitschrift für Phonetik, Sprachwissenschaft und Kommunikationsforschung* 27, 543–563.

Bruce, Bertram C.; Rubin, Ann D. & Starr, Kathleen S. (1981): Why readability formulas fail. *IEEE Transactions on Professional Communication*, PC-24/2, 50–52.

Bryant, Doreen; Berendes, Karin; Meurers, Detmar & Weiß, Zarah (2017): Schulbuchtexte der Sekundarstufe auf dem linguistischen Prüfstand. Analyse der bildungssprachlichen Komplexität in Abhängigkeit von Schultyp und Jahrgangsstufe. In Hennig, Mathilde (Hrsg.): *Linguistische Komplexität – ein Phantom?* Tübingen: Stauffenburg, 281–309.

Carrell, Patricia L. (1987): Readability in ESL. *Reading in a Foreign Language*, 4/1, 21–40.

Chall, Jeanne S. & Dale, Edgar (1995): *Readability revisited. The new Dale-Chall readability formula*. Cambridge, Mass.: Brookline Books.

Dahl, Östen (2004): *The Growth and Maintenance of Linguistic Complexity*. Amsterdam, Philadelphia: John Benjamins.

Danielson, Kathy Everts (1987): Readability Formulas. A Necessary Evil? *Reading Horizons* 27/3, 178–188.

Deutscher, Guy (2009): „Overall complexity": a wild goose chase? In Sampson, Geoffrey; Gil, David & Trudgill, Peter (eds.): *Language complexity as an evolving variable*. Oxford: Oxford University Press, 243–251.

Dickes, Paul & Steiwer, Laure (1977): Ausarbeitung von Lesbarkeitsformeln für die deutsche Sprache. *Zeitschrift für Entwicklungspsychologie und Pädagogische Psychologie* 9, 20–28.

Farr, James; Jenkins, James & Paterson, Patterson (1951): Simplification of Flesch Reading Ease Formula. *Journal of Applied Psychology* 35, 333–337.

Fey, Werner (1990): Verständlichkeitsformeln im Vergleich. In Kegel, Gerd; Arnhold, Thomas; Dahlmeier, Klaus; Schmid, Gerhard & Tischer, Bernd (Hrsg.): *Sprechwissenschaft & Psycholinguistik 4: Beiträge aus Forschung und Praxis*. Opladen: Westdeutscher Verlag, 151–160.

Fischer, Klaus (2017): Komplexität – dennoch ein nützlicher Begriff. In Hennig, Mathilde (Hrsg.): *Linguistische Komplexität – ein Phantom?* Tübingen: Stauffenburg, 19–52.

Flesch, Rudolf (1948): A New Readability Yardstick. *Journal of Applied Psychology* 32/3, 221–233.

Fucks, Wilhelm (1955): *Mathematische Analyse von Sprachelementen, Sprachstil und Sprachen*. Köln: Westdeutscher Verlag.

Groeben, Norbert (1982): *Leserpsychologie: Textverständnis – Textverständlichkeit.* Münster: Aschendorff.
Hancke, Julia; Vajjala, Sowmya & Meurers, Detmar (2012): Readability Classification for German using lexical, syntactic, and morphological features. *Proceedings of the 24th International Conference on Computational Linguistics* (COLING), Mumbai, India.
Hennig, Mathilde (2015): Strukturelle Komplexität attributiver Junktion. In Hennig, Mathilde & Niemann, Robert (Hrsg.): *Junktion in der Attribution. Ein Komplexitätsphänomen aus grammatischer, psycholinguistischer und praxistheoretischer Perspektive.* Berlin: de Gruyter, 163–201.
Hennig, Mathilde (Hrsg.) (2017): *Linguistische Komplexität – ein Phantom?* Tübingen: Stauffenburg.
Imo, Wolfgang & Lanwer, Jens Philipp (2017): Sprache ist komplex. Nur: Für wen? In Hennig, Mathilde (Hrsg.): *Linguistische Komplexität – ein Phantom?* Tübingen: Stauffenburg, 149–174.
Iluk, Jan (2014): Der Einfluss des terminologischen und syntaktischen Schwierigkeitsgrades von Lehrwerktexten auf die Lehr- und Lerneffizienz. In Knecht, Petr; Matthes, Eva; Schütze, Sylvia & Aamotsbakken, Bente (Hrsg.): *Methodologie und Methoden der Schulbuch- und Lehrmittelforschung. Methodology and methods of research on textbooks and educational media.* Bad Heilbrunn: Klinkhardt, 303–314.
Kintsch, Walter & van Dijk, Teun A. (1978): Toward a Model of Text Comprehension and Production. *Psychological Review* 85/5, 363–394.
Klare, George (1976): A second look at the validity of readability formulas. *Journal of Reading Behavior* 8/2, 129–152.
Lorge, Irving (1949): Readability Formulae – An Evaluation. *Elementary English* 26, 86–95.
Mihm, Arend (1973): Sprachstatistische Kriterien zur Tauglichkeit von Lesebüchern. *Linguistik und Didaktik* 14/4, 117–127.
Nebe, Ursula (1990): Ist Textschwierigkeit meßbar? *Deutsch als Fremdsprache* 27/6, 350–356.
Obermayer, Annika (2013): *Bildungssprache im grafisch designten Schulbuch. Eine Analyse von Schulbüchern des Heimat- und Sachunterrichts.* Bad Heilbrunn: Klinkhardt.
Oomen-Welke, Ingelore (2017): Sachtexte – Dichte, Lesbarkeit, Wortschatz. In Lütke, Beate; Petersen, Inger & Tajmel, Tanja (Hrsg.): *Fachintegrierte Sprachbildung. Forschung, Theoriebildung und Konzepte für die Unterrichtspraxis.* Berlin: de Gruyter, 127–149.
Pohl, Thorsten (2017): Komplexität als Operationalisierungsdimension konzeptioneller Schriftlichkeit in Untersuchungen zum Unterrichtsdiskurs. In Hennig, Mathilde (Hrsg.): *Linguistische Komplexität – ein Phantom?* Tübingen: Stauffenberg, 253–280.
Redder, Angelika (2012): Rezeptive Sprachfähigkeit und Bildungssprache. Anforderungen in Unterrichtsmaterialien. In Doll, Jörg; Frank, Keno; Fickermann, Detlef & Schwippert, Knut (Hrsg.): *Schulbücher im Fokus. Nutzungen, Wirkungen und Evaluation.* Münster: Waxmann, 81–99.
Reiners, Ludwig (1951): *Der sichere Weg zum guten Deutsch: eine Stilfibel.* München: Beck.
Sampson, Geoffrey; Gil, David & Trudgill, Peter (eds.) (2009): *Language complexity as an evolving variable.* Oxford: Oxford University Press.
Schmellentin, Claudia; Dittmar, Miriam; Gilg, Eliane & Schneider, Hansjakob (2017): Sprachliche Anforderungen in Biologielehrmitteln. In Ahrenholz, Bernt; Hövelbrinks, Britta & Schmellentin, Claudia (Hrsg.): *Fachunterricht und Sprache in schulischen Lehr-/Lernprozessen.* Tübingen: Narr, 73–91.

Stevens, Kathleen C. (1980): Readability Formulae and McCall-Crabbs Standard Test Lessons in Reading. *The Reading Teacher* 33/4, 413–415.

Thorndike, Edward L. (1921): *The Teacher's Word Book*. New York: Teachers College, Columbia University.

Vanecek, Erich (1995): Zur Frage der Verständlichkeit und Lernbarkeit von Schulbüchern. In Olechowski, Richard (Hrsg.): *Schulbuchforschung*. Frankfurt/M.: Lang, 195–215.

Vogel, Mabel & Washburne, Carleton (1928): An Objective Method of Determining Grade Placement of Children's Reading Material. *The Elementary School Journal* 28/5, 373–381.

Vor der Brück, Tim & Hartrumpf, Sven (2007): A Semantically Oriented Readability Checker for German. *Proceedings of the 3rd Language & Technology Conference Poznán, Polen*, 270–274.

Vor der Brück, Tim; Helbig, Hermann & Leveling, Johannes (2008): *Technischer Bericht: 345-5/2008, The Readability Checker DeLite* (Bericht). FernUniversität in Hagen, Fakultät für Mathematik und Informatik.

Zeman, Sonja (2017): Wie fasst man ein Phantom? Zur Komplexität semantischer Komplexität. In Hennig, Mathilde (Hrsg.): *Linguistische Komplexität – ein Phantom?* Tübingen: Stauffenburg, 53–72.

Reflexionen

Ulrich Steinmüller
Willkommen in Deutschland – und was dann? Soziale Handlungsfähigkeit und Spracherwerb von Flüchtlingen und Asylbewerbern in Deutschland

In der derzeitigen Diskussion um die Problematik der Eingliederung von Flüchtlingen und Asylbewerbern in die Gesellschaft der Bundesrepublik Deutschland wird der Frage der deutschen Sprachfähigkeit dieser Bevölkerungsgruppe zu Recht große Aufmerksamkeit gewidmet: die Notwendigkeit zur Vermittlung von Deutschkenntnissen an sie wird von Politikern, Wirtschaftsvertretern, öffentlichen und karitativen Einrichtungen diskutiert, amtliche Verlautbarungen gehen auf die Beherrschung der deutschen Sprache durch Flüchtlinge ein, die Tagespresse zeigt ein reges Interesse. Auch bei den Bemühungen zur Eingliederung der Neuankömmlinge, die nicht primär auf Sprachvermittlung gerichtet sind, wie z. B. die Eingliederung in den Arbeitsmarkt, spielt die Beherrschung der deutschen Sprache eine nicht unbedeutende Rolle

Fremdheit als Herausforderung und Chance

Dieses ausgeprägte Interesse für die deutsche Sprach- und Kommunikationsfähigkeit unserer neuen Mitbürger birgt allerdings die Gefahr einer unangemessenen Akzentsetzung in sich, die den Blick auf die eigentlich zu lösenden Aufgaben verstellt, vor die wir durch die Fremden in unserer Gesellschaft gestellt sind. Fremdheit ist etwas Zwiespältiges. Einerseits gibt es den Reiz des Fremden, die Neugier, fremde Länder, fremde Menschen und Gebräuche kennenzulernen. Andererseits ist Fremdheit mit Verunsicherung verbunden und ruft Ängste und Abwehr hervor. Wir erleben in Europa und besonders in Deutschland im Zusammenhang mit den aktuellen Flüchtlingsbewegungen, dass in weiten Teilen der Bevölkerung nicht die Neugier auf Fremdes vorherrscht, sondern dass in zunehmendem Maße Ängste und Abwehr den Fremden, dem Fremden begegnen, wie man z. B. an den Ergebnissen der zurückliegenden Bundestagswahl im Herbst 2017 erkennen kann. Hier ist es wichtig, ein Bewusstsein zu entwickeln, das die Potentiale erkennt, die in den Fremden liegen, in dem, was sie als Neues und

Interessantes mitbringen: „Der unausweichliche Umgang mit Andersartigkeit bietet im Prinzip große Chancen für innovative Entwicklung, kulturelle Bereicherung und wirtschaftliches Wachstum." (Mummendey & Kessler 2008: 513). In diesem Sinne Vielfalt als Bereicherung, als kulturellen Wert zu erkennen, ist eine Herausforderung, der sich die aufnehmende Gesellschaft wie auch die Zuwanderer stellen müssen. Ziel muss es für beide sein, Ansässige wie Zuwanderer, Fremdheit, Andersartigkeit, nicht als unüberwindliche Barriere zu empfinden, sondern als Herausforderung, ein konstruktives Zusammenleben aller in der Gesellschaft zu ermöglichen.

Sprachbeherrschung als das zentrale Problem?

Zur Überwindung der Fremdheitsbarriere allein den Erwerb der deutschen Sprache ins Zentrum zu stellen, hieße, die eigentlichen Probleme zu übersehen. Zwar liegt das Sprachproblem im Kern fast aller sozialen Probleme, mit denen die Zuwanderer täglich konfrontiert werden, denn ohne die deutsche Sprache sind sie weitgehend hilflos und werden nie im vollen Umfang ihre Interessen eigenverantwortlich wahrnehmen können. Es wäre aber falsch, wollte man die Probleme, die vor ihnen wie vor der bereits ansässigen Bevölkerung liegen, allein auf die Schwierigkeiten der Verständigung mit der deutschen Wohnbevölkerung reduzieren – mit der Implikation, dass die Beseitigung der Verständigungsschwierigkeiten auch alle anderen Probleme beseitigte. Die eigentlichen Schwierigkeiten liegen im gesellschaftspolitischen und sozioökonomischen Bereich: die Versorgung mit Wohnraum, die daraus sich entwickelnde soziale Situation im Wohnbezirk, die Eingliederung in den Arbeitsmarkt, die rechtliche Unsicherheit durch überlange Anerkennungs- bzw. Ablehnungsverfahren, der Verkehr mit Behörden, individualpsychologische Aspekte des Kommunikationsbedürfnisses, sind nur einige eines ganzen Spektrums von Problembereichen. Strategien zu ihrer Bewältigung zu entwickeln, stellt hohe Anforderungen an die soziale Handlungsfähigkeit aller Betroffenen, der Neuankömmlinge ebenso wie die der bereits hier Ansässigen.

Gesellschaftliche Handlungsfähigkeit als Ziel

Das Ziel der Bemühungen zur Verbesserung der Situation der Zuwanderer kann es daher nicht nur sein, ihre sprachlich-kommunikativen Fähigkeiten zu entwickeln. Oberstes Ziel muss vielmehr die gesellschaftliche Handlungsfähigkeit in unserer Gesellschaft sein. Und dies wiederum verlangt die Befähigung dazu, sich in verschiedenen Situationen und Kontexten sowohl kommunikativ als auch gesellschaftlich handelnd als kompetent zu erweisen. Dass dafür auch die Beherrschung der deutschen Sprache erforderlich ist, ergibt sich schon aus der engen Verschränkung, die zwischen sozialer Handlungsfähigkeit, gesellschaftlicher Tätigkeit und der Möglichkeit zur Teilhabe an den in der gesellschaftlichen Interaktion ablaufenden Prozessen besteht. Die Sprachvermittlung hat dabei insofern Bedeutung, als sie diesem Ziel dient. Diese Akzentuierung wird sich auf die Art und die Inhalte der Sprachvermittlung auswirken.

Die Befähigung zu eigenverantwortlichem Handeln darf allerdings nicht verstanden werden als eine simple Anpassung an bestehende gesellschaftliche Verhältnisse und ein Unterordnen unter gesellschaftliche Zwänge, die so weit gehen, dass Zuwanderer durch ihre Anpassung so „unauffällig" werden, dass sie aus dem Gesichtsfeld der autochthonen deutschen Bevölkerung verschwinden. Zwar sind das Erkennen und die Akzeptanz rechtlicher und gesellschaftlicher Vorgaben und Normen Teil der Handlungsfähigkeit in unserer Gesellschaft. Zu ihr gehört es aber gerade auch, dass die Zuwanderer sich und ihre Umwelt in gesellschaftlichen Zusammenhängen sehen, diese Zusammenhänge erkennen und auf ihre Bedingungen und Bedeutungen hin analysieren und zu den eigenen Befindlichkeiten, Vorstellungen und Zielen in Beziehung setzen können. Nur so wird es möglich, die Ursachen von tatsächlich immer wieder entstehenden Konflikten und deren Interessenbedingtheit ebenso zu erkennen, wie im Zusammenwirken mit Anderen Möglichkeiten zu ihrer Lösung zu erarbeiten und auf diesem Weg integraler Bestandteil unserer Gesellschaft zu werden. In diesem Zusammenhang erhält die Sprachbeherrschung als Bestandteil einer entwickelten Kommunikations- und Handlungsfähigkeit ihre Funktion und ihre Bedeutung.

Integration oder Assimilation?

Eigenständige Lebensgestaltung und die umfassende, selbstbestimmende Mitwirkung jedes Einzelnen in allen Bereichen der Gesellschaft – zentrale Merkmale einer demokratischen Gesellschaft – sind abhängig von der Fähigkeit, kompetent sozial – und das schließt ein: sprachlich-kommunikativ – tätig sein zu können. Wenn die Maßnahmen zur Eingliederung der Zuwanderer ernst gemeint sind, müssen sie dem Rechnung tragen. Vor allem aber gilt es zu beachten, dass soziale Handlungsfähigkeit der Zuwanderer in unserer Gesellschaft nicht bedeuten kann, dass sie ihre kulturelle Identität vollständig aufgeben. Eingliederung in unsere Gesellschaft darf nicht mit Assimilierung verwechselt und die Anerkennung der geltenden Gesetze und Normen nicht mit dem Verzicht auf kulturelle Eigenheiten bezahlt werden. Dies versteht sich bei der Forderung nach Selbstverwirklichung des sozial handlungsfähigen Bürgers, auch wenn in der öffentlichen Diskussion um Probleme und Ziele der Integration der Zuwanderer – wie auch vorher der früheren „Gastarbeiter" – noch immer konstruktive Integration mit unterordnender Assimilation verwechselt wird. So z. B. in der Integrationstheorie von Esser angelegt (vgl. Esser 2001), in der ausschließlich die Eingliederung der Zuwanderer in die aufnehmende Gesellschaft im Blick ist, wobei diese im Prinzip unverändert bleibt und Anpassungsleistungen nur von den Zuwanderern zu erbringen sind. Vielmehr muss die aufnehmende Gesellschaft bewusst akzeptieren, dass auch sie durch die Aufnahme der Zuwanderer beeinflusst und verändert wird (vgl. Steinmüller 2006: 324).

Aber auch ein spezifischer Aspekt der Flüchtlingsproblematik lässt die Forderung nach vollständiger Anpassung als fragwürdig erscheinen: eine Rückkehr in das Herkunftsland kann überhaupt nur dann in Erwägung gezogen werden, wenn ein Bewusstsein von der nationalen und kulturellen Zugehörigkeit zum Herkunftsland fortbesteht. Die Forderung nach einer vollständigen Anpassung der Zuwanderer und Verzicht auf ihre nationale und kulturelle Identität widerspricht daher nicht nur deren wohlverstandenen Interessen, sie befindet sich auch im Widerspruch zur erklärten Politik, die eine Rückkehr von Flüchtlingen in ihre Herkunftsländer anstrebt. Von staatlicher Seite kann daher gar kein Interesse an der vollständigen Anpassung, der Assimilation der Flüchtlinge bestehen. Die immer wieder geäußerte Hoffnung auf Rückwanderung einer großen Zahl von ihnen müsste daher gerade zu einer Förderung ihrer nationalen und kulturellen Identität führen. Aber wie so oft ist auch hier die Politik wie auch die öffentliche Meinung widersprüchlich.

Probleme bei der Sprachvermittlung und „Zweitsozialisation" in der Migrationssituation

Angebote, sich die deutsche Sprache anzueignen, gibt es inzwischen zahlreich. Allerdings stehen die staatlich finanzierten Angebote nicht allen Zuwanderern gleichermaßen offen, sondern nur denen, denen eine Bleibeperspektive zugestanden wird. Die anderen sind auf Sprachkurse privater Anbieter, von Hilfsorganisationen o. ä. angewiesen. Die Motivation zur Teilnahme an Sprachkursen ist unterschiedlich stark; sie hängt vor allem von der Bleibe- bzw. Rückkehrperspektive der Flüchtlinge ab. Es leuchtet ein, dass die Motivation zum Erlernen der deutschen Sprache dann höher ist, wenn eine lange oder sogar unbegrenzte Aufenthaltsdauer geplant ist, dass sie aber gering ist, wenn nur ein kürzerer Aufenthalt und eine baldige Rückkehr ins Herkunftsland möglich sind. Wie viele Flüchtlinge für wie lange in der Bundesrepublik Deutschland bleiben wollen und werden, ist unbekannt, vor allem auch deshalb, weil sich die meisten von ihnen selbst nicht darüber im Klaren sind und die Bleibeperspektiven unsicher sind. Die Rechtsunsicherheit der Zuwanderer hat ganz erhebliche Auswirkungen sowohl auf ihre Integrationsbereitschaft als auch auf ihre Motivation zum Deutschlernen (vgl. Amer 2016: 44ff.).

Die besondere Schwierigkeit in den Eingliederungs- und Spracherwerbsprozessen der Zuwanderer besteht darin, dass Erwachsenen, die eine für ihr Herkunftsland angemessene soziale und sprachlich-kommunikative Handlungsfähigkeit erworben und praktiziert haben, eine Art Zweitsozialisation abgenötigt wird. Ihre Befähigung zu eigenständiger Lebensgestaltung in unserer Gesellschaft hängt davon ab, dass sie einen Prozess durchlaufen, der der Phase der primären Sozialisation eines Kindes vergleichbar ist und an dessen Ende die kompetente Verfügung über gesellschaftlich akzeptierte soziale und sprachlich-kommunikative Handlungs- und Deutungsmuster stehen soll, was durchaus als Gefährdung der mit der Erstsprache verbundenen Identität empfunden und daher abgelehnt werden kann (vgl. hierzu auch Krumm 2008). Dieser Prozess bedeutet, „dass in der neuen Sprache eine neue Identität gefunden werden muss" (Oppenrieder & Thurmair 2003: 49). Unter diesen Voraussetzungen bezeichnet Amer als Idealfall gelungener Integration und als optimale Annäherung an die Mehrheitsgesellschaft die Entwicklung einer neuen Identität, „die Merkmale der alten eigenen Identität und neue sprachliche und kulturelle Aspekte als Identitätsmerkmale des Ziellandes in sich vereint" (Amer 2016: 20).

Der Erwerb der in unserer Gesellschaft akzeptierten Handlungs- und Deutungsmuster wird allerdings erschwert durch die bereits im Herkunftsland erworbenen und praktizierten Muster, Werte und Normen. Hinzu kommt die wenig hilfreiche, oft sogar offen ablehnende Haltung der deutschen Wohnbevölkerung, die diesen „Sozialisations"-Prozess eher behindert als fördert. Schließlich muss die Notwendigkeit und das Ausmaß dieses Prozesses noch von den Zuwanderern erkannt und akzeptiert werden. Die Bereitschaft hierzu ist ebenso, wie die Bereitschaft zum Spracherwerb von Zukunftsplanungen und Verweilabsichten abhängig, die, wie bereits erwähnt, nur bedingt vom Ermessen der Betroffenen selbst bestimmt werden können.

Marginalsierung als Hindernis auf dem Weg der Integration

Aus zahlreichen Untersuchungen und Analysen im Zusammenhang mit der schwierigen und nicht immer wirklich gelungenen Integration der sog. „Gastarbeiter" und ihrer Familien, sogar noch in der dritten Generation, ist bekannt, dass die kulturelle Kluft zwischen den Systemen von Handlungs- und Deutungsmustern, von Werten und Normen, die zwischen der deutschen und den Gesellschaften der meisten Herkunftsländer der Zuwanderer besteht, zu gesellschaftlichen Konflikten wie auch zu psychisch-emotionalen Problemen führen kann, die durch die besondere soziale Situation der Zuwanderer (rechtliche Unsicherheit, Ablehnung durch die deutsche Wohnbevölkerung, Ghettoisierung) noch verstärkt werden. Verunsicherungen, Empfindlichkeiten und daraus resultierende Überreaktionen sind hier ebenso Konsequenzen wie der Rückzug in die nationale Gruppe, in der weder der Mangel an Handlungs- noch an Kommunikationsfähigkeit empfunden wird. Ein nur schwer aufzubrechender Zirkel ist die Folge: mangelnde Handlungs- und Kommunikationsfähigkeit in der deutschen Gesellschaft kann zum Rückzug in die eigene Gruppe führen, zur Marginalisierung oder, wie im öffentlichen Diskurs oft formuliert, zum Entstehen von sog. „Parallelgesellschaften", wodurch der Kontakt mit Deutschen und damit der Erwerb der deutschen Handlungs- und Deutungsmuster und der sprachlich-kommunikativen Fähigkeiten erneut behindert wird. Die Suche nach Geborgenheit in der nationalen Gruppe wird dann von der deutschen Bevölkerung häufig als mangelnde Anpassungsbereitschaft und Desinteresse interpretiert, was zu weiterer Ablehnung der in ihrer Geschlossenheit oft als Bedrohung empfundenen Bevölkerungsgruppe führt.

Es muss alles daran gesetzt werden, dass eine solche Entwicklung in der Situation der neuen Zuwanderer vermieden wird. Eine Absichtserklärung dazu gibt es aus berufenem Mund: „Wenn wir den alten Fehler der Vergangenheit wiederholen – damals sprachen wir von Gastarbeitern anstatt von Menschen – dann werden wir die Integration nicht schaffen. Aber das Deutschland der Zukunft würde dann Schaden nehmen. Deshalb gehen wir anders vor. Wir werden aus den Fehlern lernen, denn ein Land profitiert von gelungener Einwanderung. Aber das setzt eben Integration voraus." (Merkel 2015: 25). Es bleibt zu hoffen, dass diesen Worten die entsprechenden politischen Taten folgen.

Einflussfaktoren des Integrationsprozesses

Das Sprach- und Kommunikationsproblem als wesentliches Element sozialen Handelns ist daher zwar an allen Problemen von Zuwanderern beteiligt, es ist aber nicht das zentrale Problem, durch dessen Aufhebung ihre Situation grundlegend verbessert würde. Dies ist nur durch die Handlungsfähigkeit in unserer Gesellschaft möglich, deren Entwicklung von dem Bündel von Bedingungen gesteuert wird, die jeden Sozialisationsprozess prägen, bei der hier betroffenen Bevölkerungsgruppe aber noch um einige erweitert ist:
- Sozialisation, Ausbildung und ökonomische Situation im Herkunftsland,
- Familiensituation in Deutschland (verheiratet/ledig, Ehepartner und Kinder hier oder im Herkunftsland),
- ökonomische Situation und Art der Beschäftigung in Deutschland,
- Wohn- und Kommunikationsverhältnisse hier (Unterbringung in Massenunterkünften, Heimen oder eigene Wohnung, Kontakt zu Deutschen oder nicht),
- Aufenthaltsdauer/Bleibeaussichten und Rückkehrabsichten.

Die Kombination dieser Faktoren ist individuell verschieden, so dass sich unterschiedliche Verhaltensweisen herausbilden, die mit vielen Zwischenstufen von Versuchen der totalen Abkapselung von der deutschen Gesellschaft bis hin zu Versuchen der totalen Anpassung reichen können.

Diese Gegebenheiten müssen bei allen Bemühungen um eine Integration der Zuwanderer berücksichtigt werden; das Angebot von Sprachkursen allein genügt nicht. Sinnvoll dagegen sind Ansätze, die die Kommunikationsfähigkeit als Bestandteil der sozialen Handlungsfähigkeit ansehen und dem entsprechend in den Kurskonzeptionen berücksichtigen.

Passung der Fremdsprachdidaktik und unterrichtsmethodische Konsequenzen

Jeder Versuch, die Sprach- und Kommunikationsfähigkeit der Zuwanderer zu fördern und zu entwickeln, der von einem wie auch immer gestalteten unterrichtlichen Vermittlungsprozess ausgeht, verlangt als unabdingbare Voraussetzung Informationen über ihre Vorbildung und den Zustand ihrer aktuellen Sprachkenntnisse, um auf diesen Vorkenntnissen angemessen aufbauen zu können bzw. sie in Rechnung stellen zu können. Vor der Entwicklung von Sprachlehr- oder Sprachtrainingsprogrammen ist es daher erforderlich, diese Voraussetzungen zu klären, um dann sprachdidaktische Überlegungen anzustellen. In der Tat scheinen die hergebrachten Sprachkurse oft nicht geeignet, diese Zielsetzungen mit den üblichen didaktischen und unterrichtsorganisatorischen Gegebenheiten nachhaltig zu erreichen. So ist z. B. ein sprachsystematisch und grammatiktheoretisch orientierter Unterricht für diese Zielgruppe nicht geeignet, da oft wegen ihrer heterogenen Zusammensetzung und schulischen Voraussetzungen die entsprechenden Kenntnisse schon in der Muttersprache fehlen. Oft kommt noch Analphabetismus als erschwerender Faktor hinzu. Grammatisches Verständnis und sprachsystematische Kenntnisse bilden aber noch immer sehr oft die Grundlage von Sprachkursen und Unterrichtsmaterialien, sodass oft eine mangelnde Passung der Angebote mit den Bedarfen, Erwartungen und Voraussetzungen der Zugewanderten zu beobachten ist. Dementsprechend ist das Verhalten der Zuwanderer traditionellen Sprachkursen gegenüber.

Empirische Beobachtungen

Aktuelle Erkenntnisse hierzu finden sich in einer im Jahr 2016 durchgeführten quantitativen Studie, die mit 200 syrischen Zuwanderern in Sprachschulen, Volkshochschulen, Instituten, Vereinen und Flüchtlingsheimen in fünf deutschen Großstädten durchgeführt wurde, bei der sowohl biographische und Daten zu Vorbildung, Berufsausbildung/-tätigkeit und Migrationserfahrungen mit Fragebögen erhoben wurden als auch Daten zur Integrationsbereitschaft, Spracherwerb und Einstellung zur deutschen Gesellschaft. Um differenzierte Antworten zu ermöglichen, wurden die Probanden in arabischer Sprache befragt (vgl. Amer 2016: 42ff.). In dieser Probandengruppe gaben ca. 10 % an, über keine oder nur geringe Schulbildung zu verfügen, und etwas mehr als 20 %, keine Erfahrungen mit dem Lernen von Fremdsprachen zu haben (Amer 2016: 42f.). Die Motivation zum Deutschlernen erweist sich als sehr hoch. So haben 33 % der Befragten sofort nach der Ankunft in Deutschland mit dem Lernen der Sprache begonnen und weitere 35 % noch innerhalb der ersten drei Monate. Nur weniger als 10 % hatten auch nach einem Jahr oder noch längerem Aufenthalt in Deutschland noch nicht mit dem Sprachlernen begonnen. (Amer 2016: 45). Mit dem Erlernen der deutschen Sprache verbundene Ziele zeigen die folgenden Aussagen: „Ich lerne Deutsch, um das neue Leben in Deutschland leben zu können" oder „Ich besuche den Deutschunterricht, um aufgeschlossen gegenüber der deutschen Gesellschaft zu sein und in die neue Kultur eintauchen zu können" (Amer 2016: 45). Aber auch für ein aktives Berufsleben (ca. 40 %) oder die Aufnahme eines Studiums (ca. 18 %) wird die deutsche Sprache erlernt (Amer 2016: 45).

Hieraus lässt sich erkennen, dass ein deutlicher Wunsch nach Verbesserung der Verständigungsmöglichkeiten und einer Eingliederung in die deutsche Gesellschaft besteht. Allerdings zeigen sich auch subjektive und objektive Faktoren, die die Realisierung zwar nicht verhindern, wohl aber erschweren. Als wichtigster Gesichtspunkt wird von ca. 40 % der Befragten die hohe psychische Belastung der Situation als Flüchtling angegeben und immerhin 22,5 % erklärten den aufenthaltsrechtlich bedingten häufigen Wohnortwechsel und ca. 22 % wenig geeignete Lernbedingungen in Massenunterkünften als behindernd für den Erwerb der Kommunikationsfähigkeit (Amer 2016: 47).

Die hohe Motivation zum Deutschlernen wird auch darin deutlich, dass nahezu 70 % der Probanden täglich am Deutschunterricht teilnehmen. Allerdings scheinen die Kursangebote nicht immer den Erwartungen zu entsprechen, denn immerhin etwas mehr als 50 % der Probanden beurteilen die von ihnen besuchten Kurse mit „durchschnittlich" bis „sehr mangelhaft" (Amer 2016: 49). Angesichts der Tatsache, dass diese Kurse in fünf verschiedenen Städten und bei sehr unterschiedlichen Trägern besucht werden, kommt diesen Aussagen Gewicht zu, und sie geben Anlass über Struktur, Inhalte und Durchführung der Sprachkurse nachzudenken. Weitere Antworten in dieser Befragung können dazu verhelfen, Sprach- und Integrationskurse adressatenspezifisch und an den Wünschen und Bedürfnissen der Teilnehmerinnen und Teilnehmer orientiert zu gestalten. So bereitet fast der Hälfte der Befragten, 45 %, die erneute Übernahme der Schülerrolle nach oft langjähriger Lernunterbrechung große Probleme. Auch die Unterrichtsgestaltung mit modernen Medien und alternativen Unterrichts- und Sozialformen wie z. B. Sprachlernspielen oder -liedern stößt bei ca. 73 % der Befragten auf Vorbehalte, während der Einsatz des traditionellen Lehrbuchs von ungefähr ebenso vielen, nämlich ca. 78 %, als positiv bewertet wird (Amer 2016: 50). Diese Aspekte müssen bei der Planung und Durchführung der Kurse berücksichtigt werden. Sie stellen hohe Anforderungen an die didaktisch-methodische Qualifikation der Lehrkräfte. Deren Arbeit stößt allerdings bereits jetzt auf große Zustimmung, denn fast 90 % der Befragten erklären, dass sie dem Unterricht gut folgen können.

Für die inhaltliche Gestaltung der Kurse melden die Befragten bestimmte Prioritäten an. So benennen ca. 85 % die mündliche Kommunikationsfähigkeit als die für sie wichtigste Fertigkeit. Aus den als besonders wichtig aufgezählten Themen des Unterrichts wird der Wunsch ersichtlich, möglichst problemlos mit Deutschen und in der deutschen Gesellschaft agieren zu können: „auf der Straße", „Einkaufen", „Behördengänge", aber auch „Arztbesuch" und „Gespräche am Arbeitsplatz" werden sehr häufig genannt.

Anforderungen an das Zusammenwirken von Migranten und aufnehmender Gesellschaft

Weder Pessimismus in Bezug auf die nationalkulturellen Hindernisse einer Eingliederung der Zuwanderer noch ökonomisch begründete Sparsamkeitsargumente können eine demokratische Gesellschaft aus der Verantwortung Menschen gegenüber entlassen, die vor Krieg, Verfolgung und existenzieller Not Schutz und Hilfe suchend zu uns kamen. Um diesen Menschen den Weg aus ihrer Situation der Unsicherheit und Hilfsbedürftigkeit heraus zu ermöglichen, die sie jeder Art von Ausbeutung und Manipulation aussetzt, ist es erforderlich, ihre soziale Handlungsfähigkeit so zu fördern, dass sie in die Lage versetzt werden, ihr Leben in unserer Gesellschaft und die eigenen Probleme selbständig zu bewältigen. Die Erfahrungen mit der „Gastarbeiter"-Integration zeigen, dass es seitens der Ausländer einen sehr bewussten Widerstand dagegen gab, sich sozial- und bildungspolitisch zum Objekt machen zu lassen. Viele Äußerungen ausländischer Arbeiter zeigten, dass Eingliederungsversuche von deutscher Seite nur dann erfolgreich und im Interesse der Ausländer sein können, wenn sie an ihnen aktiv beteiligt sind. Maßnahmen, die über ihre Köpfe hinweg konzipiert, beschlossen und durchgeführt werden, führen eher dazu, die Unselbständigkeit und Abhängigkeitsgefühle weiter zu verstärken, als sie abzubauen. Diese Erfahrungen gilt es auch bei den Neuzuwanderungen zu berücksichtigen

Dass für die Entwicklung der sozialen Handlungsfähigkeit die Sprach- und Kommunikationsfähigkeit eine wesentliche Rolle spielt, wurde bereits angesprochen. Aber auch für die Zuwanderer gilt das verschränkte Verhältnis, das zwischen Kommunikation und gesellschaftlichem Handeln besteht: jedes von beiden ist Bedingung und Ergebnis des anderen. Es erscheint mir daher fraglich, ob den speziellen Bedürfnissen und der besonderen Situation der Zuwanderer in unserer Gesellschaft das Angebot von Sprachunterrichtskursen allein die angemessene Hilfestellung bei der Entwicklung der sozialen Handlungsfähigkeit ist, denn 77 % der von Amer Befragten erklären, dass ihr Informationsstand über die deutsche Gesellschaft, von ihnen selbst als wesentlich für eine Integration erkannt, unzureichend sei (Amer 2016: 57). Ob die für die nun endlich angestrebte Eingliederung der ehemaligen „Gastarbeiter" und ihrer Familien etablierten Integrationskurse für die neuen Zuwanderer das richtige Format darstellen, ist bisher noch nicht genügend untersucht.

Bei der Vermittlung der deutschen Sprache an die Zuwanderer muss berücksichtigt werden, dass der linguistische, der sozialisatorische, der lerntheoretische und der gesellschaftlich-situative Aspekt in einem System gegenseitiger Beziehungen und Beeinflussungen stehen und sich auf Erfolg oder Misserfolg der

Spracherwerbsprozesse wie auch auf die Bemühungen um die Entwicklung einer adäquaten gesellschaftlichen Handlungsfähigkeit auswirken.

Die Instanz, die letztlich über Erfolg oder Misserfolg dieser Bemühungen der Zuwanderer entscheidet, sind die alltäglichen deutschen Kommunikationspartner, Arbeitskollegen, Verwaltungsbeamte, Verkäufer usw. Sie entscheiden durch ihr Verhalten über Annahme oder Ablehnung ihrer ausländischen Mitbürger. Denn die Bemühungen um Integration sind nicht gleichzusetzen mit ihrer Akzeptanz. So wünschen sich 92,5 % der von Amer Befragten deutsche Freunde und sogar 93,5 % sind bereit, selbst die Initiative dazu zu ergreifen, aber tatsächlich gelingt es nur ca. 49 %, dieses zu realisieren (Amer 2016: 59f.). Der Erfolg von Integrationsleistungen der Zuwanderer ist auch abhängig von der Bereitschaft ihrer deutschsprachigen Umwelt, diese Integration zuzulassen, so dass ein Bündel von psychischen, sozialen und politischen Faktoren auf Seiten der deutschen Bevölkerung in diesen Prozess mit eingebracht wird. Die Bereitschaft hierzu ist in starkem Maße von der positiven oder negativen Einstellung zu Ausländern abhängig, die wiederum nicht nur mit ihrer nationalen Herkunft, sondern auch mit ihrem sozialen Status variiert: dem türkischen Professor an einer deutschen Universitätsklinik wird oft ein weitaus größeres Entgegenkommen gezeigt, als etwa dem syrischen Asylbewerber bei der Ausländerpolizei oder anderen Behörden.

Diese Einschätzungen müssen m. E. bei den Versuchen zur Entfaltung der gesellschaftlichen Handlungsfähigkeit von Zuwanderern berücksichtigt werden; sie münden in der bereits eingangs aufgestellten These, dass deren Probleme in unserer Gesellschaft nicht allein durch die Beherrschung der deutschen Sprache aus der Welt geschafft werden können. Die Initiativen zur Eingliederung der Zuwanderer müssen vielmehr darauf zielen, im Rahmen der Sprachvermittlung auch die soziale Handlungsfähigkeit der Zuwanderer zu entwickeln und sie an die Werte, Normen und Regeln der deutschen Gesellschaft heranzuführen. Es liegt auf der Hand, dass eine solche Entwicklung nicht dadurch erreicht werden kann, dass allein die Zuwanderer sich darum bemühen. Der Ansatz der sozialen Handlungsfähigkeit und der Kommunikationsfähigkeit schließt die deutsche Umgebung geradezu ein. Dazu sagte die damalige Beauftragte der Bundesregierung für Migration, Flüchtlinge und Integration Maria Böhmer bereits 2006: „Integration ist ein Prozess, der von zwei Seiten getragen werden muss, damit er funktioniert. Auch die deutsche Seite hat ganz konkrete Aufgaben zu leisten." (Böhmer 2006: 7).

Die „Willkommenskultur" inhaltlich gestalten

Dass ein solcher Ansatz nicht illusorisch ist, zeigen die Erfahrungen vielfältiger Projekte und Initiativen, beginnend bereits mit dem lang zurückliegenden Projekt der „Lernstatt im Wohnbezirk" (Steinmüller 1979) bis zu heutigen Nachbarschaftsprojekten und Initiativen ehrenamtlicher Helferinnen und Helfer im Kontext der „Willkommenskultur". Um hier eine wirksame, nachhaltige Wirkung zu erzielen, sind aber stärker als bisher Anstrengungen öffentlicher Instanzen erforderlich; die zahlreichen ehrenamtlichen Helfer und Initiativen, die zu Projekten und Arbeitsgruppen geführt haben, können wegen ihrer begrenzten finanziellen und personellen Ausstattung nur punktuell arbeiten und wirksam werden.

So wäre z. B. daran zu denken, in den entsprechenden Wohnvierteln, in denen die Zuwanderer angesiedelt werden, verstärkt Sozialarbeiter, möglichst mit eigener Migrationserfahrung, zur Unterstützung der Integrationsprozesse einzusetzen. Deren Aufgabe müsste es sein, in den verschiedensten Formen von Selbsthilfe- und Mitsprachegremien der einheimischen wie der zugewanderten Wohnbevölkerung sowie bei allen Anlässen der Betreuung und Beratung anhand der jeweils anstehenden Themen und Probleme in realen Kommunikationssituationen Hilfe zur Selbsthilfe bei der Entwicklung gesellschaftlicher Handlungsfähigkeit zu bieten. Die thematische Eingebundenheit könnte dann sowohl zur Motivation der Zuwanderer als auch zu konkreten Kommunikations- und Handlungsanlässen mit der deutschen Wohnbevölkerung dienen.

Literatur

Amer, Luna (2016): *Die Bedeutung der Zielsprache für Einwanderer als eine wesentliche Voraussetzung für eine erfolgreiche Integration. Eine empirische Untersuchung der Rahmenbedingungen des DaF-Unterrichts für Flüchtlinge.* Berlin: unveröffentlichte Masterarbeit im Fachgebiet DaF der TU Berlin, dort einsehbar.

Böhmer, Maria (2006): Interview „Die Botschaft heißt: Ihr seid willkommen". *Der Tagesspiegel* 18.06.2006, 7. http://www.tagesspiegel.de/politik/die-botschaft-heisst-ihr-seid-willkommen/722010.html *(02.11.2017)*.

Esser, Hartmut (2001): *Integration und ethnische Schichtung.* Mannheim: Mannheimer Zentrum für Europäische Sozialforschung. http://www.mzes.uni-mannheim.de/publications/wp/wp-40.pdf *(02.11.2017)*.

Krumm, Hans-Jürgen (2008): Sprache und Identität. In Limbach, Jutta & von Ruckteschell, Katharina (Hrsg.): *Die Macht der Sprache.* München: Langenscheidt & Goethe Institut, 29–30.

Merkel, Angela (2015): *Bericht der Vorsitzenden der CDU, zugleich Einführung in den Antrag des Bundesvorstandes „Karlsruher Erklärung zu Terror und Sicherheit, Flucht und Integration".*

https://www.cdu.de/system/tdf/media/dokumente/beschluss-karlsruher-erklaerung.pdf?file=1&type=field_collection_item&id=3888 *(02.11.2017)*.

Mummendey, Amélie & Kessler, Thomas (2008): Akzeptanz oder Ablehnung von Andersartigkeit. Die Beziehung zwischen Zuwanderern und Einheimischen aus einer sozialpsychologischen Perspektive. *Kölner Zeitschrift für Soziologie und Sozialpsychologie* 48, 513–528.

Oppenrieder, Wilhelm & Thurmair, Maria (2003): Sprachidentität im Kontext von Mehrsprachigkeit. In Janich, Nina & Thim-Mabrey, Christiane (Hrsg.): Sprachidentität – Identität durch Sprache. Tübingen: Narr, 39–60.

Steinmüller, Ulrich (1979): Lernstatt im Wohnbezirk. Die Theorie der kommunikativen Tätigkeit als Fundierung eines didaktischen Konzepts in der Arbeit mit Ausländern. *Deutsch lernen. Zeitschrift für den Sprachunterricht mit ausländischen Arbeitnehmern* 3, 45–59.

Steinmüller, Ulrich (2006): Deutsch als Zweitsprache – ein Politikum. In Ahrenholz, Bernt (Hrsg.): *Kinder mit Migrationshintergrund. Spracherwerb und Fördermöglichkeiten*. Freiburg/Br.: Fillibach, 322–331.

Norbert Dittmar
Zweitspracherwerb im Dienste der liebevollen Verständigung und des familiären Miteinanders: Ansätze zu einer Sprachlernbiographie von FRANCA

Das Puzzle des Spracherwerbs

Einführungen zum Erstspracherwerb reichen sich über Jahrzehnte die Namen von Kindern weiter, die berühmte Modelle für den Verlauf von Erwerbsprozessen darstellen, z. B. Hilde im Falle von Clara und William Stern (1928) oder Julia in den Untersuchungen von Tracy (1991). Die Italienerin FRANCA repräsentiert ein solches Modell für den natürlichen Zweitspracherwerb, weil ihr Erwerb des Deutschen von Beginn an (April 1985) mehr als drei Jahre in regelmäßigen Abständen in seinem entwicklungsspezifischen Verlauf in Berlin-Kreuzberg per Audio und Video dokumentiert werden konnte (siehe Tab. 1 im Anhang). Deutsch war für die damals 25-Jährige ihre erste Fremdsprache, die sie über mehrere Jahre im „fremden" Berlin auf natürliche Weise im Umgang mit Freunden und Einheimischen lernte („ungesteuerter Zweitspracherwerb"), um sich im Alltag zu verständigen. Zwar gibt es zahlreiche Einzelstudien zu ihrem Erwerb grammatischer Regeln, lexikalischer Felder und pragmatischer Muster[1], aber keine erklärende Einordnung der Erwerbssequenzen in ein sprachbiographisches Profil. Erste (grundlegende) Teile des Puzzle *Sprachbiographie*, genauer: der *Zweitspracherwerbsbiographie*, sollen in diesem Beitrag zusammengetragen werden. Dabei wissen wir am meisten über den Zeitraum April 1985 bis Sommer 1988, da wir FRANCAs Erwerbsprozess in dieser Zeitspanne in dem Projekt P-MoLL[2] nach einem differenzierten Erhebungsplan (siehe für Details Dittmar 2012) dokumentiert haben. Ob sich in den zwei Jahren danach, 1989 und 1990, am Sprachstand im Deutschen etwas verbessert oder verschlechtert hat, können wir (vorsichtig) aus den je zwei Kontrollaufnahmen in diesen beiden Jahren schließen, die im

---

1 Siehe hierzu die Arbeiten von Ahrenholz, Dittmar und Rost-Roth im Literaturverzeichnis.
2 Ich danke der DFG für die finanzielle Unterstützung des Projektes „Modalität von Lernervarietäten im Längsschnitt" (P-MoLL) von 1985 bis 1990. Mitglieder des Projektes waren Bernt Ahrenholz, Christine Dimroth, Astrid Reich, Magdalena Schumacher, Roman Skibà und Heiner Terborg.

Unterschied zu den sieben kommunikativen Gattungen der dreijährigen Längsschnitterhebung nur noch drei unterschiedliche Gattungen dokumentieren. Mit diesen Aufnahmen war das Projekt abgeschlossen, und es bestand zunächst kein Kontakt mehr zu FRANCA, die 1992, nach der Geburt ihres Sohnes, nach Bologna zurückkehrte. 23 Jahre später, 2015, spürte der Autor die damalige Informantin nach ethnologischen Streifzügen durch Bologna wieder auf und führte im Oktober 2016 ein einstündiges „sprachbiographisches" Interview[3] (im Folgenden „Bio-L") mit ihr durch – der Gegenstand dieses Beitrages.

Was alles gehört in eine Sprachbiographie?

Alle persönlichen und sozialen Erfahrungen, die ein Mensch von der Wiege bis zur Bahre mit Sprache macht, gehören in eine Dokumentation der Umstände, die im Laufe eines Lebens mit Sprache verbunden waren (und möglicherweise immer noch sind). FRANCAs Sprachbiographie ist demgegenüber eine auf das Deutsche bezogene Zweitspracherwerbsbiographie in einer siebenjährigen Zeitspanne, von 1985 bis 1992. Im engeren Sinne interessieren uns die fünf Jahre, in denen die Deutschkenntnisse der Informantin regelmäßig – 1989 und 1990 allerdings nur noch einmal jährlich – im Rahmen einer Längsschnittstudie per Audio und Video dokumentiert wurden. Für diesen Zeitraum stehen folgende Fragen im Vordergrund:

(i.) Wie erfolgreich (zielsprachennah) hat FRANCA Deutsch gelernt?
(ii.) Wie sah der Input aus: unterrichtliche Unterweisung vs. spontanes Lernen in der sozialen Umgebung?
(iii.) Welche individuellen Einstellungen und sozialen Umstände begünstigten und/oder behinderten den Lernerfolg?
(iv.) Gibt es einen Zusammenhang zwischen ihrem Erlernen einer Fremdsprache in der Schule und dem Erwerb des Deutschen als Zweitsprache?

Um diese Fragen zu beantworten, nutze ich drei datengestützte Informationsfelder: die des Lernfortschritts, die metakommunikative Mitteilungsebene der Lernerin und den pragmatischen Interaktions- und Diskursmodus zwischen Interviewer (Muttersprache Deutsch) und Interviewter (Deutsch als Zweitsprache).

Da ist zunächst das Feld des objektiven **Lernfortschritts** anhand von Tonbandaufnahmen im beobachteten Zeitraum. Wie Tab. 1 zeigt, wurden während der ersten drei Jahre viele Erhebungen in unterschiedlichen Interaktions- und

---

[3] Das Gespräch wurde auf Deutsch durchgeführt – es sollte auch die Kompetenz im Deutschen nach 30 Jahren Deutscherwerb dokumentiert werden.

Diskurstypen durchgeführt (siehe für detaillierte Angaben Dittmar 2012: 107ff.). Im vierten und im fünften Lernjahr (1989 und 1990) gab es je eine längere Kontrollaufnahme in drei unterschiedlichen Diskurstypen. Lernfortschrittsbezogene Beschreibungen wurden für die Wortstellung und den Erwerb von Partikeln (Dittmar 1999; Rost-Roth 1999), die Modalität und die Erlernung von Modalverben und Instruktionen im Diskurs (Ahrenholz 1998) sowie für lernhemmende Interferenzen zwischen Italienisch und Deutsch (die Modalverben *können* und *müssen*; Gebrauch der Konjunktionen *wenn, wann* und *als*, Dittmar & Ahrenholz 1995) durchgeführt. Es geht um die Evidenz, zu welchem „frühen" oder „späten" Zeitpunkt bestimmte Formen und ihre jeweiligen kommunikativen Funktionen gelernt wurden und den Sprachstand der Lernerin im Deutschen ausmachen.

Ein zweites, im Rahmen der Sprach(lern)biographie bedeutendes Feld ist das der **metakommunikativen Äußerungen**. Welche subjektiven Kommentare (Einschätzungen) macht die Lernerin in eigenen Worten zu ihrem Können (Fertigkeiten, Fähigkeiten) im Laufe des Erwerbsprozesses. Hierzu gehören Äußerungen wie *ich habe die ganze Zeit geschwiegen, ich konnte mich nicht verständlich machen* oder *ich habe die Prüfung am Goethe-Institut bestanden und war stolz auf meine Deutschkenntnisse*. Äußerungen dieser Art werden in der Regel zur inhaltlichen und sprachbiographischen Skelettierung des Verlaufs herangezogen. Oft sind diese metakommunikativen Äußerungen aber durch Über- und Unterinterpretationen des jeweiligen Lernstandes gekennzeichnet, d. h. es gibt subjektive Vorlieben des Gut- oder Schlechtredens von Lernphasen – wie dem auch sei, wir müssen ihnen „zunächst" Geltung zusprechen, es sei denn, sie werden von anderen Daten „konterkariert". Fortschritte, die „subjektiv empfunden" herausgestellt werden, können so durch die „objektiven" Kenntnisse in der Performanz der Lernerin widerlegt oder relativiert werden – wie auch das Gegenteil möglich ist, dass die grammatischen und Diskursfähigkeiten unterschätzt werden.

Ein drittes Feld ist der **interaktive Diskurs** zwischen Fragendem (Interviewer) und Lernerin in dem Gespräch über den Verlauf, Erfolg und Misserfolg des Lernens. Die Sprach(lern)biographie lässt sich verfeinern durch den Einbezug der diskursiven Gangart der beteiligten Sprecher. Aus der Forschung ist bekannt (siehe Ferguson & Debose 1977), dass Muttersprachler im Gespräch mit Lernern intuitiv grammatisch und lexikalisch vereinfachen, wenn das Niveau des/r Lernenden in der Zweitsprache noch nicht sehr feingranuliert ist. Sprechtempo, Pausen, Akzentsetzungen, Vereinfachungen der mitzuteilenden Inhalte (u. a.) beugen oft Missverständnissen präventiv vor. Normales Sprechen zeigt dagegen an, dass keine Rücksicht genommen werden muss auf Einschränkungen der Kompetenz in der Zweitsprache. Auf Seiten der Lernerin dagegen sind relevant alle Anspielungen auf eigene mangelnde oder nicht hinreichende Kenntnisse einerseits und auf die – präferierte – hilfreiche Rolle des kompetenten Muttersprachlers andererseits, der – wie im vorliegenden Falle – auch die Muttersprache der Lernerin (Italienisch) beherrscht. Das Zurückgreifen der Lernerin im Problemfalle auf die kommunikative Unterstützung durch den Interviewer ist Zeichen einer weniger selbstsicheren/souveränen Zweitsprachkompetenz.

Die Lage der Fakten im Untersuchungszeitraum

FRANCA kam Ende Dezember 1984 nach Berlin, um mit Schiuma[4], einem napolitanischen Freund, dort Weihnachten und Neujahr zu verbringen. Im Laufe dieses Aufenthaltes lernte sie Anfang des Jahres 1985 Otfried, einen der Punkszene nahestehenden Berliner, in Kreuzberg kennen. Sie verliebten sich in einander. Nach den 20 Tagen Urlaub reiste FRANCA wieder zurück nach Bologna. Anfang April 1985 kam sie dann zurück nach Berlin, um mit Otfried zusammenzuleben. Deutsch hatte sie bisher nicht gelernt. Während der Weihnachtsferien hielt sie sich häufig in der Musikszene (Diskothek) auf, lernte verschiedene Leute kennen, redete mit Otfried auf Englisch und mit Schiuma auf Italienisch. Deutsche Worte brauchte sie nicht wirklich. Das änderte sich nach ihrer Rückkehr nach Berlin im April. Sie versuchte, sich mit einer Taschengrammatik und einem kleinen Lexikon des Deutschen das Notwendige selbst beizubringen. Otfried hatte in den drei Monaten ihrer Abwesenheit Italienisch gelernt und erleichterte ihr Einleben in Berlin sehr. 1986 besuchte sie zum ersten Mal einen Sprachkurs an der VHS. Das wiederholte sie unregelmäßig von Zeit zu Zeit. 1989 machte sie ein Mittelstufenexamen beim Goethe-Institut. Die Putzjobs der ersten Jahre brachten ihr wenig Fortschritt, da die Kolleginnen in der Regel Türkinnen waren und noch weniger Deutsch konnten als sie. Auch die Kontakte in der Disko führten nicht viel weiter im Erwerb des Deutschen: Es war zu laut, um gut zu verstehen. Hilfreich waren die Freunde von Otfried und ihre eigenen Freundinnen aus den Sprachkursen. Mit bestandenem Goethe-Examen 1989 unternahm FRANCA in den Berliner Landesämtern die beharrliche Initiative, ihr Abitur und die Jahre ihres unabgeschlossenen Studiums als Qualifikation anerkannt zu bekommen. Das gelang ihr als erster Ausländerin in Berlin. Sie übte daraufhin den Job der Kindererzieherin ab 1990 aus. Die zwei Jahre 1990 bis 1992 bezeichnet sie als ihre „glücklichsten Berliner Jahre": Sie hatte einen Job, viele Freunde, eine stabile familiäre Situation und erwartete ein Baby. Im Sommer 1992 ging sie mit Otfried und Sohn zurück nach Bologna, wo das Paar auch heute noch lebt.

---

4 Alle Namen in diesem Aufsatz sind Pseudonyme.

Nicht nur Fragmente einer (Zweit-)Sprach(erwerbs)biographie

Eine durch Erfahrungen und Beobachtungen über lange Jahre gestützte (und auch in der Literatur nicht widerlegte) Überzeugung will ich den Lesern gleich zu Beginn meiner Einschätzungen nicht vorenthalten: Es gibt ein **Leitmotiv** in der Erwerbsgeschichte einer fremden (zweiten) Sprache[5]. Solche Leitmotive können eine Art gemeinsam geteiltes *Frame* für kleinere und größere Gruppen sein, z. B. von Migrantengruppen. Es lässt sich rekonstruieren aus biographischen Fakten, metakommunikativen Äußerungen der Lerner und ethnographischen Beobachtungen des Forschers. Im Folgenden rufe ich die drei Ebenen auf, aus denen – entsprechend den obigen Überlegungen – eine Sprachlernbiographie rekonstruiert werden kann.

Ebene 1: Fakten, Beobachtungen zur Sprachlernsituation, metakommunikative Äußerungen
Im Kern umfasst die datengestützte *Teilsprachbiographie* die fünf Jahre 1985 bis 1990, bezogen auf den Aufenthalt in Berlin auch noch die zwei weiteren Jahre bis zur Übersiedlung nach Bologna 1992. Um sie besser zu verstehen, ist ein partieller Rückblick sowohl in die Zeit *davor* wie *danach* sinnvoll. Den im Fokus stehenden Lebensabschnitt von FRANCA (Kennenlernen von Otfried, Heirat und Geburt des Sohnes – 7 Jahre) bezeichne ich als *Akt der Familiengründung*, bestehend aus der Stabilisierung der eigenen individuellen Existenz und deren Aufhebung in einer lebenslangen familiär-sozialen Stabilität. Diesem *Leitmotiv* sind die Einzelakte im Prozess des Erlernens der Fremdsprache Deutsch untergeordnet. FRANCA verliebte sich in Otfried, siedelte daraufhin zu ihm nach Berlin über, lebte dort mit ihm bis zur Geburt ihres Sohnes und kehrte mit Mann und Kind in ihre Heimatstadt zurück, wo die Familie auch heute noch lebt. Otfried arbeitet in Bologna erfolgreich im Sektor „Beleuchtung" auf musikalischen Großveranstaltungen, FRANCA hat eine Stelle als Erzieherin in einem Kinderhort/-garten. Beide tragen auf Augenhöhe zum gesunden und ausgeglichenen Familienleben bei. In dem Lebensplan FAMILIE als stabile soziale Kleingruppenzelle in der Gesellschaft spielt die Sprache, hier verstanden als Erst- und Zweitsprache, ein *dienende* Rolle. Oberster Wert im Austausch sprachlicher Informationen einschließlich intimer Emotionen und ihrer Nischen ist die *Verständigung*. Die Kommunikation mit Otfried ist ein integrierter Teil der Sprach(lern)biographie FRANCAs: Nach

---

[5] Wenn mehrere Sprachen in den Lernprozess involviert sind, muss man prüfen, inwieweit jede eine eigene sprachlernbiographische Ausprägung hat (was durchaus normal wäre) oder allen erlernten das gleiche Motiv zugrunde liegt.

dem fulminanten Beginn der Liebesbeziehung Anfang Januar 1985 lernt Otfried in der Zeit Januar bis Ende März soviel Italienisch, dass er sich mit FRANCA gut auf Italienisch verständigen kann, als diese Anfang April von Bologna nach Berlin zurückkehrt. Erst ein Jahr später, 1986, bucht FRANCA einen DaF-Kurs an der VHS. Bis dahin lernt sie Deutsch in vorübergehenden Alltagskontakten (einkaufen, Kurse besuchen, Putzjob durchführen etc.) und abends in der Disko mit Freunden von Otfried. Im sprachbiographischen Oktoberinterview 2016 hebt sie hervor, dass sie (nicht nur des Musiklärms wegen) in der Disko nur wenig Deutsch verstanden hat. Sie macht keine Lernfortschritte, ist aber dennoch nicht unglücklich, da Otfried ihr alles Wichtige auf Italienisch erläutert (Bio-L,19:10)[6]. Otfried spielt im negativen Erlebnisbereich „ich-verstehe-nur-wenig-Deutsch" also eine vermittelnde, aktive, positive Rolle. FRANCA akzeptiert die (wissens-)kompensierende Ausgleichsaktivität von Otfried, indem sie weder ihm vorwirft, sie dadurch vom Deutschlernen abzuhalten, noch sich selber, nicht ehrgeizig genug Deutsch zu lernen. Sie kauft sich kleine Taschenbücher für Lexikon und Grammatik des Deutschen und studiert das für den Alltag Wesentliche darin ohne einen nennenswerten Sprachlernehrgeiz.

Die sprachlernbezogene Rolle (Funktion) von Otfried lässt sich so zusammenfassen: In den ersten Tagen des Kennenlernens reden beide Englisch. Als FRANCA dann drei Monate später nach Berlin kommt, reden sie hauptsächlich Italienisch, gelegentlich auch Deutsch. Wenn FRANCA auf Deutsch Inhalte nicht verstanden hat, gibt ihr Otfried ein „risunto" (eine Zusammenfassung). Zwei Jahre später, als sie auch schon in Deutschkurse involviert war[7], hat sie erst gedacht, es behindere ihren Deutscherwerb, mit Otfried so viel Italienisch zu reden. Sie wird sich dann aber der Tatsache bewusst, dass er im Italienischen eine andere (besondere) Stimme hat(te) und ihr somit ein noch vertrauterer Freund war; das gefiel ihr sehr: Die sprachliche Nähe und Vertrautheit gaben ihr emotionale Sicherheit.

Ihre Putzjobs, mögliche Anlässe des Lernfortschritts, geben wenig Gelegenheit zur substanziellen Erweiterung der Deutschkenntnisse. Das meiste läuft nicht-verbal ab und die türkischen Kolleginnen können noch schlechter Deutsch als sie selbst. Gerne möchte sie den Putzjob mit einer Tätigkeit/Stelle in einem

---

6 Ursprünglich war vorgesehen, alle Belegstellen durch Transkriptionsausschnitte (GAT, EXMA-RaLDA) zu belegen. Aus Platzgründen habe ich mich entschlossen, für die Belegstellen nur die Zeitmarke im „Bio-L" anzugeben. Die Audio-Version des Interviews findet sich auf meiner Homepage (http://www.geisteswissenschaften.fu-berlin.de/we04/institut/mitarbeiter/nordit/index.html).

7 FRANCA erinnert sich hier 2016, wie sie sich damals nach zwei Jahren fühlte.

Kindergarten (oder in einem Unterrichtsverein „Italienisch als Fremdsprache") eintauschen (was erst 1990 gelingt).

Während wir uns wegen laufender Aufnahmen in den drei Jahren 1985 bis 1988 öfter im Jahr gesehen haben (meist ausführlicher Bericht über das aktuelle Leben, die Besonderheiten, die lustvollen und schwierigen Momente)[8], wurde der Kontakt in den Jahren 1989 und 1990 weniger (siehe oben).

Festzuhalten bleibt: Der Tiefpunkt ihrer Lernkarriere war das erste Jahr. Sie versteht wenig, gibt sich aber Mühe, klein(st)e Fortschritte zu machen. Sie steht das durch, denn ihr kostbarstes Gut, der „rapporto sociale" zu Otfried, bleibt ungetrübt. Im letzten Jahr ihres Berlinaufenthaltes, 1990, als sie mit ihrem Sohn schwanger war, fühlte sie sich restlos wohl in Berlin[9]. Sie ist sehr stolz darauf, die erste in Berlin gewesen zu sein, die lediglich auf Vorlage des Abiturzeugnisses eine volle Stelle als Kindergärtnerin erhalten hat (Bio-L: 14h20)[10]. Dieses Ergebnis sei ihrer Beharrlichkeit zu verdanken, sie setze sich stur und langfristig für Ziele ein, die ihr viel bedeuteten. Nach ihr profitierten andere von der durch sie erreichten Anerkennung des Abiturs. Ich übertrage symbolisch den Persönlichkeitswert *Beharrlichkeit* auf den Deutscherwerb: Er gilt per Analogieschluss dem Ziel, Deutsch so gut zu lernen, dass die Verständigung bestens läuft. Der Anfang war nicht ermutigend, sie aber verliert nicht den Mut, engagiert sich in einem VHS-Kurs, macht ein Mittelstufenexamen am Goethe-Institut und schafft es schließlich, sich mit der Berliner Verwaltung so zu arrangieren, dass ihr Abitur anerkannt wird und sie eine Stelle als Kindergärtnerin übernehmen kann. Der Grammatikerwerb war nicht Hauptzweck ihres Lernengagments, vielmehr die sprachlichen Mittel (die richtigen Wörter) zu erwerben, um sich in der Beziehung gut zu verstehen. Sie räumt ein, dass sie den Grammatikerwerb wie eine sportliche Aufgabe betrieben habe (*Spiel* und *mit Neugier experimentieren* ja, aber kein Ehrgeiz); sie sei auch oft faul gewesen[11]. Dennoch macht sie eine permanente

---

8 Ständiger Betreuer dieser Aufnahmen war der Autor, oft assistiert von Lena (Mitarbeiterin im Projekt P-MoLL).
Jede Aufnahme begann mit einem informellen Austausch über die aktuelle Lebenslage einschließlich persönlicher und teilweise intimer Inhalte.
9 Infolge der Deutschkurse hatte sie viele nette FreundInnen, mit denen sie zusammen gelernt hat und auch ausgegangen ist.
10 Sie hat (Sprach-)Erziehung studiert, das Studium aber nicht abgeschlossen. Der Senat habe ihre Abiturprüfung als *diploma di studio magistrale* anerkannt (‚riconosciuto' sagt sie im Interview, als sie gerade das deutsche Wort dafür nicht findet).
11 Das sagt sie mehrmals lachend im „Bio-L", aber auch schon während der Aufnahmen im Modus unterschiedlicher kommunikativer Aufgaben, „ich bin ein bißchen vielleist faul" in der Aufgabe, einem Partner Instruktionen zu geben, ein Päckchen zu packen (siehe Dittmar & Ahrenholz 1995: 207).

Anstrengung, will ihre Sache des Deutscherwerbs gut machen, „aber es war nicht meine Sprache" (Bio-L, 29:45)[12]. Somit war es nicht ihr Ziel, Deutsch so gut zu lernen, um eine germanistische Stelle in Italien oder einen akademischen Job in Berlin anzustreben. Wichtig war ihr: Es hat Spaß gemacht, den Deutschkurs zu besuchen und sie hat dort viele FreundInnen gewonnen[13].

In dem Moment, wo sie eine Stelle als Kindergärtnerin hat (seit 1991) und sowohl beruflich als auch privat viele FreundInnen und sich in Berlin wohlfühlt (sie ist zufrieden mit ihren Deutschkenntnissen und erwartet ein Baby), geht sie mit Otfried zurück nach Bologna. Sie hätte auch in Berlin bleiben können, gesteht sie im Bio-L. Da aber mit der Geburt des Sohnes beschlossen war, nach Bologna zu ziehen und Otfried diesen Plan auch ausdrücklich unterstützte, verließ sie Berlin im Sommer 1992 – wie sie selber sagt, auf dem Höhepunkt ihrer Deutschkenntnisse.

Ebene 2: Deutschkenntnisse

> Sinceramente non penso e non ho mai pensato di essere così brava in Tedesco, anche perchè il mio grado di attenzione e/o interesse può variare e molte cose poi le ho dimenticate. Però so che mi si capisce abbastanza bene, ma non sempre capisco io, soprattutto quando l'interlocutore parla velocemente. Tuttavia mi sembra che, al termine del corso Mittelstufe Deutsch nel giugno del 1989, ho capito di aver raggiunto un livello per me abbastanza soddisfacente. Inoltre il primo anno in cui sono venuta ad abitare a Berlino, dal 1985 al 1986, posso sicuramente dire che ho pensato di non sapere a sufficienza Tedesco, anzi, non capire quasi niente di Tedesco, ma non mi sono persa di coraggio e sono andata dal 1986 alla Volkshochschule Kreuzberg ed ho studiato ancora...[14]

Ihrer Einschätzung nach erreicht sie ab 1989 im Deutschen ein funktionales Niveau von Kenntnissen, das es ihr erlaubt, sich ohne Schwierigkeiten gut zu verständigen. Sie meint (Oktober 2016), dass sie einen substanziellen Teil dieses Niveaus bis heute hat erhalten können. Regelmäßig redet sie mit Otfrieds Eltern Deutsch, gelegentlich auch mit Otfried selber und ihrem Sohn. Zu Hause sehen sie oft deutsche Fernsehfilme. Die Einschätzung ihrer Kompetenz bleibt subjektiv. Es fehlt eine valide Datenbasis für einen Vergleich zwischen den Auswertungen Ende der 1980er Jahre und der neuerlichen Aufnahme im Oktober 2016, da zu wenige Dokumente für unterschiedliche kommunikative Gattungen vorliegen. Im Folgenden gehe ich Fragen zum Erwerbsstand und -prozess von FRANCA nach:

---

12 Es war nicht eine besondere Liebe zum Deutschen, die sie zum Lernen angetrieben hat.
13 Unter den FreundInnen war eine, die später nach Zürich ging, wo FRANCA sie auch besuchte. Ihr Freund arbeitete im Team eines chemischen Projektes, das den Nobelpreis gewann; auf diese Freundschaft ist sie sehr stolz.
14 Persönliche Mitteilung am 20. Februar 2017.

- *Kann FRANCA den unterschiedlichen grammatischen, lexikalischen und pragmatischen Erwerbsstand im Verlauf der Aneignung des Deutschen metakommunikativ erklären?*
Die Anwort hierauf fällt negativ aus. FRANCA kann pauschal ihr jeweiliges „Niveau" ihrem Sprachgefühl nach als „arm", „hinreichend", „fortgeschritten", „elaboriert und gut" charakterisieren. Sie hat auch ein Bewusstsein davon, dass sie kein „postalveolares [r]" aussprechen kann (14:30) und ihre deutschen Äußerungen italienischen Akzentsetzungs- und Intonationsmustern folgen. Umbruchphasen, in denen sie zunehmend Partikeln verwendete oder von der adjazenten Verbstellung Aux/Mv + V zur Verbklammer überging, kann sie nicht präzisieren. Solche Angaben entziehen sich ihrem Sprachlernbewusstsein; hier ist keine Kontrollinstanz aktiv. Ich konfrontierte FRANCA mit Beispielen (stimulated recall) aus der Phase vor und nach dem Erwerb der Verbklammer. Sie konnte den subjektiven Unterschied nicht wahrnehmen und hatte auch keine Intuition für den Zeitpunkt des Übergangs. Ähnliche weiße Flächen im Sprachlernbewusstsein stellte ich fest für den Erwerb des Modalfeldes, der Partikeln und der Wortstellung.
- *Gehört der linguistisch beschriebene Erwerbsverlauf zur Sprachlernbiographie?*
Unbedingt! Die Erwerbs- oder Verlernsequenzen gehören zum objektiv messbaren Sprachprofil und damit in eine Bewertungsskala vom „erfolgreichen" und vom „missglückten" Spracherwerb. Allerdings ist der in einer Sprechblase schematisch am Eingang zum Sprachlernsalon dargestellte Allerweltslerner mit dem Spruch etikettiert: „Wir müssen draußen bleiben". Warum jemand „a good language learner" (H. H. Stern, Ontario Institute for Studies in Education, OISE) ist (oder nicht), ist ein gesellschaftsrelevantes didaktisches Politikum. In welcher Reihenfolge Modalverben oder Modalisierungen von Instruktionen gelernt werden (siehe die Analysen zu FRANCA in Ahrenholz (1998: 170–141)), welche Partikeln zuerst und welche später und warum im Lernprozess auftauchen (Dittmar & Rost-Roth 1999) oder wie die Syntax der Verbklammer erworben wird (Dittmar 1999), ist eine didaktische Grundlagenfrage, deren Beantwortung das Fremdsprachenlernen erleichtert, weil die natürlichen Erwerbssequenzen das beste pädagogische Vorbild sind.
- *Haben sich früher erworbene Fremdsprachen positiv auf den Erwerb ausgewirkt?*
Die während der Schulzeit erworbenen Kenntnisse in Latein und Englisch hätten ihr beim Erwerb des Deutschen geholfen. „Ho imparato Latino dal secondo anno delle scuole medie inferiori, cioè dall'ottobre del 1972, fino alla fine delle scuole superiori, nel giugno 1977. Inglese l'ho studiato dal primo anno delle scuole medie inferiori, cioè dall'ottobre del 1971, fino alla fine

delle superiori e anche all'Università, Facoltà di Pedagogia, superando l'esame nel 1978".[15] Englisch habe Ähnlichkeiten mit dem Italienischen sowohl in der Lexik wie auch in der Syntax. Englisch zu sprechen sei ihr nicht schwer gefallen. Die Lateinkenntnisse hätten ihr für den Erwerb des Deutschen im Bereich der Morphosyntax sehr genutzt. Die Fälle im Deutschen (Genitiv, Dativ, Akkusativ) habe sie aufgrund ihrer Lateinkenntnisse besser lernen können. Allerdings habe sie Latein natürlich gar nicht mündlich praktiziert und Englisch nur sehr wenig. Eine Fremdsprache spontan in der Alltagskonversation zu erwerben, war sozusagen ein Novum für FRANCA.

Ebene 3: Sprachbiographische Spuren im Spiegel des Gesprächsstils
Der Verlauf des Gesprächs zwischen Interviewer (ND) und FRANCA im Oktober 2016 erlaubt das Hervortreten weiterer für die Sprachlernbiographie relevanter Indikatoren. In den Eröffnungssequenzen spricht der Interviewer ein vereinfachtes Deutsch in einem zurückgenommenen Sprechtempo. Seine Aussprache ist hyperkorrektes Standarddeutsch. Offenbar schätzt er (unbewusst) das Niveau seines Gegenübers als nicht sehr hoch ein. Eine grammatisch und lexikalisch vereinfachte Performanz im Deutschen hat mit dem Interaktionsmodus der *foreigner talk* zu tun: Die sprachlichen Vereinfachungen sollen dem Lerner das Verständnis erleichtern. Gleichzeitig gibt er mit der vereinfachten Kodierung zu verstehen, dass er dem Lerner nur ein „mittleres", „gemäßigtes" Niveau in der Zweitsprache zuspricht. Im Laufe des Gesprächs nimmt die Rede des Interviewers natürlich mehr Fahrt auf. Es gibt aber immer Stellen, wo die Vereinfachung strategisch zum besseren Verständnis eingesetzt wird.

FRANCA selber markiert ihrerseits kommunikativ durch Augensuchbewegungen gegen die Decke als auch durch Bitten um Information in der Muttersprache („come si dice", „come tu dici") ihre Rolle als Lernerin, die nur ein begrenztes Niveau im Deutschen hat. Oft sagt sie auch das italienische Wort, für das sie ein deutsches sucht, vor sich hin – sozusagen als Aufforderung an den Interviewer, ihr für das italienische das deutsche Wort zu nennen – was im vorliegenden Fall immer funktioniert. Es sind Wörter wie z. B. „riconosciuto" (anerkannt) oder „rapporto sociale" (soziale Beziehung). Gerade in dieser Gesprächssituation fällt ihr das deutsche Wort nicht ein. Oft haben wir in den longitudinalen Aufnahmen aber festgestellt, dass sie diese Ausdrücke ein anderes Mal wieder präsent hat. Die Dispositionen des Lexikons schwanken.

---

15 Persönliche Mitteilung 20. Februar 2017

Envoi

In welchem Maße das sprachspezifische Puzzle des Lernfort- oder -rückschritts in die feinkörnige Aufmerksamkeitsspanne von Lernern gerät, ist ein weites Feld weiterer Forschung. In diesem Beitrag wurde klar, dass die subjektiven Sprachlernmotive der Lernerin mit den von den Psycho-linguisten „von außen" beobachteten Erwerbssequenzen eine disjunkte Ressourcenquelle für die Sprach(lern)biographie darstellen. Nicht überraschend ist das Argument, dass FRANCA ein typisches Modell ist für spontanes Lernen nach dem Prinzip: „Lerne so viel und so gut wie es die Liebe trägt und ihr gut tut". Die Lernerin fühlt sich wohl, wenn sie sich mit den allernächsten Freunden thema- und gefühlsangemessen verständigen kann. Es ist etwas anderes als das stille Hochgefühl, die grammatische Regelklaviatur so zu beherrschen wie ein Pianist das wohltemperierte Klavier von Bach. Es ist im Falle FRANCAs die soziale Resonanz, die das Register der Sprachkenntnisse elaboriert und differenziert. Schließlich konnten wir beobachten, dass sich der Umschlag einer variablen Regelanwendung (*trial & error*) in eine kategorische und korrekte über längere Zeitspannen hinziehen kann. Was ist das „biographische" Korrelat schwankender Regelanwendungen: Beginn von Fossilierungen, legitime Inkubationszeit für die Regeloptimierung, Reflex unsicherer Lebensverhältnisse?

So viele Fragen, die in den kommenden Jahren zu klären wären. Aufgrund eigener Erfahrungen ermutige ich zum Aufbruch in neue Forschungsgefielde. An der Schwelle einer neuen Lebensphase (auf diesen Hinweis bin ich stolz, er gilt Bernt Ahrenholz) hat sich diese Frage auch Joachim Ringelnatz mal gestellt und ist zu einem ganz anderen Ergebnis gekommen. ABER – ob seine Sicht auf die menschliche Seite der Dinge den Herausforderungen einer neuen Forschungsphase angemessen ist?

> *Was würdet Ihr tun,*
> *wenn Ihr ein neues Lebensjahr regieren könntet?*
> *Ich würde vor Aufregung wahrscheinlich*
> *die ersten Nächte schlaflos verbringen*
> *und darauf tagelang ängstlich und kleinlich*
> *ganz dumme, selbstsüchtige Pläne schwingen.*
>
> *Dann – hoffentlich – aber laut lachen*
> *und endlich den lieben Gott abends leise*
> *bitten, doch wieder auf seine Weise*
> *das neue Jahr göttlich selber zu machen.*

Anhang

Tab. 1: Übersicht über alle 23 Audio- und Videoaufnahmen mit FRANCA. „I" zu Beginn einer Aufnahme bedeutet „I_talienisch"; die letzten drei Großbuchstaben indizieren die Art der kommunikativen Gattung (dialogisch vs. monologisch; Argumentation vs. Erzählung etc.). Detaillierte Erläuterungen zur Notation und zu den Eigenschaften des Korpus finden sich in Dittmar (2012).

P-MoLL-Projekt. Franca. Aufnahmen und Transkriptionen

1. Zyklus

C01 I/1	C03 I/2	C03 I/3	C04 I/4a	C05 I/4b	C06 I/5	C07 I/6	C08 I/7	C09 I/8
4. Monat [2]	5. Monat [3]	6. Monat [4]	8. Monat [6]	9. Monat [7]	11. Mon. [9]	14. Mon. [12]	18. Mon. [16]	20. Mon. [18]
03.08. 1985	02.09. 1985	26.10. 1985	02.12. 1985	23.01. 1986	05.03. 1986	18.06. 1985	21.10. 1986	01.12. 1986
I-DF1K1.001	I-DF2K1.001	I-DF3I1.ASB	I-DF4E1.PST	I-DF5K1.001	I-DF6K1.001	I-DF7I1.KFM	I-DF8I1.PKT	I-DF9E1.KIN
I-DF1E1.MIG	I-DF2K1.002	I-DF3K1.001	I-DF4I1.PST	I-DF5M1.EID	I-DF6P1.DIT	I-DF7E1.CCP	I-DF8K1.001	I-DF9P1.VSR
I-DF1K1.002	I-DF2D1.FKI	I-DF3E1.DST	I-DF4E1.BFG	I-DF5E1.ERL	I-DF6E1.URL	I-DF7M1.DAR	I-DF8E1.GSI	I-DF9I1.LMP
I-DF1K1.003	I-DF2E1.BFG	I-DF3E1.GSI	I-DF4K1.001	I-DF5M1.HUN	I-DF6M1.POB	I-DF7P1.HAB	I-DF8M1.OTR	I-DF9M1.VGE
	I-DF2D1.BBS	I-DF3K1.002		I-DF5P1.SAR	I-DF6K1.002	I-DF7K1.001	I-DF8P1.FAB	
	I-DF2K1.003			I-DF5M1.AUS	I-DF6I1.MFZ		I-DF8K1.002	
	I-DF2D1.WHG			I-DF5K1.002				
				I-DF5K1.003				

2. Zyklus

C10 II/1	II/2	C11 II/3	C12 II/4	C13 II/5	C14 II/6	C15 II/7	C16 II/8
21. Mon. [19]		23. Mon. [20]	24. Mon. [21]	25. Monat	26. Mon. [23]	28. Monat	31. Monat
15.01. 1987		19.03. 1987	29.04. 1987	25.05. 1987	22.06. 1987	22.07. 1987	13.11. 1987
I-DF1K2.001		I-DF3I2.ASB	I-DF4E2.PST	I-DF5P2.DIT	I-DF6I2.KFM	I-DF7I2.PKT	I-DF8I2.LMP
I-DF1E2.MIG		I-DF3K2	I-DF4I2.PST	I-DF5E2.URL	I-DF6P2.HAB	I-DF7B2.EHE	I-DF8M2.VGE
I-DF1M2.EID		I-DF3E2.DST	I-DF4E2.PST	I-DF5M2.POB	I-DF6E2.HAR	I-DF7E2.GSI	I-DF8P2.VSR
I-DF1P2.GLB		I-DF3M2.WAN	I-DF4K2.001	I-DF5K2.001	I-DF6K2.001	I-DF7K2.001	I-DF8E2.KIN
I-DF1D2.WHG		I-DF3P2.REN	I-DF4M2.HUN	I-DF5I2.MFZ			I-DF8K2.001
		I-DF3P2.SAR	I-DF4P2.REP				

3. Zyklus

C17 III/1	C18 III/2	C19 III/3	C20 III/4	C21 III/5
32. Monat [29]	34. Monat [31]	35. Monat [32]	36. Monat [33]	38. Monat
16.12. 1987	08.02. 1988	21.03. 1988	26.04. 1988	20.06. 1988
I-DF1I3.ASB	I-DF2E3.PST	I-DF3I3.MEN	I-DF4K3.001	I-DF5I3.PKT
I-DF1K3.001	I-DF2I3.PST	I-DF3E3.CCP	I-DF4P3.FLU	I-DF5K3.001
I-DF1M3.LAN	I-DF2K3.001	I-DF3M3.DAR	I-DF4I3.KFM*	I-DF5M3.AMT
I-DF1K3.002*	I-DF2P3.INS	I-DF3K3.001	I-DF4B3.RSB	*I-DF5I3.SMO*
I-DF1D3.TAF				

„Kontrollaufnahmen" (Teil vom 3. Zyklus)

C22	C23
51. Monat [48]	63. Monat [60]
17.07. 1989	10.07. 1990
I-DF6K3.001	I-DF7K3.001
I-DF6K3.002	I-DF7K3.002
I-DF6P3.PUL	I-DF7K3.003
	I-DF7B3.EHE

Die in eckigen Klammern angegebene Zahl gibt die alte Monatszählung wieder; in den Transkripten sind die Monatsnummern korrigiert. [Im 2. Zykl. handelt es sich bei C15 II/7 eigentlich um den 27. und nicht den 28. Monat, ein Fehler der mir erst jetzt (16.01.2015) auffällt.]

Literatur

Ahrenholz, Bernt (1998): *Modalität und Diskurs. Instruktionen auf Deutsch und Italienisch. Eine Untersuchung zum Zweitspracherwerb und zur Textlinguistik.* Tübingen: Stauffenburg.
Ahrenholz, Bernt (2003): Grammatik im Kontext von Zweitspracherwerbsforschung und Gesprochene-Sprache-Forschung. *Deutsch als Fremdsprache* 40/4, 229–234.
Ahrenholz, Bernt (2005): Reference to Persons and Objects in the Function of Subjects in Learner Varieties. In Hendriks, Henriëtte (ed.): *The Structure of Learner Varieties.* Berlin: Mouton de Gruyter, 19–64.
Ahrenholz, Bernt (2008): Zum Erwerb zentraler Wortstellungsmuster. In Ahrenholz, Bernt et al. (Hrsg.): *Empirische Forschung und Theoriebildung: Beiträge aus Soziolinguistik, Gesprochene-Sprache- und Zweitsprachenerwerbsforschung.* Frankfurt/M.: Lang, 165–177.
Ahrenholz, Bernt (1999): Modalität. und Diskurs. Instruktionsdiskurse italienischer Lerner des Deutschen sowie deutscher und italienischer Muttersprachler. In Dittmar, Norbert & Giacalone-Ramat, Anna (Hrsg.): *Grammatik und Diskurs. Grammatica e Discorso. Studi sull'acquisizione dell'italiano e del tedesco / Studien zum Erwerb des Deutschen und des Italienischen.* Tübingen: Stauffenburg, 245–276.
Birkner, Karin (2008): Fremde Wörter lehren und lernen im Gespräch. In Ahrenholz, Bernt et al. (Hrsg.): *Empirische Forschung und Theoriebildung: Beiträge aus Soziolinguistik, Gesprochene-Sprache- und Zweitsprachenerwerbsforschung.* Frankfurt/M.: Lang, 170–190.
Birkner, Karin; Dimroth, Christine & Dittmar, Norbert (1995): Der adversative Konnektor *aber* in den Lernervarietäten einer italienischen und zweier polnischer Lerner des Deutschen. In Handwerker, Brigitte (Hrsg.): *Fremde Sprache Deutsch. Grammatische Beschreibung – Erwerbsverläufe – Lehrmethodik.* Tübingen: Narr, 65–118.
Dittmar, Norbert (1995): Was lernt der Lerner und warum? In Dittmar, Norbert & Rost-Roth, Martina (Hrsg.): *Deutsch als Zweit- und Fremdsprache.* Frankfurt/M.: Lang, 107–140.
Dittmar, Norbert (1999): Der Erwerb der Fokuspartikeln *auch* und *nur* durch die italienische Lernerin Franca. In Dittmar, Norbert & Giacalone Ramat, Anna (Hrsg.): *Grammatik und Diskurs / Grammatica e Discorso. Studi sull'acquisizione dell'italiano e del tedesco / Studien zum Erwerb des Deutschen und des Italienischen.* Tübingen: Stauffenburg, 125–144.
Dittmar, Norbert (2002): Lakmustest für funktionale Beschreibungen am Beispiel von *auch* (Fokuspartikel, FP), *eigentlich* (Modalpartikel, MP) und *also* (Diskursmarker, DM). In: Fabricius-Hansen, Cathrine; Leirbukt, Oddleif & Letnes, Ole (Hrgs.): *Modus, Modalverben, Modalpartikel.* Trier: WVT Wissenschaftlicher Verlag, 142–177.
Dittmar, Norbert & Ahrenholz, Bernt (1995): The Acquisition of Modal Expressions and Related Grammatical Means by an Italian Learner of German in the Course of 3 Years of Longitudinal Observation. In Giacalone Ramat, Anna & Crocco Galeas, Grazia (eds.): *From Pragmatics to Syntax. Modality in Second Language Acquisition.* Tübingen: Narr, 197–232.
Dittmar, Norbert & Reich, Astrid (1993): *Modality in Second Language Acquisition / Modalité et Acquisition des Langues.* Berlin: de Gruyter.
Dittmar, Norbert & Skibà, Romuald (1992): Zweitspracherwerb und Grammatikalisierung. Eine Längsschnittstudie zur Erlernung des Deutschen. In Leirbukt, Oddleif & Lindemann, Beate (Hrsg.): *Psycholinguistische und didaktische Aspekte des Fremdsprachenlernens.* Tübingen: Narr, 25–61.

Dittmar, Norbert; Reich, Astrid; Schumacher, Magdalene; Skiba, Romuald & Terborg, Heiner (Projekt P-MoLL) (1990): Die Erlernung modaler Konzepte des Deutschen durch erwachsene polnische Migranten. Eine empirische Längsschnittstudie. *Info DaF* 17/2, 125–172.

Dittmar, Norbert (2012): Das Projekt „P-MoLL". Die Erlernung modaler Konzepte des Deutschen als Zweitsprache: eine gattungsdifferenzierende und mehrebenenspezifische Längsschnittstudie. In Ahrenholz, Bernt (Hrsg.)*: Einblicke in die Zweispracherwerbsforschung und ihre methodischen Verfahren*. Berlin: de Gruyter (DaZ-Forschung, Band 1), 99–122.

Ferguson, Charles A. & Debose, Charles E. (1977): Simplified registers, broken language and pidginization. In Valdman, Albert (ed.): *Pidgin and Creole Linguistics*. Bloomington: Indiana University Press.

Leonardi, Simona (2016): Erinnerte Emotionen in autobiographischen Erzählungen. In Leonardi, Simona; Thüne, Eva-Maria & Betten, Anne (Hrsg.): *Emotionsausdruck und Erzählstrategien in narrativen Interviews. Analysen zu Gesprächsaufnahmen mit jüdischen Emigranten*. Würzburg: Königshausen & Neumann.

Reich, Astrid (2010): *Lexikalische Probleme in der lernersprachlichen Produktion: communication strategies revisited*. Tübingen: Stauffenburg (Forum Sprachlehrforschung, Band 7).

Rost-Roth, Martina (1999): Der Erwerb der Modalpartikeln. In Dittmar, Norbert & Giacalone Ramat, Anna (Hrsg.): *Grammatik und Diskurs/Grammatica e Discorso*. Tübingen: Stauffenburg, 165–212.

Stern, Clara & Stern, William (1928): *Die Kindersprache. Eine psychologische und sprachtheoretische Untersuchung*. Darmstadt: WBG (Neuausgabe 1975).

Tracy, Rosemarie (1991): *Sprachliche Strukturentwicklung. Linguistische und kognitionspsychologische Apekte einer Theorie des Erstspracherwerbs*. Tübingen: Narr.

Bernt Ahrenholz
Schriftenverzeichnis

Monographien

Ahrenholz, Bernt & Maak, Diana (2013): *Zur Situation von SchülerInnen nicht-deutscher Herkunftssprache in Thüringen unter besonderer Berücksichtigung von Seiteneinsteigern.* Abschlussbericht zum Projekt „Mehrsprachigkeit an Thüringer Schulen (MaTS)", durchgeführt im Auftrage des TMBWK, unter Mitarbeit von Fuchs, Isabel; Hövelbrinks, Britta; Ricart Brede, Julia und Zippel, Wolfgang. [http://www.daz-portal.de/images/Berichte/bm_band_01_mats_bericht_20130618_final.pdf] *(07.06.2018).*
Ahrenholz, Bernt (2007): *Verweise mit Demonstrativa im gesprochenen Deutsch. Grammatik, Zweitspracherwerb und Deutsch als Fremdsprache.* Berlin/New York: de Gruyter.
Ahrenholz, Bernt (1998): *Modalität und Diskurs. Instruktionen auf deutsch und italienisch. Eine Untersuchung zum Zweitspracherwerb und zur Textlinguistik.* Tübingen: Stauffenburg.
Ahrenholz, Bernt (1994): *Grammatica tedesca per principianti.* Fasano di Brindisi: Schena.

Herausgaben

Ahrenholz, Bernt; Jeuk, Stefan; Lütke, Beate; Paetzsch, Jennifer & Roll, Heike (Hrsg.) (2018, i. Vorb.): *Fachunterricht, Sprachbildung und Sprachkompetenzen.* Berlin/Boston: de Gruyter.
Ahrenholz, Bernt; Hövelbrinks, Britta & Schmellentin, Claudia (Hrsg.) (2017): *Fachunterricht und Sprache in schulischen Lehr-/Lernprozessen.* Tübingen: Narr.
Ahrenholz, Bernt & Oomen-Welke, Ingelore (Hrsg.) (2017): *Deutsch als Zweitsprache.* 4., vollst. überarb. und erw. Aufl. Baltmannsweiler: Schneider Hohengehren (Deutschunterricht in Theorie und Praxis, Handbuch in XI Bänden, hrsg. v. Winfried Ulrich, Bd. 9).
Ahrenholz, Bernt & Grommes, Patrick (Hrsg.) (2014): *Deutsch als Zweitsprache im Jugendalter.* Berlin/Boston: de Gruyter.
Oomen-Welke, Ingelore & Ahrenholz, Bernt (Hrsg.) (2013): *Deutsch als Fremdsprache.* Baltmannsweiler: Schneider Hohengehren (Deutschunterricht in Theorie und Praxis, Handbuch in XI Bänden, hrsg. v. Winfried Ulrich, Bd. 10).
Ahrenholz, Bernt (Hrsg.) (2012): *Einblicke in die Zweitspracherwerbsforschung und ihre methodischen Verfahren.* Berlin/Boston: de Gruyter.
Ahrenholz, Bernt & Knapp, Werner (Hrsg.) (2012): *Sprachstand erheben – Spracherwerb erforschen. Beiträge aus dem 6. Workshop „Kinder mit Migrationshintergrund".* Stuttgart: Fillibach bei Klett.
Ahrenholz, Bernt (Hrsg.) (2010): Themenheft „Das mehrsprachige Klassenzimmer". In: *Deutschunterricht,* Heft 6, Westermann.
Ahrenholz, Bernt (Hrsg.) (2010): *Fachunterricht und Deutsch als Zweitsprache.* Tübingen: Narr.

Ahrenholz, Bernt (Hrsg.) (2009): *Empirische Befunde zu DaZ-Erwerb und Sprachförderung. Beiträge aus dem 3. Workshop Kinder mit Migrationshintergrund*. Freiburg i. Br.: Fillibach.

Ahrenholz, Bernt & Oomen-Welke, Ingelore (Hrsg.) (2008): *Deutsch als Zweitsprache*. Baltmannsweiler: Schneider Hohengehren (Deutschunterricht in Theorie und Praxis, Handbuch in XI Bänden, hrsg. v. Winfried Ulrich, Bd. 9).

Ahrenholz, Bernt (Hrsg.) (2008): *Zweitspracherwerb. Diagnosen – Verläufe – Voraussetzungen. Beiträge aus dem 2. Workshop „Kinder mit Migrationshintergrund"*. Freiburg i. Br.: Fillibach.

Ahrenholz, Bernt; Bredel, Ursula; Klein, Wolfgang; Rost-Roth, Martina & Skiba, Romuald (Hrsg.) (2008): *Empirische Forschung und Theoriebildung. Beiträge aus der Soziolinguistik, Gesprochene-Sprach- und Zweitspracherwerbsforschung*. Festschrift für Norbert Dittmar zum 65. Geburtstag. Frankfurt/M.: Lang.

Ahrenholz, Bernt (Hrsg.) (2007): *Deutsch als Zweitsprache. Voraussetzungen und Konzepte für die Förderung von Kindern und Jugendlichen mit Migrationshintergrund*. Freiburg i. Br.: Fillibach.

Ahrenholz, Bernt (Hrsg.) (2006): *Kinder mit Migrationshintergrund – Spracherwerb und Fördermöglichkeiten*. Freiburg i. Br.: Fillibach.

Ahrenholz, Bernt & Apeltauer, Ernst (Hrsg.) (2006): *Zweitspracherwerb, Entwicklungsprozesse und curriculare Dimensionen, Ergebnisse empirischer Forschung*. Tübingen: Stauffenburg.

Reihenherausgaben

Herausgeber der Reihe *Beiträge aus dem Workshop „Kinder mit Migrationshintergrund"* beim Verlag Fillibach bei Klett, Stuttgart.

Mitherausgeber der Reihe *DaZ-Forschung. Deutsch als Zweitsprache, Mehrsprachigkeit und Migration* [zusammen mit Christine Dimroth, Beate Lütke und Martina Rost-Roth] beim de Gruyter Verlag, Berlin.

Berichte und Materialien im *DaZ-Portal* (www.daz-portal.de) [zusammen mit Britta Hövelbrinks, Diana Maak, Julia Ricart Brede und Martina Rost-Roth]. http://www.daz-portal.de/ *(07.06.2018)*.

Mitherausgeber der Reihe *EVA-Sek-Arbeitspapiere* (www.eva-sek.de). http://www.eva-sek.de/www/arbeitspapiere/ *(07.06.2018)*.

Aufsätze

Ahrenholz, Bernt & Grießhaber, Wilhelm (2018, i. Vorb.): Texte in Schulbüchern und ihre Analyse. In Ahrenholz, Bernt; Jeuk, Stefan; Lütke, Beate; Paetzsch, Jennifer & Roll, Heike (Hrsg.): *Fachunterricht, Sprachbildung und Sprachkompetenzen*. Berlin/Boston: de Gruyter.

Hempel, Marie; Neumann, Jessica & Ahrenholz, Bernt (2018, i. Vorb.): Komplexe Attributionen in Schulbuchtexten der Fächer Biologie und Geographie. „ein rund 10 cm langer, von hufeisenförmigen Knorpelspangen offen gehaltener Schlauch". In Ahrenholz, Bernt; Jeuk,

Stefan; Lütke, Beate; Paetzsch, Jennifer & Roll, Heike (Hrsg.): *Fachunterricht, Sprachbildung und Sprachkompetenzen*. Berlin/Boston: de Gruyter.
Ahrenholz, Bernt & Brunner, Janine (i. Vorb.): *Sprach- und bildungsbiographische Daten zu SeiteneinsteigerInnen im deutschen Schulsystem*. EVA-Sek-Arbeitspapier 1 (2017).
Birnbaum, Theresa & Ahrenholz, Bernt (i. Vorb.): *Beobachtungsbogen zum sprachförderlichen LehrerInnenverhalten im fachlich orientierten Sprachunterricht*. EVA-Sek-Arbeitspapier 4 (2017).
Ahrenholz, Bernt; Knoblich, Luise & Reichel, Jenny (2018): Sprache im Fachunterricht. Analysen mündlicher und schriftlicher Wissensvermittlung im Schulunterricht. In Gröschner, Alexander; May, Michael & Winkler, Iris (Hrsg.): *Lehrerbildung in einer Welt der Vielfalt. Befunde und Perspektiven in einem Entwicklungsprojekt*. Bad Heilbrunn: Klinkhardt.
Birnbaum, Theresa; Erichsen, Göntje; Fuchs, Isabel & Ahrenholz, Bernt (2018): Fachliches Lernen in Vorbereitungsklassen. In von Dewitz, Nora; Terhart, Henrike & Massumi, Mona (Hrsg.): *Übergänge in das deutsche Bildungssystem: Eine interdisziplinäre Perspektive auf Neuzuwanderung*. Weinheim/Basel: Beltz Juventa, 231–250.
Ahrenholz, Bernt; Ohm, Udo & Ricart Brede, Julia (2017): Das Projekt „Formative Prozessevaluation in der Sekundarstufe. Seiteneinsteiger und Sprache im Fach" (EVA-Sek). In Fuchs, Isabel; Jeuk, Stefan & Knapp, Werner (Hrsg.): *Mehrsprachigkeit: Spracherwerb, Unterrichtsprozesse, Seiteneinstieg. Beiträge zum 11. Workshop „Kinder und Jugendliche mit Migrationshintergrund"*. Stuttgart: Fillibach bei Klett, 214–258.
Fuchs, Isabel; Birnbaum, Theresa & Ahrenholz, Bernt (2017): Zur Beschulung von Seiteneinsteigern. Strukturelle Lösungen in der Praxis. In Fuchs, Isabel; Jeuk, Stefan & Knapp, Werner (Hrsg.): *Mehrsprachigkeit: Spracherwerb, Unterrichtsprozesse, Seiteneinstieg. Beiträge zum 11. Workshop „Kinder und Jugendliche mit Migrationshintergrund"*. Stuttgart: Fillibach bei Klett, 259–280.
Ahrenholz, Bernt; Hövelbrinks, Britta & Neumann, Jessica (2017): Verben und Verbhaltiges in Schulbuchtexten der Sekundarstufe 1. In Ahrenholz, Bernt; Hövelbrinks, Britta & Schmellentin, Claudia (Hrsg.): *Fachunterricht und Sprache in schulischen Lehr-/Lernprozessen*. Tübingen: Narr, 15–26.
Ahrenholz, Bernt; Hövelbrinks, Britta & Schmellentin, Claudia (2017): Sprache im fachlichen Lernen – eine Einleitung. In Ahrenholz, Bernt; Hövelbrinks, Britta & Schmellentin, Claudia (Hrsg.): *Fachunterricht und Sprache in schulischen Lehr-/Lernprozessen*. Tübingen: Narr, 7–13.
Ahrenholz, Bernt (2017): Sprache in der Wissensvermittlung und Wissensaneignung im schulischen Fachunterricht. In Lütke, Beate; Petersen, Inger & Tajmel, Tanja (Hrsg.): *Fachintegrierte Sprachbildung. Forschung, Theoriebildung und Konzepte für die Unterrichtspraxis*. Berlin/Boston: de Gruyter, 1–31.
Ahrenholz, Bernt; Fuchs, Isabel & Birnbaum, Theresa (2016): „dann haben wir natürlich gemerkt der übergang ist der knackpunkt" – Modelle der Beschulung von Seiteneinsteigern in der Praxis. *BiSS-Journal*, 5/11/2016). http://www.biss-sprachbildung.de/pdf/Evaluation_Sekundarstufe.pdf *(07.06.2018)*.
Oomen-Welke, Ingelore; Rösch, Heidi & Ahrenholz, Bernt (2016): Deutsch. In Schreiber, Jörg-Robert & Siege, Hannes (Hrsg.): *Orientierungsrahmen für den Lernbereich Globale Entwicklung im Rahmen einer Bildung für nachhaltige Entwicklung. Ergebnis des gemeinsamen Projekts der Kultusministerkonferenz (KMK) und des Bundesministeriums für wirtschaftliche Zusammenarbeit und Entwicklung (BMZ)*. 2., aktual. und erw. Aufl. Berlin: Cornelsen, 129–155.

Ahrenholz, Bernt (2015): 10 Jahre Workshop Kinder mit Migrationshintergrund. In: Rösch, Heidi & Webersik, Julia (Hrsg.): *Deutsch als Zweitsprache – Erwerb und Didaktik. Beiträge aus dem 10. Workshop „Kinder mit Migrationshintergrund"*. Stuttgart: Fillibach bei Klett, 11–20.

Fuchs, Isabel; Maak, Diana & Ahrenholz, Bernt (2014): Die Erstsprache(n) als Ressource beim Spracherwerb von SeiteneinsteigerInnen. In Lütke, Beate & Petersen, Inger (Hrsg.): *Deutsch als Zweitsprache – erwerben, lernen und lehren. Beiträge aus dem 9. Workshop „Kinder mit Migrationshintergrund" 2013*. Stuttgart: Fillibach bei Klett, 71–91.

Ahrenholz, Bernt (2014): Lernersprachenanalyse. In Settinieri, Julia; Demirkaya, Sevilen; Feldmeier, Alexis; Gültekin-Karakoç, Nazan; Immich, Stephanie & Riemer, Claudia (Hrsg.): *Einführung in empirische Forschungsmethoden für Deutsch als Fremd- und Zweitsprache*. Paderborn: Schöningh, 167–181.

Ahrenholz, Bernt & Grommes, Patrick (2014): Deutsch als Zweitsprache und Sprachentwicklung Jugendlicher. In Ahrenholz, Bernt & Grommes, Patrick (Hrsg.): *Zweitspracherwerb im Jugendalter*. Berlin/Boston: de Gruyter, 1–20.

Ahrenholz, Bernt (2013): Deutsch als Fremdsprache – Deutsch als Zweitsprache. Orientierungen. In Oomen-Welke, Ingelore & Ahrenholz, Bernt (Hrsg.): *Deutsch als Fremdsprache*. Baltmannsweiler: Schneider Hohengehren (Deutschunterricht in Theorie und Praxis, Bd. 10), 3–10.

Ahrenholz, Bernt & Wallner, Franziska (2013): Korpora für Deutsch als Fremdsprache. In Oomen-Welke, Ingelore & Ahrenholz, Bernt (Hrsg.): *Deutsch als Fremdsprache*. Baltmannsweiler: Schneider Hohengehren (Deutschunterricht in Theorie und Praxis, Bd. 10), 261–272.

Ahrenholz, Bernt; Hövelbrinks, Britta; Maak, Diana & Zippel, Wolfgang (2013): ‚Mehrsprachigkeit an Thüringer Schulen' (MaTS) – Ergebnisse einer Fragebogenerhebung zu Mehrsprachigkeit an Erfurter Schulen. In Dirim, İnci & Oomen-Welke, Ingelore (Hrsg.): *Mehrsprachigkeit in der Klasse: wahrnehmen – aufgreifen – fördern*. Stuttgart: Fillibach bei Klett, 43–58.

Maak, Diana; Zippel, Wolfgang & Ahrenholz, Bernt (2013): ‚Manche fragen wahren schwer aber sonst war es okey' – Methodische Aspekte der Befragung von GrundschülerInnen am Beispiel des Projekts Mehrsprachigkeit an Thüringer Schulen (MaTS). In Decker-Ernst, Yvonne & Oomen-Welke, Ingelore (Hrsg.): *Deutsch als Zweitsprache: Beiträge zur durchgängigen Sprachbildung*. Stuttgart: Fillibach bei Klett, 95–118.

Ahrenholz, Bernt (2013): Sprache im Fachunterricht untersuchen. In Röhner, Charlotte & Hövelbrinks, Britta (Hrsg.): *Fachbezogene Sprachförderung in Deutsch als Zweitsprache – Theoretische Konzepte und empirische Befunde zum Erwerb bildungssprachlicher Kompetenzen*. Weinheim/Basel: Beltz Juventa, 87–98.

Ahrenholz, Bernt (2012): Methodische Verfahren der Zweitspracherwerbsforschung – zur Einführung. In Ahrenholz, Bernt (Hrsg.): *Einblicke in die Zweitspracherwerbsforschung und ihre methodischen Verfahren*. Berlin/Boston: de Gruyter, 1–26

Ahrenholz, Bernt & Maak, Diana (2012): Sprachliche Anforderungen im Fachunterricht. Eine Skizze mit Beispielanalysen zum Passivgebrauch in Biologie. In: Roll, Heike & Schilling, Andrea (Hrsg.): *Mehrsprachiges Handeln im Fokus von Linguistik und Didaktik*. Duisburg: UBRR, 135–152.

Ahrenholz, Bernt (2011): Neuere Befunde zum frühen Zweitspracherwerb und ihre Bedeutung für den Deutsch-als-Zweit- und Fremdsprachenunterricht. In Barkowski, Hans; Demmig,

Silvia; Funk, Hermann & Würz, Ulrike (Hrsg.): *Deutsch bewegt*. Baltmannsweiler: Schneider Hohengehren, 21–38.

Ahrenholz, Bernt (2011): Verbale Ausdrucksmöglichkeiten von Schülerinnen und Schülern in einer dritten und vierten Grundschulklasse. In Apeltauer, Ernst & Rost-Roth, Martina (Hrsg.): *Sprachförderung Deutsch als Zweitsprache*. Tübingen: Stauffenburg, 117–141.

Ahrenholz, Bernt (2010): Deutsch im vielsprachigen Klassenzimmer. *Deutschunterricht* 6, 4–8.

Ahrenholz, Bernt (2010): Sprachenporträts anfertigen. *Deutschunterricht* 6, 10–11.

Ahrenholz, Bernt (2010): Bedingungen des Zweitspracherwerbs in unterschiedlichen Altersstufen. In Schultze, Günther (Hrsg.): *Sprache ist der Schlüssel zur Integration. Bedingungen des Sprachlernens von Menschen mit Migrationshintergrund*. Bonn: Friedrich-Ebert-Stiftung, 19–29. http://library.fes.de/pdf-files/wiso/07666.pdf *(07.06.2018)*.

Ahrenholz, Bernt (2010): Einleitung. Fachunterricht und Deutsch als Zweitsprache – eine Bilanz. In Ahrenholz, Bernt (Hrsg.): *Fachunterricht und Deutsch als Zweitsprache*. 2., durchges. und aktual. Aufl. Tübingen: Narr, 1–14.

Ahrenholz, Bernt (2010): Bildungssprache im Sachunterricht der Grundschule. In Ahrenholz, Bernt (Hrsg.): *Fachunterricht und Deutsch als Zweitsprache*. 2., durchges. und aktual. Aufl. Tübingen: Narr, 15–35.

Ahrenholz, Bernt (2009): der Stunde, der Socke, der Geschichte – L2-Input für DaZ-Schüler. In Nauwerck, Patricia (Hrsg.): *Kultur der Mehrsprachigkeit in Schule und Kindergarten*. Festschrift für Ingelore Oomen-Welke. Freiburg i. Br.: Fillibach.

Ahrenholz, Bernt (2009): Vom Nutzen der Zweitspracherwerbsforschung für die Ausbildung von Lehrerinnen und Lehrern. In Dimroth, Christine & Klein, Wolfgang (Hrsg.): *Zeitschrift für Literaturwissenschaft und Linguistik* 39/1, 26–38.

Ahrenholz, Bernt (2008): Zum Erwerb zentraler Wortstellungsmuster. In Ahrenholz, Bernt; Bredel, Ursula; Klein, Wolfgang; Rost-Roth, Martina & Skiba, Romuald (Hrsg.) (2008): *Empirische Forschung und Theoriebildung. Beiträge aus der Soziolinguistik, Gesprochene-Sprach- und Zweitspracherwerbsforschung*. Festschrift für Norbert Dittmar zum 65. Geburtstag. Frankfurt/M.: Lang, 165–177.

Ahrenholz, Bernt (2008): Zum Zweitspracherwerb bei Kindern und Jugendlichen mit Migrationshintergrund – Forschungsstand und Desiderate. In Allemann-Ghionda, Cristina & Pfeiffer, Saskia (Hrsg.): *Bildungserfolg, Migration und Zweisprachigkeit. Perspektiven für Forschung und Entwicklung*. Berlin: Frank & Timme, 45–56.

Ahrenholz, Bernt (2008): Erstsprache – Zweitsprache – Fremdsprache. In Ahrenholz, Bernt & Oomen-Welke, Ingelore (Hrsg.): *Deutsch als Zweitsprache*. Baltmannsweiler: Schneider Hohengehren (Deutschunterricht in Theorie und Praxis, Bd. 9), 2–15.

Ahrenholz, Bernt (2008): Zweitspracherwerbsforschung. In Ahrenholz, Bernt & Oomen-Welke, Ingelore (Hrsg.): *Deutsch als Zweitsprache*. Baltmannsweiler: Schneider Hohengehren (Deutschunterricht in Theorie und Praxis, Bd. 9), 63–79.

Ahrenholz, Bernt (2008): Mündliche Produktionen. In Ahrenholz, Bernt & Oomen-Welke, Ingelore (Hrsg.): Deutsch als Zweitsprache. Baltmannsweiler: Schneider Hohengehren (Deutschunterricht in Theorie und Praxis, Bd. 9), 172–187.

Ahrenholz, Bernt (2007): Komplexe Äußerungsstrukturen. Zu mündlichen Sprachkompetenzen bei Kindern mit und ohne Migrationshintergrund. In Eßer, Ruth & Krumm, Hans-Jürgen (Hrsg.): *Bausteine für Babylon: Sprache, Kultur, Unterricht …*. Festschrift zum 60. Geburtstag von Hans Barkowski. München: Iudicium, 3–23.

Ahrenholz, Bernt (2007): Diskurstypen und Sprechanlässe in empirischen Untersuchungen zu Lernervarietäten. In Vollmer, Helmut-Johannes (Hrsg.): *Empirische Zugänge in der*

Fremdsprachenforschung: Herausforderungen und Perspektiven. Festschrift für Wolfgang Zydatiß. Frankfurt/M.: Lang, 151–166.

Ahrenholz, Bernt (2006): Zur Entwicklung mündlicher Sprachkompetenzen bei Schülern mit Migrationshintergrund. In Ahrenholz, Bernt & Apeltauer, Ernst (Hrsg.): *Zweitspracherwerb, Entwicklungsprozesse und curriculare Dimensionen, Ergebnisse empirischer Forschung*. Tübingen: Stauffenburg, 91–109.

Ahrenholz, Bernt (2006): Wortstellung in mündlichen Erzählungen von Kindern mit Migrationshintergrund. In Ahrenholz, Bernt: *Kinder mit Migrationshintergrund – Spracherwerb und Fördermöglichkeiten*. Freiburg i. Br.: Fillibach, 221–240.

Freudenberg-Findeisen, Renate; Ahrenholz, Bernt & Würffel, Nicola (2005): Alternative Formen des Praktikums im Deutsch als Fremdsprache-Studium. *Info DaF* 32/5, 454–472.

Ahrenholz, Bernt (2005): Förderunterricht und Deutsch-als-Zweitsprache-Erwerb. Eine empirische Untersuchung zur Entwicklung mündlicher Sprachkompetenzen von Schülerinnen und Schülern mit Migrationshintergrund. In Wolff, Armin; Riemer, Claudia & Neubauer, Fritz (Hrsg.): *Sprache lehren – Sprache lernen*. Regensburg: Fachverband Deutsch als Fremdsprache (Materialien Deutsch als Fremdsprache, Bd. 74), 115–127.

Ahrenholz, Bernt (2005): ‚Reference to Persons and Objects in the Function of Subject' in Learner Varieties. In Hendriks, Henriette (ed.): The Structure of Learner Varieties. Berlin/ New York: de Gruyter, 19–64.

Ahrenholz, Bernt (2003): Förderunterricht und Deutsch-als-Zweitsprache-Erwerb. Eine longitudinale Untersuchung zur mündlichen Sprachkompetenz bei Schülerinnen und Schülern nicht-deutscher Herkunftssprache (ndH) in Berlin. *Zeitschrift für Fremdsprachenforschung* 14/2, 291–300.

Ahrenholz, Bernt (2003): Grammatik im Kontext von Zweitspracherwerbsforschung und Gesprochene-Sprache-Forschung. *Deutsch als Fremdsprache* 40/4, 229–234.

Ahrenholz, Bernt (2002): Grammatisches Grundwissen für Deutsch-als-Fremdsprache-Lehrer. Skizzierung eines Lernmoduls am Beispiel von Nebensätzen. In Börner, Wolfgang & Vogel, Klaus (Hrsg.): *Grammatik und Fremdsprachenunterricht*. Tübingen: Narr, 261–295.

Ahrenholz, Bernt (2001): Grammatiken. In Rösch, Heidi (Hrsg.): *Handreichung Deutsch als Zweitsprache*. Berlin: Senatsverwaltung für Schule, Jugend und Sport, 85–86.

Ahrenholz, Bernt (2001): Progression: Sprachbereiche – Überblick. In Rösch, Heidi (Hrsg.): *Handreichung Deutsch als Zweitsprache*. Berlin: Senatsverwaltung für Schule, Jugend und Sport, 62–65.

Ahrenholz, Bernt (2001): Progression nach Kompetenzstufen. In Rösch, Heidi (Hrsg.): *Handreichung Deutsch als Zweitsprache*. Berlin: Senatsverwaltung für Schule, Jugend und Sport, 66–73.

Ahrenholz, Bernt (2001): Neue Medien im DaZ-Unterricht. In Rösch, Heidi (Hrsg.): *Handreichung Deutsch als Zweitsprache*. Berlin: Senatsverwaltung für Schule, Jugend und Sport, 82–85.

Ahrenholz, Bernt (2001): Modalisierungen in mündlichen deutschen und italienischen Handlungsanweisungen. In Wotjak, Gerd (Hrsg.): *Studien zum romanisch-deutschen und innerromanischen Sprachvergleich. Akten der IV. Internationalen Tagung zum romanisch-deutschen und innerromanischen Sprachvergleich (Leipzig, 7.10.–9.10.1999)*. Frankfurt/M.: Lang, 389–401.

Ahrenholz, Bernt (2000): Modality and referential movement in instructional discourse. Comparing the production of Italian learners of German with native German and native Italian production. *Studies in Second Language Acquisition* 22/3, 337–368.

Ahrenholz, Bernt (2000): Mündliche Korrekturen und ihre Wirkung. In Wolff, Armin & Tanzer, Harald (Hrsg.): *Sprache – Kultur – Politik. Beiträge der 27. Jahrestagung Deutsch als Fremdsprache vom 3.–5. Juni 1999 an der Universität Regensburg*. Regensburg: Fachverband Deutsch als Fremdsprache (Materialien Deutsch als Fremdsprache, Bd. 53), 591–611.

Ahrenholz, Bernt (2000): Praktika im Studiengebiet ‚Deutsch als Fremdsprache' am Fachbereich Philosophie und Geisteswissenschaften der Freien Universität Berlin. In Ehnert, Rolf & Königs, Frank (Hrsg.): *Die Rolle der Praktika in der DaF-Lehrerausbildung*. Regensburg: Fachverband Deutsch als Fremdsprache (Materialien Deutsch als Fremdsprache, Bd. 59), 15–28.

Ahrenholz, Bernt (1999): Modalität und Diskurs. Instruktionsdiskurse italienischer Lerner des Deutschen sowie deutscher und italienischer Muttersprachler. In Dittmar, Norbert & Giacalone Ramat, Anna (Hrsg.): *Grammatik und Diskurs / Grammatica e Discorso. Studi sull'acquisizione dell'italiano e del tedesco / Studien zum Erwerb des Deutschen und des Italienischen*. Tübingen: Stauffenburg, 245–276.

Ahrenholz, Bernt (1999): Modalisierung in Handlungsanweisungen. Instruktionen auf Deutsch L1, Deutsch L2 und Italienisch L1. *Zeitschrift für Angewandte Linguistik* 31, 31–47.

Ahrenholz, Bernt (1998): Korrekturen in One-to-One-Tutorien. In Hentschel, Elke & Harden, Theo (Hrsg.): *Particulae particularum*. Festschrift zum 60. Geburtstag von Harald Weydt. Tübingen: Stauffenburg, 9–30.

Ahrenholz, Bernt (1997): Modalità e movimento referenziale in istruzioni. Un confronto fra istruzioni orali prodotte nel tedesco e nell'italiano L1. *Studi Italiani di Linguistica Teorica e Applicata* 3, 5–34.

Ahrenholz, Bernt (1997): Explicit and implicit reference in learner varieties. In Díaz, Lourdes & Pérez, Carmen (Hrsg.): *Views on the acquisition and use of a second language. Proceedings of the Eurosla-7 conference, Barcelona 22–24 May 1997*. Barcelona: Universitat Pompeu Fabra, 265–277.

Rost-Roth, Martina & Ahrenholz, Bernt (1997): Studienintegrierte Praxiserfahrung in der Ausbildung von Fremdsprachelehrern: One-to-One-Tutorien im Bereich „Deutsch als Fremdsprache". *Zeitschrift für Fremdsprachenforschung* 8/1, 51–64.

Ahrenholz, Bernt (1995): Lehrwerkanalyse zum Modalfeld auf der Folie der Zweitspracherwerbsforschung. In Dittmar, Norbert & Rost-Roth, Martina (Hrsg.): *Deutsch als Zweit- und Fremdsprache. Methoden und Perspektiven einer akademischen Disziplin*. Frankfurt/M.: Lang, 165–193.

Ahrenholz, Bernt (1995): One-to-One-Tutorien im Zusatzstudium ‚Deutsch als Fremdsprache'. Dokumentation der 5. Internationalen Tandem-Tage 1994 in Freiburg i. Br. In Pelz, Manfred (Hrsg.): *Tandem in der Lehrerbildung, Tandem und grenzüberschreitende Projekte*. Frankfurt/M.: IKO, 237–247.

Ahrenholz, Bernt (1995): Grammatica tedesca per principianti – eine Lernergrammatik für italienische Deutschlerner. In Wolff, Armin & Welter, Winfried (Hrsg.): *Mündliche Kommunikation, Unterrichts- und Übungsformen DaF, Themen- und zielgruppenspezifische Auswahl von Unterrichtsmaterialien, Modelle für Studien- und berufsbegleitenden Unterricht*. Regensburg: Fachverband Deutsch als Fremdsprache (Materialien Deutsch als Fremdsprache, Bd. 40), 367–384.

Dittmar, Norbert & Ahrenholz, Bernt (1995): The Acquisition of Modal Expressions and Related Grammatical Means by an Italian Learner of German in the Course of 3 Year of Longitudinal Observation. In Giacalone Ramat, Anna & Crocco Galèas, Grazia (ed.): *From Pragmatics to Syntax. Modality in Second Language Acquisition*. Tübingen: Narr, 197–232.

Ahrenholz, Bernt & Rost-Roth, Martina (1995): ‚One-to-One-Tutorien' im Zusatzstudium ‚Deutsch als Fremdsprache': Praxiserfahrung und Serviceleistung. In Wolff, Armin & Welter, Winfried (Hrsg.): *Mündliche Kommunikation, Unterrichts- und Übungsformen DaF, Themen- und zielgruppenspezifische Auswahl von Unterrichtsmaterialien, Modelle für Studien- und berufsbegleitenden Unterricht*. Regensburg: Fachverband Deutsch als Fremdsprache (Materialien Deutsch als Fremdsprache, Bd. 40), 319–331.

Ahrenholz, Bernt & Ladenburger, Ursula (1993): Brief an unsere Studenten. Vorschläge für selbständiges Arbeiten. *Fremdsprache Deutsch* 8, 29–34.

Ahrenholz, Bernt (1992): Das Modalverb „können" in Instruktionen. Einige Beobachtungen zum Spracherwerb einer italienischen Deutschlernerin. *Berliner Beiträge zu Deutsch als Fremdsprache (Spracherwerb und Sprachdidaktik. Deutsch als Zweit- und Fremdsprache). Geistes- und Sozialwissenschaften (Wissenschaftliche Zeitschrift der Humboldt-Universität zu Berlin)* 5, 49–60.

Ahrenholz, Bernt (1991): Bericht über die Konferenz „Lehr- und Lernmittel für Deutsch als Fremdsprache – Theorie und Praxis" vom 30. Oktober bis 1. November 1990 am Herder-Institut der Universität Leipzig. *Fragezeichen* 2, 73–75.

Lexikonbeiträge

Beiträge zu *Defizit-Hypothese, Elizitierung, Erwerbssequenz, Erwerbstyp, Fremdsprachenerwerbstheorie, Interface-Position, Lernen-Erwerben-Debatte, Output-Hypothese, Sprachverarbeitungsstrategie*. In Barkowski, Hans & Krumm, Hans-Jürgen (Hrsg.) (2010): Fachlexikon Deutsch als Fremd- und Zweitsprache. Tübingen: Narr.

Lehrmaterialien

[zusammen mit Winfried Melchers und Martina Rost-Roth] (1996): *Berufssprache Deutsch. Deutsch für kleinere und mittlere Betriebe*. Bologna: Sinnea International.

Rezensionen

Zu: *Tell me more. Deutsch als Fremdsprache: Erzähl mir mehr*. Level 3: Fortgeschrittene. Lernsoftware für Deutsch als Fremdsprache. Berlin: Cornelsen.
Info DaF 29/2–3 (2002), 270–273.

Zu: Gross, Harro & Fischer, Klaus (Hrsg.) (1990): *Grammatikarbeit im Deutsch-als-Fremdsprache-Unterricht*. München: Iudicium.
Info DaF 19/3 (1992), 403–406.

Zu: Eggers, Dietrich (1989): *Didaktik Deutsch als Fremdsprache. Hörverstehen – Leseverstehen – Grammatik*. Regensburg: Fachverband Deutsch als Fremdsprache (Materialien Deutsch als Fremdsprache, Bd. 28).
Info DaF 17/5–6 (1990), 525–529.
Zu: Mebus, Gudula; Pauldrach, Andreas & Rall, Marlene (1989): *A Sprachbrücke. Wortschatz kontrastiv. Deutsch-Italienisch*. München: Klett Edition Deutsch.
Info DaF 17/5–6 (1990), 651–652.

Übersetzungen

Buono, Franco (1993): Masereel, die Dichter und der Gott der Stadt. In Buono, Franco (Hrsg.): *Die Stadt. 100 Gedichte mit 100 Holzschnitten von Frans Masereel*. Göttingen: Steidl.
[zusammen mit Ladenburger, Ursula]: Buono, Franco (1988): *Bertolt Brecht 1917–1922. Jugend, Mythos, Poesie*. Göttingen: Steidl.

Weitere Publikationen

Ahrenholz, Bernt [Herausgabe, Fotographie und Beiträge, zusammen mit Hans Richard Brittnacher] (1991): *Apulien/Basilicata. Ein Express-Reisehandbuch*. Leer: Mundo.

www.ingramcontent.com/pod-product-compliance
Lightning Source LLC
Chambersburg PA
CBHW061932220426
43662CB00012B/1877